国家出版基金项目
NATIONAL PUBLICATION FOUNDATION

动物疫病防控出版工程

世界兽医经典著作译丛

家畜行为与福利

第4版

DOMESTIC

ANIMAL BEHAVIOUR

AND WELFARE

[英] D. M. Broom　[加] A. F. Fraser　编著

魏　荣　葛　林　李卫华　顾宪红　主译

中国农业出版社

Domestic Animal Behaviour and Welfare, 4th ed
By D.M. Broom and A.F. Fraser
© CAB INTERNATIONAL 2007.

图书在版编目（CIP）数据

家畜行为与福利：第4版 ／（英）布鲁姆（Broom D. M.），（加）弗雷泽（Fraser A. F.）编著；魏荣等译. —北京：中国农业出版社，2015.11
（世界兽医经典著作译丛）
ISBN 978-7-109-18923-2

Ⅰ．① 家… Ⅱ．① 布… ② 弗… ③ 魏… Ⅲ．① 家畜—饲养管理 Ⅳ．① S815.4

中国版本图书馆CIP数据核字 (2014) 第033864号

中国农业出版社出版
（北京市朝阳区农展馆北路2号）
（邮政编码100125）
责任编辑　邱利伟　黄向阳　周晓艳

北京中科印刷有限公司印刷　　新华书店北京发行所发行
2015年11月第1版　　2015年11月北京第1次印刷

开本：710mm×1000mm 1/16　印张：30.5
字数：500 千字
定价：85.00元
（凡本版图书出现印刷、装订错误，请向出版社发行部调换）

本书翻译人员

主　译　魏　荣　葛　林　李卫华　顾宪红

译　者（按姓名笔画排序）

于世征　马文强　史喜菊　白芳芳

冯跃进　兰邹然　朱迪国　刘陆世

刘桂琼　齐　琳　孙佩元　孙映雪

杜以军　李　芳　李　昂　李　勋

吴加强　宋俊霞　宋建德　张　颖

张凡建　张俊辉　邵华莎　邵国青

范钦磊　郝　月　柳方甫　姜　雯

费荣梅　贾长明　柴同杰　徐　亭

徐天刚　黄　兵　常维山　康京丽

梁俊文　彭　程　韩凤玲　韩凌霞

路　平

审　校　孙　研　庞素芬　姜　雯

《动物疫病防控出版工程》总序

近年来，我国动物疫病防控工作取得重要成效，动物源性食品安全水平得到明显提升，公共卫生安全保障水平进一步提高。这得益于国家政策的大力支持，得益于广大动物防疫人员的辛勤工作，更得益于我国兽医科技不断进步所提供的强大支撑。

当前，我国正处于加快建设现代养殖业的历史新阶段，人民生活水平的提高，不仅要求我国保持世界最大规模的养殖总量，以满足动物产品供给；还要求我们不断提高养殖业的整体质量效益，不断提高动物产品的安全水平；更要求我们最大限度地减少养殖业给人类带来的疫病风险和环境压力。要解决这些问题，最根本的出路还是要依靠科技进步。

2012年5月，国务院审议通过了《国家中长期动物疫病防治规划（2012—2020年）》，这是新中国成立以来，国务院发布的第一个指导全国动物疫病防治工作的综合性规划，具有重要的标志性意义。为配合此规划的实施，及时总结、推广我国最新兽医科技创新成果，同时借鉴国外先进的研究成果和防控经验，我们通过顶层设计规划了《动物疫病防控出版工程》，以期通过系列专著出版，及时将研究成果转化和传播到疫病防控一线，全面提高从业人员素质，提高我国动物疫病防控能力和水平。

本出版工程站在我国动物疫病防控全局的高度，力求权威性、科学性、指导性和实用性相兼容，致力于将动物疫病防控成果整体规划实施，重点把国家优先防治和重点防范的动物疫病、人兽共患病和重大外来动物疫病纳入项目中。全套书共31分册，其中原创专著21部，是根据我国当前动物疫病防控工作的实际需要而规划，每本书的主编都是编委会反复酝酿选定的、有一定行业公认度的、长期在单个疫病研究领域有较高造诣的专家；同时引进世界兽医名著10本，以借鉴世界同行的先进技术，弥补我国在某些领域的不足。

本套出版工程得到国家出版基金的大力支持。相信这些专著的出版，将会有力地促进我国动物疫病防控水平的提升，推动我国兽医卫生事业的发展，并对兽医人才培养和兽医学科建设起到积极作用。

农业部副部长

《世界兽医经典著作译丛》总序

引进翻译一套经典兽医著作是很多兽医工作者的一个长期愿望。我们倡导、发起这项工作的目的很简单，也很明确，概括起来主要有三点：一是促进兽医基础教育；二是推动兽医科学研究；三是加快兽医人才培养。对这项工作的热情和动力，我想这套译丛的很多组织者和参与者与我一样，来源于"见贤思齐"。正因为了解我们在一些兽医学科、工作领域尚存在不足，所以希望多做些基础工作，促进国内兽医工作与国际兽医发展保持同步。

回顾近年来我国的兽医工作，我们取得了很多成绩。但是，对照国际相关规则标准，与很多国家相比，我国兽医事业发展水平仍然不高，需要我们博采众长、学习借鉴，积极引进、消化吸收世界兽医发展文明成果，加强基础教育、科学技术研究，进一步提高保障养殖业健康发展、保障动物卫生和兽医公共卫生安全的能力和水平。为此，农业部兽医局着眼长远、统筹规划，委托中国农业出版社组织相关专家，本着"权威、经典、系统、适用"的原则，从世界范围遴选出兽医领域优秀教科书、工具书和参考书50余部，集合形成《世界兽医经典著作译丛》，以期为我国兽医学科发展、技术进步和产业升级提供技术支撑和智力支持。

我们深知，优秀的兽医科技、学术专著需要智慧积淀和时间积累，需要实践检验和读者认可，也需要具有稳定性和连续性。为了在浩如烟海、林林总总的著作中选择出真正的经典，我们在设计《世界兽医经典著作译丛》过程中，广泛征求、听取行业专家和读者意见，从促进兽医学科发展、提高兽医服务水平的需要出发，对书目进行了严格挑选。总的来看，所选书目除了涵盖基础兽医学、预防兽医学、临床兽医学等领域以外，还包括动物福利等当前国际热点问题，基本囊括了国外兽医著作的精华。

目前，《世界兽医经典著作译丛》已被列入"十二五"国家重点图书出版规划项目，成为我国文化出版领域的重点工程。为高质量完成翻译和出版工作，我们专门组织成立了高规格的译审委员会，协调组织翻译出版工作。每部专著的翻译工作都由兽医各学科的权威专家、学者担纲，翻译稿件需经翻译质量委员会审查合格后才能定稿付梓。尽管如此，由于很多书籍涉及的知识点多、面广，难免存在理解不透彻、翻译不准确的问题。对此，译者和审校人员真诚希望广大读者予以批评指正。

我们真诚地希望这套丛书能够成为兽医科技文化建设的一个重要载体，成为兽医领域和相关行业广大学生及从业人员的有益工具，为推动兽医教育发展、技术进步和兽医人才培养发挥积极、长远的作用。

国家首席兽医师

《世界兽医经典著作译丛》主任委员　　张仲秋

前言

所有从事家畜生产、伴侣动物管理和育种的人员，包括农场主、宠物主人、兽医，在履行职责及照料动物过程中都需要了解家养动物行为。上述人员及家畜产品消费者，必须考虑其对家养动物福利的人道立场，并需要为此而获得关于动物福利的准确信息。本书是一本综合性家养动物行为指南，提供了包括针对农场动物、宠物和兽医工作的实用信息，同时也是动物行为科学信息综述，可用于动物福利评估、动物遗传选育和不同管理方法效果评估、饲养条件评估。这些评估必然涉及对动物生理学、动物疫病状况、生产性能及动物行为的衡量。

农场动物是很好的行为学研究对象，人类对动物行为实质性了解的许多重要进展均来自对农场动物行为的研究。人类关于动物的群体结构、行为发展、学习、认知、亲子关系、性行为及应对逆境的行为作用诸多概念主要是通过研究农场动物而获得的。伴侣动物的研究在此领域同样起到了重要作用，同时动物与人类关系学（包括人类和其他动物相互作用）的快速发展主要是通过宠物研究获得的。若要涉及进化方面的问题，必须考虑到物种在驯化过程中的变化，但家养动物依然与野生动物具有相同的行为。获得农场动物行为数据很容易，农场动物数量大且在遗传上大致相同。伴侣动物特别适合于进行动物学习、行为发展、与同类及人类交往方面的相互作用的研究。人类对家养动物行为和动物福利的了解随着对野生动物、实验动物和人类的行为研究而大大增加。各种动物行为研究结果有助于人类对家养动物行为机制的充分认识。

精确的动物福利科学研究为立法提供了重要证据。在此情况下，对家畜饲养、兽医及应用生物学进行研究、跟踪和立法的人员，需要有人类对家养动物行为和福利知识现状方面的信息来源。尽管本书提供信息的方式便于初学者理解，但也包括对该领域复杂主题的探讨和相关领域的参考文献。因此，本书不仅对育种人员、农场主、农技人员、宠物饲养员、兽医外科医生非常有用，也适合用作综合性大专院校家养动物行为课程的教科书。

本书对第3版内容进行了扩展，增加了犬、猫、兔、毛皮动物、养殖鱼类、火鸡、鸭和鹅的行为和福利的信息。因而包括了所有主要的农场动物和伴侣动物。Donald Broom对文字进行了修改，Andrew Fraser和Donald Broom对图片进行了修改。

D. M. Broom, MA, PhD, ScD, HonDSc, HonDr
Professor of Animal Welfare
Centre for Animal Welfare and Antbrozoology
Department of Veterinary Medicine
University of Cambridge, UK

A. F. Fraser, MRCVS, MVSc, FIBiol
Formerly Professor of Surgery (Veterinary)
Memorial University of Newfoundland, Canada
and
Formerly Editor-in-cbief,
Applied Animal Behaviour Science

目　录

第1章
介绍、概念和方法

一、介绍和概念

　　动物饲养在人类文明发展中起着重要作用。人类可从多种动物中获得食物、衣物，也可将动物用作交通工具（Broom，1986a；Messent和Broom，1986；Clutton-Brock，1994；Hall和Lutton-Brock，1995）。普遍认为人类和狼或犬（犬是狼的一种，如今称之为犬）有着更为久远的关系。正如人类驯化了狼一样，可以认为狼驯化了人类（Broom，2006a）。这种驯化对人类和狼都有利，其他动物的驯化也是如此（第5章）。犬、猫和其他伴侣动物很久之前就被视为人类的伴侣，被主人悉心照料。在对待动物或确定他们是否出现问题时，良好的主畜关系应该是了解如何应对动物行为。

　　20世纪初，由于人口数量的增加及对动物产品消费的增加，家养动物群的数量随之增加。在1970年前，规模化畜禽生产开始了新的饲养体系，在集约化模式下饲养牛、猪和禽。饲养管理的革新主要体现在显著缩小的空间中饲养大量动物。集中饲养有利于动物疾病的传播，同时要求动物更大程度地适应生理和行为（Broom，2006a）。即使动物能够适应环境条件的限制，但评估动物福利时，动物的适应和不适应仍能显现出来了。评估集约化饲养模式管理体系，需要获得此模式下家畜行为的新知识。这些知识可以应用到农业生产中以提高动物生产和动物福利。目前许多家畜饲养问题不能通过营养研究、动物生理或动物疾病控制来解决，而只有通过调查动物行为得以解决。

人类对于家养犬的态度有所不同：犬凶残且无故攻击儿童，是街道严重的污染源和严重的疾病传播风险；犬是家庭成员，是忠实感情的典型，是无条件爱的典范（Serpell，1995）。人们将动物作为伴侣，用于工作或娱乐，对动物行为非常了解。有时，动物行为不如人愿且被人类认为是麻烦。有时，动物行为是人类利用动物的原因，以及对动物的利用是否符合动物福利的原因。行为是动物福利好与坏的指征。动物行为学指对动物行为的观察和详细描述，旨在发现动物生物机制功能。

对动物行为的科学研究在过去40年进展很快。在此阶段也发生了一些观念的改变（Jensen，2002a）。在准确描述动物行为和理解动物生理和进化过程相关的行为组织方面取得了实质进展。动物行为学和实验心理学的现代技术表明，人类现在更广泛地认识到了动物的感知、分析运动控制、激素影响、动机，以及在有利和不利条件下身体维持行为、繁殖行为和社会结构。目前，这些知识和其他动物福利评估技术正应用于家养动物。

二、行为和动物生产

该书主题之一是家养动物行为研究，它关系动物生产企业高效经济的运作，且非常必要。家畜饲养场、农场管理者、动物运输商、屠宰场工人、动物圈舍和设施设计者必须掌握相关知识，以及家养动物和畜禽行为学的最新研究发现。

要确定如何处置动物必须了解动物行为，过去人类通过自身经验已经逐渐了解了动物行为。如果人类了解动物行为的一般规则，就可以更容易地传授和学习动物行为表现。饲喂行为是动物管理者要了解的行为之一。饲养管理、牧场食物选择、添加混合饲料的时机、获得食物、竞争饲喂条件下和行为都关系到饲料摄入和饲料转化率。

了解繁殖行为对于畜禽群的管理者来说最为重要。行为评估是奶牛和猪发情检测的主要方法。对绵羊、山羊、肉牛和马管理的重要方面是研究其交配参数和影响性欲的因素，并希望有效提高受孕率。每种动物，如果不能繁殖后代或繁衍障碍，就会给农场主造成损失。家养动物缺乏母性的比率和幼仔存活率问题，特别是仔猪、羔羊和犊牛可以通过养殖者对其行为的了解和采取改善措施来解决。

对动物进行分群或决定圈养动物及动物密度时，了解动物社会行为表现很重要。农场动物管理不善，会导致动物打斗、损伤或极度恐惧，可能造成繁殖失败、饲料转化率低、胴体价值降低、死亡率增加。可以运用动物社会行为知识大幅降低以上损失。Broom 等（1995）和 Jensen（2002a）指出，通过应用动物行为学知识，可以设计技术设备并应用管理方法以更好地管理动物。

动物行为研究在家养动物生产中广泛应用，并与相关动物福利知识中行为研究结合，强调了包括动物科学、动物生产和应用生物学课程中动物行为主题讲座的重要性。

三、动物行为和宠物管理

许多人决定为自己或孩子购买宠物，但很快会发现带回家的宠物需要许多照料工作，而且有时反映出有许多主人缺乏管理能力。有时主人到了苦于应付和尴尬的境地时，不得不通过寻求建议或购买书籍求助。行为征兆可能告诉你，你的猫生病了，或由于某种原因猫的福利不好；你的鱼由于缺氧要死掉了，或被其他鱼吃掉了；你的犬或马表现出各种征兆。这些均向你表明，宠物有其自身的生活习性而不是你希望的那样。

训练伴侣动物需要了解动物如何学习和学习动机方面的知识。人类只有学习关于动物行为或动物心理学，至少阅读高质量的有关书籍才能获得所需知识。传授训练动物的人员需对动物如何学习和动机原理非常了解，并具有相关实践经验。可是对训练动物新手来说，有些似乎权威人员的观点可能是不正确的或难以理解的。所有提供动物行为职业建议的人员都需接受适当培训，这一点非常重要。确定动物行为问题并提出减少或根除问题的方法及能力又是一个主题，甚至能够提供建议的专家也不知道谁能解决问题，因此需要制订认证计划。宠物行为顾问和其他复杂学科专家一样，应该通过认证，否则不能受聘。

四、行为与兽医学

目前，执业兽医（practising veterinary surgeon）（世界许多地区称之为兽医）经常应用动物行为知识。但过去这方面的知识主要通过正式培训获得，需学习动物行为课程。以下专业技术非常重要：① 照料动物；② 将动物行为作为诊断症状；③ 为动物饲养方法提供建议；④ 处理动物行为方面的问题及评估动物福利。动物行为作为动物普通生物学的一部分非常重要，其与如恶劣气候条件下饲喂措施或动物疾病传播相关。

对于准备治疗动物的兽医来说能辨认出动物攻击或踢人征兆的重要性是显然易见的。如果兽医治疗程序可以根据观察到的动物行为进行改进，动物就不会受到因处理不当带来的负面影响，这对兽医治疗非常有益。兽医治疗中如果动物福利不好，则会严重阻碍动物成功治愈疾病和使顾客树立信心。动物行为的研究与动物在巷道、斜坡、运输工具和陌生空间做的必要运动相关（Grandin，2007）。许多家养动物可表现出害怕人类的行为，对于兽医和其他处理动物的人员来说，能够辨别这种行为非常重要（Beaver，1994）。

执业临床兽医经常出现在有临床症状的病例现场。事实上，动物疾病通常会首先出现厌食、没有活力、全身状况不佳等行为异常，如马的疝气和其他疼痛疾病（Mair 等，1998）。临床兽医工作和动物病理行为存在真实而特别的关系。执业兽医的技术和知识要求在多年锻炼、经验和观察中积累，才能获得动物疾病与其行为征兆关系的辨别能力。获得这种能力需要时间，将来必须进行认识动物行为知识的培训。然而，通常在兽医治疗后他们既缺乏动物福利知识也缺少福利指征的研究（Christiansen 和 Forkman，2007），其实这些是应该做的。

受伤行为征兆和行为症状历史不能为临床兽医对动物临床评估提供有价值的帮助。但是根据异常行为，可以确定是否进行特定调查和详细检查。在进行全身检查时，兽医发现的行为问题特征通常是通过对动物疾病普遍而综合身体症状的筛检得到的。行为表现可以在生理学和病原学中找到实质的相关性，而行为表现常会隐藏在临床症状中。因此行为问题就由兽医概念转换为可识别的临床症状信息，由此可以进行适当的病例管理和治疗。

通常将行为症状作为诊断的重要信息之一，这是一个重要的逻辑错误。有时动物异常行为尽管没有转化成身体异常，但这并不意味着没有相关病理变化。某些失调只有行为异常才能识别，而有些失调表现方式很多。

识别异常行为首先需要认识正常行为，不论是有病原的症状或是没有病原或只是动物福利不好。动物正常行为知识是行为课程中的内容，但要充分理解还需实践经验。

如发现马在马厩里徘徊并踢腹部，这就是可识别的绞痛症状，但缺乏观察马的行为经验的人员不能识别。还有更微妙的症状，如羊腹部疼痛会弓腰。因此，必须密切关注正常动物和异常动物（第22章）。

希望兽医可以在行为及动物福利评估领域提出建议。需要兽医解决影响动物管理实践的动物行为问题。动物一般行为知识（家养动物和伴侣动物）可以解释动物行为问题，其中一个领域是关于动物早期经验对动物行为发展的影响。兽医应对如何避免行为问题、处理行为问题需进行的培训和应用程序提出建议。为使兽医专业学生对动物行为基本原则和兽医应用有充分了解，需要准备动物行为课程讲座、特定技术参考及临床课程中不同节点的动物行为文献。

五、动物福利：科学评估和道义评估

家养动物苦于适应复杂环境且试图用各种方法应对环境。环境包括可能侵袭动物机体的物质条件、社会影响、捕食者、寄生虫和病原。应对方法包括大脑、肾上腺和免疫系统的生理变化及与此相关的行为变化。对动物产生影响的一些因素会导致动物难以应对环境。动物发生应对问题直接表现为身体不适、死亡或停止生长、繁殖能力降低。"动物福利是动物试图应对环境的一种状态"（Broom，1986c）。因此动物福利是动物个体的特征，从福利不好到好的连续变化。可以通过一系列应对机制衡量动物试图应对环境，但结果不能适应环境，包括正面和负面情绪及病理变化。因此，动物福利可以通过许多指标准确、科学地进行评估。

动物福利科学在20世纪80—90代发展很快，重要发展是将科学和道义评估区分开来。动物福利评估非常客观，独立于任何道义评估。死亡率、繁殖成功、肾上腺活性程度、异常行为数量、损失程度、免疫抑制程度、动物疾病程度都可以进行测量。随着具有动物学、心理学、动物生产和兽医学研究的进步，人类开展了恶劣环境对动物健康影响的调查，因此动物福利的各项指标研究最近几年进展很快。

人类关于动物福利仍然有许多知识要学习，但人类已经应用已经获得的知识进行不同养殖管理体系中家养动物、畜舍设计、动物处理或运输、操作或屠宰程序的比较研究。这些知识也应用到宠物的照料中。此外，可以通过调查动物喜好、动物对各种资源或环境的重视程度来衡量动物福利状况。这方面的研究和大量动物基本生物研究工作提供了动物生物需求方面的信息。如果动物生物需求不能得到满足，则常作为福利不良的指标，而且可以测量。某些情况下不需要通过专业技术来评估动物心理的负面影响。

在进行动物福利科学评估时，动物福利不好除不能接受外，还存在什么道义问题？在这个问题上农场主、兽医和动物福利研究人员及公众都有发言权。有人认为，如果涉及人类需求，可以接受家养动物个体某种程度的动物福利不好，另一些人会则认为不可接受。随着人类对动物组织的复杂性、动物行为的复杂性，以及家养动物和人类的相似程度的进一步了解，这些问题的道义立场在发生变化。

最新研究结果在媒体上的报道都反映了这种道义立场的变化。人类在道义上有义务保障饲养动物福利的观点已被广泛接受。在确定动物饲养方法时，应该考虑动物个体及评估和了解动物对环境的应对反应。这种观点在农业行业人员、伴侣动物照料人员及兽医人员中普遍存在。这也是兽医道德伦理课程中重要的一部分（Tannenbaum，1989）。

早期在提到动物福利不良时，人类会认为疼痛是动物福利不好的原因。如图1.1所示，动物可能会感到很疼。但长期饥饿或动物居所不能满足需求等问题，如图1.2所示，现在也都被认为是很严重的动物福利问题。

 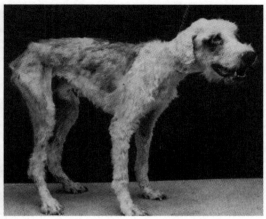

图1.1 RSPCA检查员抱着被弓箭 图1.2 这只年老英国牧羊犬瘦弱、跳蚤满身，渴望吃
　　　　射穿而疼痛的鸭（图片由 　　　　喝（图片由RSPCA提供）
　　　　RSPCA提供）

六、动物行为问题

　　人类在试图了解特定动物行为时，需要明白两个问题：第一个问题是
"动物行为如何起作用？"这一问题的答案是指对动物行为观察时，应注意引
起某种行为的机制及观察到的行为方式。动物运动时体内发生了什么变化？
人类非常了解其中的一些生理学过程，包括感知、神经传导或肌肉收缩。人
类已经进行了广泛的脑部研究，包括情感变化、学习、计策和行为。虽然许
多方面仍需进一步探究，但最近几年在这些知识领域取得了重大进展。

　　第二个关于动物行为的问题是"为什么会有这些行为？"这个问题的答
案是指观察动物行为方式时，设法了解行为模式和动物的意图，必须考虑动
物行为的选择性优势。换言之，控制动物行为的基因促使其在动物群体中传
播。在现实中，上面这两个问题"为什么"和"如何"相互关联，因为了解
系统进化起源常常有助于解决确定动物行为机制的进化问题和因果问题。对
于这两个问题，我们必须考虑与动物一般生物学相关的动物行为。

　　和动物生理学和动物解剖学一样，动物行为学是动物一般功能的一部
分。动物生命的不同方面可以分为功能系统，包括行为（Broom，1981）。

这些功能系统为：① 获得氧气；② 渗透压调节；③ 温度调节；④ 清理身体表面；⑤ 采食；⑥ 避免化学危害；⑦ 避免物理危害；⑧ 避免捕食者；⑨ 繁殖。行为通常不只是一种功能，例如探索和建立群体关系与所有动物都有关系，因此动物也是自己的研究对象。该书中详细讨论了每一种功能系统中行为的作用，但了解动物行为关键是了解如何分配资源及确定采取什么行为和这些行为什么时候表现。

确定行为变化时间和本质的研究领域是动机研究，这是了解动物行为诸多方面及动物福利问题的重要主题。因此，要认识到这些需要关于挫折或环境不可预见情况导致的许多动物福利问题和动机知识。

当试图回答行为如何产生作用时，应该应用控制动物经验和评估影响的调查方法。有些研究可以在动物个体的发展中进行。动物的一些经验改善了后续的行为，这就是学习（见第3章）。学习会影响动物生活的各个方面，在讨论动物行为各个方面时必须都涉及，因此该书的每个章节都与此相关。动物所有系统的发展都是动物遗传信息和环境对此基因型影响相互作用的结果。由于动物所有行为取决于遗传信息，环境因素通常会影响动物基因表达，但没有必要区分动物行为是本能的还是环境决定的，因此我们关注的问题是基因型的不同和环境导致其行为的不同。行为遗传学和行为发展过程是该书讨论的热点。

这里要回答上面提出的各种问题，就要求人们掌握家养动物管理、圈舍、兽医治疗和一般生物学的知识。

七、家养动物的感觉世界

人类特别了解与视觉和语言相关的小范围的信息。可是，除味觉外，人类可以准确应用各种感觉，嗅觉对家养哺乳动物来说要比对人类重要。人类是特殊的哺乳动物，因为嗅觉是人类感受周围世界的主要信息来源。味道在去掉味源后通常会持续较久。味道存在的方式有许多种，可以被很敏感地检测到，因此味道可以用于食品、动物品种、动物个体及多数动物情绪变化的辨认和评估中，也包括该书中提到的哺乳动物和鱼类。鸟类一般不用嗅觉导航，而是应用复杂的视觉和听觉。

为了了解各种家养动物的行为，人类就需要考虑感觉及味觉世界的特别作用。人类应该了解在各种感觉的范围和敏感性方面动物与人类的不同。啮齿动物可以听到频率在60 kHz以上的声音，而人类只可以听到频率略大于15 kHz以上的声音（表1.1）。由于犬辨别的声音频率也比人类高，因此犬吠对人类耳朵来说是超声波。动物可能受到人类听不到的声音的严重干扰。某些鱼类可以听到比人类可以听到的频率低得多的声音并受到干扰。鸟类和其他一些动物站在地上或其他硬地面时可以检测到低频率震动，因为其腿关节有感觉细胞。动物对即将发生的海啸有反应的报道证明，这些动物有探测和应对海啸所产生的低频率声音的能力。由于鸟类也有比人类强的探查频率接近的复杂声音的能力，因此鸟复杂的歌声或呼唤可以被其他鸟理解，而对人类来说这就是乱哄哄的声音。

表1.1 人类和某些家养动物的听力和声音频率

物种	检测到的最低频率 （kHz）	最大敏感性 （kHz）	检测到的最高频率 （kHz）
人类	31	8	17
犬	68	8	40
猫	50	8	70
雪豹	36	12	45
马	55	2	33
猪	40	8	40
绵羊	125	10	40
牛	24	8	40
山羊	70	2	40
欧洲兔	120	16	60
棕色鼠	400	8	68
家鼠	3 000	16	80
家鸽	8	3	6
野鸭	100	2	6
火鸡	200	2	6

引自Heffner 和 Heffner（1992）。

　　不同动物可以探测到的可视光刺激在强度、波长、地极水平和光的模式方面有所不同。鸟类和鱼类可应用上述所有方面感知可视环境。人类和一些其他哺乳动物不能感觉到偏振面的旋光，如看不到许多花和昆虫的偏振光（Broom，981）。禽类和鱼类作为家养动物或作为宠物，就感觉颜色来讲，可以看到物体上复杂的偏振光或紫外线（UV），而这些光对人类来说却仅是白光。由于家养动物无法区分光波长度或能力有限，因此基本是色盲或部分色盲（Piggins，1992）。脊椎动物区分由区块或线组成的可视光的基本能力大致相似，但在辨别区块方面的能力有所不同。例如，绵羊可辨别每度13圈的光栅格，人类则可以辨别每度40圈的光栅格（Sumita，2005）。由于人类应用的光源在光波动的范围和种类上不同，因此上述参数也不同。此类波动可以被其他动物，如鸡感受到并产生喜好（Kristensen等，2007）。

　　家养动物视觉和听觉世界与人类略有不同，当我们试图了解特定动物品种对视觉和听觉如何反应时，我们需要考虑这种不同。在某些视觉和听觉特征方面人类有些方面强于家养动物，有些不如家养动物。人类不能感受某些光和声音，而这些光和声音会导致动物福利不良，但是人类却并没有意识到。例如，人类感受不到的高频率声音对一些啮齿动物、鸟类或犬来说异常却难以忍受。我们现在知道某些电源开关和听力设备引起的噪声对一些物种来说难以忍受（Sales和Pye，1974）。人类和家养动物的听觉频率范围如表1.1所示。

　　人类和家养动物之间感觉最显著的不同是人类和鱼类的不同。鱼类可以对听觉和视觉刺激作出反应，鱼类的听觉和视觉更加复杂。鱼类的世界还包括侧线器官、电接收器和嗅觉，后面章节将进行讨论。侧线器官可提供关于方位和一般压力变化的信息。如果有动物接近，鱼可以在完全黑暗和没有任何声音的情况下有效地察觉到。接近的动物引起鱼方位压力变化，会通过水传递到侧线器官从而传递给鱼。而没有生命的移动物体也会引起这种变化，当鱼游至固体物体（如岩石、植物或养箱边缘）时，鱼可以觉察到水在鱼和物体之间挤压而产生的压力。鱼可以在所处环境中自由游动，即使不需要应用视觉、听觉或嗅觉也不会碰撞固体物体。

　　游过来的鱼可以被其他鱼在其电流输出影响测线器官前提前察觉到。所有鱼类都有一定程度的电接受能力和某些对电变化超常的敏感性。多年来，鱼头部皮肤下的一套充满液体相互连接的囊的功能不为人知，现已清楚是电器官。当肌肉收缩时，会在附近环境产生电荷。生活在空气中的动物察觉不到是由于空气的导电能力较差，但多数水生动物和水生物体会受到影响，因为水的导电能力比空气强很多。生活在水里的鱼视力很差——可能是受水中悬浮物的影响——但是多数具有有效的电感受器可以通过肌肉收缩觉察到活体动物是否接近。可是，所有鱼类都具有这方面能力，只是对电变化的敏感性和产生电场的能力有所不同，还有少量鱼类肌肉不会收缩但是可以产生大量电流。

多数活体动物包括家养动物和鱼类嗅觉交流非常重要。如Manteca（2002）所述，犬的嗅觉黏膜面积是75～150 cm^2，而猫是20 cm^2，人类是2~10 cm^2。对于接收器而言，犬是200万~300万个，而人类是500万，猫介于两者之间。脑中分析嗅觉信息的区域，即嗅球，人类比犬大得多。人类只需一小部分刺激空气通过嗅觉黏膜就可以进行嗅觉分析，而犬需要大量的刺激空气。犬和猫的区别在于，犬不进行辅助移动就可以察觉到气味，猫却要进行辅助移动（见下文），嘴和鼻孔打开到上皮细胞最大程度接触气味以进行嗅觉观察。

人类或其他动物在道路上行走，让跟踪犬对其检测，犬可以探测到每个动物所携带的极小量的复杂混合气味物质。运动动物所带的气味物质会留下痕迹，可以让犬确认动物并确定移动方向。犬可以有效跟踪动物，对人类来说这是不可思议的事情。犬可以区别同类动物中的不同个体，可以从大量腋下气味样品中挑出某个特定个体，甚至可以区别同卵双胞胎（Sommerville等，1990，1993；Settle等，1994）。犬可以确定人类尿样，将发病个体和没有发病的个体区分开来（Williams和Pembroke，1989；Church和Williams，2001；Broom等，2005）。家养动物的感觉世界和人类有所不同，当我们向动物提供任何环境或操纵家养动物行为的任何环境时都应对此有所考虑。

八、信息素

信息素是动物产生的一种物质，动物能通过嗅觉将信息传给其他动物个体。人类会对嗅觉信息有所反应，虽然有时并没有意识到（Stoddart，1990）。试验研究表明，对人类来说，发情期、牙医等候室里座位的选择、电话亭里打电话时间的长短及对照片中对异性的关注，都会受到信息素暴露的影响。可是，很显然多数动物对于味道的反应在其生活中起实质性作用。在犬、猪、奶牛和罗非鱼的世界里，嗅觉是最重要的一部分。气味存在于同种动物和不同种类动物个体的生活中。受到惊吓的动物个体和平静的动物个体会留下不同的气味，性活跃的个体和性不活跃的个体会留下不同的气味，有攻击性的个体或不友善的个体和没有攻击性或友善的个体也会留下不同的气味。每个个体都和其他个体有区别。信息素在行为中的作用综述详见Wyatt（2003）。

不同动物种类信息素的来源各不相同。有些动物由气味腺体分泌出特定的化学物质。通常这些化学物质会存留一定时间，其最终组分和气味取决于细菌反应。气味物质中存在不同物质。作为信息素来源的其他身体排泄物，如尿液、粪便和唾液，信息素的影响可能是激发快速行为，如警报信息素或产生持续的行为反应。

信息素的重要影响是刺激大脑嗅觉中枢，信息素的探知取决于具有高度敏锐的嗅觉器官。多数动物的嗅觉中枢和人类差异很大。人类的嗅觉中枢非常小，牛和绵羊终脑嗅觉中枢的比例比人类的大20多倍。

明显通过黏膜参与信息素接收的特定器官是鼻梨骨或Jacobson's器官（Meredith，1999）。其是嗅觉接收器，是位于鼻腔里的一对封闭管状，与嘴顶部相连。嗅觉接收器与脑嗅觉中枢相连，具有自身的传导机制和反应行为，这有助于嗅觉反应活动。在性嗅反射中，头部抬高延伸，随着嘴微微张开上端卷曲。性嗅反射反应表明雄性在探测雌性的尿液（图1.3）。信息素浓度可以反映动物个体性激素水平，在这种情况下，雄性可监测雌性的发情状况。尿液的嗅觉检测可以导致雌性哺乳动物同时发情。雄性尿液也可以提供关于其激素水平的嗅觉信息。一些哺乳动物（如獾）的尿液通常是领地标记物，一些动物的粪便、尿液和味腺混合物可发出个体特定的气味。

两类产生气味的腺体是：① 皮脂腺，如蒙古沙鼠的腹部腺体，用于领地标记；② 顶泌腺。这两类通常在腺体区域混合。男性腋下腺体产生信息素，通过腋下毛发使其挥发面积增大，并通过胳膊运动而促进信息素的释放。猪、反刍动物和马拥有特殊的集于皮肤下的腺体。作为身体表面主要保护物的皮肤有许多腺体，作用

图1.3　性嗅反射种马。这种反应表明了对发情期母马气味的反应，通过鼻梨骨接触吸入信息素（图片由A.F. Fraser提供）

是调节温度、排泄、润滑和维持pH以防止微生物侵入。许多腺体可共同产生特定气味。这些动物皮肤腺体的卷曲类型，与顶泌腺一道，产生的易挥发物质转移到皮肤表面，混入到特别适合于保持或混合的气味物质中。产生气味皮肤区域的外观和位置与特定的行为形式相关（Vandenbergh，1983）。

在许多昆虫和哺乳动物上对腺体进行了广泛研究。兔子下颚腺用来标记领域，警告其他兔子让标记幼畜辨认。犬及近亲的肛门腺、雌狐的排泄物包含大约12种易挥发的物质，如三甲胺和几种脂肪酸。母犬产生的化学物质（paramethyl hydroxy benzoate）可诱导公犬的性行为。公狼和公犬用尿液标记领地，这表明动物个体领地行为如此强大。猫在面部侧面和尾巴底部都有腺体。斑猫和其它花猫的腺体通常有不同的颜色，用来标记环境中的物体包括其"主人"。猫在主人身上摩擦头部和尾部只是在建立主畜关系。鹿有复杂的腺体，麝香鹿的腺体包含120g皮脂。黑尾鹿腿部跗骨毛和尿液可释放挥发性物质（Müller-Schwarze，1999）。这类鹿跗骨腺体和狍跖骨腺体的气味（Broom和Johnson，1980）可以吸引其他同种成员且使之可以相互辨认。

许多野生哺乳动物在4个蹄子上都有交叉指型腺体，特别是在前爪下面。交叉指型周围的皮肤有丰富的卷曲腺体，可产生混合的信息素排泄物。

图1.4   动物幼仔和成年动物及异性之间亲密的鼻口接触：（a）母猪和仔猪；（b）仔猪和母猪；（c）母山羊和公山羊。这种行为可能是唾液化学物质作为信息素的表现（图片由A.F. Fraser提供）

产生的预警信息素并以胶体储存。家养哺乳动物有类似的气味腺可能是特定气味源。

唾液可能参与化学交流，这种行为证据在猪配种前和哺乳期及马群体活动中很明显。试验发现唾液在母鼠的哺乳行为和仔鼠的进攻行为中发挥作用。发现仔鼠长久舔拱其母亲的口部，这表明唾液在调节哺乳互动上所起的作用。母猪和仔猪也表现出类似舔拱其母亲口部的活动。幼年动物表现出与其相关的成畜进行口部气味核查的趋势，特别是其母亲的口部气味（图1.4）。

试验发现，幼年沙鼠对带领同窝出生幼仔的母畜反应比其他的迅速。成年沙鼠会长时间接触发情母沙鼠面部带唾液的区域，而对腹部气味腺体或肛门区接触的时间没有变化。在接触唾液后的群体行为喜好非常明显。因此这些发现表明，在沙鼠群体行为的所有阶段唾液是作为相关的化学信号（Block 等，1981）。此类唾液因素在其他动物中也存在，包括农场家畜。在农场家畜中，许多群体互动都采取口鼻接触的形式，提示唾液可能确定身份和地位的提示。马和羊也有类似情况。唾液信息素对动物的群体行为有一定影响，之前了解不多。许多仔细研究发现，口鼻接触以前称为鼻与鼻接触。研究发现了猪信息素的产生及影响（Signoret 等，1975；Booth和Signoret，1992）。公猪产生的化学物质叫做雄烯二酮，在发情期对母猪有释放影响，母猪暴露于此雄性信息素后更乐意做出交配姿势。公猪的信息素显然是由额下唾液腺产生的。在公猪和母猪自然交配期间，公猪会产生丰富的多泡唾液。在这些活动中，有明显的口鼻接触。公猪也通过阴茎排泄信息素。在大规模人工授精试验研究中也证实了这一点。公猪少量的精液落到母猪或后备母猪的口鼻部，显示可疑或不完全的发情信号。公猪气味也会影响其他物种，如人类。许多动物用尿液或粪便留下气味信息，如猫会标记其保卫的领地，特别是领地边缘，在突起的地方和瘙痒的物体上撒尿和排出粪便以留下可视的和气味的信息（Borchelt，1991；Bradshaw，1992；Simpson，1998）。雄性猫会在物体上撒尿，当附近有其他猫时和焦虑不安时更是如此（Beaver，2003）。在房屋、家具、墙壁和窗户的边缘，猫可以通向外界的地方通常是猫撒尿标记的地方（Pryor 等，2001）。

九、知觉

动物对自身意识和对环境的反应各不相同，包括感受到愉悦状态如高兴和不愉悦如疼痛、害怕和生气，这种能力叫做感觉程度（De Grazia，1996）。"感觉是动物具有的某种能力：判断他人的活动与自身及第三方的关系，记忆自身的某种活动及其后果，评估风险，产生某种感觉和某些意识"（Broom，2006c）。

在良好教育社会中人类对动物感觉的观点随时间的变化而变化。首先，所有人类并不是专指人类，而是包括以前作为人类伴侣动物的家畜、与人类非常类似的动物（如猴子）、大型哺乳动物、所有哺乳动物、所有温血动物和所有颈椎动物。公众已经接受生物学家收集到的动物能力和功能信息指南作为感觉证据。动物可表现出复杂的组织性、完善的学习和意识能力，这些比没有此表现的动物一般会得到更多的尊重，有此表现的动物不可能受到虐待。可是，许多人对动物的看法取决于动物对人类的影响和动物对人类的价值，很少考虑宠物福利、病原携带或有些动物的不可食用性（Broom，

1989a，1999；Serpell，1989）。

这些信息证据被用于确定动物和人类的相似性和有用性，以及确定动物福利非常重要的动物，包括：① 动物生活和行为的复杂性；② 学习能力；③ 脑和神经系统功能；④ 疼痛和压力表现；⑤ 研究生物基本痛苦和感受，如害怕和焦虑表现；⑥ 观察和试验获得的意识表现。

如果动物必须适应环境变化，动物会更加复杂，因此复杂的动机系统使动物必须考虑环境影响并采取相应决定。有些生存方式需要动物动脑更多，如避开捕食者。但是对于人类和其他动物来说，生活中的一件必要事情就是在群体中的有效生活并组织行为（Humphrey，1976；Broom，1981，2003）。分析一种动物物种中成员生活的复杂程度是确定动物有无感觉的第一步（Broom，2007）。如果脑功能达不到一定意识程度（Sommerville），动物通常就不会有感觉（Broom，1998）。

十、动物福利概念

动物福利的科学研究在过去15年得到了快速发展。动物福利概念被重新定义，并建立了一系列评估方法。动物功能实质性的挑战来自：① 病原；② 组织受损；③ 同类或捕食者的进攻或进攻威胁；④ 其他群体竞争；⑤ 在动物个体受到极端刺激时信息处理过程的复杂性；⑥ 缺乏主要刺激，如乳头对哺乳动物幼仔或群体接触信号；⑦ 缺乏全面刺激；⑧ 不能控制与环境的相互作用。因此潜在的有害挑战可能来自动物体外环境，如许多病原或组织损伤病因，或来自动物自身内环境控制系统内部，如焦虑、厌倦或挫折。对挑战的应对或准备是应对系统，"应对是指动物控制精神和身体的稳定性"（Broom 和 Johnson，1993）。

应对尝试可能会失败，这样动物就无法掌控挑战。但一旦可以控制，动物个体就可以应对。系统对环境挑战的应对可能是短期问题，也可能是长期问题，或二者的结合。这种应对可能是大脑部分活动和各种激素、免疫学或其他生理反应及行为。因此，人类对这些应对了解越多，对各种应对的相互关系就越清楚。例如，不仅大脑发生变化调节身体应对反应，且肾上腺变化也与大脑功能发生相应变化，淋巴细胞有活性肽接收器并随大脑活动变化，心率变化可能用来调节精神状况，继而作出进一步应对。

　　包括感觉在内的应对系统是动物功能的一部分，如疼痛、害怕和各种愉悦，所有这些都是适应（Broom，1998）。一段时间内持续的不快感觉就是折磨。其他高级或低级大脑程序和其他身体功能都是动物试图应对挑战的一部分。为了了解人类和其他动物的应对系统，必须研究复杂的大脑功能及简单系统的机制。调查动物个体应对环境的难易和环境对动物正面及负面影响大小是动物福利调查。如果在特定时间内动物个体能够自如应对，动物个体状况就很好，包括感觉好，并通过身体生理、大脑状况和行为体现出来。另一动物群体面对问题不能应对。长期不能应对就会出现生长迟缓、不能繁殖或死亡。第三类动物是面对出现的问题，调动一系列应对机制仍然很难应对。后两种动物个体会直接表现出不能应对或很难应对，并会有相关的不悦感觉。

　　据Broom（1986c，1996，1998）、Broom和Johnson（1993）表示，动物福利是动物个体的一种试图应对环境的状况，包括感觉和健康。动物福利是动物个体在特定时间的特点；可以评估这种动物个体的状况，因此动物福利从好到不好变化，或体现在整个生活中。有些作者在谈到动物福利时只强调感觉（Duncan和Petherick，1991）。健康和动物福利一样，也可以被定性为好和不好，并在一定范围变化。健康指身体系统（包括大脑系统）与病原、组织损伤或生理失调进行搏斗。所有这些都包括在广泛的动物福利概念范畴中，健康是其中一部分。

　　进行为物福利评估（Broom和Johnson，1993）需应用客观的方法，不需考虑系统的道义问题、实际情况或比较动物个体的条件。一旦获得动物福利评估所需的证据，就应作出符合道义的决定。在动物福利评估方面使用的证据表明了动物个体动物福利好与不好的程度，但是确认和评估动物福利好非常重要，如高兴、满意、控制与环境相互作用和实现可能的探究能力。一般来说动物福利好及各种应对系统的积极状态，都可作为积极的强化系统的一部分而产生影响，而动物福利不好与各种强化负面相关。人类应该确定并量化动物福利好和动物福利不好的指标。

　　英语中康乐"well-being"这一术语通常和动物福利"welfare"这一术语互换使用，但是"well-being"通常是一种更为宽松的方法。动物福利一词被应用于现代欧盟立法的英文版本中，而其他语言中只有一个单词与动物福利概念对应。这些单词与动物福利等同，被用于同样的立法中，词的来源相似：例如，荷兰语是welzijn，法语是bien-être，葡萄牙语是bem estar，西班牙语是bienestar，丹麦语是velfaerd，波兰语是dobrostan。welzijn、bien-être、bem estar和bienestar来源都是与身体健康非常相似，但是对使用英语的科学家和立法者来说这些单词和动物福利相似。dobrostan在本章节中是动物福利的意思，velfaerd意义更广泛但专门用于立法中。在德语中wohlbefinden和wohlergehen都是动物健康舒适的意思，而tierschutz指动物保护。

　　多数人说到应激时指动物个体受到可能或实际环境的损伤性影响，可在以下3种情况有时让人费解：① 环境变化影响动物机体；② 影响动物机体的过程；③ 影响动物机体的后果。有些人将应激局限于一种生物反应机制，但脑垂体肾上腺皮质活动或精神反应并不是生理应对。

　　但在Mason（1971）和其他的一些研究表明，动物可能以不同方式应对挑战：HPA活动在求偶期、交配、主动捕猎和主动社会交往中临时有所增加，多数公众和科学家都认为这并不是应激。将应激和HPA轴活动等同就使应激失去了意义，此领域的科学家多数认为是这不科学且没有必要。另一种对应激意义的描述使刺激和应激成了同义词。如果每一种环境对动物机体的影响都叫应激，那么应激这个术语就失去了意义。许多刺激对动物个体的影响是有益的，多数人不认为这是应激性刺激。"应激是环境对动物个体的影响，使动物控制系统负担过重且导致负面结果，从而最终损害动物健康"（Broom和Johnson，1993，2000）。动物健康的最终衡量是动物幼仔能够长为成年动物的数量，动物应用许多不同方法来应对控制系统负担过重的挑战并产生效果。

　　如果环境可以满足动物需求，就认为动物生活环境适当。动物的一系列功能系统，能够控制自身的体温、营养状况、社会交往等（Broom，1981）。同样，这些功能系统可以使动物控制其与环境的相互作用，从而保持动物自身各方面处于可以忍受的范围。在功能系统之内或之间不同生理或行为活动的时间和资源分配，都由动机机制控制。当动物自身平衡被打破或可能被打破或由于某些环境因素动物必须采取不同行为时，就认为动物有需求。需求是动物基本生物学的一部分，是动物获得特定能量或应对特定环境或身体刺激的一种要求。动物需要获得特定能量，需要采取行为以达到目的（Toates 和 Jensen，1991；Broom，1996）。通过动机研究和评估需求没有满足的动物个体的动物福利来确定动物的需求（Hughes 和 Duncan，1988a，1988b；Dawkins，1990；Broom 和 Johnson，2000）。经常会发生动物需求不能满足的现象。但如动物需求一直不能满足，动物情绪就会不好；而动物需求可以满足时，动物情绪就会好。动物需求不能满足，其动物福利就不好；而动物需求可以满足，其相对动物福利就好。

动物需要特定的物质（如水或热），动物控制系统向着达到此目的的方向发展对动物个体来说非常重要。动物可能需要进行一定的行为活动，在活动有最终目标时，如不能进行这些活动，动物会受到严重影响。例如，鼠和鸵鸟会进行一些寻找食物的活动，甚至在有现成食物的时候也会如此。同样，猪需要拱土或与土有类似的东西（Hutson，1989），母鸡需要沙浴（Vestergaard，1980），在产仔或产蛋之前猪和鸡都要筑窝（Brantas，1980；Arey，1992）。在上述事例中，需求本身在大脑中，而不是生理的或行为的需求，但只有当防止或矫正某些生理不平衡或表现出特定行为时，需求才能得到满足。

十一、道义

在人类行为组织义务论方法中，结构是对所有个体都适用的一整套责任，因此所有个体都要用理智估计行为的责任及实施行为。

道义上行为结果指行为在道义上是否正确，仅从行为的结果来判断。这个方法由 J.S. Mill（1843）拓展到功利主义。J.S. Mill 认为，正确的行为或政策可以使涉及的相关个体得到最大功利，或到达最大期望，且能减少不满意程度。

虽然确定行为在道义上的正确与否上功利主义的许多方面是有用的，但作为基本方法却并不完整（Broom，2003）。在某种情况下，为了获得快乐和满足进行的行为是完全可取的，但根据这一观点只需根据群体平均或整体利益作出决定。这一观点显然没有考虑人类和其他动物的相互作用及行为需要顾及他人。道义规则机制依据是行为对个体及集体的影响。有时集体的总体利益很好，但会导致个体非常痛苦或动物福利不好，甚至致死。此个体可能是危险的个体或是完全无辜的，但是此个体是否应该受折磨、痛苦，甚至致死？多数人不希望无辜者被致死，但如果是牺牲个体利益可以保障集体利益的话，多数人的观点就动摇了。但是如果牺牲的个体是你的邻居、母亲或是你自身呢？

许多学者对功利主义进行了批判，包括Williams（1972）和 Midgley（1978）。这些学者认为自己是在保持义务伦理学特定的权利、规则或原则，认为义务高于权利。可是，权利方法也有缺陷。以权利为基础的方法或义务伦理的方法都不是道义的终结，但是二者都非常必要。

关于控制动物生活自由度重要性的争论引发了自由是一种"权利"的观点。适当的动物活动权利的观点支持者认为，所述动物生活自由权利是绝对的，不可因为其他环境因素而降低。这里关键的问题是确定什么是权利，应该在所有情况下接受几种权利。人类话语自由对特定的个体非常有害，因此在道义上是错误的。以我的观点，如同开车想开多快就多快或携带枪支的权利一样，权利概念引起了许多问题。所有的行为和法律都基于每个人都有义务以他人能够接受的行为行事。关于义务的讨论，法律及其他声明提供了行为指南，而不是对个体行为要求的具体陈述。关于此事的详细讨论见Broom（2003，第4章）。

Dawkins 和 Gosling（1992）讨论了动物行为研究的道义方面的问题。

第2章
行为描述、记录和评价

本章阐述了行为组织的一般原则。Jensen等（1986），Martin和Bareson（2007），Lehner（1996）详细讨论了行为的记录和评价。

一、行为描述水平/层次

行为描述的语句反映了人们看或听的内容。但是，反过来，这些语句也能改变正在使用、听、读的人的思维方式。尤其是当这些语句用于描述动物的某些暗含的情绪化状态或意图时。因此，准确、恰当的描述非常重要。比如，假定一只母鸡快速移动、拍动翅膀，从一个群体的边缘移动到附近3m左右的一堵墙处，该处墙上原来停着一只鸟，这只鸡一过来鸟飞就走了。某观察者可能会这样描述：母鸡受到了惊吓，愤怒并具有侵略性。这可能正确，但是没有告知他人他所看到的。为了与听众或读者有效交流，最好按上面叙述性描述的方式表述所看到的内容。

客观的行为描述有不同的描述水平。当描述上述母鸡时，应当考虑：

- 每块肌肉的收缩；
- 每组肌肉群的运动；
- 身体相关部位的运动，比如呈跑步姿势时翅膀的扇动或腿的活动；
- 动物或其身体某部分运动时与周围环境的关系，比如从A点到3m外的B点，或触到墙；
- 对物理环境的影响，比如踩踏将垫草铺平，打翻料槽或采食；

• 对其他个体的影响，比如导致其他禽移动，表现出顺从姿势或求偶表演。

根据观察的目的，决定描述的详尽程度，或决定是否需描述行为的结果。

开展特定研究了解动物能够表达的各种行为模式是很有益的。这种完整的描述称为习性谱（ethogram），目前一些动物品种的习性谱已获出版。这类文章需基于对相关品种的广泛研究而撰写，如对行为的描述足够精确，则非常有益。但是观察者仍然有必要花费一些时间了解动物的全部行为本领。可能任何详细的行为研究都有助于增进我们对动物全部行为本领的了解，所以没有尽善尽美的习性谱。选择行为指标时，应当考虑指标是否相互独立。比如，一个动作会促进或阻止另一个动作。

在考虑描述的详尽程度时，会很容易发现一些行为如睡眠是连续的，行走是一系列重复动作，展示行为和梳理行为是由系列动作完成的。Rowell（1961）对动作进行了区分，比如麻雀的擦嘴：向前弯身，在栖木上擦嘴，然后恢复为直立姿势；或者行走中迈出的一步，或一轮动作（如一段连续的行走）。Broom（1981）讨论了雀类完成一轮动作后下一步的动作，如行走、梳理羽毛、进食或展示。

因为动作常以某特定方式相结合，所以一定动作的组合可能是某些神经控制网络的反映。这样就可以用一个词来描述该行为组合，也就是动作可分成大类。许多行为指标都属于这类对行为组合的概括，如捕食、觅食、梳理羽毛、展示、交配或亲代行为。这类指标通常被称为行为模式（action pattern）。Broom（1981）指出，过去形容此类指标的术语是"固定行为模式（fixed action pattern）"，但是研究表明行为模式既没有固定顺序也没有固定遗传，因此该术语不恰当。用"行为模式"一词较合适。

对较持久的家畜个体行为序列描述有时要用到刻板（第23章）及节律的概念。"节律是指一系列事件按一定的时间间隔重复，事件的发生分布大体规则；表示这一概念更加精确的术语为周期性，是指一个时间序列中被相等时间段分割开的一系列事件。"（Broom，1980）。节律性的活动包括心跳、呼吸、行走、飞翔、咀嚼，活动而非休息、昼行性、发情行为和繁殖。Broom（1979）综述了节律性活动的观察和分析方法。对行为调查显示节律性会影响行为，因此在进行行为调查时应当加以考虑。比如雏鸡行走行为和心率显现出24h，20~30min，13~15s和1~2s的周期性（Forrester，1979；Broom，1980）。

很多动物都存在着生物钟的基本机制。果蝇、蜜蜂、仓鼠及人都有一个基因产生PER蛋白的信息（Young，2000；Toh等，2001）。该蛋白在哺乳动物的上视叉神经核（SCN）内影响昼夜节律。如果基因序列发生了哪怕是一个碱基的变化，氨基酸序列也会发生变化，则SCN发出的信号能激活松果体内的一个负责编码ICER蛋白的CREM基因，该蛋白参与褪黑激素的合成（Stehle等，1993；Foulkes等，1996）。褪黑激素水平随光照时间长度变化，会导致动物日常行为节律调整。

除导致日常活动循环变化的机制外，也有与年度循环活动有关的机制（Gwinner，1996）。季节性的行为变化可能是由荷尔蒙调节，比如英国马鹿睾丸激素的浓度会在其9、10月发情初期主要行为改变前增加（Lincoln等，1972）。Wingfield等（1977）进一步讨论了这种影响。

实际行为指标的应用主要依研究目的而定。仔细的观察可提供更详细的描述。比如，在图2.1中，犬的姿势、眼睛、面部肌肉及舌头的位置都表明其正处于警惕状态。

图2.1　注意力集中的犬：注意犬的姿势、眼睛、面部肌肉及舌头的位置

二、兽医检查时的行为指标

临床判定中所用的行为指标一般为定性，而非定量指标，只是说明某类行为存在与否。如果能获知个体动物之前的行为或对群体动物的反应、态势进行评估，则诊断的可信度会更高。实施操作处理前，应当考虑动物的态度、脾气和性情。应当注意动物对其环境的认知和警戒，尤其是应当努力记录试验对象的视觉、听觉和位置偏好。眼睛的活动（如眨眼或眼球转动）都是重要特征，眼睛圆睁并转动表示动物焦虑，眼睛呆滞则表示不适。

动物移动的意愿和步态种类都是重要的因素。对于一般的刺激如声音，或特定的刺激比如对身体局部的刺激，动物是否有反应。如果环境显示有必要确定神经功能，则应注意对局部疼痛如皮肤刺痛或夹疼的反应。有正常的行为吗？这可能包括自我维持如进食，对食物提供和身体护理的反应。在长期行为检查时，动物对身体护理的反应很重要，因为该种行为停止往往是生病的第一迹象。

应当注意动物共有的动作及其消失。比如，健康动物苏醒后会有自己梳理羽毛和伸翅的动作，但是有些因素如疾病能影响梳理羽毛和伸翅行为。牛将舌头伸入鼻孔的行为会受疾病的影响。反刍动物生病后其打嗝反应会受到抑制，这可导致瘤胃胀气和腹部膨胀。这些反应如果正常则表示动物健康，反之则已生病。

行为判定时，除非动物在通常环境中休息，否则许多反常行为不会表现出来。因此，仔细、耐心的观察可以察觉动物的反常行为。

在安静的空间和有限照明条件下，干扰因素较少，可以很好地进行行为检查。应避免使用镇静疗法。容易导致动物激动的检查应当最后开展。检查结束时，可能会发现动物很明显地需要更深入、专业的临床检测和特定的医学检查。在恢复期，动物的自我维护行为逐渐表现正常。使动物处于放松环境中并使用录像工具延长观察时间，对行为检查很有益。

第22章综述了动物病理状态下的行为。总之，临床行为检查还没有使用现代的行为评估技术，包括复杂、完善的行为测试和一些辅助手段，比如录像记录和遥感设备，这些辅助设备可以得到更多的信息。

三、试验设计和观察程序

行为研究开始前，需要考虑程序设计是否可以获得可信的结果。第一个需要注意的是观察者对动物的影响，如上所述，动物在观察者存在与否的行为模式不同。比如鸡，除非从早期便经常接触人类，否则其会视人类为捕食者。因此，其行为会受到观察者的影响。其他动物也会因有人存在而受到影响。所以建议观察时，要么躲起来偷偷观察，要么则需事先确定好人为影响程度。

如果指标的确定和记录的精确性足够清晰，则行为观察可以准确地重复。但是，如果多个观察者参与，应就观察者之间的可靠性开展研究。设计观察程序时，还要考虑有意或无意造成的偏差。如果要对比两种方式，在可能的情况下，要确保观察者在观察时并不了解动物接受了何种方式的处置。

不管在何处开展试验，都应设一个或多个对照组。比如，在研究荷尔蒙对行为的影响时，应当设对照组。对照组的其他条件都要与试验组完全一致，只是使用其他惰性物质代替了荷尔蒙。由于未知变量有时会导致错误结果出现，因此行为研究往往需要重复。一个例子就是研究群体动物从一处移向另一处的移动顺序。动物的移动顺序会具有偶然性或受周围环境的影响，因此在作出关于动物社会关系的结论时，应当记录动物在不同场合和不同环境下的结果。

只要进行重复观察试验，试验人员就必须要清楚研究对试验结果的影响。没有动物在接触了试验条件后，可假定为不会受到影响，因此其行为在对试验条件的每次重复时都可能会不同。一些研究发现，如动物常规移动顺序在动物生命过程中经常出现，因动物对其已经适应，则其行为不会变化很快。但另一些研究也发现，当给动物一个不寻常的刺激后，再一次对其进行此刺激，动物的反应要么由于习惯了而变弱，要么由于敏化作用而更激烈。Lehner（1996）和Hawkins（2005）详细解释了试验设计。

四、动物标记

动物标记是试验设计要考虑的一个实际问题（Martin 和 Bateson，

1993）。当可确认个体动物时，可获得更多的信息。通过观察个体动物已经证明，认为动物按照种属特异性行为的观点过于简单。动物个体对环境的反应和适应环境方面的行为差异较大。如果动物以群体存在，则有必要对个体动物进行标记。

有时，不需要额外的标记，就能完全区分开动物。如当群体数量不多时，猫和犬可能很易于辨别，黑白花奶牛和荷斯坦奶牛也可通过外表区分。通常使用国际通用程序来描述马（Federation Equestre International，1981），通过这些标记在行为观察中足以辨认动物。奶牛通常使用项圈、耳标或烙印来标记，也可使用一些会导致动物疼痛的操作来标记，比如打耳孔。

只要对动物进行标记，就要考虑标记物是否会对研究产生影响。Burley等（1982）对斑马雀开展研究时发现，彩色的绷带或脚环会改变鸟对异性的注意力。红色的绷带会使雄性更吸引雌性，而黑色的绷带则使雌性更吸引雄性，绿色或蓝色的绷带会使异性远离。标记对动物的其他影响包括标记方法或引起疼痛的标记；可使动物的群体地位发生改变的标记；或被捕食的概率发生改变的标记。为了弄清标记可能会产生的影响，建议单独对这些影响开展研究。如果使用标记，则要么全部标记，要么都不标记。

标记的种类需要依观察需要而定。在饲喂观察时，通过小的耳标即可辨认，但在其他情况下则可能需要在动物侧面或背部作大的标记。当使用录像时，应使用比直接观察更大更清晰的标记。

过去用电子方法标记动物，因其太昂贵或太重，不适于广泛使用。但现在，即使对小型动物，也有了很小的可吸附或可植入的胶囊帮助进行电子标记。设备可产生信号，只要有合适的接收器，就可接收信号，以此来标记动物。这些设备还能提供，如体温、化学浓度和身体变化等方面的数据（Lehner，1996）。第21章描述了标记动物实现追溯方面对动物福利的有利条件。

有些研究中的标记需要贯穿于动物终生：犬、猫、猪或马身上的刺青，猪、绵羊、山羊、水牛或牛的耳标，牛、水牛或马的烙印，鸟的腿环或翅膀标签。一些电子标签或接收器可能在动物生命中很长的时间内都起作用，而一些接收器仅在靠近设备时才有用。但这种设备如用于伴侣动物可安装在家中；如用于农场动物，可安装在动物房舍入口处，比如在母猪电子饲喂器、公猪围栏或产房入口处。

临时性的动物标记对禽可使用腿环、羽毛染色的方法，对哺乳动物可用兽毛染色、涂色和项圈等。染料或涂料可购买得到，因为许多农场主都有对动物进行标记的需求。由于染料、涂料会自动脱落或由于动物舔舐而脱落，因此这种标记往往只能持续很短时间。在正式开始调查前，应查清标记在试验条件下可持续的时间。也可以使用数字或字母标记，但如果这种标记作得不是很明确，则很容易产生混淆。字母标记比数字标记的做法要好，因为即使将容易混淆的相似字母去除后，可用字母的数量还是比较多。图2.2是小母牛用这种方式标记的例子。如果磨损或其他原因可能会减弱标记的清晰度，则应采用单一标记组合使用的做法。图2.3显示的是禽的标记，即使羽毛凌乱或部分标记丢失也能加以辨认。如果标记没有完全丢失，则根据在4个不同位置作或不作标记，能够有15种不同组合。猪或其他哺乳动物也可使用污点标记或条码标记法。项圈适用于犬、猫、牛、水牛、山羊和一些绵羊，但容易脱落，因此有必要使用永久性标记。

图2.2 用字母标记的奶牛便于社会互作研究中的个体识别

图2.3 用喷色标记禽的一个例子。在禽背部喷色，可以喷1~4个位置，这样能获得大量可能的组合，即使羽毛竖起时也容易识别

五、采样和评价

　　评价行为时，需要作出多项决定。由于观察者的能力有限，因此各项决定之间会存在着关联性，即对一方面描述得非常详细，就意味着对另一方面描述的详尽程度会存在着潜在的欠缺。首先要确定观察哪些动物，如果需要进行非常仔细的直接观察，那么可能就需要一次只观察一头动物。这头动物可能是一只在自己围栏或窝的动物，也可能是动物群中的焦点动物。应用适当的采样方法，并通过扫描动物，可以一次获得几只或多只动物的数据，但是通过这种采样方法会丢失个体信息。

　　一种行为的如下信息可通过观察和记录获得：

- 特定动作存在与否；
- 观察期间每一个动作的发生频率；
- 每个动作每轮的持续时间；
- 动作每次的发生强度；
- 动作发生的潜伏期；
- 后续动作的时间和种类；
- 与生理变化相关的行为变化的时间和种类。

（一）连续的行为记录

　　如果使用许多指标，这种技术做起来可能会较困难，那就需要采用一些下面提及的辅助记录手段来完成。此方法为各种不同的分析法提供了运用的机会。当不能采用此种连续记录时，可应用采样的方法收集多个动物的信息，并评估活动时间，但采样法会丢失一些信息。有3种采样方法：2种类型的时间采样和1种行为采样（图2.4）。

（二）行为采样

　　也叫做"显著行为记录"，此方法包括对动物连续的观察，但仅记录某类特定行为。比如，观察一群犬，但是仅详细记录一只犬嗅其他犬的行为。行为采样也许可以自动记录，比如鸡啄操作键的行为可以自动记录而忽略其他活动。这种方法尤其适用于罕见行为模式，同时可忽略其他行为。

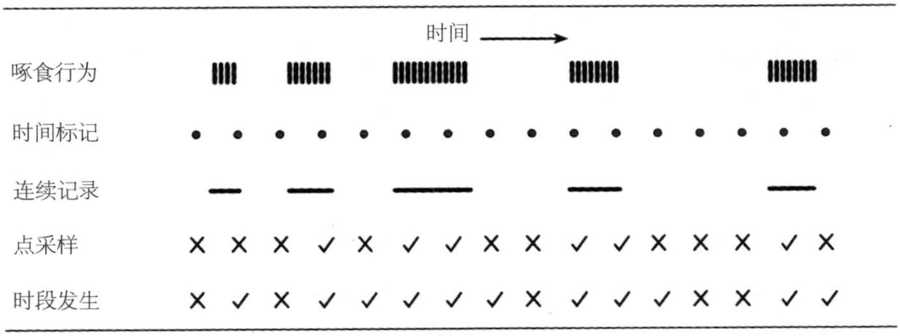

图2.4 比较行为记录方法，显示雏鸡的啄食行为就像事件记录仪以恒定的速度移动而产生的记录。如果使用连续记录，就会产生所示的线段，准确记录每次啄食停止和开始的时间。点采样和时段发生采样就会在每次记录时得到是或否的答案

（三）点采样

也叫做"瞬间采样"，这包括在特定时间点观察动物，并记录在此时间段内是否出现某一类行为模式。如图2.3，如果观察时间足够长，并且采样间隔不是太长，则可获得更多关于普通活动的有益评估，但是也许会漏掉一些罕见行为。此方法的另一个问题是观察者倾向于录入一些在采样期间没有实际发生的行为。进一步的问题就是一些活动需要花费时间来辨认。比如，当奶牛反刍时，需要花费几秒钟来确认，因此可能在观察瞬间奶牛下巴的活动是在吞咽。这种方法的优点就是当观察许多动物个体时也可以使用，所以一个人可以收集许多信息。

（四）时段发生

这种记录类型（Broom，1968b），常令人困惑地被称为"1-0采样"，是另一种类型的时间采样方法，即在特定时段内发生的事件仅在该时段结束时记录。由于数据记录不需要连续记录，因此可以同时观察几只动物。从图2.3明显地可以看出，这种方法优点就是即使罕见事件也不会漏掉，它的主要缺点就是获得的数据不是每个行为实际持续时间的真实反映。然而如果与每轮活动的持续时间相比，采样间隔时间很短，则其可以很好地估测出活动的持续时间。这种记录方式比连续记录简单，但是比通过计算机记录的研究慢。

当描述社会行为时，常常需要产生一些关于常规活动的数据和一些特定种类的相互作用。在这种情况下，可以同时使用多种行为测量方法。在母牛群体中，常规活动可以采用定点采样记录，罕见活动如打斗可以采用行为采样方法。行为采样产生的数据可以记录发起者与攻击目标、胜利者与失败者、理毛者与被理毛者或一对相关的动物个体。这些数据可以在电子表格中进一步分析。关键的最后一步是进行数据的统计学分析。下面归纳了一个经过Martin和Bateson修改后的，在行为研究中常用的统计检验方法（这些检验如果没有标记则是非参数型，如果标记了星号，则是参数检验）：

1 问题1：采样是否来自特定群体？（单样本的适配度检验）；

单样本卡方检验（名称数据）；

二项检验（名称数据）；

K-S单样本检验。

2 问题2：两个不相关样本数值是否存在显著差异，比如，两个不同对象组的得分？（两个不匹配样本的差异检验）；

两个独立样本的卡方检验（名称数据）；

费歇尔恰当概率检验（名称数据）；

曼-惠特尼 U检验；

t检验*。

3 问题3：两组相关样本是否差异显著，比如，在不同条件下的相同物体得分？（两个匹配样本的差异检验）；

威氏配对符号秩次检验；

t检验*。

4 问题4：几个相关样本是否差异显著？（k不匹配的样本的差异检验）；k独立样本的卡方检验（名称数据）；

克瓦二氏单因子方差分析；

方差分析*。

5 问题5：几个相关的样本是否差异显著？比如在不同条件下对同一对象的测量得分？（k值匹配的样本的差异检验）；

弗里德曼的双向方差分析；

重复测量方差分析*。

6 问题6：两套得分相关？（两个样本相关测量）；

斯皮尔曼等级相关系数；

肯德尔等级相关系数；

皮尔森积差相关系数*。

7 问题7：几套得分相关？比如一组对象连续测量几次的得分是否一致，或对同样对象采用不同测量方法测定结果是否存在总体相关性（相同对象K等级一致性检验）；

肯德尔一致性系数。

六、记录辅助

对行为的记录经常是较困难的，因为事情通常会发生得太快，以至于动作的类型和发生的时间往往无法同时记录下来。当对行为进行书面记录时，使用单符号缩写会节省很多时间。如应用采样程序，可事先准备好记录表格，在表格上留出书写符号的空间或用打勾预订好时间段。连续性的记录，最简单的方法就是使用秒表，同时在一张方纸上画一直线表明时间，比如30s或60s。然后手在纸上直线移动，并在直线上的端点记录下相应的符号表明一特定时间，这样就可测定每个活动的持续时间。下一步就是使用计算机记录系统，适应快速操作的键盘便于高效记录。

当行为变化很快时，磁带记录或录像记录尤其有用。对鸟鸣和许多其他连续镜头的详细记录都因可录制并可慢放而获得了很大的帮助。录制的数据可重复回放，可以生成电子声音序列的表达。摄像还有一个优点就是避免人与动物的接触，降低了对动物的干扰。对某些类型的行为记录，可以使用自动化系统监控运动。

七、田间研究

在自然或半自然条件下研究动物可以获得关于动物行为、资源分配等方面有价值的材料，但是由于观察员的存在极有可能改变动物行为。因此，如果观察野生、散养动物则应当保持一定距离，需要使用远程观察辅助手段。近距离观察则需要隐藏，除非动物习惯人的存在。在田间开展试验非常有价值：比如，可以给动物放置食物或设置声音或场景。

八、试验条件

嗜好试验是一个能够提供动物生物需求信息的试验。在不同环境下观察动物都可以发现动物的选择偏好，但也可以采用特定选择或操作性试验的方式。可设置不同的食物、地板、房舍、设计、伴侣、温度、光照或空气流动条件。动物福利研究中对动物偏好强度的测试很重要（第6章）。

另一项很有用的行为研究是在可控的范围内剥夺动物的某种能力或资源，然后在撤销剥夺时观察动物的表现。剥夺引起的影响，如短期或长期缺失某些食物，不让其有社会接触或扇动翅膀，可以通过记录即刻的或长期的行为变化来评估。剥夺能力、资源往往是驯兽研究的第一步。家养动物如果给予足够的暗示，并且行为反应适当，则动物在学习时会表现得很好。

其他的试验条件包括动物暴露于新环境及与繁殖相关的试验。如果动物移动到新围栏，则会表现出探索行为，有时也可能是受到了环境的影响，此时需要观察肾上腺激素的变化情况。可以通过提供给动物一个潜在的配偶或模型动物来观察交配行为。可能通过让动物接触小动物或提供相关声音或模型，来观察动物的母性行为。

第3章
经验、学习和行为形成

一、经验

在发育的过程中，基因表达和引导细胞及器官发育成特殊形态的过程依赖环境因素。在成年期，一些基因仍然是活跃的，通过体内和体外信息的输入可以很大程度地改变身体的发育过程。在身体内部，行为受神经控制，同时也受肌肉、骨骼等的影响。环境影响这些行为的发展和功能延续（Bateson 等，2004；Gluckman 等，2005）。在第一章中提到的一个结论是任何行为都依赖于动物的遗传信息，同时没有行为可脱离于环境而独立存在。另一个结论是在个体与其所处环境之间的每一个相互作用都对个体变化存在着潜在的影响。

环境对行为的影响可经由体内感觉器官或体内的其他细胞而介导。例如，环境中氧浓度的变化可以导致动物行为的改变，而不需要感觉器官的参与，所以不能区分是大脑的感知还是一个环境刺激对行为产生了影响。如果动物去某个氧气缺乏的地方，它可能会发现有各种各样的后果，如感觉不适或受其他影响；如果它去另一个地方，发觉有危险的捕食者。这些均可认为是动物经验的一部分。

然而，当人们说某些事情是经验性的时候，他们也经常暗含着一些感官知觉。经验被认为是来自某些环境事件的心理建构，不仅仅是身体反应，还有大脑的反应。某些经验是激素水平改变的结果，也有一些是大脑理化环境因素改变的结果。很多其他的经验是感觉输入的结果。然而输入大脑的信息通常是由体外的某些变化来介导的。然而，有时生理变化是其变化之前体外变化的结果，或完全来自于内部的改变。一个想象的事件可能导致肾上腺活动，进而导致的体内变化可被经验化。经验就是脑外获得的信息在脑中变化的结果。事实上，有些经验是浅显的，而另外一些经验是很深刻的。脑中存在的信息影响经验是否深刻。

二、学习

经过学习，某些经验可导致行为的改变。这种变化必定是本身大脑内某个过程的结果，所以是这样定义的：作为一个来自脑外信息的结果，学习是一种在大脑中的变化，这种变化导致数秒钟的行为改变。这里的"数秒钟"不包括简单的回应。经验和效应的范畴很广，从可导致氧浓度效应对酶活性产生影响，影响传感器控制机制发展，再到复杂社会中不易观察的个体行为的影响。因此，在很多形势下均可产生学习行为。这意味着学习是频繁的，几乎包含在行为的每个方面。

大脑的学习机制，可能是一个非常复杂的过程，其中包括什么正在发生，什么已经发生，什么可能发生。有些作者总是试图对显而易见的学习作简单的解释，而没有考虑到复杂学习已经发生的可能。应该考虑这样的建议，虽然关于该主题的内容在一些书和论文中仍有陈述，但这些关于对所观察到现象的简单解释的假想很有可能是不科学的（Roberts，2000；Forkman，2002）。

如果一个动物有复杂高效的能力，那么这个动物将要在可能的情况下使用这种能力。在研究中，对有广泛目标的人们来说，学习经验是重要的，没有人的学习行为能够忽略学习的效果。话虽如此，但在一个动物所处的环境中，很显然许多事件不会导致任何将来行为的改变。一些事件不能被动物所察觉，因为感官的滤过机制，一些信息不能到达决策中心。一个非常基本且重要的问题是，动物学习时是如何忽略不相关的信息的（Mackintosh，1973）。发生这样的学习，部分原因是动物对一定的信息有反应的遗传素因，这主要是指与特殊活动相关联的学习（Lorenz，1965；Shettleworth，

2000），另一部分原因是动物对重复信息反应的变化。

（一）学习的秉性

事实上，在一系列可探知的信号中，动物可能宁愿学习一些信号，而不去学习另一个行为信号，对此Bolles（1975）已经充分讨论过。他指出，大鼠面对厌恶性刺激更可能学习并展示出回避反应，例如触电，它比学习回应通过杠杆作用导致的即将到来的食物短缺更加迅速。这是能够解释的，因为当一个信号预示着危险的时候，擅长快速改变自己行为的老鼠们比那些不擅长改变自己行为的老鼠们会繁殖更多的后代。由于负面的强化刺激，如果一个不良后果被动物的反应阻止了，这个动物也可能学习。因为新的对象可能是有毒或有害的，所以最好避免接触，故对于新的食物可能需要花费一些时间去学习适应。

Shettleworth（1972，1975，2000）研究指出，一些反应很难与食物联系，另外一些却很容易。当仓鼠们进行某些活动的时候，在有些情况下，奖赏给仓鼠食物，仓鼠很容易学习与食物有关的一些行为，而不容易学习其他的一些行为。按笼子中间的横木，在笼子中心用后腿站立、扒寻或掘取，如果在行为发生的一刹那被奖赏了食物，都能增加这种行为的频率。而洗它们的脸，用它们的后腿抓自己或者在笼子上制造气味标记都不能通过奖赏食物来增加动作的频率。仓鼠学习与食物发生联系的行为更像那些与食物寻找和获取有关的行为。

上面的例子就是一个行为与信号联系起来学习的例子。在其他学习情况下，也可以给出一些学习秉性的相似例子。例如，对危险的捕食者信号的习惯化远少于习惯轻微的干扰或次要的社会信号（第4章）。学习的秉性是遗传和环境因素发展的结果，就像其他的控制系统一样。拥有更高效遗传素因的动物将要繁殖更多的后代，所以关于捕食者的高效学习基因将在动物群体中扩散。

（二）习惯化和致敏

如果一群羊从一个安静的地方被移动到道路附近，他们第一次看到或者听到一辆机动车经过道路的时候，将表现为逃离反应。接下来动物对机动车的反应越来越少，直到群体中的每一只羊都停止发生任何行为反应：它们习惯化了。习惯化是对重复刺激所呈现的倦怠反应。这样的重复是非常频繁的或是不频繁的，例如每天一次，习惯化仍然发生。对习惯化的可能性和程度将取决于刺激的性质、程度、规律和动物的状态。如果松果每分钟掉落一次，很快就能产生习惯化，但是如果以每天5个的不规律速率掉落的话，习惯化的产生将很慢。

然而，羊不可能对看到捕猎的狼产生习惯化。事实与此相反，它们可能会被致敏。致敏是对重复刺激反应的增加。当再次看到狼时，羊将产生比第一次更大的反应。第一次听到折断枯枝的声音，羊可能会很少反应，但当该声音重复出现时，反应会越来越强烈。在每一个例子中，与单一的刺激相比，重复意味着更大的危险，所以致敏是有利的。习惯化是动物的一个适应性过程，它可以使动物免于对无价值刺激作出反应而浪费能量，它也可以使动物在日常事件回应当中免被猎食者发现。

习惯化可能是受体疲劳或者脑通路中心适应的结果，这可能是简单习惯化发生的原因。然而，习惯化又似乎是非常复杂的，因为它是这样的特别，所以习惯化可能与各种形式的学习相联系。Sokolov（1960）描述了一个对犬产生惊恐反应曲调的习惯化，但是当再次给这些已产生习惯化的犬一些仅在频率上表现稍微不同的曲调，也可再现全部的反应。索科洛夫也论证了犬对声音持续时间的生理惊恐反应的特殊习惯化。Broom（1968a）对雏鸡进行了一个相似的行为反应试验，通过给雏鸡一种灯光刺激，开10s，然后关20s，并使其习惯化。观察雏鸡的行为反应。如果灯仅亮5s，雏鸡会更早离开；如果延长至15s，雏鸡会在10s时提前离开。这种研究显示动物必定是在脑中建立了环境改变模型，并把每次输入的信息与模型相比较。这是比神经适应更详细的一种学习方式。

习惯化的重要实践意义在于可减少家养动物对管理程序和栖息场所的反应。在动物一生中需要较多的管理，比如对于大多数宠物、奶牛、家畜或观赏动物，必须让动物习惯这些管理程序。任何新的程序或者新设备可能都需要更多的训练。突然引进不同样式料槽或投料机器可能导致拒食或者逃避反应，但是，预先的暴露或缓慢的接触能产生快速的习惯化。同样，对于穿着正规服装的人已经习惯的动物可能会对一个穿不同样式的衣服或者白大褂的人产生一个反应。因为动物贸易市场或者其他场所有很多人和其他新的刺激，对于要参与展示的动物这一点是特别重要的。被运输的农场和伴侣动物如果不习惯于这样的管理，会经常被这样的情况所打扰（Grandin，2000）。

三、试验性学习研究

大部分关于学习的文章都是在实验室条件下参考学习测试完成的，可能使读者误认为学习与实际生活是不相关的。没有什么比这更脱离实际的了，因为所有的功能系统均包括学习。这需要在本书的每一章中提及。具有学习其自然环境、种属本能、危险的来源和多种资源信息本领的动物才能生存和繁衍。学习能力差意味着适应性差。

对于难以执行野外可控试验的研究，实验室研究是有价值的。然而，因为在一些研究中，动物由于受试验条件的惊吓或者给予它们的不是适当的刺激而学习失败，因此试验结果易受到错误的解释。在一个学习测试中，如果羊看到一个危险的猎食者或者长期的同伴不在的时候，它将不能正常学习。猫不会为了自己不想吃的食物而工作，马也不会把自己的蹄子放在一个杠杆上表演。

已经被用于家畜的试验条件的例子包括：① 经典条件下动物学习展示对一个新刺激的生存反应；② 人工条件下动物为了获得奖励或者逃避一个厌恶的经验而学习执行一个人工的反应；③ 迷宫学习条件下，动物为了获得奖励而学习采用最佳路径。

这些条件是过程的连续描述，但在不同的情况下，学习过程中大脑内可能发生的变化相类似。在每一种条件下，环境变化作为正性的增强剂或报酬——增加一个反应的可能性，或者作为负性的强化剂——降低反应的可能性。正性的增强包括各种内环境稳态失衡的调节（第4章），如食物、水、温度改变等，以及社会行为、性行为和探究行为的机会。负性强化是痛苦的事件、恐怖的刺激或内环境稳态失衡扩展。

在l.p.pavlov的经典条件研究中，对非条件刺激（食物）通常表现出的非条件反射（流涎）是与条件刺激产生的条件反射相联系的，它可以用一种以上的方法解释（Forkman，2002）。因为不能区别条件刺激与非条件刺激，所以可能会对条件刺激作出条件反射。然而，有另外一种解释，铃声首先唤起食欲，然后导致流涎（条件刺激→非条件刺激→非条件反射）。

Dickinion等（1995）与Balleine和Dickinion（1998a）解释，贬值试验可帮助发现以上那些是如何发生的。如果给予动物一种声音并同时给予一种新的食物，这种无条件反射结果是去接近食物。在学习之后，动物开始去接近这声音。如果给予一种新的食物同时给予呕吐的药物，动物将不学习吃这食物，换言之，贬值了。如果起初的学习是从条件刺激到条件反射，则食物的贬值将不影响声音的接近反应。然而，如果起初学习是条件刺激→非条件刺激→非条件反射，这曲调将要引起核实反应。在老鼠和鸡的学习当中，发生的是后者更复杂的学习（Holland和Straub，1979；Redolin等，1995；Forkman，2001）。因为动物个体意识到了条件刺激的意义，这说明在受试动物中有高水平意识。Haskell等（2000）研究显示，被剥夺觅食权利的受挫雏鸡们导致了行为异常，这代表了一个顺序：条件刺激→非条件刺激→非条件反射（Forkman，2002）。

在经典条件下，最著名的影响就是挤奶时，奶牛们都会对挤奶室的典型声音作出反应。奶头被试图吮奶的小牛刺激时，释放催产素而刺激产奶。当奶牛察觉到来自小牛的其他刺激后，带小牛的奶牛很快释放催产素。与此方式相同，使用挤奶机挤奶的牛，可能对其他的一些信号发生反应，如声音。关于怎样快速地建立这样的反射存在着品种间的差异。相比荷斯坦或黑白花奶牛，法国的夏洛莱老品种奶牛产奶时对不是来自真实犊牛的刺激的反应较少。

Pavlov最初的经典条件的研究包括犬，它展示对发现食物的非条件刺激的非条件反射流涎。如果在许多次呈递食物时给以铃声，一旦听到铃声，它们即开始流涎。铃声是作为一种条件刺激，同时流涎作为一种条件反射。使用这些条件，在挤奶室，挤奶变成了叮当的噪音等条件刺激的条件反应。

农民应该意识到挤奶室中的挤奶是一种条件反射，这样的学习依靠足够的训练。如果挤奶室中存在干扰刺激，年轻的动物可能不会学习，同时具有条件反射的较老的动物也不习惯表现出原来的反应。Kilgour（1987）指出，任何使奶牛不适的兽医工作都不应该在挤奶过程中实施，但可在一个分隔的实验室中进行。

另一种联合学习的形式是操作性条件反射。按照行为输出量增加或降低实施操作的行为，如按压开关。Domjan（1998）和Baldwin（1972，1979）研究指出了羊和猪学习操纵食物、光和热的开关。一只羊通过放它的鼻子在狭缝里，中断一束被光电元件监测的光线打开开关加热它的圈栏。当环境温度低时，它学习了这样的行为，通过把自己的鼻子放在狭缝里来取暖。如果羊拥有完整浓密的被毛时，它不会做这些，只有他们被剪毛的时候才会做。

操作性条件反射，也称设备条件反射，可能包括一种奖励或者正性强化刺激。例如，当一只犬坐着的时候，接到一块饼干即可引起操作性反射。这种奖励正性地加强了坐的行为同时增加了将来犬展示行为的可能性。另一方面，如果一个反应停止或阻止了某个行为的负面结果，动物可能由于负性的加强而学习。例如，屈服于另一只强犬的幼犬是很少可能被咬的。咬的负性强化刺激增长了犬学习展示屈服行为的可能性。

试验心理学家作了许多这方面的研究。他们利用大鼠压杠杆作强化刺激——如在一个暗盒中，用杠杆压食物，同时自动监测递送食物。有些试验已经研究了不同强化计划的影响。如果每按下控制杆第五次的时候给予食物，这被称为强化的固定比率（在本案例中是FR5）。当该比率非常高的时候动物仍然能够学习，这都不足为奇的，因为在野外的条件下，它们为了获得食物经常需要多次实施觅食行为。

因此，动物可能重复多次已经成为强化刺激的动作。为了很少的食物奖励犬很容易被训练叫33次（Salzinger和Waller，1962）。当主人吃饭的时候，犬会吠叫并被偶尔喂食，犬很可能将这样叫与喂食联系在一起，吠叫更多的次数。在相当易变的，对奖励回应比率大的条件下，犬仍然学习这种联系，这种叫声可能被人类当作是一个问题。当一种刺激或行为不再被之后的强化刺激加强的时候，这种学习反应将很快或者渐渐消失：这是学习的消失。如果当犬吠时主人不给予食物，叫反射的消失就要出现。然而，偶尔使用食物的强化（部分强化）会使这种消失变慢。

　　一个相当不同的强化计划是在操作行为之后给予奖励，但只能在固定的间隔之后。在一个实验室条件下进行的试验中，动物为获得食物仍然不得不按下杠杆，但是除了在预定时间间隔按杆外其他是没有作用的。如果间隔太长，除了强化时间接近的时候，动物经常不学习去按杠杆。从这个研究中我们知道动物存在着相当精确的时间钟。同样的结论也可来自对家畜的观察。当犬到该按时散步的时候会提示它的主人，当奶牛到定时挤奶的时候会发出操作反应的大吼，用电子饲喂系统的母猪更经常在日常饮食周期开始的时候进入料槽区。

　　每天的日常生活中，条件反射和其他学习都在发生。Forkman（2002）的例证如下：一只母鸡可能接近任何蠕虫状的物体，但也可能通过条件反射去接近任何黑的叶子，因为它发现叶子下面经常藏着虫子。它可能已经学习了通过操作性反射啄蠕虫的前端，这样可以阻止蠕虫快速地向前移动，因此摄取食物的正性加强刺激就发生了。一些蠕虫状动物的叮咬或味道不好（负性强化刺激），会减少或避免啄食它们。在某些地方树叶下没有蠕虫，就可能导致翻动树叶的行为消失。

四、家畜的学习能力

　　家畜能够学习什么呢？行为的观察和学习的试验研究说明它们能学会如何在它们的环境中生活，鉴别食物的质量，获取食物资源，逃避危险，降低被捕食的风险，辨别动物个别和根据提前获得的信息作出针对个体的不同回应。在这里，一些研究描述了这种能力。

　　处于几个连续反应中联想学习的形成，是与如何学习从一个地方到另一个地方的强化刺激相关联的。家畜很容易掌握人类房子附近或农场周边他们能到达地方的路，所以可以预料，它们可以学习走迷宫。Kilgour（1987）比较了在可变迷宫中几个物种走到目的地的表现。这种迷宫含一组六个不同便道，这些便道都可以通过行走到达目的地。如果动物能够解决这样的问题，即每日8个动物中先跑出来的前4个就能够获得100分，学习得越慢获得的分数越低。他采用了不同的农场动物、犬、猫和人。小孩的学习分数是99分，犬、牛、山羊和猪为90~93分，绵羊是85分，猫和大鼠是81分，鸽子与鸡是61~66分，老鼠和豚鼠是48~53分。分数是以错误的数量为基础的，绵羊与牛和犬的表现是一样好的，但猪不如它们。

在激发的状态下，一些试验结果可能受到一些变量影响，特别是被惊吓的时候。但很显然，农场动物表现非常出色。进一步广泛的研究显示，农场动物类和犬能很快的学习简单和复杂的任务。在任何一种学习条件下最大可能的表现很可能是评估学习能力的最佳指标。用这样的一个标准，牛、绵羊、山羊和猪的学习能力至少和犬一样好。与这些动物相比，马可能稍微不善于学习，但关于马的可控研究实在是太少了。家禽表现不那么好，但这些物种在各项任务上都非常称职。脑尺寸的测量，以及与身体尺寸相关的脑尺寸测量提供很少额外的信息（Broom，2003）。对哺乳动物来说，大脑皮层的折叠程度可能与智力有关。有蹄类动物，如山羊、牛、绵羊、猪和马比其他哺乳动物有更多的折叠，仅有灵长类与鲸能清晰地展示更多的皱褶。

在现实生活中，观察家畜的学习可提供令人印象最深刻的关于他们能力的证据。在日常生活中，宠物主人熟悉他们的动物如何学习获得食物和其他资源的能力。放牧动物经常被认为在过一种简单的生活，但最近的研究表明并不一定如此。在第8章中解释到，绵羊和牛对它们吃的东西是有选择的，所以它们不得不学习所有它们碰到的不同植物。它们也不得不学会识别好的放牧条件的地块，当一段时间后返回时它们不会浪费时间去那些最后放牧还没有重生植物的地方，而去获得充足的质量较高的多种植物。

群居动物都有一个详细的社会结构，它们不得不学习关于其他个体的一些东西。动物一生中最复杂的任务就是做一些与建立和维持社会关系相关的事情。因此，为了这样一个唯一的目的，群居的犬或狼，或成群的农场动物必须有相当的智力。农民习惯于家畜快速的学习，以及他们并不喜欢的而要求动物做的事情。具有负性强化刺激的一种简单的条件反射是学习避免电围栏。一些个体探索围栏同时在遇到一次电击后才学习躲避它，另一些个体通过观察其他个体而学习围栏有一些令人不快的特点。一些个体发现，潮湿的鼻子接触围栏将受到严重的电击，用具有较好绝缘效果的部位接触的影响却

图3.1　带有应答器的荷斯坦奶牛能打开自动
响应门或者进入一个饲喂栏。应答器
是个体识别的，起初是适当的电信号
（图片由D.M.Broom提供）

图3.2　自动响应门，每一个能通过个体
奶牛的应答器被打开（图片由
D.M.Broom提供）

较少。所以他们每隔一段时间去检查一下围栏，以确定围栏是否有电。

　　食槽盖子必须被提起才能获取食物的供给需要相当复杂的操作性条件反射，如自动响应门的使用一样（图3.1和图3.2）。当牛经过配有正确应答器的门时，门会自动打开。因此，一头新配备这样应答器的牛面对一排门的时候，它不得不学习用它的头向下推其中的一个门才可获得食物。大多数的牛通过稍微地训练就能很快学会这种非常复杂的任务。在试验研究中，Langbein 等（2004）研究发现，山羊为了获得水很容易被训练对图片作出反应。

　　另一个复杂的自动饲喂机是给牛和母猪准备的电子饲喂畜栏，其操作很容易。这再一次依靠应答器，但在操作方面更复杂。与训练动物使用这些畜栏相比，处理奶牛之间的社会接触和母猪旁边临近的饲喂器的问题比处理操作系统的问题更复杂。这些动物不但可以学习操作这些上料器，而且它们还可以学会通过啃咬上料器、驱逐其他动物或再次回到出口闸或敲打食品机以便获得一些额外的食物。被饲喂在电子饲喂系统中的猪，其脖圈上戴有应答器，它能学会拿起其他母猪掉下的项圈，得到额外的食物供给。在一个试验研究中发现，猪在辨别选择食物供给点的时候，会选择有更多食物的或者容易接近的点（Held 等，2005）。

　　羊具有区分其他个体羊和个体人的能力，这已经被人类的选择试验和在颞额叶皮层的细胞记录所证明（Kendrick 等，2001）。绵羊可以区分25对其他绵羊的照片，而且能记住超过1.5年，且这段时间前后在脑中有相同的神经元反应（Broad等，2002）。当母羊认知一只羔羊时，大脑中神经营养因子、受体B的密度、大脑八大区域RNA信使的表达都有一定提高。其他的研究也显示，小牛能学习一种辨别两个牛群之间成员的任务（Hagen和Broom，2003），绵羊能辨别同类骚扰或平静的照片（Broom等，2005）。

宠物动物获取和使用物体概念和被文字描述的行为概念的能力已经长期被它们的主人假定是存在的，而试验研究也已经证明了这些能力确实存在。Ades记录了当没有其他信息提供的情况下给予母犬语言命令后，自动数据输入系统记录了它的行为。它能通过行为回应这种语言，如用身体定向指示或者拿回一些物体中的任何一个，像一个球、瓶子、钥匙或者玩具熊。当需要水、食物或者出去排便的时候，它也学会按键盘上八个字符中的一个。一个完全无关的复杂刺激——一个词或一个视觉符号——与行为或对象相联系，表明动物具有相当强的认知能力。

很显然，犬可以对物体和行为或资源的愿望作出反应。然而，曾经有一个问题是，当犬不能看到对象或者不能直接察觉它的时候，犬或其他的动物是否具有一个对象的概念。Young（2000）解决了这个问题，将犬放在一定的环境下，在该环境中，犬已习惯被3只碗中的一个饲喂。这只犬观察到人A进到这个屋子同时放食物到盖着的碗中的一只，但它不能看到哪只碗放了食物。这只犬也能看到人B在这个屋子里（人B能看到食物放到哪只碗里）。另一个人C不在这个屋子里。然后，这只犬又被允许看这3只盖着的碗，但是没有任何嗅觉的信息去分辨它们。人B指着其中的一只碗，人C指着另一只。当这只犬可以接近其中一只碗的时候，它就走向人B指向的那只。这研究表明，第一，犬有一个它不能看到的食物的概念；第二，犬认为有准确的信息的人提供的信息相比其他人提供的信息被犬优先使用。人B和人C在他们提供准确信息的过程中没有差异。

犬和猫都能回应人类的指向，然而，在相反的条件下，犬观察到一个玩具被一个人隐藏到一个地方，之后它给另外一个可能取回它的人指出玩具的位置（Miklosi等，2005；Viranyi等，2006）。同一组报告指出，犬能观察一个人并学习通过便道绕过栅栏得到奖励（Pongracz等，2001，2005）。Held等（2001）研究指出，猪能通过观察另外一头猪学习如何从四个通道中选择一个正确的道路获得食物奖励。

令人印象最深刻的认知能力展示来自一个家养的鹦鹉。事实上，它们的能力至少和猩猩一样。Pepperberg（2000）研究的对象是非洲灰鹦鹉（*Psittacus eritbacus*）。鹦鹉学习回应和说有关50个不同对象、7种颜色、5种形状和1~6个单词。鹦鹉能使用单词"不""过来""我想出去"和"我想"（某一特定对象）。

此外，鹦鹉还能够组合使用这些单词。例如，当问到"这盒子里是什么"时，这鹦鹉能回答"5个红色的方块"。如果盒子中有15个不同形状和颜色的物体，问"盒子里有多少蓝色的圆圈"，鹦鹉能正确地回答"4个"。这鹦鹉也能要求一些物品，如"想要蓝色的钟"。在Peooerberg的研究过程中，观察鹦鹉被要求去寻找少的物体，对隐藏物体的反应，用一个工具去发现一个被隐藏的物体，看一个人发现一个物体，在这个物体不再被看见之后去说它是什么和什么颜色。

另一种研究显示学习行为和情况的认识应包括对情绪和其他反应的评估。Mendl 等（1997）训练猪去找到隐藏的食物，直到第2天猪仍然能记住这个任务。然而，猪不得不为了获得食物而辛苦努力，这样在第2天的时候，猪就能更好地记住如何找到食物（Laughlin 和 Mendl，2004）。如果猪在训练后当天受到骚扰处理，记忆的效率就会降低（Laughlin 等，1999）。显示情感干扰可显著影响记忆的整合。

有一种研究动物学习反应的不同方法。Langbein等（2004）研究山羊对图片反应的学习，发现山羊学习之后的心跳频率比学习之前更易变。Hagen和Broom（2004）将小母牛置于一个围栏中，在这个围栏中它们为了使大门打开不得不将鼻子放在围栏墙的一个洞里，然后允许它们接近15m外的一桶食物。小母牛学会了做这些，同时被对照组的小母牛观察，对照的小母牛在这围栏中花费相同的时间，之后获得接近食物桶的机会，但后者不需要打开门。当比较对照组牛和已经学会开门的牛的时候，学会这项任务的小母牛有更高的心率，同时更可能展示像跑、跳的兴奋行为。因为兴奋看起来是和学习的时间有关的，所以可能是它的一种反应——尤里卡效应。Broom和Barone在羊上试验也获得了相似的结果。

五、行为发展

对于正在发育的年轻动物有两种问题。迫切的问题是在生命的第一阶段如何存活，这段时间它很容易被捕食，很容易出现身体健康状况的问题，易于出现不能获得全价营养的危险。这是不同于成年动物的一个问题，因为相比成年动物来说，小动物更小，不能保护自己，容易受到捕食者的攻击，这些捕食者一般不攻击它们的父母。另外，它们还常常有与成年动物不同的身体状况和饮食。另一个问题是发育期的动物如何成长为一个健康的成年动物。有一个假想是在生长过程中的大部分行为是针对成年的目标，但大多数的物种早期死亡率非常高，这意味着在这个时期高的选择压力能够有效地提高生存机制。

（一）家禽行为的发展

一只小的家禽为了生存、成长甚至成年必须做什么？特别是在早期阶段，不了解身体解剖和大脑生理生化的发展是不可能了解行为是如何变化的。行为的发生可出现在出壳前，但在出雏后更加复杂剧烈。表3.1显示了出壳前和出壳后早期的改变。一些与母亲有关的行为发生在出壳前，如对雏鸡叫和对父母叫的反应。雏鸡在胚胎时就通过敲击蛋壳进行交流。Vince（1964，1966，1973）证明了在孵化器中的雏鸡是通过这种方式联系其他个体的。来自一些雏鸡发出的滴答声有加速其他雏鸡孵化的效果和促使一批鸡蛋同时孵化的作用。因为孵出过早或过晚的雏鸡更易受到捕食者的攻击，所以同步孵化对所有的雏鸡都是有益的。

在孵化后，雏鸡需要认知母亲，接近母亲或者跟着母亲，使母亲做一些有益于它的事情，认识危险的东西和用一种方式回应以减少危险。在孵化后的一段短时间内，雏鸡需要开发一种能力去照顾它自己：它必须学习饮食、调节身体温度和生活的一些其他功能。在出壳的时候，雏鸡的运动和感觉能力已经相当好了，但在生命之初的几天还需要改善（Kruijt，1964）。啄是探索环境的一种重要方式，在孵化后的第1周精度能提高（Padilla，1935）。暗光线饲养对改善和纠正扭曲的视力是有利的。雏鸡更喜欢在那些小的、亮的、

表3.1　从受精开始家禽在生长过程中解剖结构、身体条件和行为的改变

变化	孵蛋（入孵后天数至21 d出雏）	孵化后前7 d
行为	移动（4）	走/用嘴打理/啄食（1）
	对光/声音反应（17/18）	交配（2）
	破壳声/滴答声（18/19）	啄精度提高（1～5）
大脑记录	大脑活动（13）	
	光反应（17）	潜伏期下降（1）
	睡波振幅更低（17～20）	主轴频率较少（1～5）
大脑生化	脊髓胆碱酯酶更低（6～10）	
	视叶胆碱酯酶更低（18～21）	最高点（2）
	碱性磷酸酶更低（17～20）	
解剖	基本结构建立（8～12）	耐寒力降低（2～6）
	没有进一步的总变化（17）	
	可利用蛋白（18）	蛋黄全部被利用（现代品种）（2）

引自Broom（1981）。

三维同时存在某些颜色的物体上啄。在生命之初的几天这些偏好将要随着经验的增加而得到改善。在孵化后的几个小时，雏鸡有看和听母亲的感知能力。

　　新孵出的雏鸡、雏鸭和雏鹅趋向于接近比自己大的以步行速度移动的目标（Lorenz，1935；Hinde等，1956）。这些不必是母亲，视觉和听觉模式更具吸引力。一道闪光或者一个转盘可能也是吸引雏鸡的最有效的视觉刺激。在平常的环境下，雏鸡看到的具有这些特征的物体就认为是它的母亲。雏鸡迅速学习了它的精确特点，接下来更有可能跟随那些具有这些特征的物体。这段快速的学习时期是与雏鸡脑内部的特殊结构和生化改变相联系的。

　　雏鸡在学习其母亲特征的同时也对环境的其他方面的特色进行着学习，也开始躲避不熟悉的东西。雏鸡必须形成一种熟悉世界的神经模型以便万一有危险时认出差异，同时躲避。对雏鸡早期的生存来说，母性行为的操纵是重要的。寒冷的雏鸡大声呼叫并使它的母亲过来温暖它。雏鸡叽叽喳喳地叫，促使母亲留在它们身边以便能学习母亲的啄食动作。因此，它们能向母亲学习并得到来自母亲的保护。

（二）各个功能系统的发展

当雏鸡进入复杂危险的外部世界时，上面所描述的它的发育不同于这个阶段麻雀或者兔子的发育。在出生或者孵化时已发育良好的动物是早熟性的动物，而那些出生时非常无助的动物属于晚熟动物（图3.3）。在两个极端之间有一个连续群，相对于早熟的动物，人类更像晚熟动物，农场动物多属于早熟末期动物。

在出生或孵化后，感觉系统的发育受经验影响。例如，饲养在黑暗环境下的动物，在视觉通路上有更少的细胞和更少的存在于神经原之间的神经突触。视觉系统功能的研究显示，如果在早期饲养过程中眼睛被交替地覆盖或者环境被限制于垂直的光线下，则视觉系统不会发育（Blakemore 和 Cooper，1970）。这样的发育变化将要影响行为的所有方面。正如能力的发展也会产生一定的动作一样。晚成熟的哺乳动物不会躲避生命早期的危险，但是当知觉与运动能力完全发展的时候，它们就会躲避。另一方面，小的家禽在孵化出的前3h就会躲避危险。到这个年龄，它们对危险的深的察觉与感知能力已发育完全。

躲避捕食者的发育在最初可能是非特异性的；例如，随着年龄的增长，小家禽将躲避任何不熟悉的东西（Broom，1969a）。随着复杂性经验的增加，这样的反应仅针对更特别事件。对恒河猴、黑猩猩、家禽的研究已经显示，如果动物曾经被饲养在复杂的环境中比那些曾经饲养在特别简单环境中的动物，对相对无害的新刺激反应更少（Broom，1969b）。

对特别的捕食者的认知也依赖于经验。Lorenz（1939）报告指出小的早熟的鸟类对鹰或猎鹰展示出飞走反应，但是对鹅则非如此。然而，Schleidt（1961）进行的试验指出这种差异可能由于他们对鹅较为熟悉，但对鹰却不熟悉。鸭子能够区分鹰和鹅的模型，但两个模型都引起了鸭子的反应（Mueller 和 Parker，1980）。但是如果鸭子已经观察过其他的鸟然后展示模型，极度逃脱就更可能发生。如果一个实际捕食者攻击时，由于经验的结果幸存的个体一般能提高能力更好地处理这种攻击。当鹿被狼追赶的时候或者云雀被猎鹰追赶时，这样的表现是明显的。这些更有经验的个体已经学习了帮助他们逃脱的技巧。

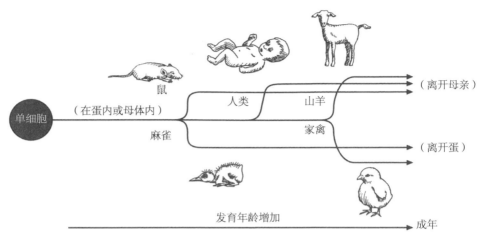

图3.3　从受精蛋到成年的发展图，表明晚熟动物的胚胎比早熟动物在更早的发展阶段出世。
箭头的起点表明孵化或出生点（修改自Broom，1981）

在新生儿期，一只幼犬是比较孤立无助的，依赖于其母亲。哺乳和抚慰是主要的行为（Serpell 和 Jagoe，1996）。在2周龄前，它们的眼睛和耳朵没有一个是张开的或是有用的。然而，人类操作的有害的刺激能引起反应和学习。在这生命的第3周，幼犬发展的能力包括前后抓取、站立、走路、在巢外排便、对固体食物的兴趣、玩斗、吼叫和摇尾巴。这些剧烈的改变伴随着脑电图中α波的提高。一个更成熟的脑电图模式直到8周龄才会被看到。幼犬的社会化阶段开始在3~5周龄并持续直到13周龄。在这期间，如果这只犬没有一系列它自己类群成员的经验，则其适应正常的犬科社会生活可能有困难。Serpell和Jagoe（1996）解释了犬的各种行为问题在发展的过程中怎样通过经验恶化或者改善。

其他功能系统的行为效率也随着年龄和经验而发展。犊牛出生后的前4个月随着瘤胃功能的发展吃草的时间也增加。然而，作为食草动物，小动物的吃草效率远低于成年的动物。Arnold和Maller（1977）与Arnold和Dudzinski（1978）发现，没有放牧经验饲养3年的羊比有经验的羊放牧效率更低（图3.4）。喂养在某些方面对捕食者的早期经验也产生了影响。例如，给犬和猫玩物体的机会导致一些复杂精细的动作的精炼，但对捕杀运动没有

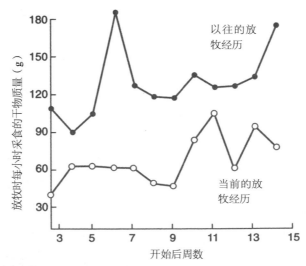

图3.4　无放牧经验饲养3年的羊（空心圈）比有经验的羊（实心圈）放牧效率更低。没有经验的羊会在10周的放牧之后提高（Arnold 和 Dudzinski，1978）

改进（Hall，1998）。

在一个品种内交流和求偶行为有时不会有很大的变化，但详细的研究表明最终形式的多少取决于发展过程中的经验。当鸟饲养在隔离条件下，尽管大部分的鸟叫声发展正常，它们依赖于听它们自己的能力，但对于早聋的鸟是不正常的（Nottebohm，1967）。像燕雀（*Fringilla coelebs*）和白冠麻雀（*Zonotricbia leucopbrys*）这样的鸣禽，其的歌声会根据青少年阶段其听到的声音和成年期间听到的领土内竞争者歌声的不同而发生变化（Thielcke 和 Krome，1991）。

不同组鸣禽的大脑参与歌唱学习的机制是不同的，它可能包括4个"模块"：① 脑干中心控制声音产生；② 终脑中心产生学会的声音；③ 终脑和丘脑中心的声音学习；④ 终脑中心提升听觉路径（Nottebohm，1999）。作为环境输入的结果，声音的发展依赖于这些模块中一个或者数个发展的性质。例如，当其他鸟唱歌的时候，鸟自己唱歌或者荷尔蒙激素发生改变的时候，歌声都可能发生改变。尽管在发展过程中鸟鸣的大部分改变发生在鸟生活的早期，但有些情况下，鸟生活的后期可发生歌的创新和适应（Slater 和

Lachlan，2003）。

对家鸡的原始祖先即热带丛林鸡的性行为发展研究表明，包括求偶和交配的行为运动均出现在早期阶段行为的全部内容中。通常在合适的时候，即当鸟获得更多的经验和变得更成熟时，这些行为才变得有组织地进入有序状态。原鸡、豚鼠、老鼠、猫和恒河猴饲养在没有足够与社会伙伴接触的条件下，它们将表现出不正常的求偶与交配行为。

配偶选择很大程度上受到早期经验的影响。潜在配偶之间的辨别选择是很精细的，许多动物投入更多的能量表现以期获得一个高质量的配偶的最大机会，只有这样后代才可能是优秀的。对水禽的研究已经表明，被养父母喂养的水禽，当他们成年的时候经常直接对养育它们的物种求爱。例如，Schutz（1965）发现，雄性绿头鸭（一种最普通的家禽品种）在出生后的前21d被它们的父母喂养，21～49d及之后被另外一个物种动物喂养，当它们成年的时候会对这个另一个物种表现大部分的性行为。

Immelmann（1972）和Cate（1984）将斑马雀暴露于与自己相同的物种和其他的物种，雄性后来的择偶偏好取决于在饲喂阶段担当父母角色的品种、与他们一起被饲养的另外幼小动物的品种、在喂养后与它们接触的品种，与接触这些个体时的年龄和接触期限也有关。只用手饲养的公鸡、火鸡和鸽子将会对人类的手进行求偶并试图与人类的手交配，但延长与本物种雌性的接触通常能逆转这种现象（Schein，1963；Schleidt，1970；Klinghammer，1967）。在一个物种内，对鹌鹑的研究已经显示性伴侣的选择是那些在出生后的前35d内出现的相似的鸟，但不是同一只（Bateson，1978）。

正如已经提及的那样，非常多的社会行为是复杂难学的，所以社会行为的发展是缓慢的、延迟的，同时也受经验的影响，这不足为奇。单独的饲养不妨碍包括打架、威胁或者照顾配偶与后代等行为模式的发展。但单独饲养改变了社会信号生产和社会交往中所有行为的适宜时刻，所以单独饲养的动物是无社会能力的。Mason（1960）和Harlow（1969）研究恒河猴发现，6个月单独饲养后，它们的社会行为发生了巨大的改变，当面对同一物种的其他成员时，它们趋向躲避。猴子、啮齿动物和家养牲畜在单独饲养后表现为较差的社会竞争力，同时也不能获得有效的基本交际技巧，这样的技巧可应用于平等可控社交的指导和仪式（Mason，1961；Broom 和 Leaver，1978）。

Broom（1981，1982）描述从出生到春天放牧这段超过8个月的时间里，被关在各自围栏中的小母牛在社会交往方面会表现出严重的缺陷。在社会交往中与富有经验的小母牛遭遇的时候，他们不会返回注视；当其他牛接近的时候，他们会让耳朵尽量向后背；如果被袭击，他们也不会报复，同时在大量竞争性的遭遇战中失败。结果，在存在食物竞争的情况下，它们获得很少的食物。这些社会缺陷的行为至少持续1年。

在行为发展过程中，社会遭遇有助于个体在这种相遇中改善它们的表现。例如，猴子在饮食、躲避捕食者和学习社会技巧的发展过程中，当一个个体向同一社会组中的另一个体学习的时候会导致创新行为的出现（Box，2003）。家畜会向另一个个体学习，特别是向自己的母亲学习（图3.5）。有效的搜寻食物和处理其他资源的能力改善来自于观察高效个体的行为，同时模仿它们做的事情。随着年龄增长和模仿有经验的个体的行为，可以改善躲避捕食者的能力。农民们知道，一旦一群动物中的一个学会了开门、操作一种装置以得到更多的食物或者胁迫仓库管理者，这组中的其他动物就也可能学习做这些。我们需要学习更多的关于行为发展过程中社会因素的作用，特别是动物控制它周围环境的能力。

图3.5　小动物跟随它们的妈妈学习行为，如选择牧场植物和逃避风险。母本山羊是沙滩奶羊与托根伯格山羊杂交种，子代3/4是沙滩奶羊（图片由D.M.Broom提供）

第4章
动　机

一、概述

犬从窝里出来，猪从它睡觉的院子角落或田野中醒来，是什么决定了这些行为的发生？动物的行为受到哪个功能系统的影响？一个小

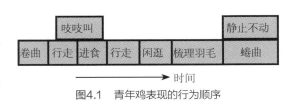

图4.1　青年鸡表现的行为顺序

家禽的行为研究结果已列入图4.1中，什么行为决定了从一个行为向另一个行为转换的性质和时间？什么因素促使雏鸡开始啄食，停止啄食，整理羽毛或行走？这些是关于动物动机的问题。动机是指调节何时、何种行为和生理变化发生的大脑反应过程。动机的理解是进行所有行为研究的根本，尤其是动物饲养者所提出的家畜行为问题，包括饲养、繁殖和家畜的处理。为了使行为能够用来作为动物福利的一种指示，研究活动系统的精细调节是必要的。以下对于病因和刺激的解释是基于Broom（1981）的研究结果。同时，Toates（2002）参与了关于此主题的有益探讨。

二、诱因

犬、猪或鸡采取某种行为最终的目的可能是为了获得食物。比如说，站立或走到一个有食物的地方，或者是在一个特殊的地方开始啄食。一系列的

原因都会影响这些行为是否会表现出来。畜禽嗅到一种食物的气味或看到一种类似食物形状的东西，关于身体状况的感知信息可能会传入大脑等。通过身体感知器官，一些信息就会输入到大脑内部。比如，肠膨胀或血液营养水平会影响身体的这些监测系统，从而使其表现出一般的或者特殊的身体缺乏。身体内信号发生器在一段特定的时间后会产生一种信号输出，这种输出表明已是正常食物饲喂时间或者间隔一段时间。

这些因素中的每一个都与控食功能系统有着直接的关系，但是寻找食物的相关行为可能受动物生活中其他方面的信号输入大脑所干扰，包括：① 刺激皮肤的输入导致畜禽抓和磨，而不是为了寻找食物；② 畜禽的同伴、对手或食肉动物的出现，这种信号的输入会导致其他的一些行为优先于寻找食物这种行为而发生；③ 激素水平的各种变化会使出现的各种相似的行为发生改变。

以上涉及的所有因素（从行为开始那刻起）会被动物以前的经历所改变。以前的多种经历可能会使犬不喜欢开始寻找食物的行为：① 犬可能会嗅到一种以前闻到过好多次的食物的气味，但是在发出气味的地方并没有找到食物，可能是因为这种气味是从人类食物的商店散发出来的；② 肠道可能是空的，但是经验告诉它食物出现之前，肠道必须要空几个小时；③ 一个脉冲信号可能预示着饲喂的时间，但是当前的经验可能是有一只占优势的犬总是第一个吃食，或者嗅到一个潜在伙伴的气味，而这个相识的伙伴目前被栅栏隔开，这时这只犬的激素水平经常会升高；④ 人们谈话的声音可能意味着马上就可以供食了。

每一个输入大脑的信号一定会与先前的经验联系起来而进行识别。一些输入的信号可能从来都不会到达大脑的决策中枢，因为这种信号反应与先前的经历联系值被估测为零。大部分的输入信号经过修饰后可能都会到达大脑中枢。精确输入大脑决策中枢的信号叫做诱因，大脑的决策中枢感知大量身体内部和外部变化。任何时候都会有一些不同的诱因，这些诱因的水平将会决定个体实际的行为。一些诱因的水平会迅速发生变化，因为它们的水平会受到快速变化的外界因素的影响。其他的一些依赖于血液中胆固醇激素水平的诱因会变化得慢些。

所有行为的变化都是动物对诱因变化应答的一种反应。诱因和行为之间关系的试验研究包括试图去找出单一诱因对行为的所有影响因素，评估大量诱因对于单一行为的各种影响（Hind，1970）。这一领域研究的一个困难是这些诱因不能被直接测量，一些诱因一点也不能被估测到。许多有价值的研究已在进行，诱因的一个试验活动或者一个试验装置已经得到详细的研究，如饮水和水缺乏的影响。为了了解畜禽在现实生活中的动机，研究工作中一系列诱因的作用需要受到研究者的重视。McFarland（1965，1971）是这种方法的先驱，他最初的工作是饲养鸽子。

三、动机的状态

如果把猪的水源断掉，一段时间后，猪的缺水信号将会通过以下几个方面传入大脑中：① 体液监视系统；② 显示口腔干燥的感觉感受器；③ 脉冲信号促使其饮水；④ 其他的大脑中枢，指示动物意识到已经一段时间没饮水了。关于这一系列不适因素使动物状态的变化见图4.2。这些不适因素水平上升，使得寻找水源的动机和范围增大，从而饮水量也会增加。如果也不给猪食物，则猪会出现另一系列不适感觉，这种状态可以归纳成断食和断水这两种关系的综合。图4.3中，状态达到B的猪比处于O状态的猪更喜欢吃食并且更喜欢寻找食物。然而，处于A状态的猪比处于O状态的猪更喜欢饮水。这两种空间状态图大小的描述中，动物的状态使得这两种不适因素的相互作用变得明了。

当猪断水时，它的状态在空间状态图上会上升至A处，但是曲线也会右移，因为仔猪缺水时采食量也不多。作为断水的后果，动物随这种状态的变

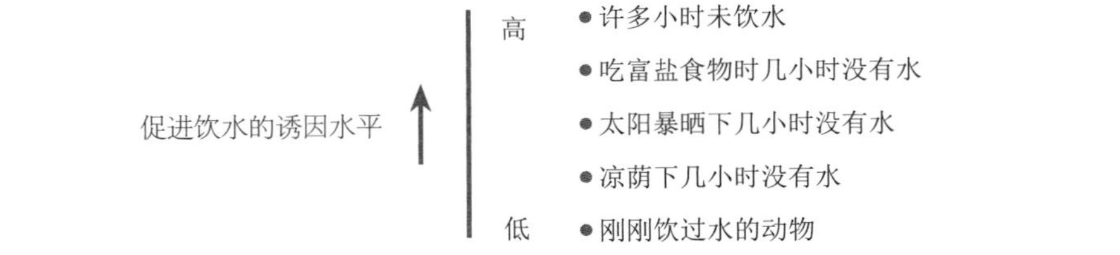

促进饮水的诱因水平 ↑

高
- 许多小时未饮水
- 吃富盐食物时几小时没有水
- 太阳暴晒下几小时没有水
- 凉荫下几小时没有水

低
- 刚刚饮过水的动物

图4.2　促进特殊行为的诱因水平超过一定范围变化，动物的状态则如图中条目描述所示

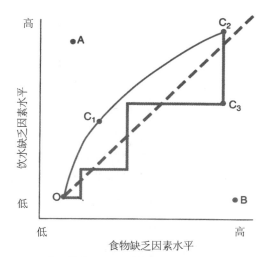

图4.3 在二维空间诱因下动物A、B和C的状态。动物A更可能喝水，然而动物B更可能吃食。动物C状态的改变在文章中解释

化沿着从O到C_1的轨迹变化。如果这种动物断食又断水，它的状态会大幅度右移，并且上调远离C_2。

表现采食和饮水的动物行为取决于图4.3所示的动物的状态。在缺水状态下，猪在曲线C_2的状态偏高，因此它可能会饮水。猪的这种状态会沿着C_3的分界线下降，这个时候猪只开始采食，但是断食会引起猪只的不适因素下降。图中已显示了动物返回到A状态的一个可能的例子。动物可能采取各种精确的途径，在这种方式下，它的状态会得到调节。动物从采食转向饮水的决策机制会受到动物是否费更大的精力去寻找食物还是水的影响（McFarland 和 Sibly，1975；Sibly，1975；Toates，2002）。

由图4.3所示，仅从有两种状态的不适因素得到考虑。实际生产中，动物在何时采食或者饮水的相似性也受其他许多不适因素的影响。这些原因中的每一个都会以相同的方式考虑，因此动物的动机状态是在众多不适因素中的表现形式。这些不适因素的每一个水平都可能与其他因素在相同的方式上有互作，这些因子与缺食物和缺水互作相关。然而，一个更简单的解释是动物的一个动机状态会与所有的不适因素的水平相关联。

四、动机的概念

对于动物是如何发生一种行为的早期探索的解释是它们与动物的本能相关。本能就是通过遗传获得的能力，这种本能使得动物能在特定的环境中机械地表现出来的行为。"本能"一词暗示了没有环境影响的进化，这种观点现在已经受到人们的质疑。具体的行为研究发现动物（尤其是脊椎动物）的行为绝非是机械的动作，因此，人们也不再使用本能这个词。一些人把"驱动"这个词作为自我平衡调节系统的组成部分，而另一些人认为它促进一些特殊行为的发生。口渴想法的驱使引起动物饮水，引起驱动探究的这个研究受到了Hinde（1970）的批判，他说："独立于其他各种行为来定义驱动是有用的，这也是他们应该的解释"。Hinde在Miller（1959）之后暗示，作为一种干扰性变化，这样考虑"口渴"是有用的。对动物的影响和动物的反应之间，正如饮水的量和水补偿率。

图4.4显示了与口渴有关的6个变量。测量这些关系后发现，动物饮水的应激阈值和苦喹啉的量调节有着线性关系。Toates（2002）强调了动机系统的复杂性，一些试验已经证明了这些复杂性，但是也证实了与刺激物和目标有关的动机考虑是有用的。他解释说，体液防御的体积取决于大脑神经细胞中白介素的浓度。肾释放的抗利尿激素有保水的作用，分泌的肾素能产

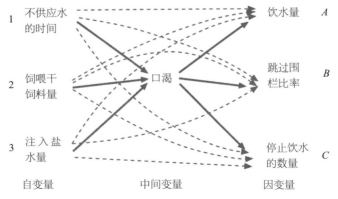

图4.4　如果考虑中间变量，3个自变量和3个因变量之间的关系会得以简化。本图指的是维持大鼠体内水平衡的试验（Broom，1981修改自Miller，1959）

生血管紧张素。血管紧张素作用于下丘脑促进动物开始饮水。

Lorenz（1966）的观点是动机的另一种需要讨论的观点。他认为动机是一种产生特殊行为的能量的聚集，当这种行为发生时，这种能量就会被释放。然而，能量很显然不是一种合适的能积累产生行为潜能的形式。会产生一些行为的潜能可能会聚集，但是这种潜能不能产生其他种类的行为。所以说，动机这个概念在特定的情况下可能是有用的，但这不是一个通用的模型。类似地，普通的刺激和行为明显非常重要，有时会增加动物对一系列输入信息的责任感，但是它们不能解释行为中高比例的变化。涉及一系列影响的刺激水平被认为是最好的驱使因子，这些因素与其他的因素结合在一起促使动物作决策。

大鼠学习按压杠杆来获得食物这一行为的观察，导致了动机仅仅是联系刺激和反应这种观点的产生。许多人假设说，行为可能被解释成动物对于环境中一系列刺激的机械反应。Toates（1987）解释说，刺激-反应模型不适合重要的反应：现代理论把动物看做是：① 从本质上讲，主动而不是被动，甚至是缺乏接触刺激；② 寻找目标，或换而言之有目的性；③ 灵活的；④ 能够了解认知力；⑤ 探索。

已讨论过的动机状态的例子，很清楚地说明了动物不是自动调节，它们对其周围的环境有着复杂的定义。对于某个物体或时间的看法是不能直接测得的，也不是精确地发生在认知反应的时刻。犬在寻找一个被扔出的超出它视野或者闻不到气味的棍子时，在它脑海中一定存在着它看到过的棍子的一些印象。小腿被摘除的奶牛处在危难时期时，对小腿有了认知。任何动物在寻找它的目标物时都利用认知程序来调节其行为。目的行为需要认知能力，这一点一直没被人发现。直至老鼠上的试验才发现物体有时可以传递电击（Pinel 和 Wilkie，1983）。已有很多报道显示老鼠会用垫草掩盖电击棒，以免遭到它的电击。

剥夺动物的一种重要的资源很少只是为了获得一个适当的刺激，从而使其有反应。动物一旦有了认知能力，机体内的许多机制就可以阻止这种持续的剥夺行为的发生，这些机制包括有偿性和刺激性的学习（Dickinson 和 Balleine，2002）。例如，断食和断水的动物可能会降低对相关刺激的感觉阈（Aarts 等，2001）。神经反应簇和特定的食物，确定的口感和愉悦的采食可能会被断食的应激给激活（Ferguson 和 Borgh，2004）。

谈到动机时，两个已在实际中应用的术语是"冲突"和"移动活动"。动机冲突的想法产生于人们努力去解释动物如何会产生这两种重要的驱动力，两种驱动力的任何一种都会使动物产生不同的行为。当人们认为在一个时间内只有一种驱动力发挥作用时，冲突这一术语显得非常必要，但是在现代的理论里，这种想法没有价值。许多不同的致使因素存在的地方，就一直会有冲突发生。针对动物的计时系统和能量，几种不同的致使因子总是相互竞争。两种行为都非常相似的情况，由于促进这些行为的致使因子都是它们感兴趣的，只是影响的程度不同。位移活动看似与人类无关，这一术语一直在被人们使用，但是其似乎没有什么价值。

本书中有几章都强调了动物的情感会影响其行为。动物过去和现在的情绪会影响其作决策。记住刺激的动物，情绪积极与悲伤，害怕和其他的负面情绪在不同状态时，会产生不同的反应。如果动物受刺激伴随着害怕时，会产生逃避行为及一些复杂的行为，来降低与产生这种刺激有密切关系的可能性（Lang，1995）。

五、动机监测

尽管不能直接测量诱因的水平，但是特定诱因可能水平的一些估计值可以通过生理试验直接测得。比如说，可以化验血糖和激素水平。然而，大部分动机状态的估测都是来自于对行为的观察，尤其是行为快速变化时的观察。大脑的记录和大脑的化学评估也可以用来估测。但是这两种测量会产生误导，原因有：首先，许多行为和大脑的状态习惯于动机状态的广泛变化，第二，有些诱因的水平可能升高，但与当前的行为无关。动机状态的其他信息也可以通过行为干扰的试验获得，目前使用的刺激和动物的大脑状态受到人为观念的修饰。

对于动物行为的广泛变化，大量文献中报道了采用不同的方法去调节动物动机的状态，对动物的连续的动机进行了研究。这种研究得出很明确的结论，动物行为的变化可能更多取决于某些诱因而不是其他的原因。有时，一种特殊的诱因会有强烈的刺激，例如突然发现食肉动物。这种信息的输入就掩盖了其他刺激的作用，因此为了生存，这个事实是毋庸置疑的。试验研究显示，有时觅食和求爱这样的行为发生会优先于其他如饲喂和筑巢的行为。因此，大脑在作决策之前似乎会对输入的信息进行权衡，衡量输入信息的重要性和紧急性。

这些重要或紧急的评估就应该称作影响因子。根据不同个体的生活状况，这些影响因子会变化。比如说，动物眼部需要护理，且处境比较危险时护理可能非常重要。

动机可以通过试验测得，试验中动物被训练进行操作性的反应，动物进行的大量动作就是特殊积极的或消极的强化剂（第3章）。应用这些试验，动物可以被告知本身的标准，即某个时间什么是重要的。动物会努力寻找食物、饮水和舒适的身体状态。它们也会为进入社交圈，把握放置物体的机会，以及为其他某种新的刺激而努力。某些情况下，可以确定地说，积极的强化刺激可以跟目的或生理变化一样起作用。例如，小牛为了喝到奶努力地吮吸奶头，即使奶已经满足了它；吮吸行为本身就是一种强化刺激。Herrnstein（1997）说，慢慢靠近去捕获猎物对于捕食者来说是一种强化剂，捕获猎物可以加强强化剂本身的作用。支持动物福利思想的人认为，强化剂的成分对我们一般地理解动物行为是重要的，因为缺乏关键的积极强化剂会给动物带来麻烦（Hogan 和 Roper，1978；Dickinson 和 Balleine，2002）。

六、动机的调节系统

动物身体的状态在体温、渗透压及营养水平等的耐受范围内才能得以维持正常状态，这些水平都是在体内环境的调节系统下得以调节完成的。耐受范围的概念是动物寻找维持自身稳定的基本需要。超出了耐受范围，补救的行为就会产生。动物的有些行为是生理性的，如出汗、血管的舒张变化，但是大部分还是行为性的。一些状态的变化可以通过身体的一些理化性质，如体温和血钠水平来描述。对其他的一些动物来说，很重要的性质不能按照此方法简单描述，例如通过亲本的对比来推测子代总的感知输入或者安定的程度。

有一种调节机制是通过负反馈发挥作用的（图4.5）。耐受范围内一种位移发生，这种变化会得到操控。要是这一行为到达耐受范围的极限时，一些纠正的行为就会出现。另一种简单但不需感知回馈的调节是机体的变化，如血糖，能够通过一种特定的机制如储存来调节。

负反馈的主要变化是正反馈调节控制（图4.6），耐受范围的变化是可以预测到的，纠正行为在状态变化之前会出现。从机体生化及生理指标的具

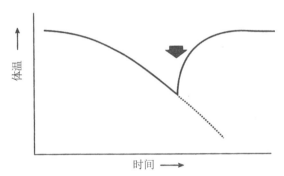

图4.5　在负反馈调节控制中，动物改变修正状态之后恢复状态到以前的条件。这里的例子是发觉体温的下降时纠正行为和生理行为的表现。圆点线表示如果不发生纠正时状态如何改变

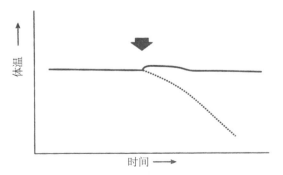

图4.6　在正反馈调节控制中，纠正发生之前状态的改变能被预测，导致状态的改变很少来自先前的条件。这里展示的例子是发觉体温下降时的纠正行为和生理行为的表现。圆点线表示如果不发生纠正时状态如何改变

体研究的结果来看，负反馈的调节有时是表面的。诱因的降低或升高通常会导致纠正行为或已产生身体反应的动机状态发生许多的变化。动物行为的研究在试验中正提供越来越多的前馈调节的证据。动物利用大量的线索和以前的经验来预测某种情况会超出耐受范围，然后它们会表现出阻止这种状况发生的行为。如果前馈调节是非常有效的，那么观察者可能就不会意识到这种状况下发生的任何变化，因为动物的行为在精确地补偿这种细微的变化。

动物经常会感到体温、身体的营养水平或社会行为的变化，这样的认知使我们认为是动物在意识到它们的处境复杂时认知发生变化而引起的。动物有信息产生系统，会把它们的行为与它们所处的环境联系起来。Wiepkema（1985，1987）提出，动物对于它们所处环境的每一个重要的方面都有"正常值"或"设定值"，它们通常将这种意识与"动作值"或反馈相比较。设定值是动物耐受范围的神经构成。与此神经相关的是，动物期望收到发生特定行为的信息。对动物来说关键的是，动物期望输入将发生行为的信息，并将此行为与实际获得的信息相比较，从而进行简单的位移调节（Broom，1981）。对于更复杂的行为，动物会持续地评估输入大脑的信息的变化，同时会比较实际的信息与期望的信息。

事物感知变化的一些反应不仅仅与当前的变化有关，而且与对于下一步将会发生的情形预测有关。学习情形下动物的研究显示，它们不仅联想成功的事件，而且会评估将要发生的事件的可能性（Dickinson，1985；Dikinson和 Belleine，2002）。Forkman（2002）说："任何一个能预知未来的动物不能与这样的动物相比，前者有着巨大的优势。"预知，在某种程度上控制未来是学习的真谛所在。大鼠在迷宫中奔跑的研究清晰地说明，如果它们不能获得食物或得到的食物不充足，最终它们会渴望得到食物。每天在特定时间喂猪，在饲喂的前一个小时它们的行为发生变化。对于牛，如果饲喂的门不开了，牛会表现出反应。

过去不愉快的经历也会导致预期，因此奶牛经历兽医短暂的不愉快诊断可能稍后会不愿意再进入那里（Broom，1987b）。Rushen（1986）说，一只绵羊在通过通道后如果受到粗鲁或痛苦地对待，则随后这只绵羊将不会进入这种通道。以前饲养员的经历会从本质上改变动物后来的行为及管理的难易度（Hemsworth 和 Coleman，1998）。

如果动物生活在它们的属地，动物的行为是有规律的，那么这里发生的许多事情都能被动物所预测，然后我们可以推理，不可预测是动物所厌恶的。Overmier等（1980）的研究显示，小鼠和犬更倾向于预报并且调节不可预知能力和调节能力的缺乏。由可预测的打击引起的小鼠胃溃疡比不可预知的打击引起的要少（Weiss，1971），在以前规律饲喂后进行不可预知的饲喂会使肾上腺皮质的活动加强。如果动物厌恶的事件可以预测，那么它们就会准备好在行为上或大脑中发生变化。它们也会为它们不厌恶的事情做准备。动物若不能预先准备，其身体调节会更困难。大量不可预知的事件会使动物很难处理，也会导致危险的影响。

一种情况下，动物的期望和实际输入的信息不相符时，动物会感到迷惑。如果促使一种行为发生的大部分诱因已足够高，但是由于缺乏一种关键的刺激或动物生理方面的反应或者社会性阻挠，这种行为不能发生，此时动物就会处于焦虑状态（Broom，1985）。例如，Duncan和Wood-Gush（1971，1972）对在母鸡的食盘上覆盖透明的有机玻璃来阻碍其采食进行了研究发现，母鸡表现出一直在食盘周围踱步，并且增加对玻璃盖的进攻次数。房屋中成排饲养时，母鸡通常会因为更强的竞争对手而不能采食。动物生活中的一些恐惧是非常重要的，但是恐惧可能会是频繁的，是一个活动产生的根本原因，此时动物就不会进行适宜的行为活动。观察恐惧发生的各种情形，见Amsel（1992）的研究。

七、大脑结构机制与动机和行为的控制

有关大脑结构与功能对行为的控制，都已经简要地列出了。Dyce（1996）从神经解剖学的角度来分析，Bagley（2005）发现神经系统的结构与其潜在的失调有关。公牛受到惊吓时一些中枢神经系统的活动见图4.7所示。

脊椎动物的神经系统由以下几个部分构成：

- 脊髓核和脑干；

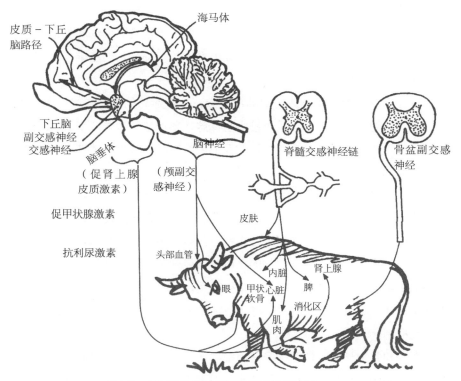

图4.7 公牛恐吓时中枢神经系统活动示意图

- 高度组织性的小脑与脊髓核相连；
- 基础神经节及它们与脑干的联系；
- 间脑，包括下丘脑，与垂体和其他的内分泌腺相连；
- 边缘系统是由一些大脑的结构，如下丘脑、海马、杏仁核、乳头体、丘脑以及外皮构成；
- 下丘脑外皮系统调节特异的和非特异的感觉影响。

网状结构作为大脑干的重要组成部分，它的功能包括一般性地唤醒中枢神经系统。中枢神经系统的状态会受到以下行为的调节：如睡眠、觉醒、警觉和注意力的程度。

皮质下的三个大的核团——尾状核、硬膜、苍白球——总体称为基础神经节。另外，它们占大脑成分的5％。基础神经节和几个相关的下丘脑和中脑结构被称为椎体外系统。这些核微粒与小脑、皮质脊髓系统和其他的降动力系统一起调节着动物的活动，即是动力系统的一部分，但基础神经节不会直接映射到脊髓核。

下丘脑中，为了建立适应的动物反应，神经活动的类型变成一个整体。下丘脑活动的一些影响因素是直接由垂体腺下部释放的激素所引起的。垂体是机体的主要分泌腺，其产生的最重要的激素可维持公牛机体活动，包括其行为活动。

边缘系统是一种决策功能的整合器，其涉及情绪行为，也是机动系统的核心体现。边缘系统包括皮质的前叶部分、中间叶、丘脑及下丘脑，以及中脑的特定区域。边缘系统包括神经中枢，如杏仁核，其控制着各种形式的攻击行为。边缘系统或古哺乳动物的大脑都会表现出一种处理与环境之间的关系的机制。部分边缘系统与觅食和性行为活动相关；另一部分与情绪、感觉以及来自外界的其他信息相关。基于行为的分析，其调节好像在自然界中经常受到抑制。

大脑和脊髓核中，许多神经递质都与各种功能相关。乙酰胆碱是由脊髓核的运动神经元释放的一种神经递质，在脊椎动物的所有神经骨骼肌肉之间发挥作用。大脑控制着乙酰胆碱在特定的部位释放，但是在基础神经节处浓度最高。自律神经系统中，乙酰胆碱作为副交感神经的递质发挥着重要的作用。哺乳动物主要是灵长类动物决策的研究显示，身体的状态会影响动物的决策（Damasio 等，1996）。例如，通过纹状体和环状体的前部路径，血清素激活素路径到达环状体的前部并在额叶前部皮层发挥着记忆的功能（Bechara 等，2006）。

多巴胺、去甲肾上腺素和血管收缩素都是重要的胺类递质。中枢神经系统中，去甲肾上腺素可以显著地刺激蓝斑区的胞体，脑干的神经元与觉醒关系密切。这些神经元通过大脑皮层、小脑和脊髓核来分散。外周神经系统中，节后神经元释放去甲肾上腺素递质，去甲肾上腺素也是交感神经系统的递质。

含多巴胺的细胞存在于黑质中，黑质中的细胞投射到纹状体，中脑投射到边缘皮层，下丘脑投射到垂体部。

大脑脑干的中部发现了含血清素的细胞体，它们随着神经纤维到达大脑和脊髓核。组胺集中于下丘脑。去甲肾上腺素和多巴胺属于儿茶酚胺类，血管收缩素属于吲哚类。儿茶酚胺、吲哚和组胺是生命体所必需的胺类，并且对动物的行为产生相当大的影响。

有几种氨基酸属于递质。甘氨酸和谷氨酸是20中常见氨基酸中的两种，它们在细胞内合成蛋白质；谷氨酸和7-氨基丁酸（GABA）也作为代谢的中间物质。谷氨酸盐在小脑和脊髓核中是一种转运物质，但是甘氨酸在脊髓核中间神经元中是一种抑制转运物质。GABA存在于映射到黑质的基础神经节的神经中；小脑的细胞GABA-minergic，在脊髓核中确定是中间神经介质的抑制物。

神经中已经发现有一些肽类物质（表4.1），它们在药理学上属于强的

表4.1　激素及其来源

来源	激素
内分泌腺	许多未知激素
前垂体或者腺垂体前叶	生长激素（GH）、催乳素，阿片黑质素前体（POMC）、促肾上腺皮质激素（ACTH）、β-脑内啡、促黑激素（MSH）、黄体生成素（LH）和卵泡刺激素（FSH）、促甲状腺素（TSH）
脑下垂体后叶	精氨酸或赖氨酸抗利尿激素、催产素、双荷子、阿片黑质素前体、脑啡肽、β-脑内啡
松果腺	褪黑激素
甲状腺	甲状腺素、降钙素
甲状旁腺	甲状旁腺激素
心脏	心钠素
肾上腺皮质	糖皮质激素、盐皮质激素、雄性激素
肾上腺髓质	肾上腺素、去甲肾上腺素
肾	肾素
皮肤、肾	维生素D
肝、肺	血管紧张素原/血管紧张素
胰腺	胰岛素、胰高血糖素
胃、肠	胆囊收缩素、血液活性肠肽、蛙皮素、生长抑素
卵巢	雌激素，孕酮
睾丸	睾丸激素
巨噬细胞，淋巴细胞	多种细胞因子

引自Schulkin（1999）。

活性物质，能够导致抑制或兴奋。以前确定了这些肽类中的一些在大脑外作为激素作用于已知的靶组织，例如血管紧张素，或者作为神经分泌物，如催产素、抗利尿激素、生长抑素、黄体生成素（LH）和促甲状腺激素释放激素（TRH）。另外，许多组织中的作为激素的这些肽类物质在其他的组织中可能会作为神经传递物质发挥作用。这些神经活性肽类在大脑中的一些区域，被认为是参与疼痛、兴奋和情感的感知物质。安眠作用的肽类物质包括脑内啡和脑啡肽。这些阿片样肽类物质参与许多的功能，包括疼痛的调节。

药物学活性（α，β，γ）。剥夺重要资源的动物很少会等待下一次刺激再作出反应。动物获得认知能力的地方，一些α，β，γ-脑内啡和促肾上腺皮质激素（ACTH）、促黑激素（MSH）和脑啡肽源于由91个氨基酸构成的肽类物质、阿片黑质素前体（POMC）。特殊的活性物质是β-脑啡肽，其在下丘脑和垂体内合成。两种五肽脑啡肽是蛋氨酸脑啡肽和亮氨酸脑啡肽。脑啡肽也是脑啡肽前体分子，在核糖体中合成，通过分泌管道运输到神经末端被利用。与β-脑内啡不同，脑啡肽广泛分布在大脑中，分布在有受体的部位。

P物质是一种肽类物质，浓缩地存在于神经节根部的背侧、神经节基部、下丘脑和大脑皮层。它被认为是一种感觉纤维调节疼痛的递质，是调节动机活动的递质。递质的转运可能会很迅速，如乙酰胆碱，或者比较慢，如儿茶酚胺类物质、去甲肾上腺素和多巴胺。它们都是影响行为的激素。

八、影响行为的激素

虽然神经系统和内分泌系统有着不同的作用，但是它们之间的联系是必要的，因为它们是相互依赖的。两个系统通过神经分泌相互作用，影响着激素对大脑的作用。激素的分泌受到许多刺激形式的影响。现在，内分泌是识别动物自身活动的一种精确系统，受到外部刺激及其内部生理状态的刺激，其中一些可以发生改变，也可以导致其他变化。

cAMP（磷酸腺苷）的产生是受到激素作用而出现的一种普通生化反应。这些普通反应过程受到不同激素的激活而发生。这主要取决于不同的组织上不同性质膜受体的位置。可根据激素的产生位点构成的内分泌系统的作用和影响来考虑激素生理学。

本书中已经描述了一些激素的作用，大部分情况下是激素影响行为或者动物的行为及刺激影响激素的产生。这些因素包括性行为、水盐的调节、摄食调节、生物钟、母爱、附属行为、恐惧、应激和欢愉（Schulkin，1999；Berne 和 Levry，2000；Feldman 和 Nelson，2004）。影响动物行为的一些激素的来源已列入表4.1中。

促肾上腺激素释放激素（CRH）导致垂体前叶分泌ACTH到血液，通过血液运输到肾上腺，然后促使糖皮质激素的释放。大部分的糖皮质激素在牛、羊、猪、猫及人体内以皮质醇的形式存在，但是在臼齿类动物和禽体内，促肾上腺激素的活性最高。下丘脑的作用包括促垂体前页和后页的分泌，激素释放因子和抑制因子的产生，反馈机制的产生以及节律和性行为的调节。大部分的释放因子是促性腺激素释放激素（GRH），它们作用于腺垂体导致其产生和释放LH和卵泡刺激素（FSH）。

神经系统激活肾上腺髓质产生肾上腺素和去甲肾上腺素。肾上腺素对机体的影响作用是复杂多变的。原则上来说，这种激素为动物在紧急情况下的生理活动做准备。尤其在应激的情况下，短期内升高血压来抵抗应激有着重要的作用。肾上腺素的突然增加会伴随着这样的事件，如雄性间的打斗，母性的保护。一般情况下，肾上腺素也作为紧急反应的基础物质。

垂体前叶产生促甲状腺素（TSH），垂体前叶在解剖上与腺垂体一样。TSH刺激甲状腺素的释放，TSH决定代谢率、供能及热稳态。通常它也与繁殖活动有关，因为一些繁殖活动需要突然地增加能量的供应。

垂体前叶在结构上与神经垂体连接，产生催产素和抗利尿激素。催产素在哺乳时促进乳汁的流出，同时也在分娩时起着非常重要的作用。在许多愉悦状态下，这种激素也会产生。抗利尿激素也与ACTH一起发挥作用，它是以神经递质的形式释放并发挥作用的。

第5章
进化与优化

一、概述

　　控制行为的机制像任何其他的生命有机体一样通过自然选择而进化。家养动物仍然有它们祖先的行为，例如防御掠食者的攻击，这对它们很多方面的行为有重要的影响。尽管驯化已经改变了这些动物解剖学上的结构，并且也在某种程度上改变了它们的生理，但驯化对动物行为的改变相对较小。进化在家养化过程中持续进行，新的环境和人为的选择已经成为重要的因素。

　　由于育种过程中的人为选择，动物的许多进化性适应未能发生。人类追寻某种品质，但在世世代代与人类的联系过程中许多其他的品质已经改变，其中一些对人类并不是有益的。这些被驯化的物种需要有适合协助人类捕猎、为人类提供陪伴或者提供肉、蛋、奶、毛等的特点，但它们也需要拥有某些特定的行为特点使驯化成为可能。如果饲养动物是为了人类利用的话，减少其对人类的敌视反应、对人类低攻击性和有效的繁育能力就非常有必要。由于动物的这些潜能，因此早期的驯化者和那些动物饲养者需要评估和理解动物的行为。

　　在这本书的很多章节会强调行为控制机制发展的必然方向，但首先参考提及行为的进化的一些普适原则是非常有用的。

二、变异、遗传性和选择

　　一个物种内个体之间的行为有很多变化，其中一些变化是基因差异的结果。有大量的研究已经从基因方面调查了果蝇、其他昆虫、鱼和鸟类的行为。Lorenz（1941）描述了鸭子品种间求偶阶段的不同表现，用来区别鸭的品种。鸭的某些表现在许多近亲的品种间是共同的，但是有别于其他的种群，所以它们的这种展示行为的机制可能曾经来自共同的祖先。

　　Scott和Fuller（1965）在一个物种内的行为变化和遗传性的研究中比较了两个犬品种的行为：设法使英国可卡犬（Cocker spaniel）少争斗，同时设法使巴辛吉小猎犬（Basenji）更多争斗、躲避和吠。同样地，Jensen（2002b）描述了寻回犬（Retriever）有更强的寻回特性；而英国边境牧羊犬（Border collie）的群体趋势很强。这些不同品种的犬类由于各自特定的特点被加以选择。基因通过与环境的相互作用发挥功能，但这种相互作用产生的平均值在不同品种间有显著的不同。当Scott和Fuller将两个品种杂交时，F_1杂合后代表现的更像*Basenji*亲本，同时回交试验表明一个单独的主导基因影响*Basenjis*的行为，其他的行为特点是由多个基因影响的。

　　在农场动物中品种间行为的差异也是众所周知的。例如，LeNeindre（1989）指出了在肉牛（Salers）和黑白花牛（Friesian）之间存在多种行为差异。这些不同对提出管理程序的建议非常重要，对一个品种的最好管理方式可能不适合于另一个品种。动物行为的许多变化是与福利相关的。例如，Hakansson等（2007）比较了两种丛林禽类，发现它们对恐惧有差异，但是探索行为和社会学行为则未表现差异。

　　这样的行为特点能够遗传的程度有多高？遗传力是一个特性传于后代的可能性的指标。Willis（1995）解释了使拉布拉多犬成为成功的导盲犬的特性的平均遗传力是44%，而德国牧羊犬公犬寻回的遗传力是19%，母犬是51%。由于犬的大部分特性表现出更低的遗传力，因此在犬的育种中需要考虑更多的信息。在最佳线性预测（the best linear unbised prediction，BLUP）技术中要考虑到犬自身、亲代、同胞、半同胞和后裔的信息。

　　发生在动物身上的自然选择使某些基因的比例增加，但以减少另一些基因的比例为代价。如果一个基因的作用是动物在求偶时期表现出特殊的展示，而这种展示比另一个不同基因的表达更吸引配偶，因此它会产生更多的后代，那么第一个基因的携带者在下一代将会更普遍。有一些在行为方面的基因变异是不利的，研究蟋蟀鸣叫的Bentley和Hoy（1972）的研究结果就是一个例子。蟋蟀鸣叫的声音通过两个翅膀的相互摩擦而产生，这是来自神经中枢输出神经刺激的结果。如果基因差异会导致鸣叫的频率升高或降低，则雌性就很少会接近这种雄性。两个蟋蟀品种间的杂交结果是：雄性鸣叫频率特点介于亲本之间，表现为对亲本雌性吸引力降低。

　　在生命的各个方面，某些特质会比其他特点导致产生更多的后代。基因变异导致寻找食物的效率、逃避猎食者、回避毒物等方面的能力有高有低，那些生存率及繁育能力在平均水平之上的个体在随后的子代中出现的频率更高。一个基因是一段具有特殊排列顺序的DNA碱基序列，几乎总在细胞核里。基因为一种蛋白质或为在细胞中产生关键化学反应的催化酶编码。碱基对的大量不同组合可产生多种蛋白质。细胞可能释放一些产物影响荷尔蒙或者神经系统功能，包括感觉和分析能力。许多基因突变导致明显的生化改变，例如：① 提高细胞代谢中起关键作用的环腺苷酸（循环AMP）的产量；② 肌浆球蛋白的产生和肌肉收缩的效率。

　　说一个基因影响一个特性并不意味着它控制这个特性，因为大部分的特性受多基因的影响，但是一个基因的失败意味着一种生物学特征不能形成。与特定行为有关的基因可能与其他一些特点如解剖特征一起频繁地遗传，比如影响行为特征的基因与影响解剖特征的基因是连锁的。这意味着它们染色体上的位置相当接近，在减数分裂的交换中分离的可能性很小。因为染色体中非编码的碱基对序列能够被鉴定，运用这些数量性状位点（QTL）制作基因图谱是可能的。QTL分析允许鉴定出影响行为的染色体区域，例如：① 蜜蜂蜇人的倾向；② 小鼠的循环性行为；③ 小鼠对酒精的偏好；④ 大鼠的超敏性（Jensen，2002b）。

　　另一种提供行为基本基因信息的技术是生产该基因被敲除或者表达阻止的动物。基因被敲除的动物，也就是缺失某特定基因的正常动物，有助于阐明该基因的功能。例如，Crawley（1999）指出缺少生产缩宫素基因的小鼠，既不能分泌乳汁，也表现出较少的攻击行为。如果一个基因的作用是提高传播和生存能力，它将会幸存和传递下去。

　　有时行为能影响其他相关个体的生存，同时也是基因完全表达的结果，这无论在哪个个体，都是重要的。Hamilton（1964a，1964b）首次明确指出这点，接着Wilson（1975），Dawkins（1976，1986）和Maynard Smith（1982）研究解释了自然选择如何引导群体和其他行为的许多方面。提高近亲包括同胞、半同胞还有后代等生存力的行为会被选择，于是导致此行为出现的基因得以在后代中增加。

　　因为考虑携带基因的个体比基因本身更容易，Hamilton（1964a）根据基因对个体的影响介绍了与基因频率有关的术语"内含适合度"（inclusive fitness）。有些基因仅影响携带者自身的生存，所以个体适合度涉及基因携带者自身产生的后代。其他的基因影响有血缘关系的个体，所以必须考虑适应度。近亲如后代和亲缘系数0.5的同胞比远亲如亲缘系数为0.125的半同胞更有价值。然而，正如Grafen（1984）指出，当考虑导致有助于亲属的某特定基因的影响的时候，应该仅计算那些真正起到帮助作用的个体。实际上，后代存活到成年的生存数目是对包括适应度在内的最好估计。

　　所有进化方面的改变可以用"基因幸存"的术语来解释。仅仅由于"对种群有好处"某种特性就可以在个体中被表达的想法目前看来是不正确的。可以用Hamilton的观点来解释社会行为可能是如何进化的，而没必要群体选择。

三、关于优化和效率的理念

　　MacArthur和Pianka（1966）提议，动物可能有"时间和能量支出最佳分配"的机制。他们提议能量是评估最优化的"货币"，如采食行为是从食物中获得能量或者在试图获得食物的过程中被利用。后期的研究表明在特定条件下与能量测量有关，但不尽然。如果相关个体更可能被猎食者吃到或者不能获得伴侣，积极有效的食物获得将是无用功。最优化与动物生命的各个方面有关，要根据动物的适应性和影响亲属的行为进行评估。至于诸如觅食的行为（第8章），假定人们记住达到一个良好的能量平衡只是动物不得不做的事情之一，能量平衡就尤其有意思。

正如在第4章中所强调的，所有时候动物个体都不得不在功能系统中决定时间和能量的分配。例如，它们决定尽力获得水然后决定如何得到水。适应新功能行为的开始也包括先前行为的中止，甚至仅仅是休息。一头奶牛必须决定什么时候停止对新生犊牛的舔舐和待在它跟前照顾、出发去寻找一片牧地和吃草。母牛在对犊牛舔舐足够之后和哺乳初乳之前过早地离开，或者母牛离开犊牛太晚以致奶牛体重减轻、不能分泌足够的乳汁，增加这种机会的基因，比那些促进精确评估生物优先性的基因，将更不容易在群体中存活。

另一种类型是决定在食物丰富但危险的地方，还是在食物缺少但不危险的地方寻找食物。对一个行为合理的动物，这种决定依赖于其中实际的风险和可获得更多食物的生存优势。另外，在这种形势下促进作出好的决定的基因，比那些导致差的决定的基因，在群体中更容易生存，结果动机系统进化了（Broom，1981）。当然，在作出决定的时候有很多的个体差异，同时每一个个体依赖它自己动机系统形成过程中的经验。

四、社会行为的进化

活动自由的动物总是倾向于聚拢而不是分开。有时，聚拢是个体选择相同的休息和生存地方的结果。然而，通常一个个体保持和另一个在一起，是由于它选择接近它而不仅仅是因为它所在的这个地方。一旦聚集在一起，群居的动物就会表现出复杂的互动同时经常建立复杂的社会结构（第14章）。大部分的家畜表现出社会行为，但这如何才能进化？靠近其他需求相同的个体会带来不利条件：可能有对食物、休息地点或者配偶的竞争，猎食者可能被动物的集合而吸引。但我们可以大概推测动物集合的优势多于劣势，否则不会有这么多物种进化出社会行为。这里概述的结论在Broom（1981，2003）中有详细的讨论。

个体可能会从聚集成群得到好处，因为它们的局部环境被同种属的其他个体改善了。小型食草动物如兔和草原犬，采食长的草时有困难，但却能很轻易地从被其他动物把草吃短了的地方采食。白蚁、蚂蚁和蜜蜂能通过筑巢集体地改变它们的物理环境，同时许多品种的社会型动物会挤成一团减少热量的散失。

通过观察其他个体会使寻找食物变得很容易，这对个体可能是非常重要的，特别是在食物短缺的时候。一只在栖木上饥饿的小鸟或者在休息地的哺乳动物可能跟随比自己更有见识的其他个体寻找食物。这在单独个体找到的食物很少甚至找不到食物时，具有重大的好处。饮食方式可以通过观看其他个体而学习，所以幼鸟从那些知道更多有效觅食方法的鸟群中学到如何采食，而老龄动物可能在是否能获得新的食物中从其他动物获益。一旦找到食物，如果其他个体在场，可能更容易获得食物。成群的狼能捕到猎物而单个狼不能，同时扎进水中的鹈鹕比单独的鹈鹕能啄到更多的鱼。

群体觅食的代价是个体可能必须和其他个体分享一些食物（Giraldeau和Caraco，2000），但组内还会有净利的，否则个体将要离开。成群的动物不可能返回一处耗尽了的食源地。Favre（1975）发现高山牧场的羊不会过早返回它们曾经吃过草的区域，这可能是由于存在控制羊群移动的有经验的母羊。成组的动物也可能守护一处食物资源。

掠食者袭击是群居生活动物进化的一个主要选择因素。个体仅仅能够通过确保另一个个体在它们自己和猎食者之间来减少自身的危险。动物在没有猎食者存在时能隐藏在群体内，也能在危险的时候移到群体的中心（Treves，2000）。如果筑巢鸟将鸟巢筑在领地中心会更安全。成群生活也允许对其他个体给出的警告信号进行反应。对一些物种来说，防御协作是有可能的。

繁殖可能通过成群生活变得更容易。更容易在群内找到配偶，但这必须平衡它们之间的竞争。对雌性来说，由于雄性被接受之前被迫与其他个体竞争，雄性得到了更完善的测试。在一些成群生活的物种中喂养幼仔时存在协作，最典型的例子是群居的昆虫。

成群生活的各种各样的优势和劣势的相对重要性根据物种的不同而不同。社会行为起源的第一步，既可能是在食物丰富或者居所好的地方聚集，也可能是亲代和子代没有分离。这些事件可能的结果顺序见图5.1。如果聚集是由于食物源地，那么个体接下来待在一起可能是为了减少被捕杀或者找到更有效的食物。个体的后代通过延长与亲代在一起的时间在很多方面获益。一些物种，如果与较年长的后代一起生活提高了较年幼后代的生存机会，亲代可能会容忍它们在一起生活。

　　Hamilton（1964a）和Dawkins（1978）讨论了选择作用对复制基因的作用，以及如果有足够的携带相同基因的亲属得到帮助，则促进其亲缘间相互帮助行为的基因能够保存下来。这之后，也就解释了利他主义可能更体现在针对亲属而不是针对子代或者父母亲代。利他主义也能被引导向无亲缘关系的个体。个体一次利他主义的行为包括通过减少个体舒适度的代价而增加一个或者多个其他个体舒适度。Trivers（1985）说："在人类进化过程中互

Path A	A1	加入群体以获取食物
		然后
	A2(i)	掠食者接近并进入到群体中
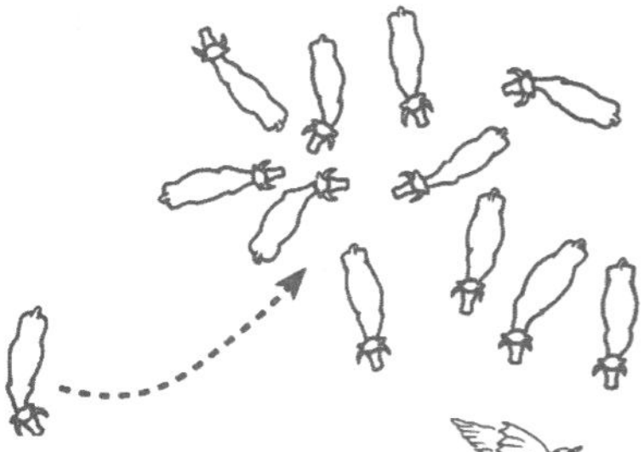	A2(ii)	呆在群体中
	A2(iii)	食物用尽，一个个体离开寻找更多食物
Path B	B1	父母与后代一起 后代与父母一起 } 父母的照顾增加了后代的存活机会
		后代与父母在一起，能学习到一些生活经验，如寻找食物，并躲避捕食者
		然后重复 A2 步骤
		也可解：
	B2	动物待在群体中以便生存的更好。

图5.1　社会行为可能的起源和进化步骤（Broom，1981）

惠的利他主义肯定是重要的动力。"当A指向B的利他行为之后就发生B指向A的某些对等的行为的时候，互惠利他主义就发生了。

人类社会和其他物种有许多互惠利他主义的例子。Packer（1977）报告两个低等级的狒狒轮流与统治地位的雄性争斗或者追赶，与此同时另一个与雌性交配。在灵长类动物和有蹄类动物中也有一些相互梳理毛的例子，首先动物A对动物B，然后反过来——如Benham（1984）关于牛的研究。吸血蝙蝠、乌鸦、狼或者犬类、猩猩的食物共享就是明显的互惠利他主义（Wilkinson，1984；Heinrich，1989；Savage-Rumbaugh和Lewin，1994）。

除了较明显的合作，利他主义中最普遍的是在群居团体中经常相互避免伤害（Broom，2003）。个体经常非常小心避免碰撞，这样既有益于回避者也有益于撞击者，而且不用角或者牙齿伤害它们，或者不迫使其他个体离开树或进入猎食者所在的危险地区。如果任何意外发生或可以避免的伤害发生在一个个体身上，接着受害方和施害方都可能发生行为改变。伤害之后可能会跟随发生一些报应（retribution）的形式，但无论意外还是故意的伤害也有可能被调和，至少在灵长类动物是这样（de Waal，1996）。参与调和的个体可能会为获得社交和其他目标而形成联盟。

一旦利他主义发生，并且是互惠的欺骗的可能性就变得重要。个体的大量不同特征，任何将有可能导致提高利他的或者道德行为的，在下文列出了（Broom，2006b）。其中有对欺骗个体的发觉和反应，因为它们不回避伤害其他个体，或者不尽力去报答一个个体，或者如果获得利益后以一种更普通的方式在群内做贡献。如果一些东西相对错误来说更偏向于正确，它就是道德的（Broom，2003）。真正的道德不包括起源于为守护伴侣出发的性行为的习惯或者态度，不包括间接作用。

- 对于某些类型个体的影响，可能是那些近亲的或者组成员，或者可能是那些减少它们受到伤害的机会；
- 对于那些相同个体的影响，这些相同个体增加执行有益于它们行为的可能性；
- 辨认可能是受惠者或者施惠者个体的能力；
- 能记忆过去导致对自身或群内其他动物获益的其他动物的行为的

能力；

 • 能记忆过去自己有益于另一个体的行为的能力；

 • 能评估自己的或其他行为的风险或者好处的能力，并且能，或者比较这些利益或者避免高风险并尽力获得高利益的能力；

 • 能察觉和估计欺骗的能力；

 • 能惩罚或者促进对欺骗者惩罚的能力；

 • 能支持鼓励合作、阻止欺骗的社会结构的能力；

 • 有顺从的期望。

有关道义和进化的一个关键问题是，是否那些促进合作的利他行为的基因可能会被损人利己的基因竞争掉。Riolo等（2001）和Broom（2006b）讨论了是否一个提高利他行为的基因会在社会性物种中传播的问题。互惠利他主义在道义的进化中很重要，但不会组成所有的生物学基础。不伤害或者直接有益于它者的许多行为不是互惠的，而是直接的朝向需要帮助同时先前没有提供益处给行为者的个体。这样的行为可能有助于社会群体结构的稳定。

五、驯养

Price（1984，2002）定义驯养为"一个动物群体，通过某些组合了的世世代代发生的遗传学变化和每个世代中反复发生的环境诱导的发育事件，使得变得适应人类和饲养环境的过程"。这可能曾经被解释为，在该动物种群中存在一种遗传改变，该改变的某些特征是在发育过程中依赖于环境的影响，但在物种中也可能有一种能被环境输入影响的潜能，以致能适应人类和圈养。野生动物的适应潜能不同，某些无法适应，而另一些或多或少能适应，所以当动物首次被关起来，生存和繁殖可能有许多变数。在某些物种中全部个体都会死亡，而在其他物种中一些被关起来后能幸存并繁殖。一些关于有助于或者掩饰此类适应的基因的影响的研究已经开展了（Price，2002）。

第6章
动物福利评估

一、评估范围

表6.1总结了福利评估的一般方法，表后列出了测量不良福利的方法。无论养殖规模大小，大部分指标都可以帮助准确描述动物的状态，从福利很好到很差。一些测量方法与动物的短期问题紧密相关，比如那些和人类操作相关或者短期不利的物理条件，而有些测量方法和长期问题更相关（Broom，1988；Broom 和 Johnson，1993；Keeling 和 Jensen，2002d；Broom，2004）。

福利测定包括以下方法（Broom，2004）：

- 愉悦的生理学指标；
- 愉悦的行为学指标；
- 能够表达强烈偏好行为的程度；
- 各种各样正常行为的表现或者抑制；
- 正常生理学进程和解剖学发育可能达到的程度；
- 表现出的行为学厌恶的程度；
- 处理问题的生理学尝试；
- 免疫抑制；
- 疾病的流行率；
- 处理问题的行为学尝试；
- 行为病理学；
- 大脑变化；

- 身体损害的流行率；

- 生长或者繁殖能力的降低；

- 寿命缩短。

利用许多此类测定，可能获得一些对动物积极或者消极情绪的指示信息。我们永远不可能了解另一个人的确切情绪，同样，能获得的对其他物种个体的情绪信息也仅仅是估测。在福利评估中，我们利用上面所列的大量直接测量的方法，其中一些是测量疼痛的。利用测量偏好程度等的方法（表6.1），来理解是什么可能导致好的或者差的福利并建立更好的圈养和管理方式（Dawkins，1983，1990；Duncan，1992；Kirkden 等，2003）。

表6.1 福利评估概述

一般方法	评估
不良福利的直接指标	不良程度
回避反应测试	动物不得不忍受回避条件或者刺激物生活的程度
积极嗜好测试	能获得强烈嗜好的程度
能实施正常行为和其他生物学功能能力测验	有多少重要的正常行为或生理学或解剖学发育能够或不能发生
良好福利的其它直接指标	良好程度

修改自Broom（1999）。

二、不良福利的直接测量

生理测量

一些福利不良的迹象来自生理学数据。例如，与对照比较，心率增加，肾上腺素活性、ACTH攻击后的皮质激素水平升高或受到一次攻击后的免疫反应下降，都能显示比没有表现出这类变化的个体福利要差。当解释这些结果时必须谨慎，正如此处描述的许多其他检测。在下丘脑-垂体-肾上腺皮质激素（HPA）兴奋情况下，会导致皮质醇和皮质甾酮分泌增加，发生这种反应的原因可能是活性水平升高、求偶或交配兴奋。如果检测的目的是鉴定任何应激反应的程度，则必须考虑HPA反应所在环境。某次反应是针对潜在危险的还是性伴侣的，通常很明显，而且通常有可能考虑兴奋的程度。如果某次处理导致可以测定的更多的走路或跑动，就可以利用伴随这样的兴奋水平的糖皮质激素反应，来评估应急应答反应中的成分。

　　灵长类、食肉类、有蹄类、大多数鱼类和其他动物的下丘脑-垂体-肾上腺皮质激素轴分泌糖皮质醇。类皮质酮有相同的功能，尤其在啮齿类动物和许多鸟类——包括禽，可使糖原提供更多的能量。糖皮质醇还有其他重要功能。血浆中的皮质醇浓度日有波动，这与通过海马的功能促进有效学习有很强的相关性。海马细胞能代谢皮质醇（图6.1），当与皮质醇共同培养时，猪海马细胞可主动吸收皮质醇，其他对照组无此现象。皮质醇受体存在于哺乳动物大脑的许多区域，包括海马、杏仁体和额叶皮质层（Poletto等，2003；Broom 和 Zanella，2004）。Holzmann等发现皮质醇浓度存在清晨达到峰值的日周期，但由于空腹或遭受暴力导致严重应激的妇女，其皮质醇浓度受到抑制。

　　皮质醇首先是下丘脑分泌白介素1——β的产物，接着分泌促肾上腺皮质激素释放激素（CRH），又称促肾上腺皮质激素释放因子（CRF），导致腺垂体，即下垂体前叶释放促肾上腺皮质激素（ACTH）。ACTH经血液循环到达位于肾上腺外层的肾上腺皮质，分泌糖皮质激素释放到血液中。ACTH是一种较大的肽分子前阿片黑色素细胞皮质激素（pro-opiomelanocortin，POMC）的一部分，可分解产生β—内啡肽（beta-endorphin），强啡

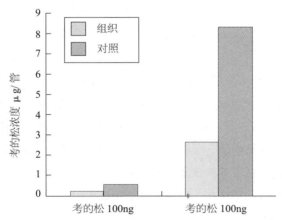

图6.1　在含有100ng或者1 000ng皮质醇的培养液中海马细胞和其他哺乳动物组织细胞的比较。海马细胞主动吸收皮质醇（Poletto等，2003）

肽（dynorphin），甲硫脑啡肽（met-enkephalin）和亮氨酸脑啡肽（leu-enkephalin）及ACTH。ACTH注射入猪体内，则血浆皮质醇浓度升高（图6.2）。因为这种形式的皮质醇不与血液中的蛋白质结合，当它进入血液一段时间后可扩散到唾液腺中的唾液中，因此也有可能检测唾液中的皮质醇，只是浓度比血浆中低一些。

在动物短期管理实践中，测量血浆与唾液中的肾上腺糖皮质激素对衡量动物的福利待遇尤其有用。在对猫或犬进行手术时，动物对操作反应的程度可通过比较处理组和对照组个体的皮质醇浓度来估计。运输动物时，运输过程中各种因素造成的影响也可通过糖皮质激素的水平进行估计。在所有类似的研究中，采样过程本身对动物造成的影响必须进行评估。由于皮质醇浓度在1.5~3.0min之内便可增加，因此如果采样足够快，就会得到真实数值。如果采样时对动物造成的干扰少，这种对操作的应答就能有效地评估。在一项兔运输的试验研究中，与-5℃，96dB噪音或混群这些条件比较来说，42℃，4.5h条件下处理兔的皮质醇和其他生理学指标增加（Dela Fuente等，2007）。

图6.3所示为两群绵羊公路运输期间的平均血浆皮质醇浓度。其中羊运送到车辆上时血浆皮质醇的增加非常明显。尽管相关人员很有经验，并没有粗暴对待动物但羊群在装车过程中还明显会受到惊扰，这种反应能持续6h。当羊群熟悉新环境后皮质醇浓度就会降到正常值。在旅途的后3h时内，车辆转弯和加速都会对羊群造成影响，致使皮质醇浓度上升。像这样的研究，从皮质醇浓度角度出发，可为动物短期内的福利待遇提供信息。

采样时不方便采取血液或唾液时，可通过测定尿和粪的代谢产物或糖皮质醇浓度来估计HPA轴活性。收集尿液或粪便排泄物的时间也需记录在案。

在圈养或其他长期治疗的群体中评估其福利待遇，用糖皮质醇测定方法就不可行了，因为在数分钟或数小时内羊群就会适应。HPA轴的多次活动有时会使皮质醇在几天内的一段时间内上升。但是，在特定圈养环境或其他处理条件下饲养的家畜若其糖皮质激素长时间不升高，对其福利而言也未必是好事。例如，严重的慢性病，外界温度高于最大忍耐极限或产前不许动这些福利问题常与皮质醇的升降无关。在这些类似情况下需要其他福利预测措施，并且糖皮质激素产物会导致免疫失调。免疫系统功能削弱和一些生理变

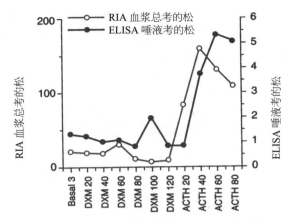

图6.2 基础水平和注射ACTH后猪血浆和唾液中的皮质醇浓度。由于从血液中扩散需要时间，唾液中皮质醇浓度的增加会延迟数分钟

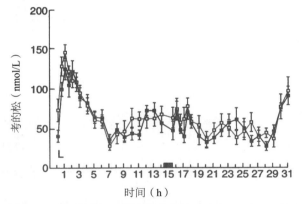

图6.3 图示为运输过程中两组羊的平均血浆皮质醇浓度。皮质醇基础浓度大概是40nmol/L。可见在装载过程、14h的高速路，1h的休息，又13h高速路，最后3h的乡村路运输过程中的改变（Parrott 等，1998）

化能断定一些病理学状态（Moberg，1985）。

动物心率变化随其活动量和必要活动需求而定。这种反应相对短暂而快速，常在1~2min内就适应了。猫从睡姿到站姿，到步行，再到跑步，在各个活动变化时心率会随之增加。如果猫在此过程中检测到周围有任何危险逼近，其心率的增量会叠加。如果引起心率变化的因素是可以测定的适应反应，那么心率可成为短期预测动物福利问题的有效手段。表6.2的数据为试

验研究所得。Baldock和Sibly（1990）记录了不同活动状态下羊的心率，因此当羊受到刺激时，衡量其反应程度就成为可能。对于已习惯了与人类频繁接触的很多动物，反应最激烈的是犬的靠近。

表6.2　受管理措施影响的羊的心率

处理	心率 [a]（次 /min）
空间限位	0
在固定的地方站立	0
可视的限位	+20
引进新的羊群（0~30min）	+30
引进新的羊群（30~120min）	+14
运输	+14
人接近	+50
人带着犬接近	+84

注：[a]为考虑执行的行为

引自Baldock 和 Sibly（1990）。

在运输过程或其他相对短期处理中，评估动物福利的方法多种多样，表6.3中列出了这些方法。若运输时间延长，无饲料供给和快速的新陈代谢导致了身体内容物消耗加快及机体功能组织消耗，则这些消耗可从血液中检测出来。脱水、瘀伤、恐惧、焦虑、运动病及抵抗病原都会使血液成分变化。

表6.3　福利的生理指示：短期问题

应激因子	生理变化
断食	↑ FFA，↑ β-OHB，↓ 葡萄糖，↑ 尿素
脱水	↑ 渗透压，↑ 总蛋白，↑ 清蛋白，↑ PCV
身体擦伤	↑ CK，↑ LDH5，↑ 乳酸盐
惊吓 / 觉醒	↑ 皮质醇，↑ PCV ↑ 心率，↑ 心率变化，↑ 呼吸频率，↑ LDH5
运动疾病	↑ 抗利尿激素
炎症，严重的免疫反应	急剧的相位蛋白，例如：结合珠蛋白，C- 反应蛋白，血清淀粉 -A
降低体温 / 高热	体温和皮温以及泌乳刺激素的改变

注：FFA（free fatty acids），游离脂肪酸

（一）行为测量方法

行为测量方法在福利评估中有很多特别的价值。动物会躲避物体或事件，这样会传递一些关于它感受的信息及福利问题信息。当某物出现或某事发生时，动物越想躲避，说明它的福利越差。反复尝试但无法找到舒适卧姿的个体比能找到舒适卧姿的个体福利差。其他异常行为，如刻板行为、自残、猪咬尾、母鸡啄羽或其他过激行为，都是福利差的预兆。

刻板行为及其他异常行为也可说明动物福利情况，第23～27章中有详细介绍。图6.4的母猪一直按压饮水器却未能如愿。刻板行为是指反复的、相对不变的系列动作，没有明显的功能，有些被拴系的母猪完成这些动作可能更费时。这些猪的此类遭遇已用视频记录下来，描述如下：

- 猪站立；
- 5～8s：用嘴按压饮水器；
- 1～2s：暂停；
- 5～8s：按压饮水器（水流到地上）；
- 1～2s：暂停；
- 上述动作重复7～15次；
- 5～8s：按压饮水器，头偏向左边，用嘴舔食旁边的食槽。

还有些刻板行为包括：犬追尾、马咬槽、马吐舌（图6.5和图6.6）。动物个体与环境互动缺乏控制都会出现这些刻板行为，这也说明动物福利差。

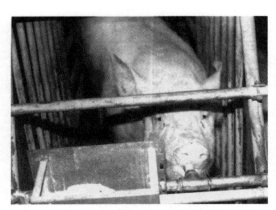

图6.4　母猪在猪栏里喝水的刻板行为（图片由D.M. Broom提供）

图6.5和图6.6　马出现咬槽，经常反复咬固定的门，还有吐舌，舌头通过部分紧闭的牙齿来回伸出缩回（图片由H.H. Sambraus提供）

一些特别具有侵略性行为和反应迟钝这些异常行为也可作为动物长期福利问题的预警。

在一些生理和行为测量方法中，个体努力挺过逆境是很明显的。它们努力的程度也可测定。但是，在有些情况下，有些反应完全是病态的表现，动物个体也往往难以处理，这样的测量同样说明了动物福利差。Mason等（2007）总结得出可用环境富集作用改善动物福利，减少刻板行为的发生。

（二）减轻痛苦的测量方法

福利不良的一种类型就是痛苦。尽管有些人认为痛苦只限于人类或者哺乳动物，但相关研究发现这样的想法未必确实。Melzack和Dennis（1980）发现："脊椎动物的神经系统基本组织方式是相同的"，以及"常常在哺乳类动物行为中观察到痛苦，禽类、鱼类、两栖类动物也有痛苦经历（假设也包括爬行为物）。"

动物跟人类不同，无法表达它们的病痛，无法告诉你它们何时不舒适，有多严重。人类病痛研究中常用自我陈述法。例如从无痛到非常痛进行分级，但这样可信吗？对于自己所承受的痛苦，人类可能撒谎或掩盖自己。或许用以观察人类行为或生理变化的，这类方法用于非人类的研究上可能更精确（Broom，2001）。

一些用于识别和评估非人类病痛的方法已试用很长一段时间。例如，鼠通过甩尾反应（1941）、长爪反应（1964）、肢体撤离反应（1964）及自残行为（1994）表明自己疼痛。比较成熟的行为学测定方法正越来越多地用于疼痛的研究中。但是，问题在于不同类动物识别疼痛的能力有一定的差异。即使不存在任何的检测信号，也可能存在严重的病患。同一种群内不同个体激发疼痛的阈值也有所不同。对于普通大众来说，同对那些研究者一样，最大的困难在于不同的种类由疼痛引起的行为反应是不同的（Morton和Griffith，1985）。因此最重要是的考虑哪种疼痛行为反应能够适用于任何一种能够想到的种类。

像犬和猪这类哺乳类一样，人类采取社会化生活方式，能够在遭到食肉动物攻击时相互帮助。父母会帮助后代，其他团队成员帮助遭受攻击或者处于疼痛的个人。因此，在感觉受伤导致的疼痛后，发出大声喊叫这种痛苦信号是非常有效的。在生物中，很少发生共同进行防御的行为。例如，遭受狮子、美洲豹、鬣犬或者猎犬袭击的非洲羚羊及遭受狼、山猫、美洲豹、美洲狮袭击的绵羊，其生物学状况是非常不同的。捕食者选择明显弱小的单个动物进行攻击，由于受伤的叫声会吸引来其他捕食者而并不会带来任何益处，这些动物们在受伤时便不会发出任何叫声。

割皮防蝇法本是Mules先生设计的意在减少苍蝇叮咬可能性的措施，人类捉到绵羊后，将其倒置在一个固定的架子上，在会阴口附近用剪刀剪下直径15cm的皮后将其放掉。通常羊会不发出一点声音。执行这个过程的农场工人可能会相信羊没有感到一点疼痛。但是羊具备所有正常哺乳动物的疼痛系统，并且在致残之后分泌出了大量的皮质醇和β–内啡肽（Shutt等，1987）。值得关注的另外一个例子是猴子，尽管猴子非常吵闹，但是在分娩时非常安静，这个时候会增加招来捕食者的风险。它们的安静并不意味着分娩时不会出现疼痛。

在对疼痛的行为反应能够正确理解之前，需要了解影响物种的选择性压力。上文解释了对疼痛行为测试的困难，后面章节将会列举大量的已经实施的对疼痛的定量测量的研究实例。犬和猪在疼痛后都会发出叫声，并且能够衡量声音的高低和大小。老鼠会改变不同的行为方式，包括改变移动的次数，采取可识别的姿势，这些都可以进行量化（Flecknell，2001）。

另一方面，外围解剖学及疼痛系统的大部分生理方面在不同的生物之间差别很少。大部分被调查的脊椎动物似乎有着极为相似的疼痛接收器及与之相连的中央神经末梢。甚至一些无脊椎动物也有这样的系统。例如，Kavaliers（1989）指出腹足软体动物也有伤害感受器，其组织损害后的结果表明这种损害引起了痛觉。最原始的脊椎动物八目鳗和盲鳗同现代硬骨鱼的区别与人类与后者区别更大。在Martin和Wichelgren（1971）及Mathews和Wickelgren（1978）对八目鳗的皮肤和嘴唇的感觉神经元进行高压、刺孔、收缩和灼烧环境下的研究结果显示，其同哺乳动物类的疼痛接收器的记录相同。传导速度相对于感觉神经元要慢，所以它们的直径可能非常小。在重复刺激后不会疲劳，并且接收器对自身组织损害产生感觉。

在哺乳动物和鱼身上的脊髓后角上都出现了神经传输P物质。Cameron等（1990）在对软骨鱼的研究显示，其脊髓后角大量胶状质的外部有P物质、血清素、降血钙素、神经肽Y、铃蟾肽并且在侧部发现了甲硫氨酸脑啡肽。Ritchie和Leonard（1983）发现，P物质是软骨鱼黑质凝胶样物质的传入神经元。这些贡献同对哺乳动物的研究（Gregory，1999）一样，P物质在鲑鱼的脑部接受来自疼痛的信号接收器的输入区域、丘脑下部、前脑比其他地方更容易出现（Kelly，1979）。

在哺乳动物大脑内，也存在大量具有特殊功能的区域。但是，不同脊椎动物群种该功能位置不同。发生在哺乳动物新皮质分析功能出现在鸟的纹状体上。鱼的不同群种中，复杂分析功能的位置多样。必须找出每一种特定功能的位置而不是假设和人类所处位置是相同的，并且不应该毫无逻辑地假设由于人脑之中有着某种特定功能的任一区域非常小或者在其他脊椎动物中不存在，该功能就会丧失。

在很多对脊椎动物的研究中都出现刺激的行为反应被认为是痛苦的。例如，Verheijen和Buwalda（1988）电击鲤鱼的嘴唇，温和的刺激会导致一些鱼鳍的运动和心搏徐缓，3次同样强度的电流会导致其强直或者在玻璃鱼箱中不稳定的猛冲撞击。Beukema（1970）、Verheijen和Buwalda（1988）同时指出，当鲤鱼被一种特殊的饵钩住之后，它们在之后的数周——甚至在1年内都可以避免这种饵钩。这表明在钩钓试验中鲤鱼表现出了学习如何躲避被钓住。

多位人员研究了鱼的这种躲避学习。例如，Brookshire和Hoegnander（1968）对舡板鱼的震动试验发现，舡板鱼进入黑色的隔间之后能够持续地避开黑色的隔间并且学习如何逃出安全舱口以避免进一步的震动。在一项从疼痛域开始到施压再到温刺激物的试验中，Chambers（1992）发现这些对所有种类的生物都一样。

阿片样物质有很多功能，其中之一是使神经痛觉丧失，甲硫氨酸脑啡肽和亮氨酸脑啡肽在已测试过的所有脊椎动物中都存在。当金鱼遭遇到不同的情况时，丙鸦片黑素皮质素将升高，就像在人身上发生的一样（Denzer和Laudien，1987）。受到电击的金鱼会表现出不安的游动，但是如果被注射吗啡则这种行为阈值会上升，吗啡的这种效应可被纳洛酮阻断（Jansen和Greene，1970）。Ehrensing等（1982）的研究表明内生的阿片样物质颉颃药MIFI会抑制金鱼和老鼠对阿片的敏感反应。总之，最清楚的一点是所有脊椎动物的疼痛系统中有很多的相似点。

疼痛感受器通常被称为伤害感受器，这个专用术语用来将它们的疼痛输入路径同其他感受器相区别开来是很有用的。看上去伤害感受器和疼痛之间的区别是试图强调人类和其他动物或者说高等动物和低等动物之间区别的结果。视觉和听觉系统在大脑中也有接收器、路径和高级分析功能，但是更简单的和更复杂是同样的系统。因为对于疼痛的知觉能在疼痛感受的接收器不参与的情况下存在，所以听觉和视觉的知觉也可以在感受器不参与的情况下存在。Wall（1992）提到人类和动物疼痛问题被充斥着"伤害感受器"这个词的伪科学所混淆。伤害感受器这个术语的使用应该被终止，它只是将疼痛系统的一个方面和其他方面区别开来，而系统应该被作为一个整体。

（三）疾病、伤害、运动和生长测量方法

疾病、伤害、运动困难和生长畸形都显示出福利不良。如果在一个谨慎控制的试验中，将两种圈舍设备进行比较，如果其中一种设备中上述情况的发生率都增加，该设备中动物的福利较差。任何得病的动物的福利都比没有得病的动物的福利要糟糕（第22章），但是大部分仍然取决于疾病对福利影响的重要性。人们对福利与不同疾病的相关性仍然了解得很少。

导致低福利的居住环境影响的一个特例是严重减少骨强度练习的结果。在对母鸡的研究中发现，因为在巴特利鸡笼中饲养的母鸡无法充分对翅膀和腿部进行练习，则它们的骨头比外面的经常练习的鸡要脆弱得多（Knowles和Broom，1990；Norgaard-Nielsen，1990）。同样，Marchant和Broom（1996）发现，在限位栏中饲养的母猪的腿部骨密度只有群养圈舍设备中母猪的65%。骨头的实际脆弱表明动物无法很好地处理它们的居住环境，所以在限位居住环境中，福利是非常差的。如果动物的骨头折断的话，会给其带来想当大的疼痛，福利也会更加糟糕。

（四）内向行为和行为战略

进一步福利评估的一般方法见表6.1，其中引入了一些措施可以衡量在特殊的居住条件下哪些行为和其他功能无法执行。母鸡喜欢间断性地拍打翅膀，但在巴特利鸡笼中它们无法进行；屠用犊牛和一些笼养试验性动物非常努力地试图彻底地整洁自己，但在小篓子、小笼子或者压抑的装置中却难以做到。

在所有的福利评估中，必须考虑个体试图处理逆境的变化及逆境对动物的影响也会有一些改变。一些猪被限制活动的时间过长时，同其他个体相比这些猪会表现出很多刻板行为。表现出来的非正常行为会随着在这种环境中时间的变化而发生数量和类型的改变（Cronin和Wiepkema，1984）。

在鼠和树鼩中，已知由被攻击者困住的个体会表现出不同的生理和行为反应，这些反应被分类为积极的和消极的应对（Koolhaas 等，1983；von Holst，1986；Benus，1988）。积极的动物进行活跃地反击，而消极的动物

只有妥协。对在竞争性的社会环境下高日龄母猪采取的研究表明，一些高日龄母猪是非常好斗且能成功取胜，第二类如果遭到攻击则积极地防御，而第三类猪尽可能地避免群体性对抗。这些动物的分类主要区别于它们肾上腺的反应和繁殖成功率（Mendl等，1992）。作为对问题的生理和行为反应的不同程度的差异性结果，福利的评估必须包括一套广泛的测量方法，我们应该进一步提升对各种各样的测量如何将问题的严重程度连接起来的知识。

三、良好福利的直接测量方法

一些良好福利的指标是行为性的，但是我们应该多加关注如何解释。例如，人类的微笑、犬的摇尾和猫的咕噜声，这些行为都可以表现出动物超过一种以上的动机状态，这可能也不意味着个体的福利在那一刻是良好的。需要对一些行为细节及行为联系上的观察以进行良好动物福利识别和评估。

大脑中生理学上的变化在一些时候看上去确实同良好福利相联系（Broom和Zanella，2004）。当向人类出示令人快乐的图片时，大脑皮层的前端一侧会出现催眠式的共鸣图案，杏仁核活动会降低。在悲伤时发现了一系列活动区域，但是这系列区域在动物正常或者高兴地时候却没有出现。

我们也知道在一些令人高兴的事件发生时，血液中的催产素集中度会很高，其中一个事件包括雌性哺乳动物养育后代的时候。催产素不仅同牛奶产量的降低有关，同时也导致高兴的感觉发生。催产素集中于丘脑下部的室旁核（PVN）和视上核中。将接收器联系起来时可以控制HPA轴的活动，并且它的增加同以下相联系：ACTH和糖皮质激素的降低、淋巴细胞增生、大脑GABA的增加及心脏迷走神经张力的增加（Carter和Altemus，1997；Altemus等，2001；Redwine等，2001）。

四、嗜好和其强度的研究

动机体系的一些方面已经进化并且现在仍然存在，因为他们具有适应性，动物中大部分强嗜好是资源性的或者是有利于自身利益的行为。比如，可以帮助他们生存或者生育。在发展阶段，个体会获得进一步的信息，这些信息会帮助它们作出有利的决策。Duncan、Dawkins、Broom和Johnson和其他人研究的其中一个结果是，嗜好试验中对动机强度的评估对任何试图在人类饲养并受到人类影响的动物，以保证其避免贫乏福利和最大化良好福利的努力都是重要的。

关于嗜好的一些研究涉及观察当动物拥有广泛的行为机会时如何选择行为或实施行为。Stolba和Wood-Gush（1989）记录了高日龄母猪在被放置到草地和林地，并被提供和被关养的高日龄母猪同样的浓缩饲料，它们是如何分配不同行为的时间和精力的。高龄母猪在白天花费31%的时间吃草，21%的时间用鼻拱土，14%的时间随意运动，而只用6%的时间躺卧。任何一种嗜好行为都要求动物在获得一定量资源并且花费时间消费资源时做出某种牺牲。这些高日龄母猪做某种行为的代价是放弃某种其他的行为。下面列出了各种类型的嗜好测试的例子（Fraser和Matthews，1997）。

我们使用良好福利的大多数表征由研究获得，这些研究证明了动物的积极嗜好。这类早期研究由Hughes和Black（1973）进行，研究表明如果给母鸡不同类型的地板来选择站立，它们只会选择其中的一个（图6.7）。在这个简单的选择测试中，选择成本只包括从一个地板跳到另一个地板所需要的微小精力，所以当选择一个地板类型时所做出的主要牺牲不是站在或躺在另一个地板上。

选择试验在对能够满足同样的或者极其相似的需求资源进行比较时，对动物福利专家有一些价值，即使在这个例子中也需要更多的信息。因为比较两种资源，可能对动物的价值都比较低或者对动物的价值都很高，但都属于奢侈物品。像Dawkins（1992）所解释的，同熏三文鱼相比，一个人可能会选择鱼子酱，但是如果只有这两者中的任何一种福利都不会差。选择试验在资源和不同需求相联系时毫无可比之处，因为这些需求的动机基础完全不同（Kirkden等，2003）。需求可能会改变，不仅在动机强度上而且也在满足程度或者不同情境下所需求的资源数量上，这需要进行足够的试验验证。

随着嗜好试验技术的发展，很显然也需要加强对嗜好强度的准确衡

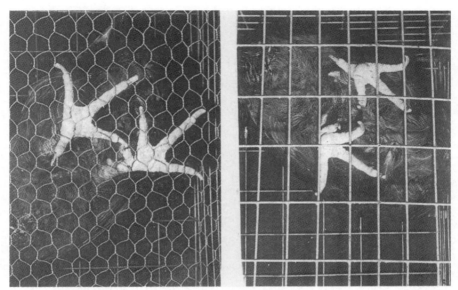

图6.7 给予母鸡不同类型的站立地面，它更喜欢给脚掌以最大支撑的地面而不是最刚硬的地面（Hughes和Black，1973）

量。利用小母猪喜欢同相邻围栏中的小母猪躺在一起这一事实，Van Roijen（1980）在紧靠着其他小母猪的围栏中及离得很远的围栏中为它们提供了不同类型的地板选择，当地板嗜好排除了群体嗜好时，他获得了更多的嗜好强度信息。

嗜好测定的另一个例子是Arey（1992）所做的工作，在一个起作用的条件下使用不同固定比例的加固。预产的高日龄母猪会按一个仪表盘以进入一间装有稻草的房间，一间空房间或一间装有饲料和水的房间（图6.8）。如果获得稻草所付出的精力和时间很低廉的话，高日龄母猪打开门进入稻草屋的次数比进入空房间的要多。稻草房在一边，饲料房在另一边，都需要以按板这种很低的代价来进行选择。增加按板次数开每个门的比例也会相应增加进入的成本。直到分娩前两天它们为进入饲料房按的次数要比为进入稻草房按的次数多很多，强化刺激指数为30～500。此时，对高日龄母猪来说饲料比操作或者窝巢更为重要。但是，在分娩的前一天，在窝巢正常建好的时候，高日龄母猪按板进入稻草房的次数就像平常进入饲料房一样，强化刺激指数达到50～300。

　　大母猪按板打开门执行一个操作。在这个操作测试中，需要付出代价获得资源，即被迫执行任务。这项任务需要本来也可以用在其他行为上的时间和精力。在某些例子中，这种任务对目标来说并不友善。例如，可用强化刺激指数代替，例如在Arey的试验中可以更改强化比例以找出动物对资源的需求究竟有多大。

　　这种个体愿意付出的能够获得资源的努力的另外一个指示就是它们能够举起的门的重量。Manser等（1996）发现，试验鼠宁愿举起更重的门以到达它们能够依赖的平面地面而不愿举起稍轻的门到达栅栏地板。

　　该工作始于对老鼠选择硬地板和线格地板的一项调查。Manser等（1995）发现，在相互连接的两个笼子中老鼠会在任一类型的地板上行走，但如果有机会的话总是在硬地板上休息（图6.9）。老鼠为了获得资源而需要抬起的门的最大重量是确定的（图6.10），而抬起门进入硬地板的重量和该重量非常接近。在相似的试验中发现，老鼠选择寝具和黑暗的巢箱，并且愿意举起150g的重量以进入新的空箱子，愿意举起290g的重量以进入寝具巢箱，愿意举起330g的重量以进入巢箱，愿意举起430g的重量有寝具的巢箱（Manser等，1998a，1998b）。

　　在检测动机强度使用该术语时，该术语属于微观经济一类（Kirkden等，2003）。

1.	稻草	饲料与水	空
2.	稻草	水	饲料

图6.8　母猪会为了进入而按板：1. 有稻草的围栏而不是空的；2. 只有筑巢时进入有饲料和有稻草的围栏同样频繁（Arey，1992）

一种动物可以使用或者有利于行为执行的物品称为资源，动物的需求就是行为量，如动物为了获得某种资源的操作反应。动物付出的价格是获得每单位资源付出的行为量。动物的收入是时间数量、精力数量或者其他可变的限制动物可以获得资源的行为数量。

如果动物必须指出需求什么样的资源，例如按盘子，当某种东西通过使动物按下盘子1次、5次、10次、20次、100次或者500次来获得进入而改变资源的价格时，这就有可能发现动物的需求。例如，在Arey的研究中，猪不得不按盘子以能够定期进入有稻草的围栏中。在Manser等的老鼠试验中，老鼠必须举起不同的重量以进入各种特定的地板笼子中或者有巢的笼子中。如果使用不同的价格，可以将动物的行为用反需求曲线来描述，其中价格和

图6.9　栅栏地板的鼠笼与硬地板的鼠笼作为筑巢选择测试，大鼠更喜欢在硬地板上筑巢（Manser等，1995）

图6.10　当两个鼠笼连接成一个箱子，大鼠为了从一个笼子到另一个有资源的笼子必须抬起中间的栅版（Manser等，1995）

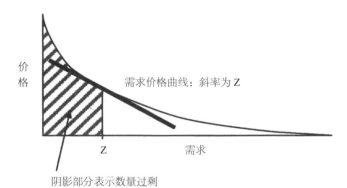

图6.11　反需求曲线的例子显示动物对资源的需求是怎样与它与之付出的价格相联系的。需求的价格弹性和消费者过剩被给予的需求指示

需求呈反方向变化（图6.11）。需求的价值是动物为了获得资源执行某项工作的频率。

Dawkins（1983，1988，1990）提出使用弹性需求作为动机强度的指数。如果价格上升时，资源的需求并没有下降太多，需求就是无弹性的。相反如果当价格上升需求大幅下降时，就是有弹性的。例如，如果咖啡的价格增加了100%，但是大多数人仍然购买相同数量的咖啡，这些人的咖啡需求就是无弹性的。反之，如果牛肉的价格增加了100%，而大多数人停止购买牛肉或者购买数量很少的话，这些人的牛肉需求就是有弹性的。需求的弹性价格就是某项资源的消费随着资源的价格变化而改变的比例（见图6.11的曲线）。

在Dawkings建议使用弹性需求之后，Kirkden等（2003）解释了研究者如何使用需求随价格变动率，支出随价格变化率，支出或支出份额随收入变化率及支出对收入的双对数反曲线（Matthews和 Ladewig，1994；Bubier，1996；Cooper和Mason，1997，2000；Warburton和Nicol，2001）。

Kirkden等（2003）同样详细描述了需求弹性指数的4大缺陷。首先，既然需求价格弹性随价格改变，并且商品的连续单位对动物来说并不具有同样价值，所以评估某项资源的单个需求价格弹性是不合理的。第二，个体倾向于保护嗜好消费水平并且易于满足，所以需求价格弹性可能会在满足发生的情况下高估资源的价值。第三，在初始消费水平很高的情况下，需求价格弹性可能倾向于高估资源的相对价值。例如，人对面包的消费水平比盐要高，对盐的消费是刚性的，并不是因为对人来说盐比面包更重要，而是因为在价格便宜的时候它会被消费得更少。第四，动物的可用收入会改变，但是需求价格指数没有考虑到这一点。因为需求随着收入增长，在收入下降引起需求增加时，需求价格弹性会低估资源的价值，并且在收入增加导致需求减少时会高估。

另一个嗜好强度指数如图6.11所示，消费者盈余是在需求曲线下方的区域，当需求曲线产生时能够迅速被测量。上述的需求价格弹性的前3点缺陷并不适用于消费者盈余指数。动物的收入会影响消费者盈余指数，在动机强度的研究中，收入以在现实中能够获得的水平设定，这样的话，消费者盈余是动机强度最好的指示，可以代替需求价格弹性指数。在某些案例中，需求价格弹性指数已经为动机强度提供了良好的指示，但是消费者盈余更加实用。

在Duncan和Kite（1987）、Manser等（1996）、Olsson等（2002）和其他一些人的试验中，保留价格是可衡量的，即支付资源的最大价格，如老鼠能够举起的最大重量。该价值能够在需求曲线难以产生的时候成为获得消费者盈余最有用的捷径。上述所有的论断都有Kirkden等（2003）的论述，而Mason等（2001）提供了比较动机强度评估的不同方法的例子。该观点对动机强度方法的一般性结论是嗜好测试在试图发现对动物而言什么是重要的方面有特殊价值，包括那些需要动物进行量化操作的测试。在需求曲线能够产生的情况下，消费者盈余是最好的动机强度指数，保留价格在需求曲线难以产生的情况下是非常有用的指数。一旦获得这样的信息，就可以设计房舍和管理环境，并且将这些环境同使用直接福利指标的现有环境相比较。

第7章
应对捕食者和群体攻击者的行为

一、应对捕食者的策略

　　所有野生动物都会遭受捕食者和寄生虫的攻击，因此在建立抵抗这些攻击的有效方式方面存在着重要的选择压力。家畜也有这样的抵抗捕食者和抗寄生虫的机制，所以与宠物或农场动物有关的每个人有必要了解这些。第6章描述了日常的生理学反应，Kruuk（2002）描述了捕食家畜的哺乳动物的行为。这里总结了抗捕食者的行为，Broom（1981）对其有更长篇幅的讨论。研究抗捕食者的行为很重要，这会在第11章中进行讨论。初级防御机制和次级防御机制是两种基本防御机制，无论附近有没有捕食者，初级防御机制都起作用，而次级防御机制只有在遭遇捕食者时才发挥作用（Edmunds，1974）。当侦查到捕食者时，误以为遇到捕食者时或者当实际攻击发生时，次级防御机制起作用。

　　初级防御机制包括下列内容（Broom，1981）：

- 躲藏在洞里，如兔在洞里休息；

- 使用保护色，如飞蛾落在树干上时很难被发现，或者哺乳动物的捕食物种会最大限度地减少它们的身体气味；

- 伪装成不能吃的物体，如看起来像鸟粪的毛毛虫；

- 对捕食者展示危险的警示，如臭鼬的着色；

- 伪装成进化序列中最近的高级别物种，如看起来像蜜蜂的苍蝇；

- 定时活动以减小被捕食者侦查到的概率，如夜间活动；

●由于可能存在次级防御机制，会呆在一个任何捕食者攻击都可能不会成功的地方，如兔子在窝边吃草或者小羚羊在荆棘丛边采食；

●保持警觉以最大程度探测到捕食者到来的概率，如绵羊花费时间瞭望、嗅闻、聆听是否有捕食者。

各种主动的次级防御机制包括下列内容（Broom，1981）：

●加强初级防御，如当捕食者靠近的时候，毛虫保持纹丝不动；

●退回到一个安全的地方，如兔子跑回窝里或者犰狳卷曲起来；

●逃走和躲避，如被犬追赶时，野兔奔跑和急速躲闪；

●通过炫耀行为来阻止攻击，如飞蛾扇动翅膀以暴露出庞大的眼状斑点；

●装死，如美国负鼠和很多鸟类，包括鸡；

●转移攻击的行为，如一些蝴蝶的眼状斑纹转移了鸟对其身体的啄食，千鸟展示折断的翅膀使捕食者离开其鸟巢；

●反击，如撕咬、顶撞或者分泌化学物质。

最明显的逃避反应是逃走。对于更危险的刺激，抗捕食者的反应通常会更强烈。Hansen等（2001）发现，当绵羊暴露于装有狼獾、猞猁或熊的移动车中时，比碰到人或者其他无生命的物体，需要花费更长的时间恢复，表现出更远的逃逸距离，这种逃逸距离即显示出的逃避行为。带着一只犬的一个人比单独的一个人引起的反应更快、更久。逃逸可能受社会性约束，也可能不受社会性约束。当畜群的逃逸受控制时，动物就会按它们正常的迁移顺序逃离（Sato，1982），通常高等级地位的母畜是领导者。当恐慌发生时，会出现毫无任何秩序可言的无控制的逃离。在草原上原始栖息地，马逃逸的机警性是至关重要的生存策略。马群会受到声音的惊吓，但是突然能看到的刺激可能比纷杂的声响更容易引起警戒反应（图7.1）。

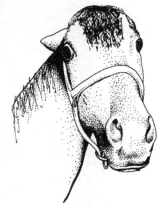

图7.1　这是一匹表现出惊吓的马，双耳后竖，眼睛大睁，鼻孔大张（图片由A.F. Fraser绘制）

牛在危险临近时的躲避反应可能是消极的也可能是积极的。例如，当觉察到可能有一个同类要进行攻击时，牛的社会性屈服会有所不同，从头部不同程度地轻微偏离"攻击源"，到宁肯卧倒拒绝站起。后一种行为可能会与同时存在着导致卧倒的疾病混淆。当牛受到负面刺激时，牛的这种屈服特征很强烈，头颈向低处延伸，反应程度低得不正常。识别这种屈服反应，在管理患病或所有类型的"跌倒"畜禽时是很关键的，以此来确保它们的状况是否受到正确的考虑。

二、敌对反应性

攻击性行为在群居性动物最初组群时最为常见。尽管绵羊之间很少表现出打斗行为，但是在每个繁殖季节开始时，公羊之间也存在竞争。如果密集型饲养的条件增加了对食物和栖息地的竞争，绵羊之间也会表现出争斗行为。绵羊和牛的冲撞，马撕咬鬃毛或肩胛部，猪的拱咬，犬和猫的咆哮、嘶嘶作响和撕咬，都是常见的攻击行为（图7.2）。

（a）

（b）

图7.2 牛（a）和猪（b）争夺配偶时的争斗行为（图片由A.F.Fraser提供）

敌对行为表现为多种争斗或逃避的行为学活动及攻击性的和被动性的行为。敌对行为包括一个动物与另一个动物冲突时发生的所有形式的相关行为。当发起动物的攻击遭到同等强度的回击时，攻击性行为最明显。这在地位非常接近的动物个体间是很常见的（图7.2）。

在家畜和护卫犬中发现了敌对行为的一个有趣的例子（Coppinger 和 Schneider，1995）。护卫犬与羊或者其他家畜和平共处，攻击性的动机模式被限制在只是为了玩耍。但是当它们护卫的羊群受到狼、野狼或者其他捕食者的威胁时，护卫犬就会表现出强烈的防御行为。争斗形式因物种不同而不同。马在被攻击时表现出的好斗性通常是不可预测的。他们对警告和威胁的反应可能是，一方面逃走或者尝试着逃走，或者另一方面攻击，这在很大程度上取决于其性情。单挑和真正的争斗发生在青年种公马之间。单挑的冲突中，它们会转圈、互相喷鼻或者用前蹄踩踏。战斗中每一方都试图将对手打倒在地上，处于防御的一方对此的反应是，利用颈部的运动来避开攻击。在转圈疾走、暴跳、跪着的同时，它们会尝试咬对方的鼻口、前腿、颈、肩和肋骨。激烈的争斗开始时没有小冲突，而是一直试图撕咬、暴跳、前蹄腾空。当某个动物斗输了的时候，它会逃走，用踢出后腿来保护自己。在种公马的战斗中，会大声咆哮。

为了尽量减少攻击事件，马会维持较大的个体间距。个体间距是指对走近的动物作出某些反应的距离。在"危险距离"的情况下，动物更有可能攻击而不是逃走。这些距离会随动物固有的性情、经验、驯化、竞争、畜舍、饲料等引起的典型反应而变化。

由于成年猪之间的争斗最为严重，因此对于成年猪的混群必须谨慎。如果一只陌生的母猪被引入到一个已经建好的母猪群时，猪群对陌生母猪的集体性攻击行为是非常激烈的，以至于造成物理伤害甚至可能导致该陌生母猪死亡。当两只陌生的公猪首次被放在一起时，它们会绕四周转圈，彼此嗅闻，某些情况下会刨地。从喉咙深处发出咆哮的呼噜声，猛咬下颚，作为战斗的开始。对手之间采取并肩的位置，给对方施加侧向压力。公猪倾向于向上用脸的侧部，使得下部长牙可以作为武器。公猪用这样的方式攻击对手身体的侧部。战斗可能会持续1h时直至其中的一方投降。然后失败者从争斗中脱离，大声号叫着跑开。随着胜利者地位的建立，这场遭遇战结束。

当开始战斗时，牛会用头部和角战斗。它们试图撞击彼此的侧腹。如果一个动物处于一个可以撞击对方侧腹的位置，另一个动物就会转身以保护自己并试图采取类似的攻击。正常情况下战斗持续时间不会超过数分钟，但是如果动物势均力敌时，"扭转"动作会被重复采用。这个动作是指当动物从侧面被攻击时，将自己转向和对手平行，并用自己的头和角抵向对手的腹部下侧。这一行为重新开始之前，经常会中止争斗几分钟。当一个动物投降时，它转身从另一个动物那儿跑开，然后另一个动物会通过追赶它一小段距离来宣告自己的地位。如果没有动物投降，争斗可能会持续直至双方都疲惫不堪。

当两只公猫间大战在即，它们可能会大声叫并围着彼此转圈。导致受伤的攻击性接触是撕咬和用前爪抓挠对方的身体。最危险的咬伤是在头部和颈部，每只猫都竭力移动以避免这些脆弱的区域被咬伤。结果肩膀和侧部容易被咬。被推倒的或抓住的猫的一种防御形式是通过一个背摔，用后爪或前爪击打对手。参与争斗最常发生的后果是抓伤多于咬伤。通常犬之间的争斗比猫要安静得多，因为犬的爪子不用作武器，更多的是推。犬的大犬牙，在大小和形状上都和其祖先狼相似，可能会用于撕咬和拍击。持续更长时间的撕咬涉及一些重要的"咬紧牙关"的肌肉。用犬齿撕咬，通常伴随着之前和之后身体的快速移动。犬的争斗策略取决于和对手相比是否移动快速、体重是否有足够分量和是否有力。作为群居反应的一种特征，模拟争斗被看作是一种游戏形式。模拟争斗的形式有点程式化。起始动作是一种挑逗：通常近前来的动物蹦跳着朝向相关动物，头急速摆动着。牛群低头翘尾。马、猪、犬和猫咬相关伙伴的颈。模拟争斗的下一个阶段通常是竞技的形式，一只动物推向或者把自己压向另一只动物。在这个阶段，动物转圈是很普遍的。在犊牛和仔猪中，这种转圈行为是对同伴模拟争斗行为的特征反应，也会发生头部顶撞。模拟争斗结束后既不会受伤也没有追击。这些用于争斗的运动模式的进一步发展，会发生在没有游戏机会的发育阶段，但是在游戏—争斗过程中，可能会提高技巧（Pellis 和Pellis，1998）。

三、农场动物对人的防御反应

对于农场动物的祖先来说，人类曾是危险的捕食者，并且现在农场动物还经常将人类视为潜在的危险来源。这个事实经常被那些有能力的农场工作人员忽视，无论是男性还是女性，都应该学习认识这些反应及用尽可能减少这种方式对待动物事件的发生。如果一个人快速、喧哗地进入畜舍，动物可能会表现出强烈的逃跑反应。这种反应在犊牛、猪、家禽舍中都会出现，但是家禽的反应最具破坏性。一场通常被称为歇斯底里的逃跑风波，可以传至整个禽舍，导致家禽会挤在笼子或者在鸡舍的墙边扎堆。许多家禽可能会死于这种情况。如果进舍之前先敲门，避免不期而至的活动或者噪音，这些问题就会降至最低。

一位优秀的畜牧工作者的素质包括，避免引起上述的恐慌，以及接近动物时安静和有可预料地行为的能力。对畜牧业工作人员的行为及效果的早期研究尤其涉及奶牛。Baryshnikov和Kokorina（1959）指出，当奶牛看到熟悉的挤奶工时，产乳速度会加快。Seabrook（1977）指出，当挤奶工动作从容、安静，轻轻同奶牛讲话，并按照有规律的程序进行挤奶时，产奶量会提高。通过奶牛对挤奶工防御行为和改善挤奶室设计的研究，管理效率和产奶量都得到了提高（Albright和Arave，1997）。近期对饲养员素质的研究强调了优秀饲养员对动物福利和生产效率的作用（Hemsworth和Coleman，1998）。

第8章
摄　食

一、概述

　　摄食行为涉及一系列复杂的决策，取决于动物一连串精细的精神活动、动机和消化能力。野生动物或者自由采食的家畜，在其能够开始寻找特定食物之前，需要找到食物的正确所在地，然后发现食物的数量或种类。寻找食物来源对幼小动物也同样重要，它们必须找到母亲的乳头或者发现它们从来没有见过的其他食物来源。觅食是动物的一种行为，动物通过这样一种行为有可能遇到并获得它们及其子女的食物（Broom，1981）。

　　摄食系统由3部分组成：① 对食物识别的感知机制；② 整合摄食动机和协调必要动作的中枢饥饿机制；③ 消化吸收食物的动力机制（Hogan，2005）。昼夜节律与社会因素都能影响动物摄食行为的启动，但由动物身体状况发出的动机尤为重要。在几个物种中，传入大脑的信号非常重要，这些输入信号包括视觉信号、味觉信号，以及由于胃收缩、胰岛素效应、血浆葡萄糖和脂肪贮存情况所引起的信号（Mogenson 和 Calaresu，1978；Rowland等，1996）。刺激下丘脑外侧区能引起小鼠或牛的进食行为，但这并不是摄食行为发生的必要条件。血浆葡萄糖浓度对反刍动物的摄食行为几乎不起作用（Baile 和 Forbes，1974）。

　　动物一旦发现食物，其摄取食物的速率会限制其采食量。这取决于以下5个方面：① 动物的咀嚼机制及其相关的能力；② 食物的理化性质；③ 水源的可利用性；④ 食物的营养价值；⑤ 某些干扰因素的影响，如遭遇捕猎者、受到昆虫攻击或来自其他物种的竞争危险。动物个体根据先前的经验，会改变觅食的效率和调整对摄食率的各种影响。进食行为停止的关键在于胃肠容量和大脑接收的感知信号，如胃肠不能再接纳更多食物的信号。Booth（1978）认为，当动物消化吸收食物所获得的能量耗尽时，采食行为开始启动直到能量又一次充足时结束。这样的观点，不管是否涉及下丘脑的饱中枢，都不能很好地解释摄食行为的启动与终止。Rowland（1996）指出，几个相互作用的系统共同控制动物的摄食行为。Rolls（1994）认为，下丘脑外侧、视前区外侧、杏仁核、颞叶皮层、眼窝前额皮质和纹状体在调控啮齿动物和灵长类动物的摄食行为中发挥着重要的作用。

在下一次进食前，动物就已经消化吸收了上一次进食的食物，其消化吸收速率，取决于肠道的横断面积、消化酶活性和食物的质量，是限制采食量的主要因素。如果大脑接收的信号表明新陈代谢的状态，如脂肪贮存水平所示不需要再一次进食，则下一次进食时间会远远延迟到消化时间以后。如果由于新陈代谢的需要，如外界环境温度低，动物需要更多的食物，因此下一次进食的时间就会提前。影响下一次进食时间的另外一个主要因素是摄取食物的质量。如果食物质量低劣，动物可能会迁移到更好的地方重新开始采食。疾病、寄生虫的危害或者导致肾上腺活动的逆境，以及食物的质量都会影响消化效率，这些因素也会影响摄食。

仅从动物生理状态的改变不能解释动物摄食行为的变化。食物适口性的正负强化作用，以及与动物摄食相关的环境社会因素都会强烈地影响动物的摄食行为。将动物摄食动机及其摄食强化机制并入综合采食控制机制是必要的。Epstein（1983）报道，随着动物自身的发育，饮水与摄食行为的发生可能是相辅相成、相互促进的。两者可能以频繁或适当的次数发生，这并不是因为动物被迫要求恢复已有的不饱感，而是动物体验到摄食的乐趣，因此完全避免了不饱感。Berridge（1996）解释了大脑不同区域如何控制两种可分开的信息，即与进食相关的乐趣及对食物本身的兴趣、渴望摄食某种食物的满足感。对食物供应充足的各种动物包括小鼠（Le Magnen，1971）和牛（Metz，1975）的研究表明，采食量与下一次采食的间隔时间比到最后一次采食的间隔时间往往更相关。这些动物不会补偿已有的不饱感，而是采用前馈调节系统控制不饱感。它们必定意识到食物的某种作用，从而它们消耗足够的食物以保证未来特定的摄食间隔时间。

接下来讨论的内容是：① 以放牧行为为例解释动物摄食行为；② 寻找食物；③ 获得食物的能力；④ 采食量与食物的选择；⑤ 干扰因素对摄食行为的影响；⑥ 竞争与摄食行为；⑦ 社会因素对摄食行为的促进作用；⑧ 各种动物（牛、羊、马、犬、猫、猪和家禽）摄食行为的特点。

二、放牧行为

任何想摄食的动物在关于如何寻找、摄取和消化食物方面必定要作出一系列的决定和采取一系列的行为（Broom，1981）。一只山羊经常选择灌木、草本植物，而一只绵羊或牛则会关注牧草植被（Rutter等，2002）。一只正在放牧的牛首先会寻找一片合适的草地，这样做的原因是它通常会记住在哪儿可能找到这样的草地。如果它返回到一片上次吃过的又重新长出嫩草的草地，它将会牢牢地记住这片草地。Favre（1975）的研究表明，羊群随时会返回到能有效再生的草地。食草动物在可利用的草地上，不会随机吃掉所有绿色牧草，而是作出一系列的决定让这片草地有效地生长出牧草以便获得食物（Broom，1981；Penning等，1995）。食草动物（图8.1）估计草量，决定是否需要低头去吃，一次吃多少，以什么速率来吃，是否停止吃草而去咀嚼或者处理口中的草，是否向一边甩头，是否向前走一步或者几步，是否抬头做一些其他动作，然后决定什么时候重新开始吃草。

从开始吃草到最大速率吃草的方式是不同的，马、牛和绵羊吃草行为各具特色（图8.2）。吃草活动大部分发生在白天，除了白天温度过高以致难受外，吃草行为的开始还与日出时间密切相关。白天大部分时间是吃草，这些时间加起来超过白天时间的一半，但有些晚上也吃草。最活跃的吃草季节与最温和区域的春季到来时间相一致。

在夏天非常热的时期，吃草更多发生在晚上。湿冷的冬天减少吃草，但它们对昼夜吃草的时间比例没有重要的影响。冬天，马花费大部分时间吃草，然而在天气炎热时花费很少时间吃草。夏天，牛和马的吃草行为会由于

图8.1 复杂行为的一个例子：正在吃草的美利奴细毛羊
（图片由D. M. Broom提供）

苍蝇的袭击而减少。

在干旱地区，羊和马要到很远的地方去寻找水。能找到水源的有用范围似乎取决于能获得水的最远距离——家畜可以在1d内到达的地方。冬天，如果很难到远的地方寻找到水，放牧动物可以把雪当作可利用水源。下雪天，大范围内的放牧动物要以附近有水源的地方牧草为食。温暖的天气，牛平均每天喝两次水，但是冬天每天饮水一次更普遍。

放牧消耗能量和精力，放牧地区或活动范围及牧草的质量都会影响放牧游走。马每天可以走3~10km，其中放牧路上花费2~3h。牛每天走2~8km，放牧路上大约用2h。羊每天的放牧距离为6km，放牧路上用2h。牧草质量好的地方，羊每天只走1km。放牧家畜也会走很远的距离常去舔盐放置的地方，所以舔盐应该放在家畜容易到达的地方。

奶牛的放牧活动围绕着产奶时间同步变化。奶牛反刍休息后常会开始放牧活动。放牧行为的同步变化也会因环境因素的不同而发生调整，如破晓、黄昏、下雨、管理方法和社会因素。

放牧行为的观察在很大程度上得益于自动记录方法的使用。放牧动物啃草及放牧与反刍的间歇频率都能通过记录器进行记录，记录器用有弹性的管子环绕在动物的脖子上，它的伸缩可以被监视和记录，如图8.3所示。啃草、反刍和吞咽可以区分，并由动物身上带的记录器记下来，或者通过遥测得到（Penning 等，1984）。

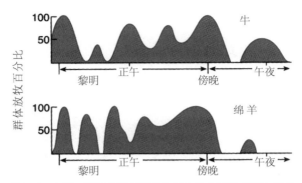

图8.2　春季、夏季和秋季绵羊和奶牛放牧时的典型白昼分
配模式。夏季每日活动高峰更显而易见

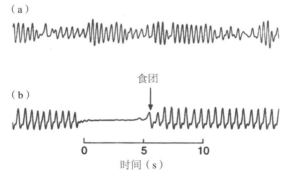

图8.3　环绕绵羊下巴的薄塑料管所记录的运动轨迹。管子
的伸展或者收缩改变电信号电阻继而转化成这种轨
迹线：（a）放牧过程中的下巴移动；（b）反刍和吞
咽过程中的典型轨迹线（Penning 等，1984）

三、寻找食物

　　家畜寻找食物的方法都不相同，图8.4列出了野鸭和家鸭寻找食物的方法。

　　绵羊、山羊和牛在牧草稀少的地方会花费许多的精力去寻找牧草，它们可能会走很远的路并且会记住可以吃到牧草的地方。由于不太合适的牧草可能很容易得到，因此这种情况下，放牧可能需要选择。然而，一些情况下，合适的食物就在眼前，但是密度太稀。澳大利亚干燥环境中生存的绵羊可能会得到非常少的绿色食物，所以它们会刨地下的苜蓿嫩芽或种子来吃。如果可以选择，在欧洲温和的气候条件下，绵羊在其采食过程中会选择70%苜蓿（Parsons 等，1994），但也采食其他的牧草，这可能与其纤维含量有关（Rutter 等，2000）。草食动物会吃一些正常情况下不应该吃的牧草。

如果一个觅食者如猫或犬去寻找食物，它们会采用几个策略中的一个。犬能很灵活地寻找和选择食物，因为它们可以利用很大范围内的营养物质（Manteca，2002）。猫可能会到有猎物的地方徘徊，一旦侦察到，随时追捕。在追捕前，猫会花一段时间试着静悄悄地盯梢靠近猎物。另一个供选择的战略是站在原地不动，等着猎物出现再立即扑过去，比如在一个经常有猎物经过的路上或者在水坑旁边。猫需要知道战胜猎物的最佳方法。犬也可能会利用上述两个策略中的任意一个。然而，群狼和犬合作通常更容易捕获大一些的猎物。群体捕猎会获得个体捕猎所不能得到的猎物。

刚出生的犊牛跟母亲在一起，这样可以有效地防止疾病发生，因为它们从可初乳或首次吸吮的乳中获得免疫。生了几只犊牛的奶牛有着下垂的乳房和肥大的乳头，如果乳头太高或者太小，会对小牛寻找乳头产生不利影响（Selman 等，1970b；Edwards 和 Broom，1979）。对161头刚出生犊牛的

图8.4　浅水中的鸭子从水底向上寻觅得到植物性或动物性食物（图片由A. F. Fraser提供）

研究发现，产自小母牛的犊牛有80%可以在6h内找到乳头获得免疫，但是产自3岁或者更大些的母牛犊牛有50%在这段时间内找不到乳头（Edwards，1982）。因此，牧场工人把犊牛放到较老奶牛的乳头边是非常重要的，尤其是在出生后的3h内，以便尽快获得初乳及从其中获得免疫球蛋白（Broom，1983a）。

肉用母牛产的犊牛或者其他的农场动物，寻找乳头基本上不会存在问题。然而由于山羊会被母羊遗弃，因此其不能获得初乳。如果出生的山羊是双胞胎，这个问题会更加严重，一些品种如美利奴羊会比其他品种更多地出现这种情况。仔猪通常会找到乳房，除非它们出生时非常弱小，但如果产仔非常多的时候可能没有足够的乳头。由于排乳时间非常短及仔猪间对乳头的竞争，因此出生体弱的仔猪会躺在母猪身上或者与母猪分离而不能吮乳。对人工饲养的小动物来说，发现食源可能是更大的问题。如果不对小牛、羔羊进行训练，它们常常不会从桶里喝奶。人工乳头饲喂的犊牛有时不从这些容器吸奶。在对1日龄的奶牛研究发现，每一只犊牛嘴里都放置了一个人工乳头，但是会有一些犊牛不容易接受人工乳头的刺激而喝奶。

四、获取食物的能力

对雏鸡来说一旦发现谷类食物，那么它们获得这些食物是很容易的，但是由于植物的结构，采食牧场植物更难。Vincent（1982，1983）已经指出，叶片破裂不能导致草叶破碎，只会留下局部的破裂，不得不破坏许多纤维时仍需要相当的力量。草或者其他牧场植物每次遭到破坏，都是需要相对大量的能量和时间，对食草动物来说长牧草场比短牧草场更值得花费精力。如果给予动物切断的草料，对于相同的消化能力，可能大段的比小段的更适合进食。对牛来说，它更喜欢完整的青贮料而非剁碎的青贮料，原因想必是每口可获得较大量的食料。很清楚，获取食物的容易程度是草食动物在决定怎样去吃和吃什么时要考虑的一个因素。

破碎生长植物材料相关的机械困难、采集食物的相关运动、吞咽前必需的操作限制了动物吃草的速率。在需要快吃的地方，例如在挤奶室的奶牛，采食速率很重要。一头牛需要2~4min吃掉1kg谷物或加工的精饲料。因此，挤奶时给高产奶牛饲喂大部分或者所有精饲料，在它们离开挤奶室之前吃光投喂给它们的定额饲料是有困难的。通过实践训练可

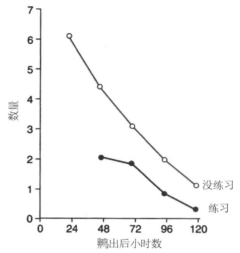

图8.5 没有啄食实践的雏鸡啄不到谷物的次数随着其成熟而减少，但在每个阶段都有12h啄食实践的雏鸡啄食精确性会更高（Cruze，1935）

以改变动物进食效率。在家禽研究进展中，Cruze（1935）指出所有雏鸡啄食谷物饲料的精确性随着它们的发育成熟有所提高，但实践对啄食精确性有相当的影响（图8.5）。小山羊放牧的效率也随着实践训练而得到提高。Arnold和Maller（1977）饲养没有放牧经历的羊3年，发现与有放牧经历的羊相比，在相同的牧场这些没有放牧经历的羊进食量相当低（图3.4）。

在一个新的地方提供食物或者要求以新的程序摄取食物时，家畜通常学习得非常快。当今个体饲养的方式就是这样的例子。有一个针对奶牛、犊牛或者猪的系统——环绕在动物颈部的脉冲发射器，可被电子识别自动开门或者提供食物。奶牛的Callan-Broadbent门禁系统包括装有一个活动铰链门的个体饲槽，只有识别了牛脖子上的脉冲发射器后铰链门才打开允许牛低头进入牛槽。因此奶牛不得不弄清楚哪个门是它们的，而它们大部分都学得非常快。当喂饲系统为个体饲喂器且提供了一天的日粮时，一头母牛、犊牛或者猪接近时，接收器就会被识别，这样的系统也容易被学会。当饲养员不按应该做的方式提供食物时，农场动物也非常擅长学习如何获得食物。

五、摄食量和食物选择

动物饲养的一些研究显示，当动物开始摄食时，动物能识别食物的能值，估算获得食物的能值，所以很清楚它们为能而食。这并不意味着能量摄入对决定如何饲喂非常重要，然而，营养品质、其他功能系统包括水平衡、逃避掠食者和社会因素等，也影响采食。消化食物释放的荷尔蒙，如来自胃肠道的神经肽胆囊收缩素能引起采食的终止。大脑阿片肽也能终止采食，例如一种阿片肽受体阻断剂纳洛酮能起到抑制作用（Cooper 和 Higg，1994 对激素信息的简要描述）。在采食过程中胰腺产生的血浆胰高血糖素的升高和外源胰高血糖素的注射都能减少采食量，所以这可能是采食为何终止的另一个原因（Geary，1996）。

自由采食的个体一段时间内采食的食物量一般仅仅足够维持体重。能量摄入量，常以焦耳表示，保持脂肪的储存在一个设定点上（Baile 和 Forbes，1974）。例如，如果给一头猪喂稀释的低能饲料，它会吃更多的这种饲料以保证摄入能量不变（Owen 和 Ridgman，1967）。如果已摄入的能量比高于正常，能量摄入将减少。设定点的建立发生在饲养过程中，所以幼龄时遭受饥饿的动物到体成熟时仍然可能很瘦，甚至提供充足的食物也会出现这种情况，然而过度饲喂的年轻动物成年时可能变得肥胖。调控摄食控制系统的一个结果是，如果足够的食物可利用，可以改变营养需要，如在妊娠或哺乳时，不利的气候条件需要额外的能量。

家畜需要不同的营养物质，通常通过采食不同种的饲料来获得。味觉对食物的选择有影响。犬类有一些味觉受体，对糖类敏感，而对氨基酸不敏感（Thorne，2002）。猫表现出对糖类的反应很小，食肉动物非常适应吃肉和高蛋白食物（Manteca，2002）。此外选择能给予最佳净能回报的食物，是否存在自我平衡系统以身体需要的比例刺激特定和必需营养物质的消耗？

答案分为两部分。第一，存在水和钠调节系统，产生渴觉和盐需求（Fitzsimons，1979；Booth 等，1994），也有证据表明鸟类有特别的钙需求；第二，营养缺乏一般没有特定的自我调整平衡方式。渴觉调节中心位于下丘脑。缺钠的猪、牛、羊将要消耗适量含钠离子的溶液，经过训练它们能表现出对钠奖励的调控反应（Sly 和 Bell，1979）。家禽有认知体内钙缺乏的能力，因为缺钙时母鸡会选择富钙的饲料，甚至会拒绝相同的无钙饲料（Hughes 和 Wood-Gush，1971）。

缺盐可使动物充分利用可自由获得的舔盐。它们是提供微量元素的一种方式，这些微量元素即使以等量可利用的形式制成另一种混合物也不可能采食到。有时动物对盐的欲望非常迫切，会导致个体或者群体对盐长时间的寻求。能看到靠近海边的放牧动物在高潮线以下的海岸寻找食物，在那里它们经常摄取海藻，同时舔食咀嚼其他的富盐材料。有时一些动物随意采食过量的盐会以导致盐中毒。

动物没有对特殊矿物质或者必需有机物质缺乏的摄入调节系统，但它们能学会食用某种食物来减少疾病。Garcia等（1967）发现，缺乏VB_1的大鼠会选择更多富含VB_1的食物。动物能补偿缺失的物质以提供特殊的需要。例如在妊娠阶段，尝试许多不经常采食的食物，并持续吃那些有益的食物。许多种属的动物学会很多哪些是可接受的、有价值的食物，来补充来自父母、同胞或者社会组成成员的食物不足（Galef，1996）。

农场动物不能直接意识到日粮中大部分营养物质的缺乏，必须通过试验和错误学习来试图补偿日粮的缺陷。这样的结果使选择的食物可能满足营养需要，但是各种营养物质的采食量可能是错误的，特别是当日粮是被加工而成时。Tribe（1950）发现，饲喂亚麻籽饼的绵羊会消耗2倍必需量的蛋白质，但如果蛋白质以鱼粉的形式添加，它们的消耗将少于必需量。在一些环境下或饲喂非蛋白日粮时，生长猪可能选择增重所需的最佳蛋白量。

矿物质缺乏会导致异食癖，寻找和摄入那些非正常食物的物质和材料，如咀嚼木块、骨头、土壤等。牛异食癖是磷缺乏的典型症状。甚至当其能自由摄取骨粉时，磷缺乏的动物仍然会有异食癖，而不去选择摄取合适的饲料。当缺磷的牛能吃到这样的骨粉时，它们很少能采食够来完全改正足以引起异食癖的缺乏状况。已经发现当给予马自由接触富含可消化必需矿物质混合物时，它也不能改变矿物质的缺乏状态。

为了获得食物，动物不仅需要获得充足的能量和营养，而且必须与被食动物或者植物作防卫争斗。动物和植物都存在自然选择以减少它们被吃的机会。物理防御包括武器防御和机械防御。一群美洲水牛被狮子威胁时的武器是显而易见的，但阿拉伯树胶或者荆棘的刺和荨麻或毒性常春藤的刺激性化学物质也是有效的。一些动物通过硬的兽皮和多骨盘来保护自己，植物也有硬的外层。草和其他牧场植物组织内有发达的多排平行纤维，它们使叶子和枝干难以遭到破坏（Vincent，1982）。植物经常有化学防御（Arnold 和Hill，1972；Harborne，1982），也可能改变它们的生长方式以致采食它们变得更困难（Broom 和 Arnold，1986）。

　　动物通过认识到毒物已经摄入并从消化道中排除、发展解毒酶机制或者通过学习避免摄入引起毒害数量的毒物来对付中毒（Freeland 和Janzen，1974）。猫就具有这样的恐新症（Manteca，2002）。对大多数种类动物而言，吃新食物时能否对付毒物非常重要。避免中毒的最简单的方式是不吃任何陌生的食物；合适的行为特点是：① 仅仅摄入少量的陌生食物；② 对不同食物特点有良好的记忆；③ 能找出特殊的食物；④ 吃主食时采样；⑤ 偏爱熟悉的食物；⑥ 偏爱含少量毒物的食物；⑦ 有一个在种类最大化与摄食最大化之间寻求妥协的策略。Galef（1996）解释了许多啮齿动物和灵长类动物受社会影响如何学会厌恶有毒的或觉察到有毒的食物的原因。

　　食物偏好也能提供一个有用的功能使动物避免摄入含毒的食物。第一次遇到的食物可能由于其味道或者其他特征而遭到拒食。然而，家畜可能知道某些食物会导致延时发病。试验表明，大鼠摄入含毒食物12h内能引起反应，而此后大鼠将回避这种食物（Garcia等，1966；Rozin，1968，1976）。Zahorik和Houpt（1981）关于牛、山羊、绵羊和马的研究表明，如果摄入新的食物15min内出现呕吐和不适状况，以后这种食物将会被拒食；但如果不适推迟至30min，动物看起来不会将这种不适与新食物联系起来，这种食物接下来可能不会被拒食。当动物吃草的时候它们经常表现出对有毒植物明显的拒绝，很多情况下这可能是从学习到食入该植物后产生的毒性反应的教训。

　　一些化学物质包括丹宁酸、香豆素、异黄酮、生物碱，它们的存在会导致动物的拒食（Arnold 和 Dudzinski，1978）。食草动物也不会摄入被它们自己粪便污染的牧草，这可以减少寄生虫或疾病传播的可能性。因为粪便是一种重要的作物肥料，特别是来自牛舍的粪便，所以回避行为是重要的。与7周前用粪浆浇灌的牧场相比，牛更喜爱清洁的牧场（Broom等，1975）。如果只有用粪浆浇灌的牧场可用，牛就会只吃草尖。相比在清洁的牧场，它们常停止吃草，走动更多，另外它们有更多的竞争行为（Pain等，1974；Pain 和 Broom，1978）。

如果给与机会，每种食草动物都会对日粮进行选择，但这种选择依赖于从每种植物获得的净能及其含有的有毒物质。例如，在澳大利亚西部的绵羊采食一年生植物时，都会在食物充足或可利用牧草较少时发生挑食行为（Broom 和 Arnold，1986）。选择植物用到的感觉器官有视觉、触觉、味觉和嗅觉（Arnold 和 Dudzinski，1978；Rutter等，2002），但眼睛看起来是最不重要的感觉器官，特别是美利奴细毛羊。一些人造食物包含许多不同的成分，动物只采食其中喜欢的部分，因此它们没有采食到提供给它们的理论上的平衡日粮。对不同家畜食物偏好的研究见Houpt和Wolski（1982）。

如果仔猪在断奶前不久获得一种来自母乳或者美味食物中的一种香味，之后它们将更乐意接受含有这种香味的食物（Kilgour，1978）。家畜早期训练对食物的偏好有相当大的影响。Arnold和Mailer（1977）发现，饲喂在澳大利亚牧场的羊与在其他牧场密集饲养的羊有不同的偏好。相似的因素能够导致动物拒绝对它们有益的食物。Lynch（1980）发现高达82%的牛完全拒食补充料。Arnold和Mailer（1974）的研究表明，如果在羔羊时期饲喂某种谷物，随后在青年时期绵羊拒食谷物的情形将减少。Keogh和Lynch（1982）研究发现，如果绵羊在羔羊时期观察到它们的母亲吃谷物，即使羔羊期自己不吃，其成年时消耗的谷物也同样会提高。

六、干扰的影响

开始和结束进食时间、进食速率会在很大的程度上受到气候条件、猎食者、昆虫和竞争者的影响。动物在每天最热的时候不进食，因为那时它们必须寻找阴凉（Johnson，1987），或者在大雨或大风时停止进食，因为在这样的条件下进食是很困难的。如果动物觉察到有猎食者存在时，它将停止进食，所有家畜都会对潜在的猎食者保持警惕。当雏鸡或者绵羊花费大量时间警惕猎食者的时候，它不可能摄取足够量的食物，所以饲喂时可以采用不同的方式。人类经常被家畜作为猎食者看待，人类的干扰可能对其采食产生相当大的影响。当动物必须靠近人类才能获得食物时，它们不可能正常进食，由于这个原因常常不能通过试验获得正常采食行为的精确记录。

昆虫叮咬可能对动物的摄食行为产生较大的影响。被鸟或苍蝇干扰的牛（*Hypoderma*）、被牛虻叮咬的绵羊都会表现出惊慌反应，从而影响其正常的摄食行为（Edwards等，1939）。叮蝇也会对动物采食时间、采食地点和采食中断的次数产生很大的影响。厩腐蝇（*Stomoxys calcitrans*）或其他苍蝇叮咬或引起牛的烦躁都会影响奶牛的生长速率，致使产奶量降低（Bruce 和 Decker，1958）。这可能是由于苍蝇的攻击导致摄食量减少或者能量需要的增加而引起的。这些苍蝇和其他生物，如一些传播疾病的角蚤（*Hydrotaea irritans*），攻击动物身体特殊的部位（Hillerton等，1984）。使用杀虫耳标能一定程度上减少它们的攻击（Hillerton等，1986）。

七、社会助长作用

许多家畜是群居的物种，一群犬或者一群羊的成员经常与其他成员在相同的时间采食。如果牛、绵羊或者猪单独饲养，它们的采食量可能会减少（Cole等，1976）。在一般情况下，这可能是缺少同伴或者在采食时缺少同伴的一种反应。甚至在食物连续供应的情况下，社会化的动物通常也会同时采食（图8.6）。Hughes（1971）发现，笼养鸡的同步采食要比偶然预计的采食多。在这种影响的作用下，成群放牧的动物比个体动物采食的持续时间更持久。猪也更喜欢跟随其他猪采食（Hsia 和 Wood-Gush，1982），而且仔猪吮吸母乳也是同步的。这些只是社会助长一般现象中的一部分。社会助长作用是个体在其他个体出现某种行为的基础上启动该行为或者增加该行为的频率。与其他个体出现时仅靠行为进行社会强化相比，社会助长作用是一

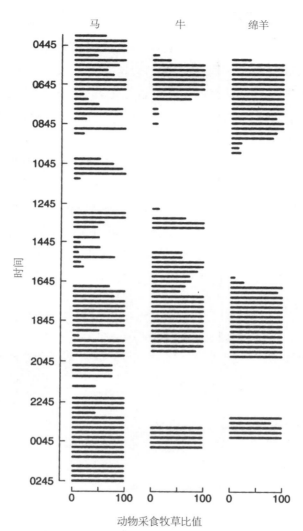

图8.6 一天内每隔15min观察马、美利奴羊和奶牛的吃草百分率。羊在一起吃草的时间比较集中，但马在全天大部分时间都是单独吃草（Arnold 和 Dudzinski，1978）

种更加特别的定义（Zentall，1996）。

采食速率也受到一个或更多伙伴存在的影响。当在有一个同伴存在的情况下，雏鸡啄食频率更高且探查行为更多（Tolman 和 Wilson，1965）。对一只明显吃饱的母鸡，向其笼子里引入一只饥饿的母鸡时，则那只吃饱的母鸡将采食更多的食物（Katz 和 Revesz，1921）。同样的影响在刚出生的犊牛身上也得到验证。清晨独自给一只犊牛饲喂牛奶替代品，但不饲喂它的同伴。如果这头同伴被引入邻近的围栏，同时给予第一只犊牛喝的牛奶，当第一只犊牛看到同伴喝奶时，它将会摄入更多的牛奶替代品。在后来的试验中，再次单独饲喂第一只犊牛，之后第二只犊牛被引入，但是戴上口罩。当喂给牛奶替代品时，戴口罩的犊牛尽力想去喝奶，会刺激第一只犊牛摄入更多的牛奶。这个结果见表8.1。结合对饲养的一组10头犊牛采食的观察，结果显示，当能看到或者听到其它小牛采食的时候，小牛的采食量会增加。但是，如果奶头之间靠得太近（大约每两头犊牛一个），任何犊牛得到少量牛奶替代品的机会就会减少，这些竞争在小牛中将会变得相对不太重要（Barton 和 Broom，1985）。

对犬类来说，与其他成员一起生活时比其单独生活时多摄入50%的食物，当先前已吃饱的犬类中加入饥饿个体的时候，它们通常会吃更多的食物（Manteca，2002）。

表8.1   给犊牛喂奶的社会助长作用

	平均吃奶量 （L）	平均吮乳速率 （L/min）	平均吮乳时间 （s/d）
独处犊牛	5.5	0.68	487
旁边围栏中有饥饿犊牛	7.5	0.62	724
同一围栏中存在戴口罩犊牛	9.2	0.64	864

引自Barton 和 Broom（1985）。

八、竞争和摄食行为

有关动物个体的攻击能力或其攻击能力的信息产生的威胁可能会使其成功地竞争到食物。然而，这不是成功需要的唯一能力。在食物的竞争过程中，经常是移动较快的个体获得食物。跑得最快、啄食最快的母鸡最可能得到撒给一组母鸡的谷物。如果可利用的食物很有限，跑得较快的个体比跑得较慢的个体吃到的食物更多。这对从料槽采食的猪和牛特别适用。经过多个世代，料槽饲喂有限数量的饲料已经导致高速率摄食动物的选择。甚至在牧场，当动物知道可利用的牧草有限时，它们吃草的速率会更快。Benham（1982a）将一群牛每天移入牧场一个新的地块，发现移入新地块牛吃草的速率会明显加快。这时，牛吃草的速率和攻击行为的发生率都是最高的。

对野生动物来说，对特定食物资源的高水平竞争经常导致个体移向相同区域的另一资源或者一个新的区域（Owen-Smith，2002），但农场动物经常不会这样做。从一些农场动物的研究中可以看出，竞争对动物采食量的影响非常明显。Wagnon（1965）发现，和母牛饲养在一起的小牛体重会降低，但和母牛分开单独饲养的小牛体重会增加。由于采食位或者食槽空间不能满足所有动物同时采食，很多时候母牛会阻碍小牛进食，所以小牛采食不到充足的饲料。

对争斗和其他竞争遭遇的观察表明，动物彼此认识，通常会跟在一些个体后面，但又会走在其他一些个体前面。在不同的条件下，或者当采用不同指标进行评价时，能描述出来的竞争序列不必是线形的，也不必相同（Broom，1981），但是采食时，在优势序列顶端和底端的动物行为经常会有很大的不同。当将序列前后的牛行走路径进行比较发现，采食时受干扰的频率和随之的采食时间差异都很明显（Albright，1969）。研究发现，当食槽长度不能满足所有动物同时采食时，在竞争中低位次的小牛获得的精饲料会少，同时增重也低（Broom，1982）。

无论任何时候，都应尽量保证一群动物能够同时采食。设计的食槽也要最大限度地减少集体采食时的争斗或者威胁。Bouisson（1970）研究发现，如果存在一个延伸到食槽之上的栅格，在横靠其他动物的料槽中采食的牛在竞争序列中位次非常高；但是，如果没有栅格或者没有足够的栅格它们就不会这样。如果清晰划分采食位，动物的头部能伸进为每个动物提供的空间，则这些空间对群内的每个动物来说是足够的。如果没有任何形式的栅格存在，每个动物将会需要更多的空间。

九、欲望、饥饿及无法获取食物

当一个动物不能获得任何食物时，这种情况有时会正常发生，则动物寻找食物的动机将会增加。如果没有找到食物，想获得食物的冲动将由不断地通过减少与能量利用有关的行为来取代。对一个先前营养充足的个体来说，在缺少食物时，最开始的代谢改变是利用机体内储存的食物，这使得血液中的可代谢物增加。一旦易利用的食物储存被缺少食物的动物用光，为提供生存所需要的能量或者其他应急过程所需，其他身体组织如肌肉将会受到破坏。对妊娠动物来说，一个应急过程是为胎儿提供营养物质；对一个泌乳动物来说，则是为幼小动物提供乳汁；对一只即将孵蛋的鸟来说，则是提供足够的卵来满足将要完成的孵化。

欲望是一个与动机相关的术语（第4章）。如果与获得营养有关的偶然因素设置的水平高，趋于降低偶然因素水平的活动将会提高。由于食物短缺，因此一个动物会付出很大的努力去保存能量，或者说获得食物即是它的欲望。努力进行着两种活动的动物个体越多，则表明它们越饿。当动物的生物钟暗示期望得到食物的时候，却没有食物可以利用，此时动物可能很饥饿。如果从上次采食到现在的时间间隔是正常采食间隔2～3倍时，它将会感到更加饥饿；如果这种食物的缺失会使动物去利用最初的食物储存或者其他的身体组织，它将会非常饥饿。由于动机状态发生改变，饥饿可能会导致行为改变，以至于动物会冒着更大的风险去试图接近一个有捕食者存在的采食区。

在动物无法获得食物的过程中，饥饿从什么时候开始呢？一个有用的极限点是饥饿开始于动物代谢利用自身不是存储食物的功能性组织。如果动物为了有效维持身体机能而需要代谢利用肌肉组织时，它的福利较差。因为这使得它应对环境变化的能力下降，同时也会发生体况上的改变以致动物个体变瘦。如果被代谢的是功能性体组织而不是特定适应性的储备组织如肝糖原、体脂时，饥饿就会发生，因为动物从食物中获取的能量太少，或者无法获取能量。饥饿引发的代谢改变与总体能量利用短缺相关联。这些代谢改变也可能与特殊营养物质如矿物质、维生素或者氨基酸的缺少有关。

饥饿通常是缺少食物的结果，但它也可能是由于动物消耗的能量多于从食物中摄取的能量。因此，如果一个高产奶牛摄入的食物不足以提供生产，动物机体将代谢消耗肌肉、肝和其他身体组织的能量来继续维持高水平的产奶量，奶牛就会变瘦。同样，母鸡由于产蛋消耗的能量多于从食物中摄取的能量，它就会饥饿。

许多农场的管理措施经常会导致动物饥饿（Lawrence等，1993；Lawrence，2005），而且其中一些措施对引起饥饿有很大的影响。已经选育用于肉类生产的大部分动物，生长速度快，饲料效率高，在幼龄生长阶段能够自由采食。然而，用于繁育的动物也有提高饲料转化效率和快速生长的基因。因此，它们的食欲很好，具有相对于良好身体功能太快的生长潜力，但是它们的健康却不好：肉种鸡和种母猪就是例子。为了减少动物快速生长带来的饲料消耗和出现病态体况的可能性，人们将这些动物的采食量限制到少于其自由采食量的1/3。结果是，在生命的大多数时间里，所有这些动物都是饥饿的。奶牛可能感到饥饿或饿死，如同前面所提到的，是因为代谢输出比从食物中的输入多（Webster，1993）。

忽视家养动物饲料的供给，没有预先准备饲料，或者准备的饲料过少，都可能导致动物饥饿，甚至有可能会导致动物饿死。检测饥饿最通用的办法是评估动物想要摄取食物的动机水平的高低。确认动物饥饿的一种方法是评估其身体状况。如果动物个体没有脂肪沉积，同时肌肉减少，能够明显看到骨骼如肋骨，很清楚地表明该动物出现了饥饿。最先发现，饥饿涉及肌肉和其他组织代谢物分解。Agenas等（2006）对饥饿牛的研究和之后的一些研究（Heath，个人意见）已经指出，需要结合多种代谢物来说明动物已发生严重的饥饿。

（一）牛

牛必须依靠舌头的高速卷绕来摄取食物，用舌头来环绕一片草然后把草吮吸入口，用下门牙和舌头把草束缚住，然后通过头部运动将草扯断。自然状态下一头牛吃草过程就是这样，对牛来说采食距离地面1cm内的牧草是不可能的。经过一系列动作，牛将草吃进口中，然后仅仅嚼2~3次就把草吞下去。头部摇摆同时不断地前进，以保证下次低头能够吃到新区域的草。吃草时咬的尺寸、速率、头部摇摆的次数和前进的速率受牧草高度的影响。表8.2中显示的是在英国伯克郡的一个轮牧牧场的一些资料。

Broom和Penning用同样的方法测量两个设置群体的牧场奶牛的情况，每个牧场有两种平均高度不同的牧草，结果显示牛咀嚼的速率与牧草的平均高度不成比例关系。奶牛采食过程中会回避过长和粗糙的牧草，它们以恒定的速率采食较短的、牧草叶比例较高的牧草。Chacon和Stobbs（1976）对澳大利亚的犬尾草牧场进行的调查发现，牛采食过程中撕咬草的尺寸明显减少，咬食速率则达到最大。Stobbs做的这一系列的工作证明了奶牛在采食过程中对牧草叶子有明确的选择性。在研究第1天，32%可利用的牧草干物质是叶子，剩下的是根和枯死的牧草材料，但牛最终采食量的98%是叶子。采食量是通过瘘管取样来测定。在第13天，叶子仅占可利用牧草干物质的5%，但采食量的50%是叶子。

表8.2　黑白花奶牛采食两种不同高度的黑麦草

吃草特点	短草	长草
最长草的平均长度	13.0	30.0[a]
24h 内的吃草时间（cm）	7.9	6.9[a]
24h 内的走路时间（h）	56.0	30.0[a]
平均咬食速率（次/min）	51.0	47.0[b]
每 100 次咬食的平均咀嚼次数	30.0	38.0[a]
低头行进的距离（m/min）	2.5	1.9[a]

部分引自Broom（1981）。

当自由放牧场中的牛吃光一个区域的草之后，它们将移向另一个区域。牛群作出是否转移的决定依赖于那个区域的平均回报，这是跟动物所知道的来自居留地整体的平均回报相比较而得出的。牛吃完一片牧场后也是利用它们先前的经验去决定可以为觅食投入多少能量。如果它们知道每天都要移向一个新的牧场或者牧草带，在每天刚开始的时间里它吃草会很快，因此会和其他动物为了可利用的牧草发生竞争，但在当天的晚些时段它们会吃得很少。当许多天后，牧场的草差不多吃完时，动物就会移动。它们是通过一排牛站在栅栏旁发出吼叫来提醒牧民，在合适的时间移动它们。

由于牛是反刍动物，因此其从食物中摄取能量的多少通常受到反刍时间的限制。反刍的最大速率受胃肠道横切面积（cross-sectional area）限制。这样的结果表明，对动物重要的是，在有高质量饲料可利用的情况下，不要浪费时间去消化质量差的饲料（Westoby，1974）。这就是选择叶子而不选择枝干的原因。这也是它们选择吃一些牧草而不吃另一些牧草的原因。这种选择的结果是，牧场中有些植物被吃光而其他的却完好地保留下来。此外一些营养质量差的植物，可能由于它们多毛、多刺或者有毒而被回避。在散养条件下饲养的奶牛每天花费5h采食，同时它们的反刍时间也会减少。尽管在饲养场的牛处于非自然的环境之中，但它们仍然显示出与那些自然放牧条件下的牛相似的日节律活动，它们的采食时间大大减少。代替自然的放牧吃草，饲养场中的牛每天有10~14个采食时段，大约75%发生在白天。如果像散放饲养一样饲喂干草或青贮饲料，它们每天大约花费5h采食。随着粗料的减少和精饲料比例的增加，牛的采食时间会减少。

采食空间大小在很大程度上决定着能够同时采食的奶牛头数，这样就确定了24h内一圈动物能够采食的最大时间。当限制采食空间的时候，每组的采食量随耗料速率表现出补偿性的增加。试验中将饲养场的一组肉牛在单独畜栏内饲养，每圈动物只提供一个采食空间，将畜栏饲喂组的采食行为与料槽饲喂组相比较。与料槽组喂养的牛相比，畜栏饲喂的奶牛采食速度更快，同时它们每日采食谱也不同。单独畜栏的牛每日等待采食的方式与料槽组奶牛是相同的。牛从单一的饲喂空间吃到饲料的能力与畜栏提供的保护是有关系的。家养牛不阻止等级序列较低的牛接近畜栏。等级序列较低的牛取代等级序列较高的牛就像等级序列较高的牛取代它们一样频繁（Gonyou和Stricklin，1981）。

圈养的牛会根据提供给它们饲料的不同来改变它们的采食行为，同时显示出明显的偏爱。由于饲料的体积、所含有的养分、干湿度，以及饲料提供给动物前的加工方式不同，动物的采食时间也会发生变化。紫花苜蓿在吞咽前比碎玉米需要更多的咀嚼，而碎玉米比去壳玉米需要更多的咀嚼。如果有机会选择青贮饲料和干草，奶牛会花费较多的时间采食青贮饲料，通常采食青贮饲料的时间占总采食时间的2/3，仅仅剩下1/3时间采食干草。在对动物选择饲料的研究中发现，动物更喜爱绿色草料、根茎和谷壳类而不是蛋白质类饲料麦秆类。

对散养牛的研究显示，它们吃草的时间大部分集中在白天，平均每天约走4km。如果天气热、潮湿或者周围存在许多苍蝇，走动的距离会增加。在天气炎热的季节，采食行为更多地发生在晚上而不是白天。

牛24h内花费在吃草上的时间为4~14h。每天喝水的次数1~4次，花费在躺卧上的时间通常为9~12h。这些数据可能在肉牛和奶牛之间、热带牛和温带牛之间、圈养和散养的牛群之间都会不同（Stricklin等，1976）。

欧洲品种的牛比热带品种的牛喝水更多。在28℃时欧洲牛（Bos taurus）采食每单位干物质饲料喝的水比瘤牛（Bos indicus）多30%，在38℃时多1倍（Winchester 和 Morris，1956）。这是由于瘤牛可以更好地保存水。摄入高蛋白饲料的牛比低蛋白水平的牛喝水要多。妊娠母牛的日饮水量为28~32L，然而非妊娠牛的平均日饮水量为14L左右。

对英国诺森伯兰野牛放牧行为进行研究发现，在那里几百年间都是无干涉的自由放养，除了在雪天给予干草（Hall，1983；Hall 和 Clutton-Brock，1995）。在夏天，牛一般临近黎明和黄昏、上午的中间时段到下午的早些时间采食，在冬季夜间不采食。在无干扰条件下的牛一次吃草时间最长可达3h。在夏季，母牛的单次吃草时间比公牛更长，但在冬季这种不同不明显。单次吃草时间的长短与前一次吃草到下一次吃草的时间间隔有关。

反刍行为是牛将先前摄食进入瘤胃的食物呕出，再次咀嚼然后吞咽的过程。因此，在空闲时或放牧区牧草质量差或恶劣天气导致无法采食的时候，牛仍能继续它们的消化活动。除了在恶劣天气条件下，牛更喜欢躺着反刍。4~6周龄的小牛开始反刍，即从它们吃类似牧草的固体纤维性食物开始。如果不吃这样的食物，草食动物典型的内脏乳头状突起的生长和内源酶的发育就不会出现。无法摄取固体食物的该年龄段的小牛仍然会尽力表现出这种反刍行为。

反刍的持续时间随着采食固体食物特别是纤维性食物的增加而增加。在24h的循环中反刍行为发生15~20次，但是每次反刍持续的时间可能仅仅几分钟或者可能持续1h或更多。牛反刍的时间大约是采食时间的3/4。反刍的最高峰是在黄昏后不久；此后反刍行为持续减少，直到黎明前开始吃草。可能干扰到或者引起反刍停止的因素多种多样。发情期间，反刍总会减少。任何引起疼痛、恐惧、母性忧虑或者疾病的任何事件都会影响反刍活动。

（二）羊

羊大部分都在白天觅食，开始吃草的时间与太阳升起的时间密切相关。采食过程会被反刍、休息和其他行为不时地打断。在24h中平均吃草时段有4~7段，整个吃草时间通常有10h左右。

羊在24h内反刍时段可能达到15段。尽管反刍的总时间可能为8~10h，但每个反刍时段长度为1min到2h。当消耗3~6L水时，排尿和排便分别为9~13次和6~8次。众所周知，羊更喜欢某些牧草（Arnold，1964；Broom和Arnold，1986）。羊一般不会采食被粪便污染过的植物或牧草。正常情况下，羊每天消耗的饲料相当于它体重的2%~5%。

在一个对绵羊具有生态多样性的苏格兰岛屿上，研究野生索艾羊的自由采食行为，发现羊群密度变化的最好预报器是所有可口牧草种类的总量变化（Crawley等，2004）。羊群采食过程中会趋向于回避那些包括枯死的草秆和其他植物的草丛，而选择吃其中的牧草。在草长的牧场包括草丛，羊咬食牧草的长度更大。在4月之前，牧场中的草量低于羊能吃的量，此时羊的选择很少，所以不得不吃能量质量差的植物。在4月后，植物产量能完全满足羊群的采食。在羊群数量大大超过牧草供应的年份，羊群就会出现死亡，有些年份羊群数量甚至出现大幅下降，下降到不足原先的50%。羊群总量骤减之后，牧场植物种群也随之发生重大变化，这就是羊群选择性采食对牧场植物的影响。

羊通常会频繁地去访问一个特殊的水源。它们经常通过特殊的路径到达水源，顺着一个熟悉的路到达水源而不是直接去那里。在饲养过程中，羊消耗水的量随着品种、牧草质量和天气条件的不同而发生变化。

（三）马

马通过门牙撕咬牧草的根部来采食。在吃草的时候，它们会占据很大的区域，常常每吃一口草就会向前走一步，同时它们不会吃被粪便污染的草。

当一群马在一起吃草时它们相互之间会保持一段距离。小马驹需要到几周龄后才能有效地采食牧草。然而，在1周龄时，小马驹就开始在母马的协助下吃少量的牧草了。

马一般每日喝水次数很少，很多马每天可能只喝一次水。只有消耗了大量的水之后它们才去喝水，每次仅仅吞咽15～20口的水。与其他牧草比，马喜欢采食富含三叶草的牧草，包括各种多年生黑麦草、猫尾草和鸭茅草（Archer，1971）。马不喜欢吃的牧草一般包括红三叶草、棕叶草和紫羊茅。观察马对牧草采食的排除行为表明，马的嗅觉在其挑选牧草和躲避排粪区时非常重要（Odberg 和 Francis-Smith，1977）。大部分的马采食时会选择短的、嫩的植物，它们通常表现出对高纤维牧草的喜好。在混合牧场中它们也采食高碳水化合物的牧草。

在不同环境和地理区域（Fraser 和 Brownlee，1974）对本地的苏格兰小型马（Shetland 和 Highland）和其他马种的摄食行为进行了研究（Fraser，2003），发现在秋季和冬季的部分时间，这些小型马喜欢吃粗糙的牧草，包括女贞树篱、枯死的荨麻、牛蒡及落叶。而且发现它们特别喜食岑树叶，也经常会吃树皮。在限制放牧的区域，由于它们会从树干的底部开始吃树皮，因此许多树经常被剥皮到2m高。许多树的树皮明显好于其他树；白杨是首选，岑树、橡木和美洲花楸也很受小型马的喜爱。研究发现，马会用蹄子剔除蓟，同时会吃它们的根。马在冬天比其他季节吃更多的蓟和荨麻，而此时牧场中并不缺乏其他种类的牧草。

社会助长现象会明显地影响马的采食行为。采食习惯从母马到小马驹有一个传递。马群的大小和头马通过群体活动的定时作用也影响它们的采食行为。

恶劣天气，如炎热、大风或者暴雨都会减少马采食的时间。不同季节、天气和草地状态的改变都会影响食草动物。小型马通常在夏季晚上吃草，在冬季的晚上却很少吃草。

（四）猪

探究是猪采食行为的突出特征。甚至当喂以粉碎很细的饲料时，它们也会继续显示出探究活动。猪嘴是高度发达的感觉器官，嗅觉在它们的采食活动等行为中起着重要作用。猪是杂食性动物，在自由放养的情况下吃不同种类的植物，它们也吃一些动物如蚯蚓。然而，在现代畜牧业生产中，通常给猪饲喂配合饲料。猪一天内会消耗掉大量的这种饲料，虽然只需花费少至15min的采食时间。

当食物持续可利用时，猪就会知道是否需要寻找食物，同时它们会划分吃喝的空间和时间。猪能很快学会通过按下键盘或者按钮从供应水的机械装置中饮水。动物喝水受到动物大小和环境条件的影响。在正常的管理条件下，生长猪每天大概消耗8L水。妊娠母猪每天可能消耗10L水，泌乳母猪消耗的水量则上升至30L。

猪采食的日粮质量受到饲料原料适口性的影响。猪喜欢吃的饲料成分有糖、鱼粉、酵母、小麦和大豆。能减少猪的采食量的成分包括盐、脂肪、肉粉和纤维素。一般情况下，尽管猪对饲料的适口性依赖性很大，但相对于干饲料，猪更乐意吃湿饲料。人工饲养条件下，当喂食时间临近时，猪一般会表现出饥饿，这表明要很好地限制饲喂活动安排的临时改变。猪吃食的速度随着体重的增长而增加。

母猪在泌乳结束后必须获得体增重，这是它们采食时会与其他猪发生竞争的原因之一。如果通过隔栏将并排养的母猪彼此分开，攻击现象就会减少。因此，在群饲圈中设置个体饲喂栏是一种有效的管理措施。使用母猪电子饲喂器也是很好的选择，这样猪可能每天采食一次精饲料，且能随时采食到低能量密度的粗饲料如稻草。这种饲喂器前端有一个出口，母猪采食完不必返回。如果返回的话，母猪会被后面排队的母猪咬伤。

猪是高度社会化的动物，社会助长作用对猪行为的影响是一个普通特征，包括它的采食习惯。当不相识的一组猪混养在一起时，刚开始时会发生很多攻击行为，但随后会迅速减少，与此同时就建立了社会次序。采食行为的社会助长作用导致群饲母猪比与群体隔离开的个体饲喂母猪采食更多。对群饲猪一次提供所有饲料的情况下，应该有足够的空间使所有的猪能够同时采食。即使填满饲槽，但如果饲槽数量不足，猪为获得它们一天全部的日粮定额，它们之间也将不可避免地发生竞争。

用单个饲槽饲养的猪比用长型饲槽饲养的猪，争夺饲槽的争斗会更多。给自由采食的群饲猪一次提供多个饲槽能减少竞争，这样咬尾和咬耳等行为发生率也能显著减少。每天给生长猪饲喂4%~5%体重的干饲料时，饮水量每千克体重约需要250mL。当采食量增加时，饮水量几乎不变。禁食或者仅给猪饲喂正常采食量的一半时，就会显著地增加饮水量和水的周转率。因此，在饲料缺少时猪消耗更多的水，这可归因于饥饿的一种行为。

一些饲养系统中，在规定间隔时间内给猪提供的饲料少于其自由采食量。这样的饲养模式能引起许多猪的饮水量增至正常水平的5~6倍。当猪被饲养在限位栏时，也出现烦渴（大量饮水）的畸变现象。

（五）家禽

啄食和吞咽是家禽主要及次要的采食行为。当自由放养的禽类啄到大体积的食物时，它们就会带着它边叫边跑。又是在自由放养的情况下，母鸡在退后一步啄食刚刚被扰的地方前，总是轮换双脚向后作2~3次划动。采食时禽类的头部典型地急速运动，像敲打小锤子一样啄它们的食物。有时，家禽会来回拨弄饲槽内柔软的饲料。家禽在啄食过程中，撞击地面的同时会闭上眼睛；啄食谷物的时候，会将其紧紧夹在下颚之间，同时头部随着食物的吞咽上下猛拉。

禽类通常在每日清晨和黄昏进食。蛋禽在黄昏时比非蛋禽吃得更多，非蛋禽在早上吃得更多。繁殖状态是引起采食模式改变的最重要的单个因素。采食模式类型主要依赖于黄昏嗉囊储存饲料的多少和早晨禽饥饿的程度。对非蛋禽来说，黄昏进食的增长依赖于预测黑夜来临的能力，但对于蛋禽来说，它也是调整产卵或产蛋时间的一种直接结果。

家禽每天会频繁地饮水，许多研究显示禽类访问圈栏里的饮水点每天30~40次。随着禽类的生长，空间通常会变得拥挤，此时禽类饮水次数减少，但每次饮水时间延长。

（六）犬类

犬类主要是肉食类动物，但它们也吃一些植物源食物。像人类一样，它们不能消化组成植物细胞壁的纤维素，但与人类消化道比，它们的消化道结构和消化酶能更好地处理骨头与纤维。适应高蛋白食物后，犬类会选择肉和其他富含蛋白质的食物。众所周知，它们有寻找、追逐和捕捉猎物的能力。家犬祖先，狼的捕食行为包括对小猎物如老鼠的独自追寻和围猎大的动物如鹿。它们大部分的猎食活动发生在晚上、黎明或者黄昏。它们在合作捕猎时通常由一个大的雌性动物主导，追逐过程中会频繁地轮换主猎角色。

家犬可能会丧失其祖先曾经在猎食过程中运用过的一些追逐和其他行为。犬类需要同时进行捕食相关行为和吞食营养物质。它们通过吃少量的草或者其他一些不是每天都吃的材料来满足平衡的日粮。

（七）猫类

猫几乎是完全的食肉动物，所以它们不能过多食用素食。猫在其所处环境中移动、追逐遇到的猎物或者在合适的地方躺着等待突袭猎物，以猎获活猎物。当采食猎物的时候，骨头和不能消化的纤维由消化系统处理或者从口中吐出。

和犬类动物一样，对猫来说猎食非常必要，就像必须从动物性食物中获得实用的营养一样。在长时间摄取大量的饲料之后，猫可能在很长时间内变得不活跃。

第9章
身体护理

一、概述

    身体护理对存活至关重要，它通过皮肤卫生、排泄和体温调节来实现。当然，供给动物维持自身生存合适的环境条件是非常重要的动物福利。身体护理行为诸如搔痒、抖动和舔舐等通常很简单，但这些活动却频繁发生，且这些每天发生的总行为是总体活动的重要组成部分。除了修饰和梳理被毛，身体护理还包括排便排尿、避风、遮阳、高温时的水浴和喷淋。

    动物以一种有条理的、刻意的方式护理体表。身体护理使身体舒适，避免不适。动物常把寻求和获得舒适作为首要的事情。

    倘若在一定条件下能够获得足够的食物，猫会花很长时间来梳理自己。犬经常梳理被毛和瘙痒。这两种动物都会选择休息的地方，并以利于身体护理的方式对环境引起的感觉信息作出反应。

    高温时，牛会站在池塘或小溪的冷水中；强冷风时，它们会转过脸；暴雪时，他们也会转过身去。牛群在温度调节过程中通常会朝着相似的方向适应。在适宜温度下，如23℃时牛会自如地利用开阔、阳光明媚的地方。对大多欧洲杂交牛品种来说，当温度超过28℃时，它们会寻找没有太阳直射的阴凉处。

    高温时，猪会在水中洗澡，头抬起，在淤泥中打滚，体表被泥水覆盖以便散热和防止太阳照晒。绵羊在剪毛后感觉寒冷时会在山坡处遮蔽；在全身感到热时，会在路边篱笆处躲避（图9.1）。在寒冷条件下，

图9.1 天气炎热时体温调节策略：（a）公羊躲避阳光直射；（b）猪洗澡和在泥中打滚（图片由A. F. Fraser提供）

动物会挤作一团互相取暖或保存身体热量。初夏时，不管是否修剪羊毛的绵羊都会寻找避免阳光直射的阴凉处，根据被毛厚度和周围温度避风（Alexander等，1979；Johnson，1987）。在下雪天，马常聚群奔跑，以便升高体温。

食草动物寻找无蚊蝇的地方非常困难，除非它们能找到一个有气流的地方，如高地。牛对蝇虫刺激或叮咬的反应是晃动头和耳朵、抖动颈部皮肤皱褶、在畜栏上蹭颈部皮肤，以及其他皮肤活动如晃动尾巴、踢蹄和跺脚。Hillerton等（1986）和Harris等（1987）发现，奶牛耳朵煽动频率与奶牛粪便上秋家蝇（*Musca autumnalis*）的数量成正比，并且踢蹄和跺脚次数与叮咬在腿上的厩螯蝇（*Stomoxys calcitrans*）数量成正比。如果奶牛戴有氰戊菊酯浸染过的耳标，蝇虫的数量和驱赶蝇虫的行为都会减少。马在遭受蝇虫侵扰时也表现出相似行为。它们常抖动鬃毛和额毛以产生气流阻止蝇虫叮在身上来作为驱赶蝇虫的一个辅助行为。对待蝇虫问题它们也会作出群体反应；奶牛和马会紧密聚集起来，并摆动尾巴，它们能建立起一道相当精炼的蝇虫屏障来保护自己。蝇虫密集时，它们更愿意聚集一起，头互相靠近，偶尔会下半身（腹部、胸部、脖颈和喉前部）躺在地上。这种"趴地"行为封锁了许多敏感皮肤区域，避免因暴露而受蝇虫的侵扰。因为蝇虫可能携带疾病，这些防御蝇虫的行为可能很重要。例如，齿股蝇携带有引起家畜夏季乳房炎的病原体（Hillerton等，1983，2004）。

当直肠和膀胱膨胀时，它们通常被排空，采用排便和排尿或撒尿姿势可减少肢后和尾部的污染。放牧或圈养动物通过选择其他地点排便来避免污染采食和休息的地方。反刍动物排泄通常没有固定位置，但是马和猪却表现出明显地尽量减少污染其采食和觅食地方的排泄行为（Odberg 和 Francis-Smith，1977；Petherick，1983a）。当条件允许时，它们绝不躺在自己排过粪便的地方。马通常会在放牧地区的边界上排尿，并且持续在某个选定的地方排便，某些情况下，会形成大的粪堆。猪控制排泄的行为非常明显并且组织良好，即使是很小的猪也会有非常明显的划界排粪区域，它们通常位于圈栏的最凉爽、最潮湿地方。只有在非常拥挤或有限的地方，猪群才不能形成固定排泄区。

对许多物种来说，梳理行为都有一定的特征。一种是用后蹄搔头，另一种是舔舐某些易接近部位。犬、猫、牛、马和猪用这种方式几乎会搔身体所有部位。其他梳理行为对动物来说是特有的：猫有用舌头梳理大部分被毛的行为；有角的牛经常会在可接近的固体物上摩擦角和角基部；马的打滚是一种皮肤保护行为。如果有沙子和其他合适物，鸡会沙浴；如果没有代替物，它们会在干饲料和羽毛中沙浴。当鸡的沙浴被阻止时，它们会表现出不安和高频率的沙浴行为（Vestergaard，1980）。

有蹄动物伸出自己相应的前肢以便更接近面部，并通过上下摩蹭面部使自己的眼睛、面部、鼻子和鼻孔保持清洁。马不像牛那样用舌头清洁鼻孔，而是靠喷鼻来清洁。家畜鼻分泌物有时相当多，在严寒天气下，这些分泌物结冰，在口鼻部可见。所有家畜在某些疾病过程中鼻的分泌物会增多。一部分原因是分泌增强，另一部分原因是在大部分疾病中身体护理行为受到抑制，鼻子清洁活动会停止。

二、身体护理的组织

对于部位、姿势、姿态组合密度和持续期，动物在一般身体护理中所采取的某些行为是相当精确的。适时梳理行为受包括激素水平在内的多种因素影响，如催乳素引发梳理行为。麻醉剂可能引起舒适行为（Cools 等，

1974）。催乳素能刺激某些脑部区域内多巴胺能的翻转，包括引发梳理行为的黑质纹状体系统（Drago 等，1980）。

在生病状态下，动物身体护理活动通常减少或停止。在许多疾病状态下，被感染动物会失去正常的被毛清洁度和整齐的外表。这些被毛缺少摩擦，没有了舔舐的湿度，也缺少了抓挠和抖动，外表变得"倒竖"或"粗糙"。这些生病动物减少了身体护理行为，不能够区分休息和排泄的地点和时间。由于比平常躺卧更长的时间，它们的被毛被弄得很脏，尤其是臀尾部。延长关圈时间或者四周垫草不足都可能导致相似的被毛损害，因为这些环境都阻止或减少了身体护理行为。例如，在板条栏中不能转身的犊牛，不能进行正常的梳理——经常是完全不能达到自己的臀尾部，其他梳理活动对它们来说很难。由于梳理通常有一定模式，从头部开始，渐渐到尾部。如果某些梳理动作很难或不可能进行，结果会导致动物烦躁和对要梳理部位进行重复梳理。这会导致过分梳理，以致形成过分梳理行为习惯和食毛并在肠内形成毛球（Broom，2004；第28章）。

在休息阶段，包括躺卧在内的舒适姿势转换会定期发生。大多数是很小位置的变化，如躯体部分轮转。大部分是肢体小幅度姿势调整和尾部的运动。这种舒适姿势转换对那些观察过睡眠犬的研究者来说是不足为奇的。某些犬在睡眠时频繁调整身体位置。动物睡眠时的其他动作可被认定为群体互动行为，其中包括攻击性喷鼻气、争斗及其他群体互作，并且发现这些动作与异相睡眠（或快速的眼球运动睡眠，REM）有关。REM与暂时性慢波（如 δ 波）睡眠缺失有关。在人类，这种REM睡眠通常跟做梦有关。犬在REM睡眠时偶尔会发生梳理行为。

家养动物的舒适姿势转换频率一般为每小时数次，在生病时会减少。它们的缺少或减少会导致压迫点（如跗骨关节）水肿、骨疽、溃疡或脓疮。在另一些情况下，舒适姿势转换显著增加，表明动物处于不舒适状态。这些不舒适可能与疼痛有关，如腹痛或临产时的第一个阶段。频繁的姿势转换可能与很差的条件所引起的不太明显的不适有关。在剧烈疼痛或不舒服情况下，舒适姿势转换可能变得非常频繁和强烈以致达到发怒状态。

三、身体护理的特殊性和种特异性

（一）梳理

牛和山羊通过舔舐清洁它们尽可能接触到的身体部位（图9.2）。为了梳理接触不到的部位，它们经常在树和栅栏上摩擦身体部位，用尾部来驱赶蝇虫和刷蹭皮肤。梳理的重要性体现在清除泥土、粪便、尿液和寄生虫。这大大减少了疾病风险。据估计，犊牛每天有152次梳理动机，搔抓28次，合计时间1h。

梳理行为包括自己梳理（自我梳理）和交互梳理（他梳理）。自我梳理可以是身体两部位的相互接触，如舔舐，用角或蹄爪搔抓，以身体的一个部分摩擦另一个部分，诸如头和腿相互摩擦。另外，自我梳理也可以是身体基于环境的接触。例如，动物可在门柱、树、石头、墙、栅栏或在相互协作的动物身上摩擦。他梳理包括互相舔舐、牙齿轻咬、按摩、鼻子摩擦和身体摩擦。当犬互相梳理时，梳理者通常是被梳理个体的下级，但并不总是下级。猫的他梳理通常发生于相互爱慕的个体之间，一只猫会恳求另外一只猫为之梳理（Wofle，2001）。他梳理也会发生在捕猎后再重聚（Barry和Crowell-Davis，1999）。犬能用嘴和4只爪子梳理所能到达的身体各个部分，也会在固体物上摩擦身体（Manteca，2002）。稳定的、合群时间长的牛群中的牛经常形成梳理搭档。

图9.2　金根西岛（Golden Guernsey）山羊的自我梳理行为。这些动作可以梳理到体表的大部。不能触及的区域通过与物体的摩擦来梳理（图片由D.M. Broom提供）

马在摩擦和在地上打滚时显示有自我梳理、互相梳理和"基于环境"梳理（Fraster，2003）。马准备在地上滚时，会小心选择地点，然后卧下。它向身体一侧滚动同时在地面上摩擦身体。摩擦持续一会儿，轮回到胸骨卧躺姿势，然后从此姿势再次打滚和摩擦。这个过程常会重复。马的这些打滚动作中，有时滚转到背部，并保持仰卧姿势足够长时间以扭曲背部一两次，让整个背部皮肤蹭到地面上。马常从这个位置滚回到开始位置。但偶尔也会从仰卧姿势滚转到身体的另一侧卧，因而旋转了180°。打滚结束，马站立，并用力地抖动全身。每次抖动从前末端开始，传递到身体后肢。抖动中，马的皮肤起波纹，抖掉碎片，包括滚动时沾上的灰尘。

这种皮肤波动在重复的慢速运动中被显现出来。马梳理的另外一种方式是重复而有力地啃咬所能接触到的身体部位。马的成对互相梳理很常见。它们面对面，啃咬对方它们自己不能接触到的背部区域，通常是肩隆的后面。这种行为可持续好几分钟。马通过在马槽、树枝等下面来回摩擦来梳理身体顶部。有些情况下，这种方式会使它们的鬃毛受损。

马梳理还有一种方式是摩擦臀部。臀部靠在一个合适的物体上，如门柱、树干、建筑物、大门或栅栏上作摇摆动作。这样物体经过长时间使用可能被损坏。这种行为有时可能表明马有寄生虫病，也可能只是正常梳理，与临床疾病无关。

梳理羽毛和沙浴是家禽身体护理的方式。梳理羽毛时，鸟用喙整洁翅膀，用灵活、重复的头部动作将羽片梳理分离。鸭用这样的动作给羽毛涂油，有防水的作用。首先，完全编织了羽小枝的羽毛阻止了水的通过；第二，喙腺里的油进一步防止羽毛表面被弄湿。在寒冷条件下，鸭由于不能进行羽毛整理和涂油而致身体变湿，感到寒冷。头部和身体有水时，鸭才进行合理的梳理。如果只用乳头式饮水器供鸭饮水，则鸭的正常梳理行为不会发生。对许多水禽来说，下水游泳是有效进行梳理和涂油所必需的。如果梳理不充分，鸭子会有很大的风险，会因潮湿和寒冷而得病死亡。

通过沙浴，在合适的基质上摩擦，鸟类可以改善不能用喙梳理羽毛的状况。在松散的基质上，鸟类能挖一个足够宽的浅沟将自己身体放进去。在这个浅沟里，鸟能用激烈的身体运动，使松散的物体覆盖在翅膀，甚至仰卧时，捞起这些物质把自己盖住。沙浴活动后，鸟站立，用力抖掉羽毛上没有用的碎物，以完成身体护理。剥夺沙浴，如在金属丝网地板上的鸟很少或没有可用的粒状物，会导致行为减弱和羽毛损害。在金属丝网地板上的母鸡，即使仅有的粒状物是食物碎粒或羽毛，也会有序地尝试前面的沙浴步骤。Vestergaard（1993）曾观察到母鸡拔掉其他母鸡的羽毛，并用这些羽毛进行典型的初始沙浴动作，因此不能进行沙浴有时会提高啄羽的可能性。

（二）体温调节行为

当环境变化（包括温度、风速、降雨等）引起动物不适时，动物采用这种身体护理方式。天气太热或太冷，超出犬的耐受水平时，犬会尽力找一个凉爽或温暖的地方呆着。太冷时，它们通过竖直毛发增加隐藏在被毛中的空气绝缘面积来保温。太热时，由于不能通过出汗降温，它们便会使劲喘气。喘气时通过鼻内环绕鼻甲骨的卷曲膜吸进空气，然后通过传导和蒸发降低吸进空气温度，同时快速排出嘴内热空气以达到降温的目的。犬、猫、反刍动物和鸟类都有喘气行为（Sjaastad等，2003）。肺部潮湿表面也可降温。肺部表面一般有很好的血液供给，所以循环的血液被降温。当过热时，不仅从鼻子也从嘴中吸进空气，以增加流速。

太热时，猫也会选择适当条件来促进温度调节和喘息。它们可能用唾液涂抹身体，通过蒸发调节体表温度。凉爽天气，牛经常站在阳光下。热天时，它们会寻找树荫，避免阳光直射（Gonyou等，1979）。家禽同样会寻找阴凉，逃避炎热和阳光直射，假如阴凉地有限，它们会挤成一堆。炎热天，家禽会伸展自己的翅膀。在农场环境试验中，农场动物能学会操作开关，学着使用开关来打开或关闭加热器，来控制环境温度（Baldwiin，1972；Curtis，1983）。

动物必需的体内产热温度叫做最低临界温度，在最低临界温度下，降温反应将减慢或停止。由于生产需求和其他条件的影响，大动物的最低临界温度比小动物低，代谢快的动物最低临界温度比较低，绝缘性好的动物也低（Sjaastad等，2003；表9.1）。温度区的上限温度叫做最高临界温度。

表9.1　部分哺乳动物的最低临界温度

物种	最低临界温度（℃）
羔羊（新生的，湿的）	38.0
仔猪（新生的）	27.0
羔羊（新生的，干的）	25.0
绵羊（10mm 厚羊毛）	22.0
仔猪（25kg）	20.0
犬（短毛）	15.0
猪（100kg）	15.0
犊牛	9.0
奶牛（维持条件下）	0
绵羊（50mm 厚羊毛）	−5
肉牛（生长期）	−7
犬（爱斯基摩犬）	−10
绵羊（70mm 厚羊毛）	−18
奶牛（每天产 30L 牛奶）	−30
北极狐	−40
驯鹿（冬天）	−40

　　家养物种以独特的方式展现对冷风、雨、雪的适应和躲避行为。在大风雪天气，绵羊会在高地和沼泽地带边缘下躲避。牛会转身，背向雨雪，通过收紧内敛腹股沟下的后肢，关闭腹股沟。马也会转身将臀部迎向大风。越冬家畜会利用树丛、树林、围墙、建筑物等作为避风处，免受寒风侵袭。在没有公共遮蔽处，个体空间常由群体数维持。以社会集群为特征，围成圈。这种本能的互作一团是一种有利的温度调节策略。这对动物很重要，而且在保护新生代时是优先考虑的。

　　热休克是体温上升到使重要的身体机能有危险的表现，应与中暑衰竭区别。前者是由于热调节机制故障引起的，而后者不是热调解失败引起，而是热调节不能够实现引起的。中暑衰竭是一种由血浆容量耗尽引起的低血糖造成的崩溃状态，伴随着出汗和血管极度扩张，换言之，就是心输出量和外周阻力的减小。

驼峰牛（如婆罗门牛）和普通黄牛（如安格斯牛）对于过热威胁的反应存在差别。尽管安格斯牛和婆罗门牛在多云和阴天条件下的行为非常相同，但在太阳直射且空气很少或没有流动情况下，两者的行为有明显不同。一方面，由于安格斯牛寻找阴凉处，因此吃草时间比婆罗门牛少。另一方面，不考虑温度变化，如果有好的空气环境，安格斯牛的适应行为很不明显。生活在世界热带雨林和赤道地区的牛比生活在降雨量和遮阴处稀少的稀疏草原或半干旱地区的牛更需要遮阴处。研究发现，尼日利亚的矮肖特索恩牛白天要花4~5h在阴凉处休息，晚上再补上3~5h的吃草时间。这样，它们的行为和温驯的安格斯牛、赫里福德牛、荷斯坦乳牛比较接近，而与婆罗门牛较不一样。

因为新生仔猪易于快速散失体热，所以它们适应环境温度的能力非常有限（Sjaastad等，2003）。它们可以依靠颤抖增加2~4倍的产热量，但这会耗尽能量。解决这一问题的行为机制是挤在一起。从一出生开始，仔猪在一天的大部分时间里表现出一种有组织的拥挤行为（Signoret等，1975）。在拥挤过程中，它们并排躺在一起，头尾交替基本上形成一排。在一个紧靠一个躺下的时候，它们通常将四肢蜷缩在身体下面。当群体太大，其中一些仔猪可能躺在其他仔猪身上。有时候，个别仔猪进行"舒适姿势转换"而导致有序挤卧被打乱。这种集体挤卧行为的结果使仔猪热量散失比其他方式少很多。

虽然集体挤卧行为是猪早期的一个特征，但在成年生活中猪仍然保留着这一行为模式，以保持热量和获得舒适。年纪大些的猪有一层厚厚的皮下脂肪，因此皮肤不够松弛。猪的汗腺很少，且几乎全部分布在鼻部。在温暖环境下这些因素将导致热量在体内渐进性累积。被毛少使动物很容易被直射的阳光灼伤。

很少被阳光照射的猪在突然暴露于阳光下时很容易中暑。中暑的猪会由于身体会过热而晕倒。此时猪以最大频率呼吸，同时它们的相关循环系统功能也逐渐下降，以应对中暑。中暑状况持续1~2h未减轻的就会导致死亡。与热应激有关的环境是可以预料的，且都是那些让动物暴露于高温或者强迫它在高温中运动的环境。因此最常见的临床病例与运输、畜栏遮阴不足，以及分娩、交配或被驱赶步行活动有关。

猪的热调节体系，除了呼吸响应，还通过泥浴和对潮湿与阴凉的搜寻等降温行为实现（图9.3）。在泥水中泥浴对降低体温很有效。在泥水中泥浴的猪很快获得一层覆盖其体侧及腹部表面、四肢的厚泥，离开泥水后，覆盖于猪体的大部分泥黏在体表干了后形成一层保护层，阻止了太阳射线。通过吸收猪的热量，这层结块的表层泥也能够帮助散发体热。猪如繁殖母猪在吃草和觅食时可利用泥浴来降温，而在集约化生产中猪是不能利用的。

在自由放牧的绵羊群中，绵养会不断地发现遮蔽处并作为搜索成果予以认定。未剪毛的绵羊和刚剪过毛的绵羊会选择不同的休息地点。在无风的白天，绵羊保持成群，但在有风的晚上，大部分剪过毛的绵羊聚集在一个遮蔽处，而未剪过毛的羊则仍然远离遮蔽处（Alexander等，1979）。

刚剪过毛的绵羊在未剪过毛的绵羊群中聚集，不能增加未剪毛的绵羊在遮蔽处产羔。未剪过毛的绵羊和剪过毛的绵羊在一起时，一般不愿意去遮蔽处，而比较凉爽或比较高的放牧地点是它们喜欢去的地方（Mottershead等，1982）。

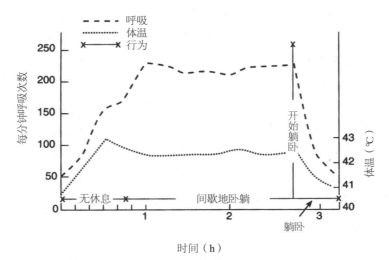

图9.3 猪与初始热应激有关的行为。在不改变条件下，生理反应已经达到高水平后控制热应激综合征的打滚临界点

在高温晴天状况下，绵羊经常利用树荫或其他遮蔽物。Sherwin和Johnson（1987）记录了绵羊每天花费在乘凉上的时间与每日最高气温之间存在明显正相关。该行为是调节机体温度的重要方式，因为对于刚剪毛的绵羊来说，由于日光照射所产生的热负荷在程度上与自身新陈代谢所产生的热量相似（Stafford-Smith等，1985）。绵羊应对太阳光直射的方法在个体上有很大的差异；然而，Johnson（1987）发现，同时在一个组内一些绵羊在一天较热时间段花费大量的时间在阴凉下，而其他的则待在太阳下，允许体温上升，但比呆在树荫下的羊呼吸速率下降，氧消耗量并没有增加。

四、通便

大多情况下，如兔子会避免啃食它们的排泄物和排泄物污染的地方，马和猪不在排便的区域采食，牛不愿意在有粪便的地块上采食。在施有牛粪的田地里，施肥7周后，如果有牧草，奶牛会有选择性地采食干净的牧草；但如没有选择，奶牛会采食粪便上面牧草的顶端（Broom等，1975）。

（一）猫

无论是野猫还是宠物猫都会掩埋尿和排泄物。Beaver（2003）指出，这种行为有减少气味和限制疾病和寄生虫传播风险的作用。如果经过训练，也会在垫料盘中掩埋排泄物。如果习惯于在主人屋子外排便的家猫不能去外面排便，它们不会马上识别一个垫料盘作为合适的排便地点。在多猫的屋子，如果每只猫有各自的垫料盘，它们更可能使用垫料盘，也更喜欢额外的盘子（Hetts 和 Estep，1994），尤其是如果猫之间有社会压力时（Overall，1997）。改变垫料盘类型（Crowell-Davis，2001；Beaver，2003），不恰当地频繁清空和放置垫料盘（Landsberg等，2003b），或者猫生病（Horwitz，2002）都能导致屋子被弄脏。

（二）犬

犬类需要排尿和排粪以清除体内不需要的垃圾，但也将这些行为作为一种标记方式。排尿行为存在两性之间的差异，公犬通常抬起一侧后肢，而母犬通常蹲坐。Manteca（2002）报告，除了病理引起的异常排尿姿势外，3%的公犬和2%的母犬采用异性排尿时的正常姿势。公犬、母犬排便姿势相似。

（三）马

当马排便或排尿时，它们常会停止其他活动。雄马对排便的地点进行精心的选择。排便与排尿后，雄马通常转过身来闻闻排便与排尿的发生点。在排便后，无论公马和母马，会阴肌肉收缩，并且尾巴向下摆动几次。

排尿时，公马和阉割马采用一种特殊的站姿，两后肢外展和后展，背部下陷。母马排尿时，不采用公马那种特别的跨骑姿势，而是两后腿进行相似的外展。母马排尿后，阴门肌收缩。在发情期时，母马会表现出更多更详细的排尿模式。

上面已经提及，马会精心选择排便地点（Fraser，2003）。它们一次又一次返回相同地点，在一个放牧季节这些地点能聚集大量的粪便。根据采食饲料的种类，成年马每天排便6~12次。正常情况下，马在白天不常排尿。有观察发现，马每天最多排尿3次。马常在过夜前和夜晚休息期间排尿。

（四）牛

尽管牛排泄行为似乎不在固定区域发生，但大量的粪便经常堆积一起。在晚上和寒冷天气牛粪聚集成堆。牛不在意它们的粪便，经常在排泄物中走动或者躺下，但不会采食靠近粪便的草。有证据显示，一些奶牛出现模仿行为：当一头惊慌的牛排便或排尿时，其他的奶牛可能开始做同样的事。

公牛和母牛正常的排便姿势是尾巴伸展远离后区，后背拱起，两后腿向前分开。这种姿势大大地减少了身体的污染。犊牛将体内粪便排出体外似乎比成年牛更加用心。不像母牛、公牛能边走边尿，这样做的时候仅展开腿部的一小部分。母牛排尿姿势与排便姿势相同，且排尿比公牛更有力。

24h内，牛通常排尿9次，排便12~18次。排泄行为的次数和排出量取决于进食的种类和数量、周围环境温度和动物个体差异。高消耗牛（如荷斯坦奶牛）24h可排出40kg粪便。在相同畜牧条件下，低消耗牛（如泽西乳牛）

排粪量就较少。

（五）猪

仔猪在出生那天就开始采用大猪的姿势特点排泄。随着仔猪神经肌肉协调能力的提高，它们能够保持这些姿势而不会摔倒、颤抖和坐地。公猪和母猪排便姿势相同：蹲下，尾巴蜷曲在背上，耳朵舒展，眼睛半闭或者全闭；母猪小便时采用相同的姿势。公猪前腿微向前站立，背压低；公猪排尿成股，连续喷射而出，不像母猪那样似一股连续小溪，舒展耳朵和闭眼的特征在排尿的时候不显著。仔猪需要花费一些时间学习正常的排粪行为。猪不在围栏周围排泄，他们会选择特殊的位置来排便和排尿（Whatson，1978；Amon等，2001）。

尽管猪不太干净，但如果允许它们有表现正常排便行为的机会，猪是极其干净的。假如设计有适当的排粪区，猪通常会合理地利用；甚至在非常有限的区域内，猪也会预留睡觉区域和排便区域，并保持睡觉区域尽可能干燥清洁。在拥挤情况下，如当生长猪所拥有的地面面积每头不足1m²时，猪群有时很难维持有组织的排泄行为。

当圈养猪暴露于高温环境中时，它们调节体温的正常行为方式不能运行时，常见到它们在靠近水的地方排便。在产仔栏内，仔猪经常挨着墙特别是在围栏角落排便（Petherick，1982），而避免在休息区排便。育肥猪也趋于在围栏附近，平行墙或后腿朝向墙排便。在温度比较高的情况下，排粪区域会扩大（Aarnink等，2001）。

第10章
运动及占有的空间

一、概述

　　行为的本质是身体的活动。动作模式、运动、表现及其他的活动赋予动物许多能力。所有的机能系统，如体温调节、采食和繁殖都与运动有关。身体活动的描述是依生理活动作为基础的，如呼吸、解剖学上的局部活动、眨眼；特殊目的的行为，如饮水；动物全身的总活动，如运动、位置转换或者伸展运动。

　　每个物种的最初生态位需要不同的行为策略，因此物种在行为的数量和方式的不同需要对自然栖息地的最大有效利用。动物以运动来维持生命，如寻找食物，避开危险。许多的此类书籍将鱼也作为家畜中的一种，但是在本书中没有体现这点。鱼的运动是游泳，跟陆生动物运动同样重要。

　　本章余下讨论主题是休息时的姿势和活动，运动时的步态，长距离的行走及运动的需要。动物在自由运动时似乎很愉悦。春天里，观察犊牛跑向草场，赛马准备晨跑，所给的印象是自由奔跑时动物本身很愉悦。大多数的哺乳动物也能游泳（图10.1和图10.2）。

二、休息时的姿势和活动

　　在休息、保洁、采食和展示期间的姿势调整很必要，需要一个最小的空间，这样调整姿势才有可能。伸展动作保证动物的关节和肌肉保持在需要时

图10.1　寻回犬能游泳，能看到伸展的前肢　图10.2　一匹马游过约2km的海道（图片由
　　　　（图片由D. Critch提供）　　　　　　　　　A.F. Fraser提供）

能有效使用。休息一段时间后或四肢折叠一段时间后常有伸展活动。

　　大部分的伸展活动发生在如下系列行为中：喉咙瘙痒，脖子弯曲，背部伸直，尾巴的摇动或直立，前后肢的舒展（Fraster，1989）。前肢或翅膀的舒展，单个或一起活动，是一种放松运动（图10.3）。先阻止动物伸展，随后提供机会让其伸展，这样动物会花比正常情况下更长的时间来进行该行为，即为反弹行为。例如，限制在笼子里的母鸡不能伸展翅膀，长时间限制后的母鸡将比短时间限制后的母鸡用更长的时间来伸展翅膀（Nicol，1987b）。同样，限位饲养的犊牛给予活动空间后会比自由活动的犊牛表现更多的暴力活动（Friend 和 Dellmeier，1988）。马能以站立姿势休息很长时间。这是因为它们有"停留装置"——一种肌肉和韧带系统，它在不增加更多能量的前提下暂时性地把主要关节锁定成一个姿势（Fraser，1992；Pilliner和Davies，2004）。

　　与移动无关的其他重要的活动是站立和躺卧，涉及典型的活动序列（图10.4）。动物需要一定的空间来完成这系列活动。Petherick（1983a）计算了一头猪胸骨卧躺和四肢伸展卧躺所需的空间。

　　图10.5中显示空间大小与身体重量的一个范围关系。Baxter和Schwaller（1983）拍摄了猪站立和躺下行为（图10.6和图10.7），从中可以计算猪需要的最小空间。EFSA（2006）对猪站立、躺下和展示正常交往行为所需的空间进行了计算。

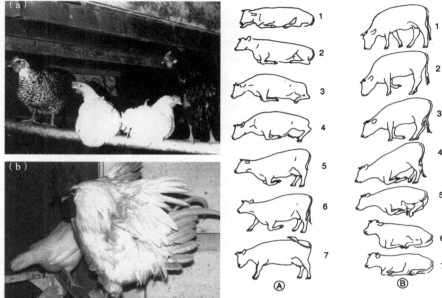

图10.3　（a）栖息的家禽　（b）舒展翅膀的公鸡（图片由A.F. Fraser提供）

图10.4　牛站立（A）和躺下（B）发生移动的典型顺序。在A中，一头斜躺的牛首先后肢抬起身体而站立；在B中，一头奶牛首先检查地面然后身体重心下移，前肢弯曲

三、移动和步态

在运动中，四肢以各种不同模式之一同步行为，一种模式被定义为一种步态。步态模式有两种形式：对称的和不对称的。在对称步态中，身体一侧两肢的运动重复另一侧两肢的运动，但有半步幅滞后。在不对称步态下，一侧肢不重复另一侧肢的运动。对称步态包括走步，踱步和疾走。不对称步态包括不同形式的慢跑和飞奔，包括大步慢跑和旋转飞奔。

在身体的支持、推进和移动的过程中，腿移动的完整周期称作步幅。一个步幅是前肢运动的一个完全循环，而步幅长度是同一脚连续脚印间覆盖的距离。一只脚撞击地面时产生的声音叫步声。如果每一只脚分别撞击地面，步态将是四声步态。如果在疾走时，对足同时着地，每个步幅仅听到两次击

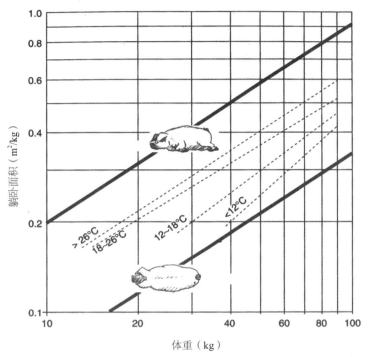

图10.5 休息的猪占据的地面面积与气温的关系（Petherick，1983b）

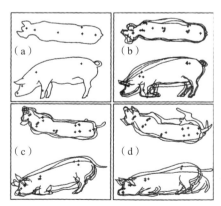

图10.6 母猪躺下移动的步骤（Baxter 和 Schwaller，1983）

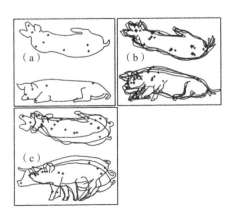

图10.7 母猪站立移动的步骤（Baxter 和 Schwaller，1983）

打，这种步态就是两声步态。慢跑是三拍步态，在慢跑和飞奔过程中一只引导腿是离开地面的。当然，飞奔像慢跑一样，但由于它有更大的推进力，在每个步幅的结束有一个额外的"悬空阶段"。

在每一个步幅内，每只腿在一定时间内作一次支持过程和非支持过程或作一次摇摆过程。在走路过程中，支持过程比摇摆过程时间长，同时决定了步态的稳定性。随着走路的加速，支持过程持续的时间减少，然而摇摆过程增加。

参与运动行为的四足运动形式包括走步，疾走和慢跑。Waring（1983）和Barry（2001）对马的这些行为进行了确切的定义描述。达到一定的速度时动物从走步改为疾走。低于这个速度，走步比疾走需要较少的能量；高于这个速度，疾走比走步需要较少的能量。其他步态之间的转变也是这样的原理，因此任何速度下自然步态消耗最低的能量。在每一个步态下，都有一个能量消耗最少的速度（Fraser，1992；Back和Clayton，2001）。

（一）走步

走步是指一种缓慢的，有规律的对称步态，左右腿表现相同的运动，但慢半个步幅，两条、三条、有时四条腿同时支撑身体。前腿的支持作用是更重要的，它更接近重心，并且后肢的推进作用更重要。大约静止重力的60%由前腿支撑。四足走步腿部运动的顺序是：左前（LF），右后（RH），右前（RF），左后（LH），这样导致了三角支撑重心。动物雕塑和模型通常无法展示腿的姿势。

（二）疾走

疾走是一种中速的对称步态，动物通过交替斜对的肢支撑身体，其顺序是左前（LF）和右后（RH），然后右前（RF）和左后（LH）。前肢比后肢离地时间长，允许前足先于同侧后足腾空于地面，另一侧相同。如果在支撑过程中有一个中止过程，这种步态被认为是一种飞速疾走。一种慢的，容易的，放松地疾走称作慢跑或者小跑。有时，术语小跑用来表示动物在一条直线上行走，臀部左右摆动。疾走偶尔也被分为普通疾走、延伸疾走和聚集疾走。标准竞赛马在比赛中用延伸疾走，前肢伸出来增加步幅长度和速度。乘用马运用聚集疾走，它的特点是膝弯曲高抬，这种步态适合在沼泽地和雪地奔跑。

（三）慢跑和飞奔

慢跑本质上是一种慢的飞奔。它是一种用一斜对肢同时击打地面的三声步态。落蹄是有典型顺序的：① 一只后蹄；② 另一只后蹄同时斜对的前蹄；③ 剩下的前蹄。因此，与上面的可比较的顺序是：左前（LF），右后（RH），右前（RF），左后（LH）。慢跑是马运用颈部肌肉优势上下摇动头部的一种步态，它有助于提升前半部和提升前肢。当马在慢跑中疲劳，它将摇动头部，更多地去利用辅助的系统。

飞奔是一种高速的不对称步态，在部分步幅中，动物由一条或者多条腿支撑，或者腾空于地面。如果两前肢以循环次序一起紧密及时着地，然后一个空隙，之后另外两个，如右前左前，左后右后，这种步态被称为旋转飞奔。如果后肢滞后于对边的前肢，如右前左前，右后左后，这种步态叫做横向或者斜向飞奔。马看起来更喜欢横向飞奔，而犬类使用旋转飞奔。在横向飞奔中支撑形式以及四肢的转换是从后肢开始斜向对侧前肢。在旋转飞奔中，存在两种形式，依赖于脚步的顺序，如左后右后，左前右前（右侧引导的横向飞奔）或者右后左后，右前左前（左侧引导的横向飞奔）。

（四）跳跃

马有巨大的身体和相对刚硬的脊骨，所以它们不适应跳跃（Pilliner 和 Davies，2004）。马会避免跳越仅60cm高的沟渠和障碍，除非鼓励马这样做或者有过跳跃的经历。然而，马有令人难忘的纵向距离和高度跳跃能力。一旦准备跳跃，所有马以前肢支撑，从而使向前移动的动力变为垂直的推动力。在水平运动中，为了维持步幅的节律和流动性，后肢分别撞击地面。然而，在跳跃时，这些腿从起跳点以相近的距离（大概2m）撞击地面，空间上仅相离0.09m。后肢的这种运动保证了身体有更加对称和平衡地向上推动。下落时，后肢同步并对称的行为保证了这些腿滞空过程有一致的运动（Leach 和 Ormrod，1984）。

马在临近一个跳跃运动时，如果前肢以同步方式着地，那么从水平到垂直移动的平滑过渡是不可能的。分裂性的改变将要导致完全的减速和减少跳跃表演的效率。前肢已减轻的重量和由这些腿部的弹性储存能量产生的支撑性反作用可能有助于前肢的顺利跳跃。

（五）行走距离

动物在牧场周围形成纵横交错的路径常清晰可见，在空中能看到并且非常清晰。在大部分围场也能发现。在正常的家养条件下，动物步行频繁甚至有规律地发生。

食草动物行走的日常距离主要受食物和水源位置的影响。在牧场，由于水源附近有优质草料，因此动物走动距离很短，主要是边吃草边移动。但如果水源远离食物，往返水源而产生的行走是每日行走距离的一大部分。水源的位置和草料的质量比草料数量、奶牛哺乳阶段、奶牛身体条件，以及季节对奶牛行走距离有更重要的影响。例如，放牧的马每日可能行走达65～80km去寻找水源。在植被和水缺乏的地方，羊也将行走相当长的距离去饮水。在正常条件下，放牧的羊每天行走9～14km（Squire等，1972）。奶牛日行走范围为从在0.1hm^{2}小牧场的0.9km到干旱条件放牧地的24km。

四、锻炼的需要

家养动物对运动有明显的需求，并且试图频繁地锻炼（Fraser，1982b）。保持一定水平的活动使动物在身体上为任何必要的运动做好准备。集约化饲养的农场动物有高的跛足发生率可能是，由于缺乏锻炼而使肢关节、肌肉和足部组织的适宜运动不足引起的。生产性农场动物也需要日常锻炼。当然马也需要基本的日常锻炼。如果在年轻时缺乏针对骨骼、腱、韧带和肌肉的锻炼，马会以不适当的方式发育。如果成年时缺乏锻炼，马会失去正常的功能。太多的锻炼也能引起一些问题（Goodship 和 Birch，2001）。目前，很清楚额外的限制导致异常行为。胎儿行为研究发现子宫内锻炼运动的发生和重要性是明显的。

运动作为一种锻炼形式在哺乳动物胎儿和鸡胚胎中是可见的。每个正常的胎儿在妊娠阶段不断地做运动。这些运动既是促进肌肉和关节良好发育的运动锻炼，也是为胎儿出生后的生活做准备。畜牧业上对运动器官活动的限制产生两个主要感知缺失：减少了刺激的输入，失去了身体运动反馈的感受。动物运动部位的各种不同的感觉器官，如腱、关节和肌肉等对机械活动、运动、姿势，碰触和压力作出反应，同时是动物感觉输入的主要组成部分。

红原鸡和家禽的振翅活动表明雏鸡的振翅频率在驯化过程中没有发生改变。有力拍翅活动仍然发生在体重大的不能飞的小型鸡品种中。事实上，尽管运动活动的发生可以被减弱或取消，但神经行为过程在驯化中是可以被固定的。

如果人在失重的飞船中，或者因年老没有能量或信心在几周或几个月没有足够的锻炼，结果是骨质疏松，骨密度减少。限制在笼内的蛋鸡缺乏锻炼，它们在笼内不能振翅、不能更多地走动，结果它们的腿骨和翅骨变得比较弱，其翅骨强度仅是能够振翅母鸡的翅骨强度的52%（Knowles 和 Broom，1990）。当抓持这些母鸡时，它们的骨骼很容易折断（knowles 等，1993）。同样，在限位栏内的母猪，很少有锻炼机会，其骨骼比生活在圈养状态下的母猪弱30%（Marchant 和 Booom，1996）。母猪不经常骨折，但如果骨骼比较弱则骨折会变得容易。由于骨骼脆弱的母鸡或母猪不能很好地

图10.7　猫的爬树行为（图片由D. Critch提供）

应对环境，因此它们的福利相对于那些正常骨骼的动物来说是比较差的。那些骨折母鸡或其他骨折的动物的福利相对于完好骨骼的动物的福利就差得多了。

对许多物种来说，一定类型的锻炼对于促进运动肌肉的有效发育，提高生存能力是必不可少的。例如，有机会攀爬的猫会有较好的肌肉发育，既提高捕食能力，又能加快逃避天敌（图10.7）。

第11章
探　求

一、概述

　　所有的家养动物进入一个新的环境时，都有强烈的探求和调查动机。只有当它们对环境变得非常熟悉时，探求行为才会平息；但当所处的环境有任何改变后，动物的探求行为会重现。因此，动物出现似乎具有维持潜在的活动，它们在周围环境中额外的、改变的、突出的特征和新奇的事物上聚焦感观。习惯于熟悉的刺激发生，尽管熟悉的区域可能重现探求行为，这大概是为了检查是否有改变。具有行为调节系统的动物具备的探求行为，可随时启动（Syme，1979）。

　　动物在一种陌生条件下，可能引起不同程度的恐惧，所以探求的动机可能部分由这种恐惧引起。Inglis（2000）解释了可能由于探索行为引起的个体对恐惧感觉反应的不确定性降低的重要性。因为新鲜的或不熟悉的能导致出现恐惧和探求，Hogan（2005）建议恐惧和探求是一个整体系统，包括低水平接近、中等水平退却、高水平固定不动。Hogan描述的雏鸡遇到一个新虫子的例子可能是真的，但探索系统比这更广泛，不是始终与恐惧有关，如下所述。Hakansson（2007）等的一项研究中描述，饲养在相同条件下的两个原鸡遗传品系恐惧行为不同，但探求行为却相同。

二、探求系统

通过一些动物行为，刻意看出行为的探求系统很明显。这个系统可简单理解为偶然因素和后续结果，如下：

- 动物感知外界环境特点的需求；
- 探求行为的激活；
- 环境感官反馈的接收及随后有用信息的产生；
- 随着感官输入引起的偶然因素水平的降低；
- 准备记忆中基本信息基本水平的周期回归。

因此，探求是一种活动，它有潜力为个体获得环境中或自身的新信息（图11.1）。

学习的简易化中研究行为的作用是可考虑的（Toates，1982，2002）。当动物察觉到一个新的刺激时，会表现出高度警觉的状态，收集更多的信息，并获得额外的经验。包括环境测试和探索等许多行为，如闻到或接触到如树、灌丛和草地的路标；陡坡和雪；扎根入土和草垫；头抵着围栏或直立结构；舔坚硬的表面；以及寻找有利位置。

（一）探求行为的功能

动物的每一个功能系统需要一些探索和发现才能有效运作。有效利用食源之前，必须确定食物的位置同时估计获取食物后行走的有效路径。必须找

图11.1　房内的猫探求冰箱（图片由D. Critch提供）

到水源，并发现水流失最少的地方。如果发生适当的性行为和社会行为，也必定发生其他个体和自我能力的探求行为（图11.2和图11.3）。在很大程度上来说，如果展示有效反捕行为，则探求行为非常必要。具保护色或需要躲藏的动物必须找到一个好的休息区。准备逃离或对捕食者展示其他行为的动物必须了解周围环境的特征，并熟悉这些特征，以便能够沿正确的方向逃出

图11.2   猫正在审视电视中的另一只猫（图片由D. Critch提供）

图11.3   犬探求首次遇到的马（图片由D.Critch提供）

和采取有效机会阻止追捕者。如果捕食者的袭击迫在眉睫，动物必须审视周围环境，准备回应环境的改变。

由于展示探求行为明显的选择优势，因此动物对这种行为给以高度的重视是不足为奇的。Barnett（1963）报道，大鼠即使被剥夺了食物，或是为其提供食物和探讨的机会，其也不会停止对一个新的活动场所的探求。牛也表现出了这样的探求行为（Kilgour，1975）。

种与种之间这种探求行为存在极显著差异。所有动物必须探究自己的能力，需要决定他们自己的特点、能力、限制、社会地位等，因为它们拓展更多的行为调查这些因素。动物不断测试在到达和采食的理解能力，它们可以通过推动了解自己的力量，也能通过玩耍，来学习攻击和防御能力（Hall，1998）。剥夺动物的许多种探求行为会令动物极其厌恶。

在一个新区域的活动和对新奇事物的反应依赖于感观的作用。放置于一个新区域的老鼠或犬会边嗅边四处走动，而鸟或有蹄动物可能通过环顾四周来探求。

有些物体可以由灵长类动物操作，但不能通过这种方法获取信息的动物可能完全触及不到。野生动物对待新鲜事物比大部分的家养动物更加谨慎。

（二）探求行为的影响因素

放养在新开阔地的多数动物，在探索围栏内部之前，倾向于沿着围栏的边缘活动。在这些最初的活动群中，它们比平常可能更被捆在一个更紧密的内部空间组织中。

常与紧密限制相关的一个因素是，缺乏探索，调查和社会同伴的相互联系的可能性。饲养在群体孤立环境中的家畜会表现许多异常的行为。单独饲养的羔羊倾向于通过退缩和避免相互作用来回避新奇环境状况。这显示，剥夺羔羊的社会交往会使其缺乏探求能力。这种本性的缺失会使羔羊在自然环境中不能提供很好的生存保护。在小马驹上也曾有过类似的观察。生来由母亲哺育的驹，在新环境中比孤驹更有活力、更出色（Houpt 和 Hintz，1983）。不完全的探求是不能良好适应的基础，有如此行为缺乏的动物在许多状况下必定有生物缺陷。缺乏探求将导致认识的缺乏，同时在不同要求的畜牧条件下，相关的恐惧可能产生应激倾向。

（三）探求和意识

探求的主要作用是为将来可能要发生什么做准备。捕食者的进攻或自己将要做什么？是否缺少食物或会有食物的竞争者，自己要采取哪些行为来获得充足的食物？如果天气变冷，有风或潮湿，将要躲藏在哪里？当第一次遇到这样的问题时，它会更清楚地表明个体的探求行为是可能的准备，也可能预测将来的事件。相当程度的认识需要能估计和应对将来可能发生的事。

第12章
空 间 行 为

一、概述

　　空间行为对生活在密切相关的社会群体中的群居物种相当重要。一群狼或犬，可能认为是同一物种，Canis lupus它们生活的大部分是以一个大的家族群体聚集在相对较小的区域内。作为人类伴侣的犬可很快形成这样的群。幸运的是有时人类被允许成为这群中的重要部分。在群居物种中，一个互利的特别关系的交叉非常频繁。许多犬把人类看成是重要的社会伙伴，同时也有一些人把犬看成是重要的社会伙伴。偶尔，作为伙伴的个体认为其他物种的成员更作为一个提供者而不是伙伴。

　　然而本章中，小组成员观察到的社会群体显示相关人员与犬间距离和两者互作非常有意义。人类对犬伴的依赖和犬对人类的依赖对两者的生活都是重要的，犬和人伙伴空间的研究表明了在许多情况下犬和人类关系的接近被关注，每一次探究对双方都有利。偶尔，人们勉强犬和他们在一起，这样做类似于与人类做同样之事。

　　动物的空间分为两个基本类型：① 个体空间是以个体定义的，因此随个体而改变；② 住处的范围和领域，这涉及动物使用的固定区域。为了评价空间行为为什么如此发生，必须考虑动物生态学（Hediger，1963）。社会动物的空间提供许多的信息，包括社会组织和随着个体不断地适应关系而引起的动态改变。在任何时候，社会群体成员的空间依赖于群体成员的活动，在Keeling和Duncan（1988）关于家禽研究中能清晰地阐述。

除了在与性行为、母性行为和攻击行为相关的特殊环境下，犬、马、兔、奶牛、绵羊、山羊、猪和家禽都允许与其他个体相当近地接触身体。维持它们与其他动物特别是潜在的捕食者之间的距离会更大。逃逸距离是在动物没有逃逸且不主动允许可能存在危险的人或者其他动物闯入的空间半径以内。在家畜动物中，对人的逃逸距离随着适当的管理和人类的社会化而减少（Hutson，1984）。对入侵的反应包括震惊、惊慌、表现战斗姿势和发声。

当动物圈定了自己的领域活动时，该领域就包括了食物资源在内的所有资源。这些资源常会受到保护，以便一个区域可能基本变成一个替代目标，它能提供代表食物等。当一个区域受防护时，它便被称为领域。争斗行为经常用于涉及包括威胁、攻击或防御行为。然而，农场动物群体，特别是长期饲养在如普通放牧、大农场放牧等的粗放区域的动物，会投入很少的精力来争斗和威胁。通过社会组织系统，群体和谐是集体行为的一个显著特征（Broom，2003）。群体行为的显著特征是行为的社会化和同步化，以致群体成员经常表现出相同的行为。

二、空间的类型

（一）活动范围

活动范围是动物彻底了解和习惯使用的区域。一些情况下，活动范围可能是动物的所有区域。在活动范围内，如一个牧场的粗放区域，可能是一个核心区。这个核心是活动范围内最规律性运用的区域。这个核心区一般包括休息区。

（二）领域

领域是通过争斗或界定被保护的区域，其他个体能发现，因此标记或其他信号是进入的威慑物。它不需要是永久的，但需要经常提供营养、隐蔽、休息、饮水、锻炼、撤退、定期移动和防御性转移的要求。在一些物种中，领域可用来吸引异性。

（三）个体空间

多数动物积极地保持与其他动物最小的距离，企图阻止其他个体进入该空间。Hediger（1941，1955）称，引起攻击或者回避之内的最小距离为个体距离。它包括身体空间，也即动物需要占据，如躺着、站起、站立、伸展和抓动等基本的活动空间。常见的例子是，无论什么时候，鸥或燕子都沿围栏、电线站成一条线。这个空间是有所扩大的头部区域，以适应摄取、修饰和摆姿势过程中头部更大的运动。这样的空间在浅滩鱼类中也是明显的。每个鱼同它邻伴维持足够的距离以进行除了在浅水以外的游泳运动（图12.1）。这是一个即垂直又水平的距离。

维持个体距离的优势就是产生个体的空间（Broom，1981），它能包括减少：① 由于接触损害身体；② 饮食时的干扰与竞争；③ 开始逃离时的阻抗；④ 疾病或寄生虫的传播；⑤ 掠夺的可能性。个体空间根据行为的不同而不同。例如，Walther（1977）报告了雄性的汤姆森瞪羚的个体空间分别是，行走时2m，休息时3m，而放牧时9m。Walther认为当放牧时，高的数值可能是由于放牧姿势对恐吓展示的相似性，但是放牧行为干扰的问题可能也是一个原因。社会空间有时被用为一个活动动物维持的个体空间。

图12.1　休息在浅水中的鳟鱼保持与邻者之间个体距离（图片由D.M. Broom提供）

三、空间特点

对动物来说，空间特点可能是由本地地理位置对于动物有意义的方式决定。河、湖、森林或悬崖的边缘可能对动物个体较为重要。一系列洞穴、没有猎食者能接近的开阔区域、沼泽地或一棵庇护的树能被动物选来作为消遣时间的地方。对于人造环境，动物可选择或回避特殊的空间类型。例如，在挤奶室中，被挤奶的奶牛可能表现出喜好一个挤奶地方或挤奶室的一边（Hopster等，1988；Paranhos da Costa 和 Broom，2001）。

（一）联合与回避

尽管家养动物维持个体空间和有时防护领域，但它们也积极地靠近其他个体，其中某些关系是母子之间的（第19章）。其他的关系是一起饲养动物之间的，或生活之后形成联系的动物之间的。一起饲养的犊牛比来自不同的饲养组犊牛更倾向于出现聚堆现象（Broom 和 Leaver，1978）。Benham（1984）曾经描述成对的奶牛花费许多时间一起靠拢，并经常相互修整。

空间行为的一个特殊类型结果是，紧密结合的个体安排它们自己以致它们与最近的邻居建立一个特定的距离。家养的食草动物，放牧时，与一个或

图12.2　遇到危险时，养殖的鳟鱼鱼苗聚集一起（图片由D.M. Broom提供）

可能更多的个体保持亲密的联系，但离最近邻居的距离变化比组内其他个体的距离更小。对60%~70%的动物而言，一个个体是它的最近邻中的近邻。这形成了群体内成对个体的空间结构。第二个最近邻居的距离可能相对变化的。

　　遇到危险时，有合作关系的动物可能一起紧密地移动。图12.2中鳟鱼鱼苗察觉人类观察者时紧密地簇拥在一起。

（二）空间需要

　　家养动物的空间需要是既定量又定性的（Box，1973；Petherick，1983a）。定量需要相关的空间占有、社会距离、奔跑距离和实际领域。定性需要相关的空间依赖活动，如采食、身体维护、探求、运动和社会行为。通常对动物来说，避免它们自己与其他动物的视觉接触是必要的。因此，空间的特征包括栅栏的存在，头放入的位置以致其他动物看不到，或黑暗的地方隐蔽以防被攻击者发现。

　　最小的空间需要是满足身体大小和基本的移动需求。每种动物需要长宽高距离来满足站立、躺下和移动身体，包括头、颈和四肢。在起身和降低身体的行为中，动物需要向前向后移动（Baxter 和 Schwaller，1983）。动物利用体重要么是在起身时，要么是在卧倒时作为直接拉力。头和颈向前伸，一条腿或其他后肢向后伸额外长度。头和颈的横向连接也是另一种频繁和必要的移动方式。在躺下时，动物的需要空间通过身体的翻滚和后肢的伸展而增加。

　　同身体空间一样，动物需要空间来满足社会原因。这空间是用来保持自己与同物种的分离，同时实施逃避行为（Mendl 和 Newberry，1997）。在一些情况下，由威胁和意图的姿势来保持。随着其他空间的需要，个体空间（包括头部移动的空间）在很多环境下，如短期的拥挤和休息时，没有入侵的发生可能会暂时放弃。动物占据的空间是它的重量的作用和对多种活动的需求。在限制的短期内，例如，对称重来说，家养动物能忍受限制在仅比身体占稍大的空间。然而，野生动物或从来没有紧闭训练的家养动物，可能被局限性所干扰，这样会导致它的福利非常差，同时可能有潜在死亡的风险。

　　考虑到猪需要的空间，为了计算生长猪需要的空间，Hans Spoolder在欧盟（EFSA，2006）科学报告中修改了空间占有的平衡，同时考虑了不同行为需要空间的根据。

（三）拥挤

其移动受其他身体限制的个体群组被称为拥挤。高密度意味着一个动物比它的个体距离更可能接近另一个。结果，入侵个体空间可能导致攻击反应或者回避反应，反过来，导致一个更深入的侵犯。拥挤不一定会导致攻击行为增加，但经常是这样的。高群居密度会影响个体的健康，这称为过度拥挤。在决定是否受到高密度的不良反应影响时，资源的分配是很重要的。拥挤行为存在于一些食物资源、隐蔽处等。能引导正面的影响时，然而围绕单一食物资源的局部拥挤对存在着的有些动物是有害的。在所有的情况下，考虑生存空间的质量和社会密度一样非常必要（Box，1973）。

拥挤在某种程度上会影响动物的移动。随着肉鸡的长大，它们占满了其生存的空间。Newberry和Hall（1988）调查了在每只$0.134m^2$的低密度笼养条件下4～9周龄鸡只的活动。随着每周占据的空间从$0.134m^2$减少到$0.049m^2$，每小时移动的距离从4.5m减少到2.3m。如果减少的空间每只从$0.134m^2$降到$0.067m^2$或$0.041m^2$，移动距离会快速下降。

高密度能导致啮齿动物肾上腺肥大、高血压、肾衰竭、免疫反应下降和生殖障碍（Christian，1955，1961）。拥挤对农场动物的生产和福利的影响将在第28、29和30章中讨论。

高群居密度不仅是增加群居家畜竞争行为的仅有因素，而且会导致个体产生负面影响。群体内个体数量大也有这样的影响。Al-Rawi和Craig（1975）用笼养母鸡试验，指出每只鸡笼底面积为$0.4m^2$，每组28只鸡比每组8只鸡的啄羽频率高3倍。个体母鸡相互接触，在这种密度下，这样的接触会导致更多的啄羽。然而，当每一个笼内鸡只不断增加时，鸡不能来回走动与其他个体交流。

Craig和Guhl（1969）发现当在恒定的载畜量下，组群大小从100增加到400时，竞争交互作用的频率不增加。Estevez等（2007）综述了农场动物增长的组群大小对攻击数量的影响，发现社会结构有影响，但是一般情况下，增长的组群大小与减少攻击行为存在联系。尽管饲养在一个大的组更有必要，但根据动物的认知能力，家养动物有足够的能力对付这些（Croney和Newberry，2007）。

四、家养动物的空间行为

（一）犬

当其他犬或人类进入犬的空间时，该犬认为这会对其主人或其领地构成严重威胁时，犬保护主人或领地的这种行为为其他犬和犬主人所熟悉。一只咆哮的犬可能用它的武器，所以继续接近可能增加被咬的风险。大声和比较恐惧信号是攻击的预兆。与撕咬有关的移动速度，对于一个人来说非常惊奇，但也许对另一只犬却不惊奇。饲养在家中的犬仅保护很小的领地，如睡觉的盒子或者仅仅围绕饭盆的范围。然而，其他犬也许强力地防御一个房子、一个花园或者商业房子。

正是后者这一习性使得犬广泛应用于保护财产。鼓励或训练犬防御一个区域，同时可以做到入侵者是训犬人不希望排除或不希望攻击的对象，如雇员、小孩或正当业务的公共雇员。一些邮政工作人员都熟悉在他们投递范围内的危险犬。有些犬可能等在信箱旁，等邮递员通过信箱投递邮件来咬伤手。另一些犬也许攻击和撕咬进入前门的人，它们用牙在腿上撕咬，甚至可能咬在脸上。少量犬已经故意被训练成这样。其他的偶尔被训练成这样或者由于主人控制不佳而不能阻止它们这样做。展示在犬之间领土争夺时的用犬齿咬和晃动偶尔是针对人类的。

公犬用尿标记它们防御的空间，还有它们去过的但不保护的地方。尿传递信息包括身份、性别，有时还有特性和范围。大型公犬比小型犬能排更高的尿，同时高水平的睾酮可能明显地来自于高度。这些标记的反应将影响动物的空间。一只犬或一群犬可能用这样的标记对它们的领域进行防御。

（二）猫

猫通过面部的和尾基的腺体来标记某个体和物体，也有雄性通过尿喷雾来标记。在虎斑猫，眼和嘴角之间的面部边腺有一个明显的黑暗区域。在虎斑猫和一些其他的品种内，尾端的腺区也可能是暗的。存在的标记表明释放该标记的猫曾经在此出现，并在那个阶段控制着相互联系。许多猫主人没有意识到猫摩擦他们可能仅仅指示主人关系。猫主人经常为雄猫的尿喷标记而烦恼。

猫积极的、有攻击性的、夜间噪音的领地防御是人类郊区环境的一个特征。争夺的结果可能导致伤害，也可能导致一些猫勉强到主人的室外活动，这儿相对安全。猫主人可能不理解在20个邻近的、小房子内有6只猫能引起猫科动物领域的更大竞争。攻击时的行为不常见的，但是有时会存在抓伤和更多的头部咬伤。

（三）牛

牛通过以头顶撞或者威胁碰撞显示领域侵略性行为。当另一个个体的头靠近时，它们用锋利倾斜的头摇摆来钩住对方。在小的牧场内，老公牛表现强的领域性占有欲：在领域中展示用前蹄挖土，在其背部躺的地方挖疏松的土，将角扎进土内，顺着地摩擦头部。展示的结果是它将要站着不断地吼叫。对一个特别选择的点或者站在可能突出的位置是用来展示的。

在围栏内高密度条件下的肉牛对它们围栏中相当的位置展示出了清晰地喜好。它们倾向于占据围栏边缘和角落的位置，中心区域经常很少被占据。动物利用外围的事实表明周长与围栏面积的比率是很重要的。动物越拥挤，相互联系的重要性就越大，这可能缓和拥挤的负面影响。

草场条件的恶化，小群牛之间的距离增加，但个体的空间是维持存在的，甚至在牧场和集约化牧场。公牛经常占据牛群的边缘。公牛在相对低年龄阶段比阉牛需要大的社会距离，小母牛的存在可增加公牛之间的距离，同时减少牛群的分散。奶牛在躺着的时候大多与另一个体保持2～3m的距离，在放牧的时候在4～10m。在一个无限的放牧空间内，公牛维持个体空间半径平均达到25m。

（四）马

在领域侵略中，马用自己独特的攻击和防御武器而争斗（Arnold 和

Grassia，1982）。它们可能咬，用它们的后蹄踢，当它们的攻击距离受到侵犯时，会用前腿撞击。例如，在背对侵略者后，两个后蹄可能都做出踢的动作。双踢直接伸向后部没有目标。用一只后蹄防御性的踢出有时叫曲腿后踢，一般被马科动物所运用。屈腿后踢是用后足精确直接的踢。马经常没有侵略性地与其他放牧者分享一块普通的放牧区域，但可能通过咬、踢或者追赶来对放牧的牛和羊进行攻击。自由放养的马花费大量的时间啃草，达12h或者更多。在相对干旱的区域，马每日经常行走非常远的距离去饮水。在这样的条件下，它们的放牧范围可能受到水的利用而限制。路上有雪时，马能通过吃雪获得水，然后不依赖活水能利用不同的范围。自由放养的马，每天去寻找水和盐非常必要。如果有选择，马也会表现出对相当阴凉区域的喜好。

马的行为包括领域意识。种马在特定的位置排粪，导致该处粪便成堆。所有的马在领域的固定点排便，这些区域不是放牧的。马的一个限制的放牧区域很快分成"草地"和"污地"。草地是种植的区域，污地是排便的区域，在不放牧的情况下也是这样，除了在饥饿的条件下。

（五）绵羊

绵羊通过头部运动的方式来威胁其他个体。如果没有顺从地回应发生，它们可能攻击，碰撞或者拖拉羊毛。动物群个体间相互了解，长时间对视作为一个威胁可能导致逃避。对羊来说，个体间的空间大小主要考虑品种和位置。在广阔的荒野和山岭地的羊比在低洼地的羊保持一个较大的距离。这可能是适应或是合适食物广泛散布的结果。在食物分布的条件下，如山区，与第二近邻居的模式距离是在低洼地最近邻居放牧距离的3倍。这是坚持"配对"的结果，它也是小山羊群的显著特征。如果一个羊群由于某些原因解散，但成对或者小组却依然在一起，所以群体内聚性是保持的。在每一群体范围内，有一系列重叠区域，为羊群的每一组所拥有。

在澳大利亚，人们研究了多赛特角羊（*Dorset Horn*）、美利奴羊（*Merino*）和南丘羊（*Southdown*）的自然羊群内个体羊之间形成的联系（Arnold等，1981）。当多赛特角羊（*Dorset Horns*）放牧的时候，个体之间

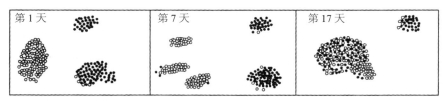

图12.3 两组100只美利奴母羊（●和○）以每公顷15只的密度放在一起，观察到第1天、第7天和第17天的休息地分配情况。羊群完全混合需要20d（Broom，1981；修改自McBride等，1967）

的联系是在采食范围之内。对南丘羊（Southdown）来说，个体间联系主要通过小围场的分布区域而不是一个全面的区域。美利奴羊常聚在一个组内，仅在食物短缺的情况下分成小群，之后像其他两个品种按性别组和年龄组分开。苏格兰黑脸羊（Scottish blackface）在几乎任何条件下都能形成小群组，与品种和来自不同资源不能很快结合成一个社会和谐组的羊群无关。甚至相同品种的，但来自不同羊群的羊混群的时候，它们可能花费长的时间去融合（McBride 等，1967）。这种影响如图12.3所示。

不同品种羊最近邻居之间的模式距离在山地和荒野是4～8.6m，在低洼地放牧时是3.4~4.4m。这些数据表明绵羊能快速形成成对，成对的羊便于管理。例如，从围栏到跑道间过渡区域的设计能改进为允许两只羊平行进入跑道。

（六）猪

猪通过头部运动的方式威胁去获得或者防御空间，如果猪没有给予顺从的回应，随后会采取猪哼、鼻拱和肩撞等行为（Jensen，1982，1984）。众所周知，猪群的密度对它们的行为有很多影响。围栏内猪的群体相遇常发生在食源附近。当一个等级制度系统过早地建立起来时，这些群体碰撞结果的是没有出现任害。当生长猪分配的空间不足时（见特别的需求），群体碰撞将激增。当种群密度太高时，社会地位低的猪不可避免地遭受到攻击。因此，单位生产力将要受到负面影响。

除了在野生或者半野生条件下，猪比其他的农场动物会表现出更加明确的接触行为，显示相对少的领域性。然而，大多数动物趋于保护头部周围的区域空间。此外，一个小组的成员常被发现有一个"社会限制"，即动物远离群体的最大距离。然而，它们的确需要空间来使用回避策略减轻攻击。在管理猪的过程中，社会行为中"回避系统"的认识是非常重要的。

回避是竞争情况下的相反反应，是影响竞争控制的积极因素。由攻击建立和操作社会系统的想法是不充足的。经常发生的无任何攻击行为的回避行为，是形成群体稳定行为机制的重要部分。当然，回避是一个全面的策略，同时这些策略需要实际的操作空间。

（七）家禽

凶悍家禽的领域行为随着季节而改变。在繁育阶段，优势的雄性占据完好界限领域，在此与雌性交配。它们在领域范围内饲喂雏禽。每年的余下时间，每个雄性占有多个雌性，这些雌性动物利用重叠的巢（McBride 等，1969；Duncan 等，1978）。在集约化饲养条件下，雏鸡也会表示出筑巢行为。

公鸡更容易发生建立领域行为。具有充足的领域，公鸡经常被关到早晨。雏公鸡挤在一起，实际的领域是零。为了实施人工授精，应用笼养系统可能发生过度拥挤。

公鸡的威胁依赖于它们之间的距离和下级朝向优势鸡的方位。地位高的鸡经常出现在食物分发者的前面和旁边，但栖木可能会被低等级的动物大量应用。这栖木似乎是作为一种庇护而不是作为一种控制的条件。

第13章
休息与睡眠

一、概述

　　动物在能量消耗量最大的时期，其行为活动序列被动地被一些非活跃阶段打断，从而出现生活的节律（Ruckebusch，1974）。作为最简单的形式，自我保全策略包括临时休息和短期静止。生命的一个重要部分就是休息（Meddis，1975）。休息和睡眠由生物钟来支配，而且比某些其他周期运动更加明显。

1. 站立和躺卧
　　这是两个描述相对于地面的身体姿势的术语。采取这些姿势的动物有时候有肢体移动，而没有别的明显的行为活动。

2. 打瞌睡
　　一种伴有头部运动和眼闭的觉醒与浅睡相互交替的状态。有些动物可以完全站立着打瞌睡，如马较为常见。在另一些动物包括牛，以胸骨着地卧躺打瞌睡是一种常见的打盹姿势；在这种情况下，牛不发生反刍。犬则前肢弯曲放在胸下，或者前肢伸直，头置于两肢之间。家禽则是缩颈垂尾。

3. 休息
　　典型的休息方式是以明显的觉醒状态躺着。采用这种姿势可以减少能量的消耗，但不会睡觉。在休息过程中会发生其他一些活动，如动物自身的清洁梳理和反刍行为。

4．睡眠

睡眠定义为大脑的变化及对许多刺激行为反应的丧失。真睡眠有大脑睡眠（存在脑电图三角波）和异相睡眠两种形式。后者能看到闭合着的眼睑下快速的眼球移动（REM），除此还会发生轻微的腿部运动，特别是四肢末梢和足趾的运动。

个体睡眠的详细监控已让我们更好地了解睡眠过程中生理学方面的信息（Shepherd，1994；Smolensky，2001）。休息和睡眠的最初作用可能是当活跃行为不必要时减少捕食者的袭击。一个静止的个体在不显眼的地方不太可能被发现。捕食者和被捕食者都要有睡眠，尽管这不能证明将危险水平降到最低不是睡眠的功能，因为几乎所有的食肉动物，尤其是幼龄动物，也会受到捕食。第二个功能就是节约能量。某些种类动物在某些环境下的功能之一可能是恢复健康，使新陈代谢复原。无论进化起源是什么，这种具有被动行为阶段的体系，对于动物维护和在动物所适应的环境中获取高优先权方面非常重要。

每个家畜体内均有生物钟，用来检测时间并向机体发出休息的时间信号，也会出现大脑活动的节律（表13.1）。节律性活动也是内分泌系统的一个特点。

表13.1 哺乳动物大脑中的脑电图（EEG）波型

类型	速率	部位	行为
α 节律	中	新皮质	放松觉醒
β 活动	中或快	新皮质	警惕觉醒
δ 波	很慢	新皮质	REM 睡眠、深度睡眠
θ 活动	慢	海马等	慎重活动、适应
睡眠梭状波	中	新皮质	瞌睡、中等深度睡眠
嗅觉节律	快	嗅球、梨形皮质	警醒

体内存在一个使器官和细胞节律改变以适应诸如光照时间性刺激等环境

时间信号的系统（第2章）。在外侧下丘脑的细胞对刺激表现出昼夜的反应
节律。网状结构可能有调控睡眠和清醒节律的作用，但哺乳动物视交叉上核
及鸟类的松果体在调控节律上显然具有重大意义。睡眠的两种形式是慢波
睡眠（或安静睡眠，SWS）和异相睡眠（或快速眼球运动睡眠，REM）。在
SWS中，EEG的特点是高电压和慢运动的同步电波；在异相睡眠中，EEG显
示低电压和快运动，与在清醒状态看到的相似，几乎没有肌肉活动，动物比
在慢波睡眠时更难被唤醒。下面是已定义的几个睡眠阶段：

- 觉醒　对刺激正常反应。EEG是 β 活动或者 α 节律。
- 瞌睡　一种动物迟缓的过渡状态。EEG在节律上无规律，在幅度上有
由低到中等的电压变化。
- 浅睡　EEG显示睡眠梭状波；动物易被惊醒。
- 中等深度睡眠　睡眠梭状波间有三角波，同时有REM。
- 深度睡眠　EEG波形大部分为三角波，这个阶段可包括REM。

睡眠的深度通常由能使熟睡动物唤醒的刺激（一般指声音刺激）的强
度决定，其深度按照上述顺序增加。REM发生在所有的反刍动物，但所有
动物的REM特征不是完全相似的。动物处在REM比在其他睡眠状态更难被
唤醒。在REM中心跳和呼吸可能比非REM更不规律，平均来说，更快。尽
管时相运动是常见的，但体位肌肉，特别是主干、颈部和肩的肌肉波动
却减少。然而在非REM状态下大脑代谢率比清醒状态稍微低一些，在REM
睡眠中稍微高一些。睡眠的持续时间在种群间存在差异。一般情况下，
绵羊、兔和马每天睡眠时间分别为8h、7h和5h，而狐狸可能每天睡14h
（Sjaastad 等，2003）。

然而毋庸置疑的是，恢复疲惫的身体系统或躲避天敌视线的行为优势
是睡眠的又一好处。有证据说明在睡眠中所发生的这些过程有助于大脑的
健康。

睡眠维护大脑功能的两种可能方式是：① 可以是在睡眠过程中，使在
清醒时所消耗的神经物质得到恢复或者重新合成；② 睡眠过程中可以清除
已经积累的神经废物。然而，睡眠时大脑不是静止的，但在SWS和REM状
态中葡萄糖的代谢会减少。

　　年龄较小的动物比年龄较大及成熟的动物睡眠多，年龄小的动物也花费大量的时间在REM上。花费在REM的时间及总的睡眠时间在成年动物之间是不同的，但对任何一个个体来说它是相对稳定的。REM时间不足，动物会受到干扰。大脑恢复理论的问题在于不能解释某些种类动物的睡眠比其他种类少得多，而某些个体能够持续许多月没有睡眠。也许这种恢复过程能够在非睡眠状态发生，尽管它们在正常情况下的睡眠期间得到充分地恢复。

二、睡眠姿势与睡眠丧失

　　动物快要睡眠时会采用一系列的姿势。在图13.1中犬四肢伸直侧卧。牛和绵羊采取静止的休息姿势，有时在反刍期间保持站立。有蹄家畜在某种形式的休息期间采用直立静止姿势。没有其他类型的能够如有蹄动物那样适合在不同类型和条件的地面（从泥泞地面到冰冻地面）上保持静止直立姿势。

　　马的单蹄比其他动物的偶蹄更有益于高速运动，但马属动物腿的结构也适合于站立。马的站立由韧带和肌腱的组合来支持，这种结构形成强壮的、柔韧的、具有弹性的支持。这有助于马用很小的肌肉力维持其站立姿势。前肢和后肢都有主要由韧带构成的"支持"装置，而前肢的"检验"装置和后肢的"互换"装置完全由韧带组成或由某些肌腱突组成的结构构成。支持和检验装置的功能主要是支撑球节点、包囊和支持籽骨。前后肢的悬韧带可协助这种支撑。

　　互换装置是肌肉的和韧带的，是由伸肌和屈肌以长腱相互嵌入构成的。这些肌肉，即前面的第三腓骨肌和后面的表面趾屈肌，与大腿骨和踝骨末端组合而形成一个平行四边形，使膝关节和跗关节有机连接。因而，如果膝关节保持伸展，则小腿远端将几乎不用额外的肌肉力来支撑马的重力。因此马也能在站立时打瞌睡，甚至能进行SWS（图13.2）。

　　和马不同，牛不能舒舒服服地以直立状态长时间休息。因此当运动或者饲养管理干扰了其躺卧时，它们会变得更加严重的疲劳。爬卧或者侧卧可使身体得到恢复。在24h中，草食动物醒着的状态占85%，但在猪仅有67%。

图13.1　脖子与腿展开而睡的犬（图片由T. Malone提供）

图13.2　马的站立、爬卧以及侧卧位休息（图片由A.F. Fraser提供）

Ruckebusch（1972a，1972b）发现，马仅在夜间睡眠，奶牛和绵羊大部分也在夜间睡眠。至于姿势，马有80%的时间站立，山羊有60%的时间站立，而奶牛和猪以躺卧姿势休息的时间分别占87%和89%。此外，圈养猪白天大部分的时间花费在躺卧上（表13.2）。

　　Ruckebusch和Bell（1970）观察到夜间的睡眠一般分为2～3个阶段。在每一个阶段，从SWS到REM的转换通常要重复3～4次。在马、奶牛和绵羊，REM仅在夜间发生；但是在猪，并不限于这个阶段，而且如果排除了采食的干扰，这些猪比其他动物有更高的睡眠率。

　　猪无论在24h还是在夜间，都出现最多的REM时段数（分别是33个和25个）和最短的平均REM时段间隔（分别是3.2min和3.0min）。绵羊出现最少的REM时段数（7个），而马出现的REM睡眠时段最长（5.2min）。REM睡眠占总睡眠的比例最高的是马，最低的是山羊。猪在全部睡眠中也表现出高的REM睡眠比例。

睡眠模式，例如循环与呼吸的紊乱（Vandevelde等，2004），可作为应激的标志。患有外科疾病的马休息时不愿意躺卧。为了评估福利，动物的正常睡眠和休息特点应当受到重视，这样可以发现异常情况，甚至典型症状。一匹马在夜间以正常姿势卧躺可能是熟睡了。一匹成年马在白天卧躺（除非有它的马驹陪伴）或者躺在阳光下可能是不正常的，应当细心地查找疾病的其他证据。重要临床症状包括睡眠断断续续及频繁地从休息姿势站起来。

应最大限度地减少管理操作对正常维护行为生理节律形式的干扰。活动周期的干扰和睡眠的缺失可能对与应激相关疾病的致病性产生重要作用，这些与应激相关的病因与新生畜的管理、家畜的运输、陌生畜的合群和在已建立的动物群中引进新动物等有关联。

三、各种动物的典型特点

（一）犬

犬大约有50%的时间处于睡眠状态，其中REM睡眠大约占总睡眠时间20%（Manteca，2002）。犬睡眠的典型姿势是躺在地上，头扭在一边。犬在REM睡眠过程中或许有腿部运动和发出声音。一般情况下，犬在夜间睡眠比白天多，但捕猎食物或者交配期间，夜间可能更加活跃。

（二）猫

猫在24h中有47%~65%的时间在睡眠，REM睡眠占总睡眠时间的20%以上（Manteca，2002）。它们可以是腹卧，腿部分弯曲，或者侧卧，腿向外伸展。小于17日龄的幼猫比大猫有更多的REM睡眠。猫在白天和夜间活动的时间取决于它们必须做的、想做的和捕食的程度，诸如强烈捕食活动就是夜行了。

（三）牛

休息和睡眠对于牛非常重要。至于其他农场动物，有随机的休息和睡眠行为则非常必要。在一头奶牛拥有一个躺卧空间的牧场或者舍内分栏饲养系统内，每头奶牛有充足的卧躺和休息的机会。在奶牛数量超出牛栏分栏间数量时，情况就不同了（Wierenga，1983）。在这种条件下牛的躺卧时间随拥挤的程度增加而减少。奶牛喜欢在夜间休息，由于等级低的奶牛个体小，所占的空间也小，因此夜间在等级低的牛群中这种躺卧时间的影响会减小。

然而，牛在站立时能尽情享受非REM睡眠，但不是REM睡眠。让它们保持站立24h，将会选择性地丧失REM睡眠（Webb，1969）。由于白天采食占用了睡眠时间，因此妨碍其夜间躺卧会导致部分睡眠丧失。在非REM睡眠期间，牛进行性地表现出对工作人员的不满及花费在睡眠的时间减半。

白天，牛通常腹卧休息，同时反刍。以侧卧姿势休息的时间可能不足1h，以这种姿势休息的时间正常情况下都是短暂的。这些可能与睡眠时段数有关。两前肢蜷曲在身体下，一只后腿向前折叠在身体下，承担骨盆以上、膝关节和跗关节以下部分的体重。另一只后腿膝关节和跗关节部分弯曲并向体侧伸展。它们有时候会以一条或另一条前腿完全向外伸展作短时间躺卧。牛也偶尔完全侧卧，但时间很短暂，同时保持头前伸。这可能是为了促进瘤胃返流和瘤胃气体排出。成年牛也采取犊牛的睡眠姿势，头向腹侧伸展而睡。当然这也是成年牛偶尔采取的正常的休息和睡眠姿势，尽管这也是奶牛患产褥热病时所采取的典型的休息和睡眠姿势。

（四）马

对于睡眠或者休息时段，马是多相动物：95%的马每天有两个或更多的这种时段。每天躺卧的总时长大约2.5h，随年龄和管理的不同而略有不同。腹卧休息时间是侧卧的2倍，正常的成年马持续侧卧休息时间一般很少超过30min，以这种姿势持续休息的平均时间是23min。

马以特定的方式起卧。下躺时，首先前肢弯曲，随后四肢全部弯曲；随着身体下降，头和颈部协助平衡。腹卧时，马不是对称性下躺的：它们的后肢及臀部旋转，同时后肢根部侧面着地。侧卧时，前肢通常弯曲，前肢上部总是在前，下部在后。后肢通常伸展，上部稍微在前，下部在后。站起时，马前肢上部伸展，前躯升起以便前肢下部伸展。与此同时两个后肢开始伸展，但主要站立的动力来自后肢。

在人靠近时一匹健康的马很少保持躺卧姿势，这可能是因为马在站立时更容易逃跑或保护自己。当马以其特有的马肢维持装置方式站立的时候，马也许能够打瞌睡甚至进入SWS睡眠。然而，在躺卧状态，马几乎总是进行REM睡眠。

成年的马不会躺卧很长时间。带马驹的母马有马驹在身边的时候可能比通常情况下躺卧时间长些，并且是全侧卧。马在呼吸功能受损前是不可能长时间平躺的。当平躺时，30min后压迫在胸腔的全部重量导致马向肺的血液循环效率低下。而在马驹和青年马情况则不是这样。在肺功能受损前，它们可以在白天睡眠中侧平躺很多小时。

在白天，马有80%的时间是清醒而警觉的；在晚上，60%时间觉醒，夜间20%的时间以数个独立的时段打瞌睡。舍饲的马每天2个小时分4~5个时段躺卧。小型马每天5个小时卧躺，REM睡眠大约有9个时段，平均每次5min。

管理活动能影响马的睡眠模式。从马厩转移到牧场时，第一个晚上它们通常不躺下，持续一个月总睡眠时间不足。如果马在马栏内被拴得太短，以致不能躺下，它们不会有REM睡眠。圈在马棚里的马夜晚睡眠会受到限制，白天放开时则不受限制。当它们被长距离转移时，特别是被捆绑转移时，马会发生睡眠丧失。饮食也影响马的睡眠时间，这点与反刍动物相似。如果用干草替代燕麦，则马总躺卧的时间会增加；禁食也有相同的影响。

（五）猪

在所有的农场动物中，猪休息与睡眠时间最多。舍内限位栏饲养的猪每天卧躺休息或睡眠可达19h。然而，可自由走动的猪睡眠却相当少。在总睡眠时间里，平均SWS睡眠占6h/d，REM睡眠平均1.75h/d，约分33个时段。

猪在睡眠过程中其特点是肌肉极其松弛。仔猪表现相当大程度的放松，而在成熟母猪是很难评价的。当抱起一头睡眠中的仔猪时，你会发现它是完全放松的。

（六）绵羊

绵羊觉醒时间大约16h/d；SWS睡眠3.5h/d，有7个时段的REM睡眠，总平均每个时段43min。

（七）家禽

家禽在自然休息时有许多确定的特征。无论是以站立还是坐着姿势，瞌睡均由两个阶段组成：① 脖子或多或少地缩回，头有规律地运动，眼睛睁着，尾巴轻微下垂；② 颈部缩回，头不动（有时下垂），眼睛闭着或者缓慢地睁开又闭合，羽毛轻微地撒开，翅膀有时下垂，尾巴下耷；站立姿势时，可能有轻微的蹲伏。

在睡眠期间，无论是坐姿还是站姿，头都是缩进翅基部或者翅膀后的羽毛里；羽毛稍微松散，有时翅膀下垂；站立时，展示轻微的蹲伏姿势同时尾巴下垂。

晚上栖息的时候，它们会有规律地选择一个特别的地方。这样在栖息开始阶段会产生竞争行为。母鸡在摆布睡眠姿势时，首先头微微向前移动，然后转回头，将喙放在翅膀近端，头插在翅膀和身体之间，同时与头一起作震动性晃动。鸭子也出现这种晃动。睡眠中，头颈偶有抽筋性运动，有时发出轻柔的唧唧的声音。打瞌睡时，额外的干扰会引起警惕姿势。从睡眠中惊醒比从打瞌睡中惊醒需要更强的刺激。家禽的休息姿势非常一致。在睡眠姿势中，头在身体重心的上面。这样也许能使在生理性睡眠期间在肌肉放松的状态下保持身体的稳定。睡眠姿势可能是一种行为适应，以减少通过鸡冠和肉垂散发的能量，并且闭合肛门。尽管所有家禽都以坐姿和站姿休息，但坐势最常见。坐势是一个非常稳定的姿势，因为家禽在栖息时有脚爪抓住栖木的技能。从节省能量来说，与站势相比，坐势有一定优势，新陈代谢可减少40%，热量损失可减少20%。

尽管大多数的维持行为都集中在光照期间，但家禽梳理羽毛的行为发生在夜间，这可能是在夜间蹲在栖木上唯一能够充分而有效做到的行为。夜间，所有家禽通常在栖架上休息。白天的栖息通常与短暂的休息或小梳理相关联，并且更喜欢低一点的栖架。大约日落前1h，家禽开始栖息过夜。一般情况下，整群家禽找好位置需要30～60min。在这期间可以看到很多家禽在栖架上飞上飞下的情景。家禽喜欢占有较高的栖架，但也有一些禽使用较低的栖架。在栖架上休息和睡眠的家禽缩回头颈使其靠近身体，爪子紧紧抓住栖架，并保持这种姿势数个小时。在底部倾斜的笼内，家禽喜欢在笼底最高的有效位置休息，这对于栖架来说显然是一个差的替代品。无论什么时候安装栖架都受鸡只欢迎。

　　家禽的遗传品系是影响栖息行为的一个重要因素。某些品系的禽几乎不用高栖架。这些品系间的差异既不是由于体重差异也不是群体的压力。一些禽栖息而另一些禽是非栖息者。Appleby（1985）曾经指出早期经验影响后来栖架的使用。用来搭建栖架的材料类型，如木材或者铁丝，对行为影响不大，但栖架的形状和尺寸却有影响。

第14章
群 居 行 为

一、概述

大多数种类的家畜在野生状态过着群居生活，在家养条件下当它们能够群居时，个体之间也会积极地相互联合。长期生活在群居中的动物往往会表现出群居行为的社会化，并且参与到已同步化的活动中。群居生活和与之相关的群居行为常对个体有益并促进生存。当一种动物形成复合的群体性组织时，这些个体会依赖群体中的其他个体，并且会发现它很难适应孤立的生活环境。

当动物和人类成功建立起联系时，这种联系范围是从近乎家族性的关系发展到习惯化的关系。但是在所有事件中，群居亲和性的能力在各种动物的驯养中发挥了一定的作用。可驯化性保证自身的生存类型，这可能与自然生存方式不同，但是最终的分析还是得到了生物学的证实。

以下是一些用来描述群居行为的术语（Broom，1981）。群体构成这一术语包括：

●物理结构　群体的大小及年龄、性别和群体成员的亲缘关系程度方面的组成。

●社会结构　群体中个体之间的所有关系和他们的空间分配后果及行为的相互作用。

●群体凝聚力　群体中成员融合的时间长短和一个或多个成员离开群体的分离频率。

图14.1 一头牛带领其他牛走出围栏，头领一般不会控制其他群体成员的活动（图片由A.F. Fraser提供）

下面是一些与个体在群体中作用有关、用来描述群体结构的术语：

• 头领 在一个有序前进的群体前面的个体（图14.1）。为了在行为研究方面描述尽可能准确，这个词的其他口语化使用最好由不同术语代替。

• 发起者 第一个通过某种途径引出一个新的群体行为的个体。这个新的行为可能与发起者的行为相似，但不需要一定相似。例如，一个个体移动到一个新的采食地可以引起其他个体发起同样的行为，然而一个惊叫也可能会引起恐慌行为。

• 头动物 决定一个新的群体行为是否发生、何时发生、发生何行为的个体。头动物还能降低成员们发起某些行为的可能性。管理行为有时以暴力和恐吓形式出现，但在大多数情形下，群体中成员在更改行为或整体移动时都会注意头动物的意图。这样的例子包括新森林矮种马群体中的老马，马鹿群体中的雌鹿，大猩猩或狒狒群体中的雄性个体，它们决定在何时要移动到一个新的区域（Schaller，1963；Kummer，1968；Tyler，1972）。发起者会努力发起这样的群体移动，但是如果头动物不决定移动，发起者是不会成功的。

● 竞争　不同个体试图获得同样资源的情景。这种竞争不包括对手之间任何的身体对抗，如Syme（1974）指出，移动最快的个体通常会成功地获得食物。在其他一些情况下，最聪明的会获得成功，而不是最强壮或最快的。

● 等级制度　在一个群居群体中，个体之间或群之间依据某些能力或特性所排列的次序。这个术语频繁用于能力评估上，如赢得争斗或取代其他个体。等级制度可能仅仅涉及两个等级，就好像一个君主赢得了与其他同等的个体的争斗一样。通常地，等级制度是指一系列的等级，如一个线性啄序（Schjelderup-Ebbe，1922），或一个带有三角关系的线性排列。这样一个秩序可能反映了一种支配其他个体（下级）的能力——限制他们的行为和对资源的利用。然而，支配序这个术语不太恰如其分，因为通常顺序是由具体的量度确定的，如赢得争斗或离开饲槽，而不是一个真正支配的评估。

这些概念的各种解释，将在以后的章节中讨论。

在家畜群体相互作用的过程中可以看到很多的行为现象。成对的雌雄个体往往表现出更多的协作和互动，以巩固它们成对的关系。其他成对的个体为了共同的利益也可能会协作和互动。两性或同性之间、不同年龄的群体之间的社会关系在每种动物中都是显著的，并且会由于联系而增强。

第一个群体关系往往是与母亲之间的关系。刚孵出的雏鸡通过温暖、接触、咯咯声和躯体运动来吸引母鸡，刚孵出时这种吸引最强烈。雏鸡跟随它们的母亲学习采食、栖息、饮水和躲避天敌（Fölsch 和 Vestergaard，1981）。雏鸡在出身第1天就迅速悉知它们周围环境的特点（Bateson，1964；Broom，1969a）。然后，它们更倾向于接触熟悉的环境，并且躲避不熟悉的环境，但是如果没有发现适宜的刺激，如发现母亲或兄弟姐妹，这个快速学习的时期能够被延长。

与快速学习（有时被称作印记）有关的大脑处理装置在雏鸡与其所在环境激励作用的过程中得到了发展（Bateson和Horn，1994；Bateson，2003）。当辨认出母亲的声音或细微体貌时，雏鸡对母亲的感情会获得进一步的加强。当雏鸡头上的绒毛脱落时，母亲便以啄咬方式拒绝对雏鸡养护，从而使得雏鸡与母亲相处的时期宣告结束，不久这窝雏鸡便各奔前程了。

在圈养动物中，会看到改良的群居行为。驯化了的动物与人的社会互动因不同动物的种类而有很大的不同，家畜与人的社会性互动呈现非常大的差异，这取决于饲养系统及动物是否经历过人的不友好行为。在动物和人积极协作关系方面存在特别关系，不同动物间的亲和可以多种形式表现。

大多数家畜的祖先是群居的，并且对于今天农场所饲养的动物，以及用作伴侣或工作娱乐的动物来说，群居一直是生活的重要部分。但例外情况包括猫、金地鼠及某些动物的成年雄性。猫有时在社会群体中生活，如城市中的一些野猫。但是大多数猫与后代或配偶结伙。金地鼠是分开居住的，如果强迫结伙可能会发生打斗。当有交配机会时，性欲强烈的公牛可能会非常地排外，除非在有交配可能时与雌性结伴。

当生活在一个群体中时，犬、绵羊、牛和马会保持视觉上的联系。猪表现出更多的肢体交流，并且保持听觉上的联络。如果突然被惊扰，大多数绵羊和马首先向一起聚集，然后群体逃离惊吓源。猪、犬和牛以松散的群体跑动。在自然条件或高密度情况下，动物群体聚集时，一个个体可能会被迫抢夺其他个体所占有的空间。在如此拥挤之处，群体的相互作用可能会被抑制，可能取决于友好性或攻击性的相互作用，也可能会取决于身体力量和侵略性。社会关系，特别是那些稳定的社会关系，对所有的社会性群体的相互作用都有重要影响。

在同种动物之间的所有相遇中，动物一贯倾向于显示同样的反应。因为多群体混淆、疾病或暂时移居，所以连续的群体互作要求个体间能做到彼此相识，并且要求它们在群体中的位置还没有被改变。稳定的群体关系要求：

- 动物个体间彼此相识；
- 确定的群体位置；
- 建立群体状况的群体相遇记忆；
- 群体成员的行为观察记忆。

一般认为个体之间能够彼此相识和记忆的群体成员的总数应为：牛50～70头，猪20～30头。因为个体能够模仿其他个体的活动，能够建立合作或联盟，所以在社会群体中可能存在大量的学习行为。因为有群体经验，才有这些能力，而且因为群体关系和群体支持所带来的稳定性，它们能够更快地学习。当响应受到群体关系鼓舞时，很可能发生更高级的学习行为。例如，鹦鹉在这样的情况下能够学习和运用语言。

二、联合

在群居动物的群体中，动物间的联合很常见。例如，它们与距离近的个体共度时光，而不愿与群体个体间平均距离之外的个体相处。在动物群中可以发现，通过相互选择彼此的伙伴来进行无原则配对是普遍的群体策略。这对于双方都有好处，特别在对抗其他占有优势动物的情况下。目前认为，动物的联合特性是选择伴侣的一个明显现象，但这个伙伴必须提供一个基本的需求。

在自由生活的绵羊和山羊群中，母羊和幼年羊与公羊共同使用一些固定的区域，这个区域可能会随季节而改变。而雄羊在其他区域连合成羊群。这些雄羊是那些与其他区域单身羊群结伙的雄羊，但在繁殖季节加入雌性群体。在这些羊群中，基本的群体单位是母羊和它最近期的后代。同这个单位相联系的很可能是与之有关系的羊，如1周岁的羊和母羊。稳定的单位是由许多亚群组成的，这些亚群由有关的个体构成。在大的单身雄性群体中，个体间的联系比较松散，并且群体的组成也可能频繁改变，但是在小的单身雄性群体中，凝聚力非常强。奶牛用嗅觉来辨认其他奶牛，甚至在配对竞争情况下也是如此。犁鼻器官（vomeronasal organ，VNO）可能是执行这个任务的器官。通过VNO的试验性抑制，可以发现，由常规的个体间的争斗所确定的群体等级制度发生了明显变化。通常地位高的公牛丧失了地位，而地位低的公牛获得了控制地位。这就得出一个假设，即VNO对群居的争斗行为有影响，而争斗行为对社会性等级制度起作用，其前提是该种动物存在等级制度。

（一）犬和猫

如Braastad和Bakken（2002）所说，大型犬科动物一般过群居生活，这些群体首先基于亲属关系和灵活的群居组织。群体规模取决于主要猎物的体型大小，这是因为只有大群的犬或狼才能捕获较大的猎物。犬可能花更多的时间与某一其他犬群混在一起。尽管猫几乎不与其他特定的个体交往，但是仍有一些猫选择群居生活，因此经常可以发现一只猫与其他个体或其他小群猫混在一起。

（二）牛

家养的牛在散养条件下以群体从一个场所移动到另一个场所，而且各个个体间距离都很近（Phillips，2002）。在被驱赶或护送时，它们会彼此靠得很近，如图14.2所示。奶牛或肉牛经常以群体卧躺，放牧的牛通常相互间保持仅几米的距离，很少会跑到牛群中其他牛的视野之外。在移动、其他活动时段及休息时段，联合不是随意的。Broom和Leaver（1978）所作的一项青年奶牛的研究显示，小母牛之间比其他牛之间更容易结合。在这项研究中，饲养在一起的犊牛，成年时更可能去结合。Bouissou和Hovels（1976）也得到同样的结论。当然，也形成其他的联合，而且这些联合在混合了各年龄段的哺乳群中发生。Benham（1982b，1984）对此作了详细的描述。在哺乳群中的奶牛经常彼此梳理（彼此舔舐），并且共度白天时大部分的时光。群体间的舔舐及简单地梳理皮肤和毛发对所涉及的动物的心理稳定很可能有作用。

图14.2　在骑马人的驱赶下，牛行走时彼此相距很近（图片由A.F. Fraser提供）

图14.3   绵羊有联系地分散地在放牧区域出没，但是子群组成在变化（图片由A.F. Fraser 提供）

（三）绵羊

绵羊中群居性组织的发展已得到公认（Arnold，1977；Lynch等，1992）。一只绵羊所发展的第一个群居关系是与母羊建立的。这种关系一旦建立，它就会在母羊群中保持，除非因为分离而终止。在羔羊出身后的前4周里，母羊与羔羊保持在10m之内的时间超过50%。"断奶"群的形成会打破这种群居关系。随着小群的形成，一个新的群居组织必定要发展起来。在这个新的组织中，羊之间的距离是短的。这些群体不断地扩大，最终形成一个大群。从断奶到4月龄，子群的规模在扩大；这与围场的规模和羊可用的空间没有关系。甚至到达11月龄，仍可形成子群。正常的成熟个体的群居行为在15月龄时开始形成。成年绵羊的群体同一性很强，并且当受到打扰时，群体成员立即簇拥而逃。

3种典型的群体结构如下所述：

• 紧密结合群体；

• 广泛分散的每个个体之间却有统一间距的群体；

• 群体分裂成许多子群，但是随着子群的持续变化，群体仍保持着一个整体（图14.3）；

在休息时，群体距离会大大缩短。对72个羊群的分析显示，在休息时每头绵羊占10m²的空间。决定个体与最近邻居的距离是群体安排的一个特性，而羊群中全体成员的内聚性是另一个特性。内聚性的大小与环境因素有关。在放牧时，相邻绵羊之间的平均距离在4～19m变化；山地品种羊之间距离最远，美利奴羊距离最近。在所有品种中，最近的相邻个体间的平均距离在5m以内，在此基础上，不同的品种各不相同，分为4个分散类型：首先，美利奴羊是最近的，其次是低地品种，再次是山地品种，高山品种分散得最远。最近的相邻距离可能会因牧羊人的出现而不同——绵羊发现人时会彼此靠得更近。

（四）马

作为一个典型的畜群品种，马对于自身品种中的一些个体也表现出显著的喜爱。两匹马第一次相遇时，表现出很强的相互探索行为。探索行为在开始时包括利用嗅觉对其他个体头部、躯体、后腿及臀部所进行的调查。

生活在群体中时，马会形成群居次序结构，并且在这些群体中建立群居等级制度。年老的和体型较大的马处于高的优势序位。公马不一定比阉马或母马占优势，但对群体的保护起着重要作用（McDonnell，2002）。占优势的个体往往支配着马群在放牧区域上的移动，有时会破坏其他马之间的交流。有时我们会发现，占群居优势的马比其他的马在性情上更有攻击性。当群体中有公马和繁殖母马时，奔跑在牧场上的马显示出不一般的行为特征。公马常常驱使较年轻的雄性马到群体的周围。如果它们待在那儿，公马不会对它们表现出任何侵略性姿态。公马会尝试把各个母马集成一个群。马群中"妻妾群"的正常规模为7～8匹母马。公马驹在1～2岁时会离开马群建立一个单身马群，母马驹可能加入或不加入这个群体。

被聚集在一起的母马当与其他母马合并在一起时会继续亲密而牢固地联合。尽管大部分的母马与某些个体建立亲密联系，但来自不同种马场的母马之间不会建立如此亲密的联系。在雌雄混合的马群中，雄雌马驹会同母马和公马分开。如果青年马群与公马靠得太近，公马经常会攻击它们。公马会把母马聚拢在自己的马群或"妻妾群"周围，而忽视或排斥公马驹。

自由生活的小矮型马会组成密集群体。大部分的群体是家庭群体，有母马驹及它们的母亲。母马驹和母亲待在一起会有2年或更长时间。当它们离开母亲时，年轻的母马会频繁更换群体，经常加入年长的有马驹的母马中。公马在冬季组成单身群体。年轻的雄性群体有一个松散的群居性组织，其中一些成员会在一段时间离开去组成其他群体，然后再返回原来的群体。没有母马的公马经常独居生活。

马紧密群居关系的形成对群体的稳定很有必要，因此在家马的饲养管理方面有必要为此作些安排。

（五）猪

已知的猪群体的群居性组织包括各种友好关系和建立群居的等级制度（Jensen和Wood-Gush，1984）。对于建立一个适当的群体规模和它所拥有的空间对群居等级制度发挥合适作用有重要意义。群体成员能够迅速地彼此认识也很必要。各种感觉线索，如嗅觉刺激能参与维护群居结构。有证据表明，在一个已建立的群体中，猪能够迅速认出群体中的外来个体，但是猪不倾向于守卫自己的领地（Jensen，2002）。看来，视觉和嗅觉提示是猪相互区别的主要特点。

（六）家禽

家养雏鸡很早就表现出群居反应，还在蛋壳里的时候就能对成年鸡的呼唤和来自其他胚胎的雏鸡作出反应（Vince，1973）。如果感到寒冷，它会低声痛苦哀叫；如果感到温暖，它会满足地快速地叽叽喳喳地叫。雏鸡在稍微低于正常温度下孵化，由于湿润的绒毛变得干燥及失去与蛋壳的接触从而会发出痛苦的鸣叫。在母鸡怀抱或与其他温暖的物体接触能防止这种鸣叫。刚刚孵化出来的雏鸡通过温暖、接触、咯咯声和躯体的移动来吸引母鸡，在出壳当天这种吸引最为强烈。它们在母亲的陪伴下发展维持行为，尤其是采食、栖息、饮水和躲避天敌。

雏鸡学习母亲特点的最敏感时期是在孵化后的9～20h。随着母亲的声音和外貌被识别，雏鸡对母鸡的依附会进一步加强。一窝鸡是鸡群组织的基础，并且甚至在养护期结束而被母鸡驱散，雏鸡仍然需要陪伴。一只隔离饲养的雏鸡会离群独居。由于群体的促进，群养的鸡比单个饲养的鸡采食量要大。

成年家禽群的形成取决于有宽容性的联合。陌生禽最初会被攻击，并且只能渐渐地融入群体中。新来者的地位会降到接近啄序的底端，只有通过积极地斗争才能改变现状。母鸡和公鸡有彼此独立的啄序，雄性在繁殖时期不啄雌性。然而，即使在饲喂地点，大多数交往都有些争斗和攻击性的啄斗（图14.4）。

图14.4　散养母鸡聚集在弧形食槽周围。它们只顾采食而没有明显的攻击性行为（图片由A.F. Fraser提供）

三、领头动物

在动物的集体移动中，它们经常通过跟随来响应领头动物的发动（Squires和Daws，1975；Sato，1982）。所有群集动物都表现出在各种群居环境下的"跟随反应"，包括移动。绵羊中的领头动物经常由老年母羊担任：年长的动物更可能去领导，动物在群居等级制度中的身份可能不是一个决定性的因素。在日常饲养管理期间，牛移动时的跟随顺序通常保持高度一致。

据几个观察人员报道，奶牛在每次去挤奶时的自愿次序始终如一（Reinhardt，1973）。奶牛根据它们的产奶量来组织一个确切的次序进入产奶间，高产奶牛在次序中处于优势位置。尽管后面的动物比领头动物有更固定的位置，但去产奶时的移动次序相当地始终如一。显然，产奶"奖励"能够影响次序体系中的跟随反应。

牛的领头动物类型可以细分为以下3类：

- 往返采食、饮水和睡觉地点的领头动物，这会确立移动次序；
- 放牧和休息起始时的领头动物；
- 在放牧活动中起引领方向的领头动物。

在Benham（1982b）对带仔奶牛群所作的研究中发现，一些母牛个体常常在牛群前面走动。如果牛群改变方向，它们转过头来仍走在前面：显然，它们是移动的领头动物，而不是移动的管理者。夏季温度可能会降低放牧的进程，然而联合将会得到加强，以抵御螫蝇的攻击。Sato（1982）发现，使放牧和联合进程降低的夏季经常削弱母犊的跟随，并出现分散放牧的现象。由于放牧本质上包括分散移动，因此"跟随反应"容易被掩盖。另一方面，聚集性的移动可能会放大随后的行为。

随后可能会发生从采食到休息或从休息到采食的转换。当一头母牛发起一个与其他个体不同的行为时，如果其他个体不跟随，它会返回到牛群其他个体所做的活动中去。当一个相邻个体开始跟随，群体就会发生缓慢移动，直至群体的策略发生改变。每个动物都会依赖于群体的影响，并且在影响反应力方面，领头动物的分级并不是一个简单的单个动物的喜好。产奶次序可能与行走次序不一样；行走次序可能与穿过栅栏门、出入口或走出院子、进入比赛或其他线性控制的次序不同。

在肉用动物的管理上，常采用一些领头动物的特性使动物群进入屠宰场。利用有关动物品种的自然移动模式，绵羊、牛和马都能被训练成领头动物。在散养条件下，如果在断奶前家庭联系没有被打断，年长的草食家畜能够向其后代传递有关季节性路径，牧草丰盛的区域及水源地。在这种情况下，我们就能有效地建立动物的栖息区域范围。在家庭式的领导阶层及它们的群居凝聚力基础上，绵羊在广袤的草原上会建立一些以家养领头动物为基层的相对独立的栖息区域范围及群体关系。这种凝聚力有助于群体驱动。

四、群体驱动

　　在群体内部，某些个体的行为（通常被大多数迅速跟随）似乎在为所有个体指出行为准则。这种群体效果是群体行为整体策略基础。畜禽群的群体驱动在日常的移动、奔逃、行进，以及作为动物突出行为现象的迁徙中进行。群体驱动更可能在以下情况下发生：有充分的联合，有联系和反应的能力，有模仿行为的可能性，动机状态的相似性和品种内攻击行为的禁止。在图14.5中，鸭子聚集在预期的采食区域。

图14.5　这些鸭子提前聚集在可能要投放饲料的饲喂区域（图片由A.F. Fraser提供）

　　这是一个群体驱动的例子，在一只雏鸡看到或听到另一只雏鸡在啄斗时，这只鸡发动啄斗的可能性会增加。另一个例子是牧场中的奶牛，如果牛群中的一些牛开始采食或卧躺，那么其他一些牛也很可能开始采食或卧躺（Benham，1982a），采食量也可能受群体驱动的影响。对饱食猪（Hsia和Wood-Gush，1984）和饱饮犊牛（Barton和Broom，1985）的研究发现，第二个饥饿动物的出现会促使第一个动物更多地采食（第8章）。

群体次序
　　共同生活一段时间的动物群体常常有一个十分明确的等级制度。这个等级制度保证最大的群体集合和最少的攻击，创造群体稳定性。这个稳定性是良好动物饲养管理的一个重要条件（Schein和Fohrman，1955）。在"啄序"的发展中，群体的相互作用包括攻击行为，如咬、撞或推。一个新个体的加入是一种干扰——甚至是一种危险——原因是新加入的个体将遭受群体中大部分成员的轮流攻击，有时是一起攻击。一个群体的等级制度并不是一层不变的，它仅仅是个体间定居关系的形态。线性群体次序在雌雄兔群的研究中有所描述（von Holst等，1999）。

更加重要的不是竞争方面的关系，而是其他关系：友好配对的形成，以及这些配对之间的互相容忍。等级制度的作用和持久性取决于组成的关系和正在进行的有效躲避方法。"优势等级制度"可能是对在群体制度混合中作为基础的群体联系的误解。例如，认为犬的群体只有一个群居等级制度的人很难有效地解释其中复杂群体关系的（Manteca，2002）。动物似乎在利用已经安排好的稳定的群体生活策略。这一点可很好地证明这是它们自己的协定和协议系统。亲和行为一般比攻击行为更重要。这样的亲和关系可带来稳定的单身动物的组群和联合，而且在这些群体中存在母系指导群体成员的现象。

在家禽争夺食物和配偶时，可以很清晰地看到啄序，并且处于劣势的雌禽可能获得很少的食物，以致产蛋减少。优势雌禽交配频率比劣势雌禽低，但是优势雄禽交配频率比劣势雄禽高。由于转群、更群使得禽群处于群体无组织状态的家禽采食减少，体重下降或生长缓慢，并且有产蛋量有比稳定禽群减少的趋势。在禽舍中应增加食槽和水槽，以保证劣势雌禽正常采食，并且给予这些家禽足够数量的产蛋箱，使这些家禽有持续产蛋的机会。如果空间允许，80只家禽以上的禽群会分成两个不同的群体，然后至少两个独立的啄序可能被建立起来。规模大、密度大的禽群容易导致过度兴奋。

当一只火鸡发现一个潜在的竞争对手时，最常见的社会关系是简单的威胁。一只火鸡可能会屈服于另一只火鸡，不然双方会谨慎地围绕着对方周旋，伴有翅羽张开，尾巴扇开，发出高音调的颤声。然后一只或两只火鸡会跳到空中并试图抓打对方。能够推、拉或按下另一只火鸡头部的火鸡通常会战胜对手。这样的较量通常持续几分钟。在猛力拉扯的争斗中可能会发生流血现象，这可能是因为有丰富血管的皮肤部位被撕破。但是事实上躯体的创伤通常比较轻，两只火鸡不会搏斗到死的。应将受伤的地位低的火鸡从群体中分离出来，直到伤口愈合。否则别的火鸡也会来啄食，使伤口恶化，造成致命的后果。

以前，人们认为群体的次序是通过攻击行为所获得的群体优势的结果，并且因为这个原因，群体次序普遍被称作"攻击次序"。优势的概念应限于发生在两个动物之间的现象，且这对动物中一个成员能够抑制另一个个体行为（Sato，1984）。因此，群体次序是些抑制性关系的集合。起初优势动物很可能因有攻击性而获得优势地位，但是优势动物随后不必有攻击性（Reinhardt和Reinhardt，1982）。在某一群体中，判定动物的优势地位应该以观察特定的畜群为基础，应该有足够的值得信赖的观察，并且反映出动物间实际差别范围。关系源自学习，一个关系的形成会涉及很多不同的因素。一旦学会，优势关系就能长时间维持（Syme，1979）。

群居草食动物在食草或休息时，群体优势通常不显露出来。对于马则不然，弱势动物故意与优势动物保持一定距离，而优势动物在采食时不断地威胁弱势动物。在牛、绵羊和马中，群体优势在有限的空间内争抢补给饲料或饮水的过程中出现。许多对家畜特别是猪"攻击次序"的行为观察结果是可疑的，这是由于一些微妙的躲避、屈服的行为，如猪的"头部倾斜"，根本无法辨认。

这些行为提供了所有有关维持群体稳定性的群体交流。在一个散养的固定的母猪群中，"躲避次序"似乎大部分存在于弱势母猪的行为中。它们施展大部分的群体行为，主要是顺从和斗争行为，并且这些行为大部分被优势母猪接受。有观点认为，这些事实支持利用"躲避次序"术语作为衡量群体优势取代"攻击次序"术语。Jensen（1984）发现，封闭和半封闭减少群居活动（按照单位时间内所观察到的相互作用的次数衡量），导致伴有高攻击程度的不稳定的优势关系。对于稳定的群体系统，半封闭系统不提供充足的空间，因此在半封闭系统中，攻击性行为发生的频率实际上是最高的。有各自食槽和第二块空间的小群母猪饲养系统提供足够的面积让母猪确立优势关系和保持相当低的攻击水平。在有采食位置保障和有供休息的第二空间的系统内，建立持续稳定的躲避次序是可能的。

图14.6   公牛在一起采食

在高饲养密度或农场条件差的情况下，群体优势的影响非常重要。料槽和水槽空间不充足、活动范围小、室内饲养空间和喂料器不充足都意味着优势动物将以牺牲弱势动物资源为代价掌控资源。弱势动物将遭受痛苦，其健康和正常生产都会受到影响。现成的例子包括在干旱期间优势畜群占用了有限的食物时，弱势草食家畜体内的寄生虫数量就比较高。然而，大部分的结合是友好的。图14.6中的公牛正常而且更加谨慎地在一起采食，以避免彼此间受到巨大而锋利牛角的伤害。

由于在猪、牛或马第一次组群时，攻击性行为是最常见的，因此应当避免频繁地改变群体中的成员。把来自不同群体的个体混在一起的不利影响在猪中特别突出（Arey和Edwards，1998；Turner等，2001；Turner和Edwards，2004）。家畜群体中的攻击性或其他伤害性行为发生的范围对某些品种的饲养管理是非常重要的。争斗会引起严重伤害，犬的避难所或收容中心能够成为一个由打架而发生损伤的地点，家禽场和猪场内也会发生斗伤。这些问题将在第28～36章中进一步探讨。

然而，如上所述，产生这些问题的一个根源是把两个彼此不熟悉的个体混在一起。其他的根源是群体规模和空间分配对发生群居问题的影响，以猪为例，随着群体规模的扩大，攻击性行为并没有增加，除非资源受到限制

（Turner和Edwards，2004）。大群猪可能会组成子群，或把它们的使用空间限制在一定区域内。如果群体规模更大，在给予每个个体一定空间情况下，更大的群体意味着有更大活动机会的产生，因而有更好的锻炼，所以相互攻击行为可能会减少。

当分别为每头猪提供0.55m²、1.65m²或2.0m²的空间时，较小空间里的猪会用更多的时间来躺着不动或互相咬尾（Guy等，2002）。这种情况的发生部分是因为更大的空间意味着更复杂的环境。但是Beattie等（1996）发现，当在加料的圈栏中提供更多的地面面积时，猪会表现出更多的运动行为，如奔跑和跳跃。这些行为可能会降低伤害行为发生的概率。Wisgard等（1994）对100kg的猪分别提供0.58m²和0.65m²空间，对比发现，在小圈栏中的猪表现出更多的攻击性。攻击性群居活动的发生，对产奶和其他生理响应的影响可持续多天。有时当陌生的猪必须和其他猪关在一起时，或必须将野马集中一起时，人们不得不用镇静剂去增加动物群居的容忍性。

第15章
人类—家养动物相互作用

　　许多野生动物会在多物种的群体中生活。森林中的鸟群、珊瑚礁中的鱼群和放牧的哺乳动物群体可能包含多种动物成员，这些动物能够对不同类的动物所发出的警示信号和寻找食物的行为作出反应。然而，不同物种间不常发生特殊亲密关系。因为在生长和成熟期间强加于它们的环境条件发生变化，人工饲养的动物更可能表现出物种间的联系。其结果是：友好或伙伴关系可能会得到发展（图15.1）。

　　因为家畜和人之间的互作和联系与家畜福利相关及人的参与，或因为人

图15.1 （a）小型马和兔子发生联系；（b）犬和羔羊发生联系；（c）猫和犬发生联系（图片由A.F. Fraser和T. Malone提供）

可能会帮助或阻碍动物的饲养管理，家畜和人之间的互作和联系变得非常有趣。当这种纽带存在时，例如在犬和猫中，犬或猫与人之间的交流可能是充分的（Miklosi等，2005）。

将幼畜从它的母亲身边移开由人抚养，这样幼畜会产生与人的群居感情。形成这种联系和发展过程的最佳时间因物种而异。对于在降生时有行为能力的早熟动物，如牛和绵羊，其最佳时间是从出生到4～6d。这类动物为了食物或陪伴而跟随人，这样领导者和追随者的关系便产生了。如果与人的感情非常专一，以后这种人工饲养的动物会在性别取向上与人相关。在一个存在优势–弱势关系的群体结构类型的动物中，饲养员应该处于优势地位，这一点非常重要，特别是在成年动物会产生危险的时候。奶牛场的公牛随着生长与成熟保持着已强化的优势。对于这样的动物，优势便在适宜的时间得到最好的建立，这通常发生在动物没有得到惩罚的生命早期。由于群体优势的相互作用对于各个个体是非常特殊的，因此这个人能控制某一动物的但并不能保证另一个人也能控制这个动物。

动物的人工饲养对动物和畜主都十分有益，这使得濒危和生长不良的动物个体得以生存并繁衍。然而，在这些动物的后续饲养管理中，必须考虑到动物在关系发展的敏感时期与人建立起的社会性联系所出现的后果问题。经常被人管理的动物可能会改变它们对本种动物和人的社会性反应。Waterhouse（1979）经常管理一排栏圈中的年轻奶牛，发现这些奶牛与它们相邻的犊牛很少有群体性互动。在这项研究中，发现经常管理对群体互动并没有长期的不利影响。但有报道，经常受宠爱的动物和完全人工饲养的动物不能很好地适应群体环境。

看来，常常把一些青年动物分为一个群饲养是不可取的（Broom，1982）。在饲养幼犬期间，如果让犬与人发展友好关系，必须在3～12周龄与人发生联系（Manteca，2002）。可能出现的其他问题有：① 被误导的性行为；② 一个生长到足够大而有危险的动物对一个人的嬉戏行为；③ 因为有早期与人的相处经验而对人几乎没有畏惧的动物对人的攻击。这个问题可以通过保证动物在合适的时间与同种动物的个体交往来解决，而不是使它只跟人相伴。

　　与伴侣动物相互作用对人的益处是一个快速发展的学科（Podberscek
等，2000；Serpell，2002）。人与家养动物相互作用的另一方面，即人对
动物福利的影响，是这本书的一个重要话题。

　　我们已经指出，家养动物能够与人形成群居感情，应该强调的是，在农
场中动物缺乏与人类的接触是一个更重要的问题。一个家畜和它看到的人之
间的最普遍的关系是这个动物害怕人。这种恐惧在家禽中很严重，在绵羊、
猪和其他动物中也可能很严重。如果饲养员对待动物粗暴或异常，对动物福
利就会产生影响，可能还会影响到生产。饲养员对待奶牛的行为会对奶牛产
奶量产生巨大的影响（Seabrook，1984，1987）。

表15.1　在4组试验中用不同的处理方法处理猪，
猪表现出的对人的恐惧程度和生产性能

试验和方法	处理方法试验平均值		
	舒适的	最低的 [a]	有害的
1．与试验者互相作用时间（s）[b]	119	—	157
11~22 周的生长率（g/d）	709	—	669
游离皮质类固醇的含量（ng/mL）[c]	2.1	—	3.1
2．与试验者相互作用时间（s）[b]	73	81	147
8~18 周的生长率（g/d）	897	888	837
3．与试验者互相作用时间（s）[b]	10	92	160
7~13 周的生长率（g/d）	455	458	404
游离皮质类固醇的含量（ng/mL）[b]	1.6	1.7	2.5
4．与试验者互相作用的时间（s）[b]	48	96	120
小母猪的受胎率（%）	88	57	33
公猪完全协调的交配反应的年龄（d）	161	176	193
游离皮质类固醇的含量（ng/mL）[c]	1.7	1.8	2.4

[a] 人畜接触最低程度的试验组。
[b] 评估猪对人的恐惧水平的标准试验。
[c] 从8点到17点每小时时间隔所远距离采集的血液样本。
　引自Hemsworth和Barnett（1987）。

　　Hemsworth、Barnett及其合作者的研究显示，对一猪群中所有猪的早期管理能够影响到它们以后对人的反应，影响到猪后期能够被舒适地管理，也影响到猪的繁殖性能（Hemsworth等，1981a，1981b，1986a，1986b；Gonyou等，1986；Hemsworth和Barnett，1987）。利用标准地接近一个人的数量和潜伏期的试验发现，不同农场中的母猪对人的反应差异很大。对人恐惧的平均水平与农场中母猪的繁殖性能呈负相关。在几个试验性研究中，用两种方法之一处理猪的靠近行为：① 当它们靠近时，最低限度地触摸或轻拍（舒适处理）；② 当它们靠近时，用电击棒击打或刺戳（有害处理）。舒适处理的猪不仅对人产生最小的行为反应和最小肾上腺皮层的反应，而且还给猪带来最高的生长速度，使母猪有最高的受胎率，使公猪有最早的交配反应（表15.1）。从这些结果中可以清晰地看出，猪的福利和生产在很大程度上受管理人员与猪接触程度的影响。所有的农场动物一定都是这样的。

　　关于农场管理人员的管理对随后奶牛母犊反应的影响，Bouissou和Boissy（1988）作了一项研究。在0~3月龄或6~9月龄期间对犊牛进行每周3d的管理，与没有管理控制的对照组犊牛对比，它们在15月龄时在舒适管理方面表现出一些改善。如果在0~9月龄对母犊进行每月每周3d的管理，它们在舒适管理方面表现出很大的改善，心率和血浆皮质醇对异常环境的反应均降低。

第16章
季节性与繁殖行为

一、概述

　　繁殖活动不是经常性的行为特征，需要成熟和刺激的过程来诱导动物个体产生繁殖活动和反应。在整个繁殖季节，一个生物个体将把全部的资源用于繁殖，包括繁殖、亲代的活动和亲代抚育（图19.1）。Clutton-Brock（1991）探讨了亲本行为的进化基础发现，大多数繁殖行为取决于激素水平和感官刺激，有很多因素会影响繁殖能力，包括神经机制、激素水平、信息素和对各种刺激物的感官接受程度。动物繁殖活动在动物行为中是第一位的，繁殖活动往往掩盖了动物其他类型的行为。繁殖活动经常只在一年中的一个季节出现，并且该行为能力的启动需要一个刺激或刺激组合。

二、感官因素

　　哺乳动物的生殖受嗅觉的影响很大。对气味的感知能够使动物为繁殖或其他活动作准备，并指导动物作出特定的即时反应（Sommerville和Broom，1998）。气味对雄性性行为的启动有一个刺激值。如第1章中所述，犬的嗅阈值比人类灵敏约100万倍（Stoddart，1980；Manteca，2002）。第1章描述了信息素在动物繁殖行为中的重要作用，如公猪颌下腺的分泌物和包皮液（Patterson，1968；Signoret，1970；Perry等，1980）。公猪和发情母猪的气味可使年轻母猪的初情期提前，并使发情期同期化（Pearce等，

1988；Pearce和Pearce，1992）。甚至人类都能感知多种雄性动物的气味，例如人类能感知公山羊和公猪的气味，这些气味主要影响同种雌性动物（Dorries等，1995）。在哺乳动物中，气味在母畜和新生仔畜间建立稳固关系的过程中起重要作用，这些关系的建立首先取决于母子通过气味相互识别（Alexander等，1974）。

尽管哺乳动物母子早期识别的主要手段是气味，但很快视觉占据主导地位成为彼此识别的第二手段，且听觉识别对绵羊也很重要（Alexander和Shillitoe，1977）。

曾经有一段时间，人们认为每天光照时间的相对长短会影响某些家畜的繁殖行为，如季节性繁殖很大程度上受每天光照时间变化的影响。光照时间现象主要从两个方面起作用：

1. 长日照繁殖行为

众所周知，通常马的繁殖季节从春季开始，并一直持续至整个夏季。这个时期光照强度逐渐增强，光照时间逐渐延长。

2. 短日照繁殖行为

大部分的绵羊和山羊品种在秋季开始繁殖，此时的日照时数低于每天的黑暗时数，并且每天光照时间逐渐缩短（Fraser，1968）。

自然光刺激的季节性家畜繁殖行为很复杂，涉及每天光照和黑暗的绝对时长及每天的相对光照时间。尽管每天光照时间的逐渐改变对繁殖的起始很重要，但是基本的光照时间也很重要，即只有每天有足够的光照或黑暗时间，季节性繁殖动物才会维持其繁殖活动。当光照时间不能为动物提供足够的刺激时，动物就会产生不反应期，这时繁殖行为就停止。雄性犬、猫可全年都是性欲活跃期，母犬则在春季比在冬季更容易发情，而母猫经常在冬至后光照时间逐渐增加时进入发情期。雌性水貂和狐狸是严格的季节性繁殖动物，它们在春天发情（Sjaastad等，2003）。

视觉刺激通常与嗅觉刺激相结合诱导繁殖行为。在一些物种中，固定发情的雌性动物是诱发雄性动物交配行为的关键性刺激。在公牛中，提供一个类似雌性的背部外表和支撑架，就会使其表现出爬跨行为。公牛会爬跨假台牛，这个假台牛的组成非常简单，只是一个带金属架且有覆盖物的躯体。大部分公牛都会爬跨假台牛。公猪也一样，正常情况下公猪会爬跨由覆盖着衬垫的管状框架组成的台畜母猪。爬跨对象的简易组成有助于解释一个问题，即为什么没有交配经验的公牛和其他雄性动物会在雌性个体的侧面甚至是其前部进行爬跨行为。

对于新生的有蹄类动物，如果出生后就将其置于光线较暗的母体腹部，则个体将在乳房区域和乳头处尝试进行吸吮，其很快就能找到乳房。犊牛、羔羊和马驹会向上抬起前腿并用鼻子嗅出寻找母体后腹侧区域，然后移向凸出的乳房区域，最终找到入方法和突出的奶头。

三、激素和信息素的促进作用

繁殖行为的差异在于早期脑部发生的性分化。雌性动物性行为过程依赖于雌激素的刺激，而雄性动物的性行为则依赖于睾酮的刺激。不同物种的繁殖行为表现形式不尽相同，这与雄性的求偶、爬跨和交配活动及雌性的求偶、引诱和接受交配有关。在生长发育过程中，性行为的分化存在敏感期，如绵羊的性欲差异在胚胎阶段即已确定。

两性间的大部分性行为都通过神经肌肉刺激机制来控制，若给予适当的刺激，则会发生典型的异性恋行为。动物表现出的性行为类型取决于激素水平或诱导激素产生的其他刺激（Hurnick等，1975）。在伴侣动物中，阉割作用的大小差异显著。如果动物被阉割，则动物不再产生睾酮，80%的猫停止射精，而84%的犬却仍然能够射精（Hart，1985；Manteca，2002）。在雌性的绵羊和山羊中，睾酮诱导的雄性样行为包括大部分明显的雄性行为，包括爬跨和骨盆向前的挤压动作。在未配过种的母绵羊中，个体表现雄性行为和雌性行为的差异取决于所受激素刺激的时间长短（Lindsay和Robinson，1964）。用一定剂量的雌激素或睾酮进行诱导，则在24h内都能诱发母羊发情；而单独用雌激素或雄激素持续进行刺激，则动物的雌性行为将逐渐转变为雄性行为。在不发情母绵羊中诱导"雄性效应"时，这种方法对处理的母羊非常有效，会使母羊表现出公羊行为。

性信息素通过嗅觉系统起作用，该嗅觉系统包括犁鼻器和嗅球。猫用犁鼻器探测信息素，对同种动物尿液的气味作出反应时，即进入生殖活动期（Meredith和Fernandez-Fewell，1994）。信息素由生殖器官和皮肤腺分泌，或存在于尿液、粪便和唾液中。公猪产生类固醇化合物，通过唾液泡沫传递给母猪，使母猪静止不动，接受公猪的交配，这就是一个信息素起促进作用的典型例子。当公猪追求母猪时，其唾液释放类固醇，导致母猪产生特征性的静止接受交配的站立姿势。当这种类固醇以气溶胶的形式传到发情母猪的口鼻部时，发情母猪就会表现出站立反应。家养绵羊也会如此，人们认为公羊可通过母羊的嗅觉感受器刺激非发情期母羊的发情行为。能与许多母绵羊交配的公羊的毛提取物比只能与少数母绵羊交配的公羊的毛提取物更能刺激发情母羊，从而更有利于之后的羔羊生产（AL-Merestani和Bruckner，1992）。

四、季节性和气候性繁殖行为

绵羊是典型的将其繁殖活动控制在特定季节的动物。不论"繁殖"是意指交配还是分娩，很清楚的是，动物在季节性繁殖时为新生仔畜提供的环境条件必须有利于仔畜存活并发育至性成熟。如果幼崽出生在环境条件严酷的时期，则它们的性成熟晚于同物种的其他个体，在它们遭受第一个完整冬天的应激之前，需要相当长的时间来完成性成熟。繁殖的周期性受制于幼畜的需要，然而对于大多数动物而言，季节性繁殖是交配行为发生的时间导致的。

在繁殖季节，季节性繁殖物种（如马和山羊）两性间的繁殖活动非常集中；而在其他季节，繁殖活动受到抑制、减少甚至停止。季节不同，发情频率和发情持续时间也随之发生变化。母马繁殖季节的发情持续时间往往比其他季节的发情持续时间长。有些牛品种中，发情持续时间在不同季节有显著的差异。在全年大部分时间都能发情的绵羊品种中，发情频率和发情持续时间存在明显的季节性变化。当季节性繁殖的动物只有一个繁殖季节时，雄性动物的交配动机就会明显增强。

（一）温度效应

即使对于非季节性繁殖的个体，与气候相关的温度变化也可能会影响繁殖行为。在牛配种过程中经常会发生这种情况，即天气突然变冷往往会导致发情母牛数量减少；而其他一些品种，如已适应有明显雨季气候的山羊，其季节性繁殖与雨季有关。本地牛的繁殖往往集中在降雨充足和牧草快速生长的时期，西非的一些本地品种牛在雨季来临时繁殖活动增强。

寒冷显然可以在一定程度上稍微地促进繁殖活动的开始。人们最初认为，低温往往稍微有利于绵羊的繁殖行为。低温确实可以启动绵羊的繁殖季节，但其作用较小。在牛的人工授精实践中，突然的变冷天气往往会导致发情母牛数量下降。中欧的46 000例牛人工授精研究显示，天气情况和发情密切相关。良好的天气可导致母牛发情，但效果不好，而恶劣的天气会降低发情率。

每日最高交配行为次数与雄性交配积极性的波动有明显联系。在夏天高温气候条件下，公牛和公猪性欲明显下降。在气温高达40～50℃时，公牛的性欲会受到抑制。然而，这种影响是暂时的，如果动物性欲受到影响，采用淋水降温，则其性欲很快恢复正常。在南非，人们经常发现公猪在一天中的炎热时间特别不活跃，有时完全忽视发情母猪的存在。用冷水充分淋湿通常有助于改善这些公猪的性活动。总之，过度的体热会特别抑制性欲，但其作用只是暂时的。在欧洲中部和南部，夏日的高温对奶牛繁殖功能有不利影响，可能在其他许多动物中也是如此。

（二）内在节律

根据较早期的认识，繁殖规律不仅仅是对环境变化的反应：环境因素只是为节律提供了可能，这是内在的，因此环境可以作为一个"授时者"或时间给予者；这种繁殖规律特别适用于以年为周期的动物。环境作为"授时者"越同步，则内在因素或内在节律越好。尽管在穿越赤道后，山羊和绵羊将保持内在节律约1年，但繁殖周期是环境节律和内在节律这两个因子共同作用的结果。把母绵羊从英国运往南非，一些羊会迅速转变至南半球的繁殖季节，而其他羊则转变较慢，但在2年内，所有的母绵羊都会把繁殖季节调整至南半球的秋季。一只动物并不只有一个节律，从生理组织的角度而言，应有许多节律，每一个行为都与环境有关系。

（三）日常模式

有几个物种的性行为都在一天24h内的某个特定时期发生。例如，绵羊多在日落或日出时交配，尤其在日出时交配较多。在威尔士山地绵羊中，公羊多在清晨，即日出时进行爬跨。这主要是因为行为活动通常发生在日出或日落，并且这种趋势在繁殖季节的早期最明显。随着繁殖季节的推进，交配活动时间越趋于稳定。

尽管发情的最初信号出现在黎明，但傍晚或黄昏也是启动发情行为的第二高峰期。公羊在一天24h中都处于兴奋状态，每20～40min绕着围场走一圈，讨好引诱母羊。如果根据绵羊明显在白天进行交配就认为其性欲具有明显的波动，这不太恰当。因为如果在白天给这些公羊进行人工采精，这些公羊的性欲通常也较好，而在自然条件下，绵羊在白天几乎不进行交配。这也说明绵羊在黄昏或拂晓进行交配是雌性而不是雄性的特征。

在巴基斯坦辛地红牛的繁殖中，60%的发情都发生在夜晚。婆罗门牛和瘤牛特别偏爱在晚上进行交配，但是这并不意味着这些牛在白天不进行交配。然而亚洲水牛的沼泽型品种只在夜间交配，与之相对的是，亚洲水牛的河流型品种则只在白天交配。

一些家养动物是长日照繁殖动物，如马和驴，而绵羊和山羊则是短日照繁殖动物。家养的马在春季和初夏繁殖，但与史前马联系最紧密的Przewalski野马却在夏季繁殖。母马在冬季并不绝对不发情，据估计只有约50%的母马在此期间不发情。在热带和接近热带纬度的地区，许多绵羊品种在一年的四个季节里都可繁殖。总的来说，在那些具明显季节性繁殖的物种中，长日照繁殖的动物妊娠期较长（9～11个月），短日照繁殖的动物的妊娠期则较短（5～7个月）。

在大多数物种中，繁殖季节不由单一因素控制，而是外在刺激综合作用的结果，这也包括行为上的刺激。在不同的物种中，这种刺激不尽相同，但这些刺激物通过感觉器官起作用，并且通过下丘脑和脑垂体调节个体的内在节律。

（四）光照

在影响季节性繁殖的外部因素中，光照时间是首要因素。影响雌性绵羊季节性繁殖的自然因素是光照时间逐渐缩短，这种现象已得到试验的证实。即使绵羊远离其自然环境，施予逐渐缩短的光照时间，则绵羊也会发情。每天给予16h或17h的黑暗时间，持续1个月，就可诱导母羊发情（Fraser，1968）。通过人工控制每天光照与黑暗时间的比例，也可诱导山羊在正常季节性繁殖外的其他季节进行繁殖。逐渐减少光照时间能够诱导山羊进入发情期；相反，增加光照时间则会导致山羊发情周期的停止。

如果让山羊具有完全的繁殖功能，需要将白天和夜晚的时间比例控制在1：1或更高。热带地区全年都可达到这个大致的比率，在高纬度地区，秋分与春分之间的时间段也可达到这个比率。在热带地区，没有哪个季节存在公羊性无能的现象。然而，值得注意的是，在热带的潮湿气候中，山羊通常都不活跃，因此降雨使山羊不繁殖，从而呈现出繁殖的季节性。

大多数情况下，绵羊和山羊的繁殖季节取决于绝大部分的雌性进入发情期的时间。公羊在非发情期往往缺乏性欲，而在人工控制光照的圈舍内，公羊则会在非繁殖季节有性欲。公山羊的性行为也呈现出季节性变换，在秋季性欲强烈，而在春季到秋季期间，性欲则相对较弱。

人们发现马对人工光照时间有反应，但马是长日照繁殖的动物，正如所预期的一样，增加光照时间是正向刺激。雪特兰马是一个有着严格季节性繁殖的品种，这个品种的母马能够通过照射人造强光产生性节律。人们发现在日本北部地区，11月份日落后增加5h的人工光照能够增进种公马的性欲。

第17章
性 行 为

一、概述

　　雌性哺乳动物的3个特征对交配是否成功特别重要，这3个特征是：吸引力、感知力和接纳力（Beach，1976）。吸引力或吸引能力用来度量一个雌性吸引雄性产生性反应的程度，这取决于它散发的气味、视觉特性等。感知力，指它邀请或引诱的程度。接纳能力是雌性接受雄性的求偶和交配的愿望。不同雌性哺乳动物发情期的吸引力、感知力和接纳力存在差异。

二、雌性

　　发情是雌性寻求和接受雄性的状态，其行为特征与交配及受精所必需的全部生殖系统的各种生理变化同步。每个物种的发情表现都有自己的特点（表17.1），但个体间存在差异。动物处于发情期，会扰乱其常规行为，典型的变化是摄食和休息行为减少，而行走、探索和发声行为增加。
　　发情主要指行为反应，但是必须承认，它也用于描述一些内在的生理过程。尽管发情的这两方面情况可以单独发生，但这比较少见，正常情况下这两种情况会同时发生。

（一）发情强度的特征
　　区分发情是否明显的生理特征和行为特征在于是否存在静默发情。有时

表17.1　农场动物发情的行为特征

动物	典型的发情行为
马	尿频；尾巴频繁竖起；尿量减少；阴户长期有规律地收缩，露出阴蒂；阴唇松弛。同时搜寻其他马；将后肢及臀部朝向种公马并且站立不动
母牛	坐立不安；竖起并抽动尾巴；弓背并伸展；哞叫着踱步；爬跨或站立着被爬跨；有其他母牛嗅其阴户
猪	坐立不安，特别是从发情前期进入发情的那个晚上。母猪站立以接受"骑乘检测"（动物摆出一种静止的姿势，以应对胯部的压力）。母猪可以接受被其他猪爬跨。一些品种表现出耳朵竖起
绵羊	早期有短暂的坐立不安，向公羊做出求偶动作；发情母羊搜寻公羊，并与公羊保持亲密联系；可能远离羊群；当羊群被驱赶时也与公羊在一起
山羊	发情前期坐立不安；在发情期，最引人注意的行为包括频繁发出咩咩声且精力旺盛，快速摇尾；食欲下降持续 1d

发情表现很弱，以至于根本检测不到。这给猪、牛和马的配种带来了问题（Hemsworth等，1978a）。亚发情的发情强度很低。"静默发情"这个词汇不能准确描述一个动物缺乏发情行为的情况，因为"发情"意味着有强烈的发情行为；静默发情的个体没有引起这种行为，但其卵巢变化与典型发情时的卵巢变化一致。

在母牛和母马中，静默发情和亚发情可以通过反复用手进行直肠检查触摸卵巢来鉴别，触摸卵巢可以确定不发情动物卵巢的周期性变化。区分亚发情和不发情非常重要，后者有完全不同的原因和含意。尽管亚发情的动物不接受公畜的交配，或者说她们没有交配能力，但她们却具有受精的潜能。

不发情雌性动物不表现发情周期。当然，有时动物不发情很正常，比如在妊娠期和非繁殖季节，动物通常都不发情，但有些个体在非繁殖季节和妊娠期偶尔也会发情。生产性能高、代谢紊乱的动物易发生亚发情和不发情。英国的Esslement与Kossaibati（1997）和加拿大的Plaizier等（1998）指出，正是因为奶牛不表现发情行为从而导致有很高比例的奶牛无法受孕。

牛和山羊发情时一般会发出声音，这可能会吸引雄性的注意。此外，许多雄性动物的声音能促进雌性动物表现发情。

牛和山羊发情时会哞叫和咩咩咩叫，母绵羊发情时偶然也发出咩咩的叫声。据报道，母猪在发情时会发出哼哼声，人们特别详细地研究了公猪声音对母猪发情表现的影响。尽管公猪的气味对发情表现很重要，但是公猪发出的声音比气味更能刺激并诱导母猪接受交配。

（二）发情的持续时间

众所周知，具有正常发情周期的动物很少像马那样有不规律的发情持续期，且这种不规律在不同纬度的马中都一样。尽管母马发情持续期通常为一周，但也能持续更长时间。母马发情通常持续4~10d。随着繁殖季节的临近，发情持续期容易缩短（表17.2）。

表17.2　母马的发情特征

特征	表现		备注
	平均	范围	
第一次发情的年龄（月）	18	10~24	存在品种差异
发情周期（d）	21	19~26	发情周期在很大程度上取决于发情持续期，例如发情持续期为5d，则平均的发情周期为21d；发情持续期为10d，则发情周期更长（26d）
发情持续期（d）	6	2~10	在繁殖季节早期，发情持续时间通常较长（10d），而随着繁殖季节的临近，时间则缩短
产后第一次发情（d）	4~9	4~13	通常在产完马驹后的第9天
繁殖寿命（年）	18	16~22	存在品种差异
繁殖周期	季节性的多次发情；在北半球或南半球，自然条件下的繁殖季节为春季和夏季（即日照时间变长的季节）；热带地区的繁殖期会更长；越靠近南北极，繁殖季节越被严格限制在特定的季节，这也是北方物种的一个显著特征，如设得兰矮种马		

尽管人们认为牛发情的真正持续时间仅有18~24h，但也有一些不同的报道。牛的发情持续时间存在明显的季节性差异，在春季发情持续的平均时间为15h，而秋季为20h。人们认为发情期因为交配而缩短了，年轻母牛与切除输精管的公牛交配后，其排卵比未交配的年轻母牛早。如果为母牛提供

8h的自然环境条件，并且反复进行交配，则许多母牛接受配种的时间将会缩短。当一些雌性动物受到已切除输精管雄性动物的"挑逗"，那么其发情持续时间比未受到"挑逗"的个体短。这表明发情不仅仅由内部控制，其表现也部分取决于包括生物刺激在内的环境因素（Esslemont等，1980）。

影响绵羊发情持续时间的因素与母牛相似。美利奴母羊发情持续时间没有明显的季节性差异，但是美利奴羊的发情持续时间比其他品种短。在绵羊中，交配缩短了发情持续时间（表17.3）。

母绵羊发情持续时间取决于公羊与母羊交配的时期。但试验表明，当公羊与母羊多次交配后，其性欲会下降，特别是只有一只母羊作为刺激物时更是如此，此时若用另一只新的母羊作为刺激时，性欲即可恢复。这说明用与

表17.3　绵羊和山羊的发情特征

特征	表现		备注
	平均	范围	
绵羊			
初情月龄（月）	9	7~12	当发育良好时，通常在第一个秋季
发情周期（d）	16.5	14~20	发情间期时间长则意味着存在亚发情
发情持续时间（h）	26	24~48	
产后首次发情（d）	春季或秋季		一些母绵羊会在泌乳期发情
周期类型	季节性多次发情		每个繁殖季有 7~13 次发情，存在品种差异性，亚发情通常在明显发情之前
繁殖寿命（年）	6	5~8	山地母绵羊的繁殖寿命较短
繁殖季节	在每年光照最短的那天之前，存品种差异		北方品种（如黑面绵羊）比南方品种（如萨福克羊、美利奴羊）的繁殖季节短，且南方品种每年繁殖两次
山羊			
初情月龄（月）	5	4~8	春季产羔则在同年秋季发情
发情周期（d）	19	18~21	短的不孕周期（如4d）较少见；在热带地区发情周期短
发情持续时间（h）	28	24~72	很少少于 24h
产后首次发情（d）	秋季		热带品种有时能在泌乳期繁殖
周期类型	季节性多次发情		8~10 个发情周期
繁殖寿命（年）	7	6~10	热带品种的繁殖寿命最短
繁殖季节	开始于秋分左右		在北半球为 9 月到 1 月；在热带地区繁殖季节延长

一只特定公羊交配的过程估计绵羊发情的持续时间可能经常会低估发情持续时间。Suffolk和Cheviot母绵羊的发情持续时间为3d。

山羊发情持续期有时比绵羊的长。山羊发情时间的范围更容易确定，因为山羊发情更明显，大多数山羊的发情持续时间是1~3d（平均34h）。

（三）产后发情

所有动物的子宫在分娩后需要几周时间才能完全恢复，因此分娩后不会立即发情，但是有几个物种个体分娩后很快即开始正常发情。

一个最广为人知的例子是母马分娩后很快就会表现出发情行为。这种较早发情称作"驹发情"，并且大约发生在产驹后的第9天。驹发情时间一般较短且受精力低，但其他变化都与发情期一样。65%~69%的品种母马在分娩后20d内表现出发情。

母猪分娩后3d发情并不罕见。牛的产后发情则要晚很多，如果母牛要哺乳犊牛或每天给母牛挤奶，那么产后发情会更晚。辛地红牛母牛产犊后，产后即断乳的母牛在产后110d再次发情，而产后不断乳母牛则在产后157d才发情。大部分欧洲品种的牛在正常生产后平均31.7d出现第一次发情。奶牛发情间隔的巨大差异通常与产奶量有关，产奶量越高，则产后第一次发情出现的时间越晚。产后母牛有公牛伴随，则其产后发情的时间比没有公牛陪伴的母牛早27d。哺乳犊牛的奶牛产后发情间隔通常约为6个月。

有季节性繁殖节律的各种绵羊品种，在非发情季节开始之前即在产下小羊后很快表现出发情。

（四）发情行为

1. 犬

母犬在发情期特别兴奋，但并不表现出新的行为。当存在一个可能的交配对象时，不是全部的公犬都会表现出新的行为，而母犬却会做出将其后腿及臀部侧移的动作。一般来说，交配前的行为是被动的（Manteca，2002）。

2. 猫

母猫发情时其行为增多，发声更多且作标记的行为也更多。此时母猫更能忍受公猫的存在并表现出脊柱前凸，这个动作表现为腹部与地面接触并抬高后腿及臀部（Manteca，2002）。

3. 绵羊

绵羊发情相对安静，与其说是惯例不如说是例外。如果羊群中没有公羊，则很难发觉母羊的发情。但如果在当时的环境中有一头公羊，那么发情母羊在24h内的大部分时间与它亲密接触是很正常的。母羊通常通过寻求公羊来开始第一次性接触，此后在发情期间一直跟随着公羊。母羊有时会用身体摩擦公羊，进一步的发情行为是有时摇尾巴，但这只发生在交配时。尽管交配模式通常相同，但母羊发生性冲动的强烈程度不同。许多发情期的母羊会积极寻求雄性，如果可以选择公羊时，通常被选择的公羊是最活跃的。如果发情母羊探视一只圈养的公羊，则可用漏斗状大门引导它们认识，这样就可将它们关进圈栏与公羊靠近。

4. 山羊

与绵羊形成鲜明对比的是，山羊发情时可表现出非常明显的行为特征。任一品种的山羊很可能会表现出比其他农场动物更明显的发情行为。在发情的1～2d中，雌性会出现快速摇尾，即直立的尾巴从一侧向另一侧频繁剧烈地抖动，突然下垂后再抖动。整个发情期会不断发出咩咩的叫声，采食减少，更喜欢到处游走。

5. 牛

牛很少表现出非常剧烈的发情迹象。这些发情迹象包括普遍的坐立不安、抬起和摇动尾巴、弓背或伸展后背、游走和吼叫。但最明显的行为是发情个体与同种个体间相互爬跨，爬跨对象与该发情个体通常有最亲密关系。最后，发情母牛站立并接受爬跨，但这并不完全排除该发情个体会爬跨其他个体（无论该被爬跨个体是公牛还是母牛）。

牛发情行为表现如下：

- 各种一般行为活动会增加，通常坐立不安；但在中低程度的动物发情中，这种活动可能比较轻微或不存在。
- 发情母牛比平时哞叫更多。
- 修饰活动（舔舐其他动物）增加。

● 通常，发情母牛会频繁尝试爬跨其他牛；当一个群体中的几头牛被鼓励相互爬跨时，通过发情母牛最初的活动，观察人员分辨群体中的母牛是否真的发情可能会变得很困难；但当一个动物站立并被其他动物爬跨时，那么一般这个动物处于发情期。

● 发情母牛经常表现出外阴部抽进性活动；弓背并经常表现出伸展背部。

● 在发情表现最强烈时会出现一定程度的食欲减退。

● 发情持续12~24h，且年轻牛的持续时间通常最短。

发情表现强度与发情个体被群体中其他牛注意的程度之间存在很大差异。群体中只有很小比例的个体会参与爬跨发情动物。当两个或更多的年轻母牛发情时，其中一头年轻母牛通常比其他年轻母牛更有吸引力。大体来讲，母牛没有表现出爬跨吸引力或连续发情的发情表现上的巨大差异。发情期间的这个阶段没有表现出影响其他个体的爬跨行为。很少有母牛的发情强度会始终如一。

卵巢异常会改变生殖行为的自然状态。通常，不会出现不发情或异常发情的状态。卵泡囊肿是出现这两种状态的共同原因。大多数其他类型的卵巢异常会抑制发情。因为发情被抑制，两种类型的状态均会发生，也被称为隐性发情和不发情。这两种状态有时会被混淆，但却有非常不同的含义。

隐性发情时，动物无明显发情表现，卵巢表现出正常的周期变化。活性护理本体孕酮或囊状卵泡存在时，不发情病史的一些情况能够在直肠触诊时揭露完整的卵巢功能：这些情况可以适当地诊断为隐性发情。隐性发情在产后早期阶段会普遍发生。工作人员粗心或观察不适当可能会导致隐性发情的错误应用，因为这类发情通常持续时间短且发生在晚上。"静默发情"是一个管理员专用术语，与隐性发情同义。

不发情仅仅是一个症状，并非其独立的病症。我们必须牢记，妊娠是不发情的一个主要原因。在其他情况下，需要将不发情作为特殊考虑的几种卵巢异常的症状。

卵巢未受到明显损伤而出现功能停止的情形，多与不发情有关。这种情况下，卵巢可能不会表现出重大的生理异常，但这些光滑表面与本体孕酮和囊状卵泡无关。这种情形可能是高生产压力或其他环境因素造成的结果。在非常大的奶牛群中，这种情况会经常发生。

6. 马

母马不会出现类似发情母牛的典型爬跨行为。母马的发情行为可表现出本物种的一系列独特特征（Fraser，1970，2003）。母马发情行为的强度不同。发情母马会频繁作出排尿的姿势。在两后肢叉开期间，可排出少量黏液样尿液，可能会溅到后肢。随后，母马保持一段时间的叉开姿势，且后肢外展。尾

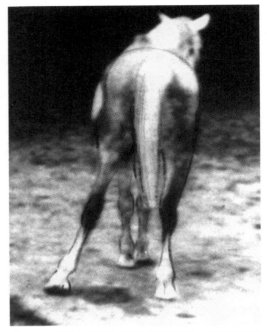

图17.1 母马的发情表现显示出摇尾巴、后肢外展和蹄尖着地等（图片由A.F. Fraser提供）

巴抬成弓形离开外阴。一只后蹄或其他后蹄通常倾斜以离开地面，这样只有另一蹄的趾保持与地面接触。当保持这个姿势时，通过阴门腹侧的背腹壳间缘反复有规律的外翻，可表现出阴蒂的闪现（图17.1）。平均而言，马的发情持续时间是4~6d。但不同的是，一些仅持续1d，而一些可能达到20d。

发情母马会在其他马中寻找伙伴，并表现出对雄性的特殊兴趣。当存在种马时，处于典型发情中的母马会将她的后肢及臀部朝向种马，并保持固定姿势。然而，一些易怒的母马，尽管处于发情，但在被种马爬跨时也可能会狠狠地踢种马。

有几种马的发情属于非常规类型。母马的卵巢异常和母牛一样，这种形式在临床上被认定为卵泡在卵巢中发育却没有表现出相关行为的发情。这种隐性发情通常指的是"静默发情"。在这种情况下，一般会出现正常的排卵。

在母马中会出现发情或"慕雄"表现过度，但这种情况与真正的卵巢疾病无关。慕雄似乎是一个或多个卵泡暂时存留的情形，最后会退化或自然排卵。慕雄这个词汇可能也会被马的育种者用来描述在正常发情期的过度发情表现。一匹正常周期性发情的母马发情时间占22%。年轻母马在卵巢能正常活动时达到发情年龄的差别很大，这已由多次发情所证明。

在北方国家，季节性不发情在冬季很常见。欧洲国家经常有报道称，在冬季，马不发情的出现率约为50%。在北美发生率最低情况下也有这么高，在加拿大人们认为正常情况下大部分母马在冬季会发生季节性不发情。

某些情况下，母马表现出发情，但任一卵巢的卵泡都没有发育。在这种情况下，发情行为可能会表现得相当强烈。

7. 猪

母猪发情的显著特征是采用一个不动的姿势去承担背部的压力。在猪繁殖的实际过程中，动物护理员经常按压母猪的腰部区域或骑跨母猪。这种表现的起始和终止都是渐进的，并且强度较低，但是在"站立"时期非常明确，平均持续时间不超过1d。发情母猪被爬跨时有时表现得坐立不安，这在晚间更显著。一些品种，特别是那些竖耳品种，在完全发情时两耳明显竖起。两耳与头部靠得很近，向后伸并维持僵硬状态。在动物后背处发生爬跨时经常出现竖耳现象。牛相互爬跨行为通常比较少见，但发情个体经常被其他母牛爬跨。在母猪群中，偶尔也会出现某一母猪完成这一群体中的大多数爬跨行为的现象。

在母猪生育率影响发情水平的同时，环境因素也能影响发情的表现。发情表现水平能够通过眼前公猪对母猪进施加的背部压力来测定，这要以母猪是否愿意站立或站立时间长短为基础。

（五）发情的刺激

现在人们认识到，为了使许多驯养动物完整地表现发情反应，提供一定形式的刺激非常必要。雄性的出现能够对发情行为提供刺激，雄性被认为是雌性发情的一个重要贡献者。雄性对发情行为的影响类似于惠顿效应（Whitten Effect），即向雌性群体中引入一只雄性老鼠能激发和诱导雌性发

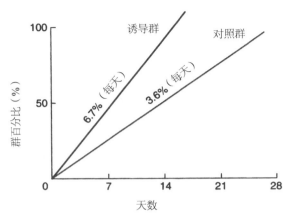

图17.2　试验母羊和对照母羊的日发生/受胎率。接下来的刺激是将两个群体混合并引入一只公羊；这样就接近同期受孕

情。大多数雌性在接触雄性动物产生的一种特定气味时会产生发情行为。有证据表明，这种现象在农场动物中也可能发生（图17.2）。

　　将一只公羊引入母羊群中能够影响该群体繁殖期的开始时间，哪怕公羊没有与群体中的雌性成员有生理接触。实际条件下由试验公羊产生的影响，无疑会导致母羊的季节性生殖活动比单纯雌性群体中的母羊发生得更快。公羊通过视觉、声音或气味提供的雄性刺激影响一定距离外母羊的生殖行为。

　　公猪通过不断的暗示和特定的高音调提供一定程度的刺激，与产生的信息素一起作用，以诱导母猪产生最大的发情反应。

　　在几个试验中，试情公牛与刚分娩的母牛群体一起活动，这些所谓的实验动物表现出发情的迹象比对照组中的一般母牛要早很多。试验组比对照组中个体的生殖行为可能要早发生4周。

　　过与"惠顿效应"类似的生殖刺激法，能够促使或诱导一定程度的发情。在牛、绵羊和山羊交配前的行为中，生殖刺激表现在用鼻触、用肘轻推和舔会阴区。刺激通过雌性群体中的雄性而起作用，与诱导发情相加，有同时影响大部分雌性个体的附加作用。在结果中，由生物刺激促进的发情可表现出不同程度的同步现象（图17.2）。

　　将公羊从群体移走18~20d后群体会出现一个高发情期。引进一只公羊作为一个刺激因素终止了不发情期，并导致一定程度的同步发情。经过一个月的潜伏期，切除输精管的雄性山羊和绵羊分别使两个品种中91%和97%的雌性有发情表现。从非生殖季节过渡到生殖季节及在生殖季节将要结束时，公羊的刺激对该品种的发情特别有效。如果在很短时间内出生了多只羔羊，采食量大的羔羊更有可能生存下来。如果公羊与母羊待在一起，发生同期发情现象的可能性较小，所以一个能促使雄性和雌性在生殖期之前分群聚集的基因，将得以在种群中扩散。

三、雄性

性欲

性欲是一种内部状态，在给予适当机会的条件下，可通过表现出性行为的可能性来衡量。性欲在青春期形成，并且主要与感觉输入和激素（如睾酮）产生有关。

雄性动物性冲动的测定方法包括：① 疲劳测试中的射精次数；② 反应时间（射精前的延迟）；③ 爬跨失败的比例；④ 射精失败的比例。

犬的性活动发生在血浆睾酮浓度相对较低时。50%的公犬在它们的血浆睾酮浓度仅为12%时表现出性行为，整体而言，这对于雄性犬都很典型（Nelson，2000）。每一次尝试检测性冲动，都需要不断进行刺激。然而，公牛在刺激动物不间断刺激的情况下，可表现出每个单位时间内的射精量逐渐减少，直到没有进一步的反应发生。丧失对刺激动物的反应可能不会影响对其他动物的反应程度，但对同一刺激动物的性反应从很差恢复到正常需要1周。

尽管雄性动物的性反应时间会受到身体和心理各种因素的影响，但对反应时间的预测提供了一个简单且通常可靠的性欲检测方法。公牛、公羊和种马的反应时间经过1~20d的时间仍能基本保持不变。第一次射精后，在反复的生殖过程中，反应时间会因不断交配而延长。人们发现，4次随机观测的平均反应时间间隔适当，在动物长期性反应过程中提供了非常可靠的指示。

在农场经济中，性欲上的一些差异会导致结果相差很大。对于公牛，年龄群体和品种类型不同，性欲水平也会有所不同。一般来说，肉牛比奶牛的性欲水平低。比较各个物种，性欲水平最高的通常是季节性生殖的动物，如公羊（Banks，1964）。那些把生殖季节集中在相对较短时间的物种需要高水平的性欲，以保证在该时期能高效生殖。

性欲水平可能会因多种因素而改变。有些种类动物性欲水平较低。这种情况下，让这些性欲水平较低的动物进行繁殖是不明智的选择。并且有迹象表明，这会发生在一些肉牛品种中。年轻的公羊通常在加入一个新的群体后会表现出较低的性欲（Holmes，1980）。同样，衰老的公牛会表现出一些生理变化，这些改变会减少了它们的性冲动。一只动物在爬跨时遭受不适甚至疼痛时，会很快影响到它的生殖行为。种畜的肥胖常会导致性欲较低。一些骨骼缺陷（如关节炎），也是生殖行为中导致性欲低下的一个常见原因。

雄性山羊和绵羊的性欲普遍会表现出季节性波动。在每个生殖季节都会达到一定水平的性欲。在热带地区，一些绵羊可能不会表现出性欲的季节性增加和降低。在非洲，公羊和山羊的生殖活动中，性欲的平均水平在全年始终如一。公羊和雄性山羊会表现出季节性性欲降低，这主要发生在夏季（图17.3）。

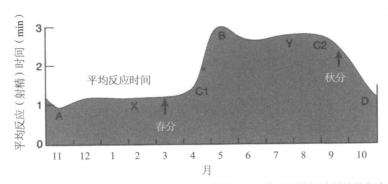

图17.3　在可控的试验条件下，对12只雄性山羊，每周采集两次精液的年度平均反应（射精）时间。生殖季节和非生殖季节的平台期由X和Y标记。性欲的变化（C1和C2）与两个二分点紧密相连，表现出光照时间中夜晚比白天时间长时对这些动物会产生刺激作用。最高和最低的反应性（B和A）是北半球物种生殖季节开始和终止的简单位点

当全体雄性动物因为某些原因而完全丧失性冲动时，它们可能会寻找同种其他雄性群体。在很多独立生活的物种，这样的雄性个体聚集在一起，形成了未交配的雄性个体群，这一现象很常见。当大量公牛一起跑动时，人们能够发现单身的群体。在公羊一年中很长的非生殖季节，这种现象也时常可见。

四、求偶和交配

（一）求偶

犬的求偶行为通常相对简短，包括雄性个体有时会通过表面上有趣的弓形移动来吸引雌性的注意（Manteca，2002）。

有蹄类动物的求偶包括雄性和雌性性行为，但是雄性常常更主动。很多雄性交配前的行为与物种特异性有关，这些行为包括嗅闻雌性动物的会阴、轻推、裂唇嗅、突然伸出舌头、挥舞前肢和低音调的叫声等，偶尔也会看到这些雄性顶撞雌性的后腿。在所有家畜中，雄性有时会表现出以爬跨为目的的移动。求偶行为包括3个明显的组成部分，即探寻雌性、轻推和接近行为。在自由生殖的条件下，雄性会不间断地探寻发情期的雌性。嗅闻雌性的会阴和后腿是常见的雄性性活动。很多雄性动物，如公羊和公猪，会积极地追逐处于发情前期的雌性。轻推行为促使雌性向前移动。发情期的雌性可能会有稳定站立的表现，这有助于交配并为雄性提供相互的刺激。

在接近行为中，雄性会与雌性保持亲密的躯体接触和联系。两性共同建立这种暂时的联合。在有蹄类动物的接近和结合过程中，雄性动物通常会把下颌搁到雌性的后腿上。这在牛中非常常见，并且证明了雄性通过触觉接受雌性的能力测试。

（二）雄性的性行为

公猫在交配过程中，会发出特殊的声音，并用尿作标记。它利用裂唇嗅反应来研究雌性阴道的秘密，并会抓住雌性的颈部（Manteca，2002）。

在所有的有蹄家畜中，除了猪以外，雄性性行为的一个组成是裂唇嗅。

在裂唇嗅反应中，动物完全伸展头和颈、收缩鼻孔和在浅呼吸时抬高上唇。随后发生的嗅闻尿和触碰雌性会阴十分普遍，这是气味检验的一种形式。

绵羊和山羊的求偶活动非常相似（Lindsay，1965；Price等，1984b），包括以下行为：触碰会阴，轻推，嗅觉反射，伸出舌头，挥舞前肢和低音调地叫。雄性山羊除有以上全部行为外，还包括其他一些行为：① 将尿溅到前蹄上，同样，驯鹿会把尿溅到后蹄上；② 顶撞雌性的后臀，类似于公牛行为的一个组成部分；③ 假爬跨尝试，就像在其他一些物种中发生的一样，特别是马。

公牛经常抽动尾尖，并在交配前排出少量粪便。其雄性活动包括：① 恐吓和展示；② 挑战和竞争；③ 做招牌和标记；④ 探寻和驱赶；⑤ 轻推和接近。

公牛的恐吓发生在战斗或逃跑的生理阶段。在这个阶段，公牛弓起脖子，凸起眼球，并竖起背部毛发。在恐吓表现期间，公牛将它的肩胛朝向被威胁者。

种马的恐吓行为包括抬起后肢和向后倾斜耳朵。公羊很少显示出针对人的恐吓行为，然而，当存在潜在的攻击者时，它也会表现出恐吓的姿态，在这些情况下，恐吓通常表现为用力跺前脚。雄性活动各种形式恐吓的准备都不同，并会展现出一些雄性气质。

一头具有挑战性的公牛可能会表现出以下行为：① 公牛头部放低，用一只前蹄有力地踢地，这样扒或抓地会打散土地，并把散土抛洒到马肩隆上，形成一个土丘；② 动物在被踢得光秃的地面上摩擦面部和角的侧面；这时动物得跪下，并消耗一些体力；③ 公牛稳稳地站着，重复不连续地哞叫。

雄性动物间可能会为了守护一块领地而争斗。公牛踢地和用角拱地造成土地光秃，这些光秃的小块地明显是它对某一特定区域（踢踏地面）占有的证明。公马也会占据领域：它们会在牧场中选定地方排尿和排粪以标明领地。它们会以这种方式标记领地，并且一次次地返回以在同一地方再次排粪和排尿。这些活动显然有双重目的，即标记雄性领地和通过信息素使雌性产生性反应。

寻找发情的雌性，然后在它们前面驱赶它们，这是一些雄性动物的一种活动。雄性探寻发情的雌性可能会表现得非常活跃。嗅闻雌性的外阴和后臀，在许多雄性哺乳动物中是一种常见行为（图17.4）。

图17.4　公马在求偶期触碰发情母马的后腿（图片由 A.F. Fraser提供）

关键的刺激要求能引起雄性的性行为，这在公牛中很简单。公牛将会爬跨并尝试与支架组成的仿制母牛交配。

人们将简单的假母牛或模型用于公牛测试的一些项目中发现，在2 500头公牛中，90%的公牛会爬跨假母牛。然而，如果有选择，公牛更喜欢能动的母牛。人们认为视觉刺激在公牛爬跨行为中最为重要。但是，公牛被蒙住双眼后其仍然能正常爬跨，显然是其他刺激在起作用。嗅觉信号对于公牛也非常重要，一头发情的雌性动物的尿所释放的气味会刺激加强性目标提供的视觉刺激。内在和外在的刺激（包括条件反射和所有的感觉）都是暂时累积的，并根据对性目标的反应，被一个、一些或许多刺激可能会超过阈值。

在实践中，人们发现改变对动物或环境的刺激会导致公牛和绵羊在单位时间内增多射精次数。在与一只母羊交配后，雄性绵羊的性反应能力能迅速恢复，前提是有另外一只未交配过的母羊出现。物种的改变有不利的影响，如公驴对母马的反应比对母驴的反应要冷漠。有自然交配经验的青年公猪与没有自然交配经验的同种公猪相比，需要更长的时间对母猪模型产生反应。在特定环境中，雄性动物能被异常刺激。约束和被严格限制的同性恋群体对

图17.5　正在对发情母马做对雄性接受能力的测试：在这种情形下会有一个主动的反应（图片由A.F. Fraser 提供）

种内异常性行为的产生有关。

绵羊和山羊的一些品种有十分强烈的生殖期，这与发情有相似之处。在繁殖季节初期，黑面山羊之间发生的争斗表现与发情非常相似。山羊之间的正面冲击非常有力，有时会由于冲击力而产生重创。生殖期内雄性的争斗从没有严重的伤势看这只是假的战斗；但另一方面，这种竞争对参与者有非常真实、有力和有潜在的伤害。如果竞争是一件虚假的、形式上的行为，那么在驯养家畜中，允许一只处于繁殖期的成年雄性争斗是相当不明智的，这种情况经常会导致致命的创伤。

（三）交配行为

大多数驯养哺乳动物的交配都有它的周期性，从而使得大多数精子在进入雌性生殖道前，卵子能从卵巢中排出。最初的交配主要集中在发情早期，在随后的时间里会重复发生交配。

雌性发情行为的出现和雄性性行为的激活导致了交配。猫的交配过程相对较短却重复发生。然而，犬的交配会因"生殖器的封闭"而延长10～30min，在此期间阴茎不能抽出（Manteca，2002）。有蹄动物的两性在交配过程中具有同等重要的作用（图17.5）。

交配前，雄性的基本反应是确定雌性的方位。雄性有蹄动物很通常在雌性后面与雌性排成一条直线，并且有同样长的轴线，直到发生爬跨行为。发生偏离的位置与性无力密切相关，表现为冲动减少。性交前偏离站立点的雄性动物会将头放在雌性后腿处，转动身体偏离列线。这种偏离有时会在性无力之前，因此在可控制的交配条件下，可以预测后面的情形。偏离的位置象征性地保持几分钟。性无力的表现形式越全面，偏离的角度就越大。

交配的重要组成部分是爬跨行为。爬跨行为的神经-行为机制与间接干预不同。在一些物种中可以看到两性都发生爬跨行为，这在牛中特别普遍。即使群体中存在雄性个体，雌性个体间也会相互爬跨。猪是另一种雌性在发情期会表现出爬跨行为的动物。雌性爬跨其他发情的雌性在马中非常罕见。通常绵羊雌性间不会发生爬跨行为。

在求偶过程中通常可以看到雄性动物的"假爬跨"尝试。在这些情况中，雄性没有任一前肢扣紧或骨盆的前推移动就迅速下来而没有发生爬跨行为。假爬跨表明爬跨和插入的技巧是分开控制的。假爬跨可以在种马、绵羊和山羊的交配例子中看到。人们认为，在达到有效交配前种马有两或三次假爬跨行为是正常的。

在种马爬跨行为的详细研究中发现，年长的动物比年轻个体爬跨快，蒙上双眼的个体比其他个体爬跨得更快，并且在插入和射精前有大约两次假爬跨行为看上去是正常的。研究显示，蒙上双眼的种马"用肩膀推"雌性后才被允许爬跨。同时也研究了给种马一个"母马模型"时的爬跨行为。研究表明，被蒙上双眼的年轻无经验的种马比它能看到时爬跨得更迅速，但是当能看到模型母马并喷洒上发情期的尿液时，爬跨行为还会更迅速。所有这些都表明气味是爬跨的积极刺激因素，并且雄性能够看到雌性的体貌特征可能对于这种动物的爬跨行为有弱化作用。

公牛有一个显著延长的反应时间，这似乎会使当有发情母牛存在时，公牛的爬跨反应会受到环境因素的抑制，在爬跨期间有时会对蒙上双眼起反应。在反刍动物中，插入仅仅由单一的骨盘前推构成，然后就是下来。种马插入会保持1min或更长的时间，在此期间会有反复的骨盘前推，接下来会采用一种完全静止的姿势，然后就会下来。雄性在插入期间的扣紧和爬跨是交配行为中的一个重要组成部分（图17.6）。

种马和公牛会将它们的前腿内收至雌性的侧腹部以达到紧紧扣住各自雌

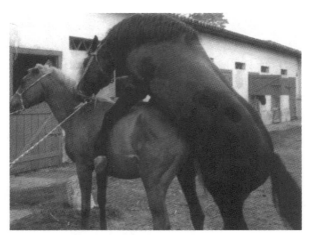

图17.6　在交配期间，种马扣紧母马的冠毛，并且用它的前
腿夹紧母马的胸膛，此时母马站立不动（图片由A.F.
Fraser提供）

性的目的。在公牛交配过程中，这种扣紧的强度在插入和射精时会增强。绵羊交配时也会发生有力的扣紧，但是当雄性和雌性被厚重的羊毛覆盖时，扣紧难免会发生一定程度的减弱。

　　猪插入的方式较为单一。在这个物种中，雄性爬上雌性，并用阴茎一边前推，一边反复地做半回旋动作。只有当公猪螺旋状的龟头在子宫颈紧密的褶层中紧固时，这个动作才会停止并开始射精。很显然，事实上，阴茎在子宫颈的紧固对公猪射精是必要的刺激。尽管公猪不容易表现出扣紧，但交配期间在母猪背上时，公猪会用前蹄做出一个"踩踏"的动作。大公猪在小母猪身上爬跨时会紧扣，但在这种情况下雌性通常会虚脱，也不会产生有效的插入或交配。

　　在家禽中，踩踏是交配的一个重要特征。对于家禽的交配行为，雄禽"快速走动"是主要的交配前行为。雄禽快速走动时，采用一种夸张的步伐围绕着雌禽，把躯体倾向于一侧。自由交配的家禽在群居关系中会发生高频率的踩踏行为，如雄性频繁地追逐雌性，或者雄性频繁地围着雌性走。雌性蜷伏大都伴随有快速走动，追逐雌性和其他快速走动过的雄性。鸭子的交配可能发生在水面或陆地上，这个过程有时需要另一只公鸭协助将母鸭的脖子压在地面上。

插入时，勃起的阴茎增加了对触觉刺激的敏感性，这样反过来有助于射精。脊柱反射也会影响射精。插入过程释放的缩宫素会促进射精。血液中缩宫素的有效量产生出现在交配前和交配后不久。

（四）反复的交配行为

射精后，雄性动物会表现出一个不适期，这是性疲劳的一个阶段。性疲劳阶段不是一个主要的生理阶段，然而，这个阶段主要与对雌性刺激的减少有关。当给予雄性动物一个与新发情个体交配的机会时，它会表现出性行为的快速恢复。

一些驯养动物与任何给定的雌性发生反复的交配是很正常的。猫在首次交配的5～15min后能再次交配（Manteca，2002）。在每个发情期，种马很可能与发情母马交配5~10次。很多记录显示，公羊与母羊反复交配3~4次，公牛与发情母牛大概反复交配5~6次。正常情况下，公猪在24~48h内会与母猪交配几次。家禽中反复交配也很常见。

在发生疲劳前，公猪能够进行很多次的交配。在发情期，公猪与发情母猪的交配次数可达11次之多。一项检测表明，在2～25h内，3头公猪中的每头都能射精8次，这一测试还包括9头母猪。然而，在公牛交配能力测试中，在5h的测试时间内，可观察到某一头公牛射精75次（Almquist和Hale，1956）。在一个大的畜群中，公羊平均每周交配45次。

发情的雌性动物接受雄性的程度不同。一些研究表明，许多母羊在每一个发情期最多大约交配6次。当母羊之间因为公羊数量有限而产生竞争时，年长的母羊在获得反复交配机会时往往比初次交配的母羊更易受孕。

自然交配能够使牛的发情期缩短。当提供自然地环境条件，并发生反复交配时，母牛接受公牛的时间可能会被缩短8h。当对一些切除输精管的雄性动物催情时，他们发情的持续时间比其他个体略微缩短。发情不是只受内因控制，它的表现在某种程度上也受环境因素的影响。

第18章
胎儿和临产行为

一、概述

　　动物的行为特征在其发育过程中出现并不断变化，呈现出明显的时间特征。妊娠过程中的刺激可能会启动哺乳动物母畜体内某些基因的作用，从而为发育过程中的胎儿提供不同的发育环境。这种变化能够改变一个或多个胎儿的存活率、胎儿生活的激素环境、性别或营养获取能力，以及胎儿、新生儿的大小和生命活力。环境因素的刺激可能启动对胎儿的基因作用，这里的环境因素包括其他胎儿的存在、营养水平及激素环境（Broom，2004）。基因作用的启动会使每个胎儿处于最佳的发育变化阶段。妊娠母畜不同，胎儿发育也不尽相同。因此，在胎儿的发育过程中物质环境作用和胎儿基因作用之间存在着矛盾。所以在胎儿或新生幼畜的发育过程中表现出来的一些特征不会最终决定一个功能完善的成年个体的产生。

　　发育中动物的行为揭示了与胎儿和新生儿的存活有关的神经程序（neural programme）（Cowan，1979），这种现象的评估对于胎儿期和围产期最优环境的选择很重要。新生动物死亡率很高，只有根据动物的行为需要，采用先进的管理方式才能使死亡率得到控制。

　　近年来，胎儿期的环境对出生后行为的影响已经成为研究热点（Bateson 等，2003）。早熟的新生幼畜，如马驹、犊牛、羔羊和仔猪等，由于在出生前就已经受了某种敏感刺激，因此它们的方位感、重力感、触觉、嗅觉及味觉等感觉可能在子宫内就已经产生。据称绵羊胎儿能听到子宫以外的一些声音（Vince 和 Armitage，1980；Vince 等，1982）。有蹄动物胎儿的耳朵在出生前就已经完全形成并具有了功能。出生时胎儿鼻孔内的羊水量很大，这表明嗅觉黏膜与羊水中的物质已经有了亲密的接触，在出生后需要将这些物质清除。

卵生雏鸡在孵化的第4天就有了头、身体、翅膀和腿等的笨拙运动。这些不协调、无序的运动在孵化中期将达到顶峰，在出壳前几天运动将趋于流畅和协调。雏鸡在出壳前已具备了腿的协调运动及翅膀的振翅能力（Broom，1981；Provine，1984；第3章）。

对人类胎儿行为特征的研究大多来自于流产的活体胎儿，将胎儿悬浮于体外等渗溶液中，在短暂的子宫外的生活过程中给予探测刺激。另一方面，对家畜胎儿行为的研究也借助了触诊、外科、超声波、X线技术及荧光透视法等手段。

二、胎儿的行为模式与动作次序

在胎儿身上除了身体某一部分的动作和模式化动作之外，还会有一些大的活动出现。在对胎儿自然行为的研究中，"活动模式（action pattern）"这一概念很有用处（Broom，1981）。胎儿做出的明显活动是由一组复杂、一个接一个迅速完成的胎儿动作组成的。因此，在各种类型的胎儿行为中去认识这些行为产生的每一个细节比较适宜。实际上，胎儿的旋转、伸展和内转等活动形式似乎并不明显。

据报道，人类胎儿口腔的周期性开闭是一个局部反射的、简单的胎儿动作。对绵羊胎儿进行连续荧光透视研究显示，下颌高频率的动作是一个明显的胎儿发育后期行为。下颌的慢速和快速活动是可区分的，前者通常出现在产前40d。发育成熟胎儿的下颌快速活动表现为快节奏的口腔开闭。在多数情况下，每次简短的口腔行为活动包括有10次以上的快节奏动作。胎儿这种快速有节奏的下颌动作是下颌在颅骨中轴线上移动的结果，表明了胎儿具有强烈的吮吸行为（图18.1）。

这样的情形在妊娠后期出现的频率较高。这些只是伴随口腔打开时的头

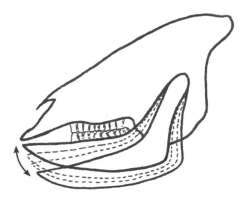

图18.1　绵羊胎儿出生前两周下颌快速活动荧
光透视镜检图。这种活动代表吮吸，
因此不能简单地认为吮吸是在出生后
形成的（图片由R. Bowen提供）

部伸展和口腔闭合时的头部向腹侧弯曲的一小部分活动。经证实这些活动表示吞咽。另外，口的一些快速活动可以在产前最后1周出现，这时下颌会以正确的角度移向上颌，出现明显的闭口动作。因此，可以看出发育完全的胎儿进行了大量的口腔行为，包括吮吸和吞咽。

这些观察结果推翻了以往人们认为"吮吸反射"是胎儿出生后为了生存才出现的现象的传统概念。绵羊胎儿的第一次吮吸活动（以快速的下颌活动的形式）通常发生在产前10d，偶尔会出现在产前16d。最近对这一现象的研究发现，所有羊胎儿在产前1周内的一些时间点都可以观察到胎儿的吮吸现象。

通常，复杂的胎儿动作包括3~5个独立的分解动作。在妊娠后期，牛、马、绵羊胎儿复杂动作的频率有所增加。对胎儿活动的长期研究发现几个动作之间衔接紧密。胎儿剧烈的活动通常出现在一段较长时间的静止之后。在用荧光透视法作X线研究胎儿时发现：复杂的活动中不仅在数量上还是在质量上都有助于动作的形成。

在胎儿期能发生矫正行为。以绵羊为例，胎儿处于仰卧的姿势，脊柱靠在母体的腹壁。行为矫正的主要有如下几个方面：

- 一般的活动；
- 前肢的髋关节和趾向母体骨盆方向发展；

- 抬高头和颈；

- 旋转头并向骨盆方向伸展；

- 旋转前躯干180°；

- 完成一个内转姿势。

实质上，这些矫正反应表明了某些反射是有目的性的反射转换。这些过程产生的很明显，绵羊发生在出生前2d，牛出现在产前1d，马出现在分娩第一期。总的活动大约包括3 500个动作，与这些矫正动作一致。通常，这种活动在产前就停止了，因为此时胎儿静止占有优势。

如果主要的矫正反射没有完全完成，胎位将出现异常。常见的胎位异常由以下原因导致：① 在出生前一刻，一条或两条前肢没有伸入到母体骨盆处；② 头偏向一侧，在胎儿被排入产道时，偏离得更大。这些情况导致绵羊和其他家畜在难产中常出现不正常姿势。

由于周期性翻转调整，胎儿最终采取了俯卧和蹲的姿势以适于分娩。胎儿在出生前不得不发生多次这种调整。最终，寰枕关节做最大伸展以确保头和前肢能进入到母体的骨盆内。腕关节的伸展是一个重要的矫正动作，它可促进前足进入母体骨盆。接着就是头的抬高和伸展，从颅部先露变为脸部先露。当头和前蹄完全进入产道时，母羊发出行为信号，表现出分娩第一阶段的疼痛。

在胎儿前半身产出的过程中，所有后面的关节都是弯曲的。这种姿势将一直持续到胎儿腹部进入到产道。此时，后肢向后伸展。随后胎儿被完全娩出。

在剖腹产中直接用外科手段检测了1 255只牛胎儿的姿势。这些胎儿中有87%是前躯位于产道，90%为头是伸展的，96%的前肢伸展及57%的伸展着后肢。这些数据说明牛难产主要与胎位异常和体位姿势功能障碍有关。

三、分娩行为

对于单胎动物，分娩过程通常分为很清晰的3个阶段。第一阶段是子宫颈扩张及相关行为。这是临产前的最后一步，此时行为的改变开始发生。第二阶段就是胎儿产出。第三阶段是产后胎衣的排出，进入时间更长的产后行为期（表18.1）。

表18.1　主要的分娩行为

动物	产前	分娩	产后
母马	易受惊吓，产前明显厌食，摇尾，不准备产床	首先：不停歇地无目的走动，甩尾，并踢扒产床；之后：身体下蹲、跨坐、跪下；最后：母马躺下使尽全力，慢慢产出胎儿；后者必须旋转180°以利于产出	通常在产后20min仍然躺卧；不吃胎衣；产后第9天再次发情
母牛	可能离群，寻找隐蔽场所，厌食（1d），躁动（几个小时），不准备产床	表现出疼痛和不舒服的感觉（交替地躺下和站起来）；躺卧产出胎儿，但比母马要慢	如胎膜是新鲜的，母牛会吃掉胎膜，有时会在完全脱落之前就发生该行为；母性反应会立即出现，如舔犊牛
母猪	收集产床材料并做一个产窝，躁动，朝一侧完全伸展躺卧	发出疼痛信号；全身用力生产；尾巴的动作可预示每一胎的产出；每只仔猪的产出都伴随着一波腹肌的收缩	吃胎膜、死胎或其中的一部分；依然要躺很长时间以适应喂养一窝仔猪
母绵羊	对其他羔羊感兴趣，离开群体（66%），大多数的会找一些遮蔽物，躁动，刨地	不间断地站起卧下；生产用力时站立；胎儿产出时躺卧	细致的刷洗羊羔，舔去液体，除去黏膜；停留在原产地
母山羊	缓慢行走，焦虑不安	发出明显疼痛信号；不停用力，有时发出呻吟	对羔羊的关注不同，通过舔和咬来梳理羊羔，体弱的将被淘汰

（一）产前行为

产前是指妊娠后期到分娩第一阶段的过程。这段时间，除了对早产儿给予照料外，通常直到临近分娩时，动物才表现出明显的分娩行为。一旦分娩即将来临，许多动物会从群里离开，寻找分娩的场所。然而准备分娩的母犬是个例外，它们会寻找或做一个窝来产幼犬。猫也会找一个舒适安静的地方生产幼崽，通常母猫生产后都会吃掉胎衣（Manteca，2002）。

只要条件允许，母猪也会寻找一个舒适的位置并造一个窝。通常所选择分娩地点是不易受到打扰的。对于临产母猪来说，产窝的搭建完成于产前24h。这一活动有可能在产前3d就开始了。然而，这些筑窝活动实际上大部分依赖于母猪所拥有的材料。母猪会尝试清理和弄干它所选择的产地，然后用口叼较长的草或秸秆来搭建产床，如果需要的话还会从远处运来一些材料。

理想的生产场所可能要经过不止一次的变更才能完成。猪的活动就是证据，母猪会用它的前肢去移动产床。通常，产前母猪会采取躺卧姿势休息。据观察，自由生活的母猪会选择一个林地用干燥的植物搭建产窝。这些产窝是用叼后的灌木和树叶连接而成，生产的位置干燥并被遮盖。对于一个完整的产窝来说，母猪还会尽可能用所有能利用到的材料来搭建一个产床。它通常会抵制人类有意地打扰或改变产窝的行为。建造产窝花费的时间对于不同的母猪是不同的，但它们几乎都是用麦秆、干草和其他所有可以利用的干燥材料。通常，放牧的反刍动物似乎在产前1~2h会从放牧群中退出，但在某些情况下，它们只是短暂地脱离了主群的行为轨迹。例如，在荒野和林地上的母马会找一个在正常活动范围之外的安静的、可以遮蔽的地方（Tyler，1972），或者它们可能呆在离群很近的地方。

山羊通常在夜里产羔。在羊群宿营的地方，羊会选择一个头部上方有遮掩的地方，可能的话最好可以是挡风的地方。据Lickliter（1985）报道，有76%的羊要离群生产。母牛试图在较长的植被中生产，因为这样可以遮掩犊牛。鹿会迁移到林地或其他隐蔽的地方去生产，以便幼鹿在出生后能隐蔽一段时间。

正在产羔的母羊寻求隔离和寻求遮蔽的现象被广泛报道。一只母羊看见一只刚产下的羔羊后通常会离开羊群，这个事实并不能完全表明母羊积极寻找隔离区有利于分娩。60%或更多的在隔离区内产羔，其余的就在羊群内生产。大部分寻求隔离的母羊是积极地寻找安静的隔离区，剩下那部分则是被羊群留在后面而被动隔离。大部分母羊会在羊水溅落的地方生产，并且大部分不会离开分娩开始的地方。它们中的很多会回到这里完成生产过程。美利奴羊很少会去寻找一个生产隔离区并且90%会选择羊群放牧的地方或分娩开始的地方生产。细毛的美利奴羊在产完后立即回到羊群，与其他美利奴羊相比表现出极差的母性行为（Stevens 等，1982）。其他品种都比美利奴羊的母性要好。其他品种寻求隔离生产的行为表现都很强烈。很明显，不同品种的绵羊在产羔过程中寻找隔离区的行为表现是非常不同的。

隔离分娩在生物学上有两方面的益处：

• 在临产时被其他母羊打扰的概率下降；

• 可以有机会与幼畜建立紧密的关系，因为刚出生的幼畜会跟随离它最近的事物，在一个隔离的产窝内就加大了接近母畜的机会。

寻找隔离区是绵羊的一种行为方式，大多数品种在驯化过程中也明显存在这种行为。母羊根据天气情况或遮蔽物的可利用程度来寻找遮蔽物——有时可能与寻找隔离区同时进行。以威尔士山地绵羊为例，在产羔时，它们通常会在风速大于11km/h时去寻找遮蔽物。在风速更高时，尤其是伴有冷空气时，它们会进一步寻找更隐蔽的分娩生产。艾羊明显的觅窝和寻找遮蔽物的行为发生在分娩前大约4s，同时母羊会躺在一个隐蔽的地方而不管其他母羊在做什么。风速和冷空气同样会对其他品种的分娩母羊产生影响，但是美利奴是一个明显的例外，其表现出很强的群体凝聚力。

在高密度的舍饲条件下，自然行为难以表现。例如，野猪会在狭窄的坑中建造一个草窝（Jensen，1986），然而产笼内的猪在分娩24h内的行为与前者有很大的改变。在分娩当天，母猪会非常努力地去寻觅建窝所需的材料（Arey，1992）。据观察，在传统产床中的母猪在临产这段时间内建窝行为表现明显提高：经常表现为咀嚼产床，尽管产前3d的大部分时间都是在吃和睡。改变最大的产前行为是躁动，母猪会不停地改变它的产床，或者从一侧翻到另一侧躺着，或者由躺卧站立起来。这种活动逐渐增加，直到每几分钟就改变一次姿势。间歇地叫、下颌的咀嚼及呼吸频率的增加都是前兆。在此期间母猪可以试着建一个窝，努力用前蹄将产床堆起来。

所有家畜在即将分娩的阶段，即分娩前24h开始出现标志性行为特征。动物开始变得越来越躁动并不断变化姿势，还可能改变它的位置。在这时可能出现疑似建窝行为，母猪会在此时摆弄提供给它的布条（Taylor 等，1986）。逐渐地，动物会明显出现更大程度的躁动，直到动物每几分钟改变一下姿势的阶段。通过对妊娠动物产前行为的认知，可以帮助人们在大多数情况下准确预知分娩时间。这种预测有助于我们对分娩动物及新生儿进行妥善的管理。

类似于分娩母羊的行为也同样发生于母牛身上。对于肉牛，这种行为变化发生于产前几天到几小时。有时，躁动的同时还会伴随着舔侧腹或摇动尾巴。对于奶牛，这种行为变化通常发生在产前6周，这时母牛避免群内顶撞式交流或被顶撞。这些改变可能与妊娠期间身体负担有关，由于这样，母牛在妊娠后期变得很不灵活同时也缺乏通过斗争争取群体地位的能力。产前2周的母牛不会在食槽内争抢食物仅在只有少数几头牛时才去食（水）槽采食和饮水。在放牧或躺着休息时，它也会呆在群体之外。

在即将分娩时，一些雌性动物会对群中其他雌性动物刚产下的幼畜感兴趣。这种行为表明，在新的激素作用下母性行为初露端倪。这一点在母羊身上经常可以看到，因为在一个大的羊群中带新生羔羊的母羊和临产母羊混在一起的可能性非常大。对羔羊提前产生兴趣的行为在产前2周就被观察到了，但是这种行为经常在产前12h发生。这种行为可能导致外来羔羊被误养和侵犯，在高密度养殖的情况下尤为明显。这种概率在一些品种中可达到20%，对于初产母羊概率要小一些。对于美利奴羊，产前母性行为通常发生在产前2h。这种母性行为多种多样，从简单的检查到清洁卫生、哺乳，有时会收养其他羔羊。这种母羊很少会在分娩来临时对其他母羊的羔羊产生兴趣。因为这种方式导致的幼畜丢失经常发生在母马和母牛身上，并在群体圈养的条件下产生很严重的问题（Edwards，1983）。

躁动不安和离群活动的增加是绵羊、牛和马的产前行为特征。主动离群行为时常发生，但是对于奶牛的研究发现，很多奶牛在分娩时并不会离开群体（Edwards 和 Broom，1982；Edwards，1983）。绵羊和牛也会发生嗅探和扒地行为，但绵羊分娩扒地行为非常明显。不同种类动物产前行为的变化开始的时间长短不一，绵羊通常发生在即将分娩时。许多母羊会在分娩前1h之内表现出不安，然而事实上所有的母羊将在发出分娩信号的2.5h内正式产羔。

（二）分娩的时间

　　很多研究发现大多数动物的分娩不会在24h内随机发生。据报道，很多动物包括人、马和猪的分娩发生在夜里的可能性较高。但是Edwards（1979）在绵羊和牛身上发现了不同的结果，他对522头黑白花牛作了研究，发现黑白花牛在白天或黑夜都不存在产犊高峰（图18.2）。特别有趣的是，在Edwards的研究中发现老龄牛很少会在挤奶期间产犊，而青年母牛在全天都有分娩的可能（图18.2）。老龄牛的分娩尽量避开这段时间（此时群里其他牛正常挤奶）的行为是由于来自外部的骚扰，但是青年母牛很少会出现这种规避行为，即使是与老龄牛处于相同的环境中。泌乳期内产生的内部节奏可能影响到了行为变化。无论什么原因，奶牛能够避开挤奶期，可能是主动推迟分娩期的结果。

　　尽管母羊产羔可以发生在24h内的任何时间，但经过几个产羔季节的观察发现，很大数量的母羊产羔持续4h，从19：00一直到23：00，有时也会发生在5：00到9：00（图18.3）。不同绵羊品种在24h内产羔时间的分布略有不同，美利奴羊在17：00和21：00之间有一个小高峰，萨福克母羊在8：00和12：00之间有一个高峰。

　　马驹在产后1h内开始尝试吃奶，在大约4h后开始跑动。约有80%的母马会在夜间产驹，在露天条件下也可能进行（Rossdale 和 Short，1967）。舍饲马的分娩通常也会出现在晚上，也许是因为这时可以免受人类的骚扰。舍饲母马的产驹高峰时间会出现在午夜之前。放养的母马通常会在黎明到来前的那段时间内分娩。这样就会有一整天的时间供母马与马驹间建立密切的联系，同时也有利于刚出生的马驹在白天四处走动。

　　分娩的同时也表明了一种母性自觉或不自觉的保护行为方式。例如，人们发现很多母马会在夏季产驹，因为此时营养非常充足。在收获季节交配的母马通常会在这个季节产驹，因为产完驹后就可以进行交配了。除这种对孕期广泛的同步性影响之外，人们还发现季节因素对分娩时间也会有影响。对两组母马进行比较研究发现，在春季产驹母马的平均孕妊娠期要比在秋季产驹母马长8d。

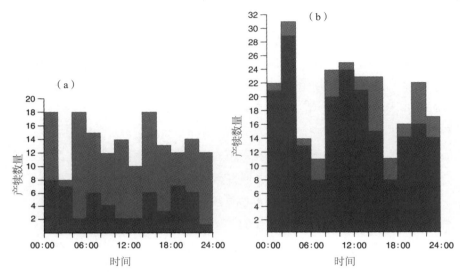

图18.2 不同胎次母牛24h内产犊时间分布图：（a）头胎牛；（b）3~11胎牛（平均5胎）。独
立生产（ ），需辅助生产（ ）（Edwards，1979）

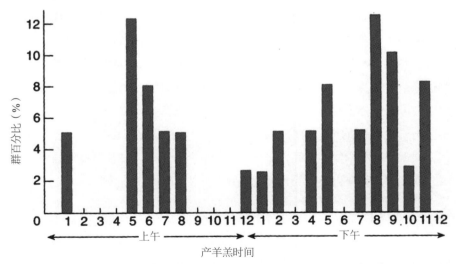

图18.3 在切维厄特绵羊和萨福克羊的群体中，母羊在超过3年的时间中表现出的产羊羔时间
的柱形图。双峰分布指出了黎明前后和傍晚的两个高峰。母羊的分娩表现出与黄昏和
拂晓时期的暗光有轻微的相关性

四、分娩

分娩时疼痛非常明显，此时胎儿和胎衣会排出。但不同动物的疼痛程度差异明显。对于一窝多产的犬、猫和猪等来说，每一个体产出时母体组织的拉伸和用力程度要小于母羊产1~2只羊羔或牛、马产一头犊牛或一匹马驹的程度。以下提及的大部分细节可以表明分娩是一个痛苦难忘的经历。

胎儿的外膜与子宫壁是粘连在一起的，在身体用力的过程中，两者之间开始撕裂。这就使得包裹胎儿的羊膜开始膨胀进入到阴道——同时伴有子宫颈黏液和绒毛膜液体的分泌——并影响着进一步膨大以使胎儿进入骨盆。在分娩的这个阶段子宫收缩是有规律的。甚至在该阶段结束时，收缩依然强烈而持续。母畜的排出能力加快，第二阶段结束。如果在分娩中没有任何阻碍，胎儿会在腹壁肌和子宫肌的共同作用下产出。反复的用力，特别是腹部肌的用力是母畜在分娩时的主要特征。在第二阶段开始时，肌肉紧张频率增加再次出现。此时腹肌和膈肌的强烈收缩反应与子宫收缩同步。

在用力期内会有间断性的休息，每次持续几分钟。胎儿进一步的娩出并不一定需要用力。娩出的过程会遭受阻碍，甚至胎儿会缩进母畜体内。单个分娩的一个主要障碍是胎儿的前额通过母畜打开的阴门狭窄的边缘。一旦头部被分娩出，胎儿通过的速度会大幅加快。肩胛在几分钟内随着头部通过阴门边缘，紧接着，胎儿的剩余部分很快滑出分娩通道。当胎儿的躯干被分娩出时，母畜会停止用力。尽管胎儿的后肢仍在躺着的母畜的骨盆内，此时经常会有一个较短的休息时期，这在马的独立生产中通常会发生。在分娩期间，根据物种和个体的不同，母畜的分娩姿势分为很多种。一些母畜在分娩时一直侧卧；有些母畜会轮番出现躺卧、站立和蹲伏。

（一）绵羊

大多数正在分娩的绵羊表现出焦虑和不安行为：反复躺下和站起，用后肢踏地及出现其他不适的典型特征。在一项研究中，17%的母羊没有明显的初期分娩预兆，尽管它们被饲养在严密监督的条件下，并且人们在两个产羔季节的适当时间，进行了几乎不间断的观察。母羊在产羔前后，经常用前蹄击打地面。尽管母羊在分娩前可能会频繁躺下和站起，但大多数母羊会保持躺卧，直到胎儿部分或全部娩出。在孪生和多胎的情况下，幼崽会在大概几分钟内一个接一个地娩出。

第一次和第二次分娩平均延续时间是80min。因此母羊分娩的过程看上去是一个相当快速的过程。羔羊产出的时间标准偏差约为50min，只要不是由于分娩困难（难产）而使分娩超过2h的情况，生产时间将会遵循正常分布。不同品种或年龄之间，分娩的持续时间没有显著差异。大多数羔羊会在出现于阴门后的1h内娩出，一些母羊由于难产会延长分娩时间而超过2h。孪生时，第二个羔羊的娩出的时间比第一个要短很多。

当母羊在分娩时，胎儿会弯曲肘部和肩胛。在A.F.Fraser对79只母羊作的研究中发现，这是一个永恒的规律（图18.4）。

（二）山羊

安哥拉山羊群，在一个季节中2/3的羔羊会在4d内产出。分娩前母羊经常表现出烦躁不安和焦虑。母羊将会做窝并反复躺下和站起，另外还有紧张的迹象。生产通常会在母羊表现出分娩第一阶段的第一个行为特征的1h内完成。胎衣通常会在分娩后20min至4h排出并被母羊吃掉。

（三）牛

直到分娩开始的第一阶段，分娩前母牛的身体改变比行为改变更明显。然而，在即将开始分娩时，摄食行为将会减少。同时，动物表现出周期性的不安，在这些周期之间有时会有采食行为。最终，这种不安行为与疝气时表现出的行为相似。母牛表现出惴惴不安，环顾四周并向许多方位转动耳朵。在这个时期，如果可

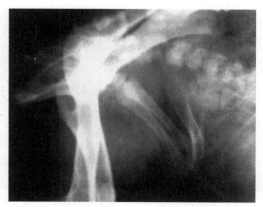

图18.4　分娩之初绵羊胎儿的X线片（图片由A.F. Fraser提供）

能，母牛会过度走动，同时还会不时地检查地面，有时甚至会用蹄子聚集松软的草垫子或垫料。

当母牛频繁变换姿势时，分娩的第一阶段明显到来。它会反复躺下和站起，可能还会反复用后腿踢腹，环顾它的侧面并频繁地改变位置。此时，母牛弓背并轻微努责的间期，开始排出少量的粪便和尿液。母牛在分娩中表现出这些轻微努责的时间比其他农场动物都要早。随着时间的推进，由明显疼痛产生的痉挛变得更加清楚和频繁。最终，痉挛开始呈现出规律，大约15min痉挛一次，每次持续20s。痉挛可由快速连续的几个努责组成。在发生一定次数努责后，尿囊绒毛膜或"第一水袋"破裂，并排出一种稻草黄色的如同尿液般的液体。在此之后，努责和痉挛通常会稍稍停止。此次停止是分娩第一阶段的结束，分娩第一阶段的持续时间为3h到2d，而4h是较为普遍（最常见的）平均时间。约1h后，分娩第二阶段的更剧烈的努责变得明显，并且羊膜出现在阴门处（图18.5）。

此时，收缩大约每3min发生一次，每次持续约30s。当犊牛的部分，如前肢，在阴门处被挤出时，收缩变得更剧烈也更频繁。在这个阶段，母牛要么采取正常的歇息姿势要么侧卧。由Edwards和Broom（1982）所作的一项关于82头黑白花牛产犊的研究表明，排除人类的协助，所有牛在产小牛时都是躺着的。如果在母牛平躺在一侧时发生了收缩，它的前肢会不断摆动

图18.5　母牛分娩的第二阶段的开始；羊膜已经在阴门处出现（图片由A.F. Fraser提供）

而接触到地面。收缩会持续到犊牛的头和躯干被娩出。大多数母牛能独立顺产，保持躺卧直至分娩完成。在Metz和Metz（1987）所作的一项研究中，92%的母牛在分娩胎儿时会一直躺卧，但当难产时64%的母牛则会站立。随着脐带的断裂，分娩完成。在偶然的情况下，母牛在挤压的主要时期过后会站起，此时胎儿的骨盆还在它的体内，胎儿可能会随母牛摇摆一段时间从而在降生到地面。分娩的第二阶段，即分娩，通常在1h内完成。Sheldon等（2004）对分娩中可能遇到的问题作了综述。

（四）马

当母马变得越来越不安时，分娩的初步征兆出现。母马可能会表现出环形运动，环顾它的侧面，断续性地站起和躺下，且一般会表现出焦虑的迹象。在分娩起始时，采食也会突然停止。母马站起再躺下比以前更频繁，在地上滚动并用尾巴不时拍打会阴。随后，它采用一种跨越状、蹲伏的姿势，并会频繁排尿。特别在尿囊绒毛膜破裂，尿囊里的尿液排出之后，母马还可能表现出裂唇嗅的行为。这大约是发生在分娩第一阶段结束时第一次出现非常有力的收缩，这在母马单独存在时非常典型。

在阵缩前，人们有时会观察到母马头抬得非常高。但是当阵缩开始时，母马很快侧卧，且排出作用加强。从出汗的第一个迹象，我们能够推断，可能会持续4h的分娩的第一阶段已经开始，但假分娩也很常见。经过一定次数的阵缩，水袋（羊膜囊）被挤出，在羊膜囊内，胎儿的一只蹄子通常在其他蹄子的前面。阵缩的发作越来越有力，直到胎儿的鼻口部出现在球关节的上方。尽管在此阶段的收缩非常有力，羊膜囊却不会破裂。马驹头部的排出占据了分娩绝大部分的时间。头部被娩出之后，除后肢外的其他部分会很快从阴道娩出。几乎全部被生产出的马驹的反射性头部移动最终弄破羊膜囊；马驹开始呼吸，它的下一步反射性的肢体活动可能是从母畜体内抽出后肢的剩余部分。尽管98%的母马躺着分娩，然而胎儿后肢可能会在母马站立后娩出。

分娩第二阶段的持续时间平均为17min，尽管在正常情况下它可能会是10~70min（Rossdale，1968）。在完成分娩后母马通常会躺下，它显然非常劳累，这会持续20~30min。就像事先规定好的一般，母马不会吃掉胎衣，尽管它们会为马驹梳理。马驹胎衣排出的时间通常约为1h。

（五）猪

母猪在濒临分娩时，会交替发出柔和的哼哼声和高频率的哀鸣声。当分娩临近，母猪发出的哼哼声更加剧烈，并且大声地尖叫。

在分娩过程中，正常情况下母猪会侧躺，有一些母猪使用腹侧躺下的姿势（压在胸骨上）。母猪尾巴有力地移动预示着每一次分娩，并且仔猪的娩出没有太大的困难。尽管如上所述，多胎动物可更准确地显示分娩仅有两个阶段，然而直到所有仔猪被分娩出之后才会排出相对较少的胎衣。

在新生仔猪产出期间，躺着的母猪偶尔可能会努力伸展，用后腿上部踢蹬或翻向另一侧。这些移动会挤出尿液，一头仔猪也可能在此时被排出。有时，在娩出仔猪的时候，母猪的躯体可能会颤抖，并且如果它处于焦虑之中，可能会发出哼哼声和哀鸣声。

每头仔猪生产出的平均时间是15min。焦虑的母猪经常在产下每一头仔猪时站起来，这可能与生殖道内压力的临时降低有关。产仔猪的全部过程正常会持续3h。在最后一头仔猪产出之前，母猪很少关注它的幼崽，最后它会站立起来，有时会排出一定量的尿液。

（六）分娩后的行为

在刚完成分娩时，母畜忙于分娩的第三阶段，包括排出胎盘和梳理幼崽。在分娩后的很短一段时间内，母畜会相当轻松地排出胎衣。许多母牛会在胎衣最终排出之后将其吃掉。并不是所有的动物都吃胎盘。母牛和母猪吃，而母马不吃。似乎具有一般行为特征的两群动物有差异。吃胎盘的动物通常让其新生幼崽在出生地待上至少数天。而不吃胎盘的动物在分娩后即将其幼仔带离出生地。如前文所述，在自然环境条件下，母马在晚上和开阔的地方产驹，在拂晓前马驹就能小跑并被它们的母亲带走。因此母性行为与新生特征有关，这些新生特征有待在窝内、跟随或隐匿。例如，新出生的仔猫或仔犬是晚熟的，并且无法离开出生地（图18.6和图18.7）；而放牧的有蹄动物幼崽是早熟的，在出生后能够行走。鹿崽或幼鹿和犊牛是躲藏者，会在

图18.6　达尔马提亚母犬与一窝小犬；母犬留意看护着产下小犬的箱子四周的围栏，以防止它被破坏（图片由D. Critch提供）

图18.7　母犬梳理照料初生幼犬（图片由D. Critch提供）

出生地或出生地附近待上1d或更长时间；羊羔和马驹是追随者，在出生后很快就能跟着母亲和同伴行走或奔跑。

在做窝或隐匿者物种中，分娩后会有幼崽和母亲分离的时期。追随者物种，例如马，在分娩后母畜和幼崽保持亲近并且频繁交流。这些分娩后行为是将掠夺幼崽行为降到最小化的不同方式。晚熟的幼崽依赖于一个做窝的地方，在这个地方它们能够隐匿起来，并可能得到母亲的保护。追随者物种通常具有快速发育、高移动性的幼崽，并且有时能给予幼崽一些形式的保护。隐匿者物种在能够遮掩的地方分娩，使易受伤、不易移动的幼崽隐藏起来，这可以作为一个对抗掠夺行为的方法。

尽管隐匿者物种的临产动物倾向于选择一个良好的能够提供遮蔽和防护的分娩地点，然而母畜可能会或者可能不会与幼崽保持亲密接触（Hudson和Mullord，1977）。

分娩后，雌性山羊个体可能会待在幼崽附近，或是离开幼崽与畜群一起搜寻食物。个体显示出的这些策略模式以滞留者和离去者为特点。滞留者雌性个体一般比离去者雌性个体年龄大。产下2只羔羊的雌性山羊比只产下一只幼崽的雌性山羊更可能成为滞留者（O'Brien，1984）。

母牛在分娩完成前通常会舔净子宫排出的物体。一旦犊牛被娩出，母牛会休息不同时间，然后站起并舔掉犊牛身上的胎膜和液体。它通常会吃掉胎盘，有时也会吃掉被胎儿和胎盘上的液体弄脏的垫草。

尽管一些小部分的胎膜会在分娩过程中被排出，然而绝大部分的胎膜会在所有新生仔猪娩出之后分2~4次排出。许多母猪会吃掉所有或部分的胎衣，除非胎衣被迅速移开。分娩后，母猪会发出反复的短哼哼声以召唤幼崽吃奶，如果一个入侵者弄乱了窝，那么它会发出大声呼噜声。母猪很少舔或梳理幼崽，但是有时会表现出努力使仔猪靠近它的乳房，或是用前肢把幼崽拖到乳头前面。

对于一头特别焦虑的母猪，给予密切的关注是非常重要的，因为猪非常可能发生相残。仔猪有时会被母猪突然且不确定的移动所压伤。如果母猪表现出难产的症状，那么仔猪在分娩后要马上被移开。当分娩结束且其新产的仔猪返回后，母猪通常会对它们表现出正常的反应。

第19章
母性和新生幼崽行为

一、概述

在许多动物物种中，亲代护理涉及双亲。然而，在大多数驯养动物中，父亲在护理方面承担很少。如果人类允许，父亲可能会参与到群体的一些防卫中。本章内容阐述了母亲的护理作用。亲代护理方面的内容详见Clutton-Brook（1991），Paranhos da Costa和Cromberg（1998a）及以下内容（修改自Tokumaru，1998）的概述。

亲代的行为——目标和能力：

- 为卵、胚胎的生长发育准备身体；
- 分娩或产卵后为照料幼崽准备身体；
- 为卵和胚胎的生长发育提供营养；
- 为分娩或产卵准备合适的地方；
- 保护卵或幼崽免于捕食和同种的靠近；
- 帮助卵和幼崽调节温度；
- 提供食物或帮助幼崽发现并获得食物；
- 帮助幼崽学习它们生活环境中的各个重要方面；
- 幼崽辨识父母，或父母辨识幼崽，或相互辨识；
- 维持父母和幼崽间连续或间歇性接触；
- 判断何时减少和终止亲代的护理。

随着新生儿的降生，母畜和新生幼崽之间就建立起了极其重要的关系，这种关系由幼畜的求助行为和母亲接受这种行为所建立。母性行为在围产期发展极快，一般以协作行为为特征，这在动物生存的其他任何时期都无法比拟。母性行为通常开始于产前阶段，犬和猫在产前可能已经发现或将会发现一个适合幼崽的地方。母猪通常在产前至少24h会表现出筑窝行为，在某些情况下，在产仔猪的3d前筑窝现象变得明显。

甚至在驯养动物之中，亲代行为的表现程度也不一样。动物对其生活史的策略不同，蚊子采取的是极度（R）策略，产很多的卵但对每一个卵投入很少的努力，而绵羊采取的是极限（K）策略，对每一只羔羊的投入都很多。Trivers（1974）解释了亲代投入的概念及交配后的策略和亲子间的冲突："亲代投入是一个亲本以牺牲其他子代的投入来对一个后代个体的投资，以增加后代存活和繁殖的机会。"一只母绵羊表现出对羔羊的高亲代投入，不仅仅体现在妊娠期间，而且在它出生后也给予很多的照料。羔羊生长，变得更有能力独自生存时，亲代照料的益处则随之降低。

亲代照料的成本随着幼崽年龄的增长而增加，例如更大的羔羊就需要比新生羔羊更多的奶，因此效益与成本的比值随着幼崽长大而下降（图19.1），效益与成本之比等于1时是父母应当停止照料幼崽的平衡点。后代想让父母停止照料的点应该是这个比值的一半，考虑到父母、后代和同胞的亲缘关系的程度，后代对其亲本的重要性应该是对其同胞重要性的2倍。这个论题由Broom（1981）作了详细讨论。亲代行为还取决于其后代而不仅仅是父母决定给予多少照料的问题。

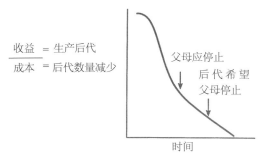

$$\frac{收益 = 生产后代}{成本 = 后代数量减少}$$

父母应停止

后代希望
父母停止

时间

图19.1　随着幼崽长大，亲代的投入应该怎样改变？本图显示了亲代投入效益对成本的比值关系。在幼崽希望停止被照料之前，父母停止对其照料是有益的（修改自Trivers，1974）

分娩后，雌性动物获得了一种新的能接受并养育新生儿的行为技能，分娩动物因为特定激素的分泌而进入行为上的工作状态，生殖激素浓度及其相互之间的比例造就了母性行为。在绵羊中，孕酮在妊娠期间逐渐增加，在分娩后则快速下降，雌二醇和催乳素在分娩前短暂快速地增加，在分娩时下降（Poindron和Levy，1990；Broom，1998）。

大多数群居动物会离群分娩，这使一个母亲与她的新生幼崽在各自敏感期能建立起联系，该敏感期在分娩后持续几个小时。在相对隔离的条件下，对加强母子的纽带关系非常迅速和有效，之前已经讨论过敏感期和纽带联系的现象。母子关系一旦建立，母畜的行为活动在很大程度有利于新生幼崽的生长发育。

哺乳动物在分娩后经常会发出特定的声音。在梳理被毛过程中，母畜和幼崽都可能会发声，这对于建立母子联系很重要。母牛能发出3种不同的声音：① 在舔舐期间张嘴发出响亮的吼叫声；② 稍后闭上嘴时会发出柔和的、低沉的哼哼声；③ 当犊牛离开了时会发出类似的却更响亮的声音。母羊在照料它们的后代时发出低音调的咯咯声，山羊发出一系列短的、低音调的咩咩声。母猪开始哺乳前通常会发出特有的有规律的连续哼哼声。

二、母性行为的开启

在分娩后，大多数母性动物都会舔幼畜，但骆驼、猪和海豹家族的动物例外。新生幼畜的母亲通过彻底地舔除覆盖在幼畜身上的羊水，幼畜身上由黏稠的羊水传导产生的热量损失会减少。许多梳理活动逐步发展成从幼畜的背部和头部到腹侧区域和四肢的顺序。这些母亲的关怀能唤醒幼畜，并把幼畜主要的兴趣吸引到它的母亲身上。在梳理的过程中，母畜不可避免地会散布大量的唾液在新生幼畜的表面。这很快会变干，但是干的唾液可能会传递给新生幼崽一种熟悉的信息素身份。现在明了的是，唾液中携带的口腔信息素在动物群居的交流中非常重要，并且这种交流在幼畜和成熟个体认识的情形下更加显著。梳理的作用可能很复杂，它受催乳素的影响，这种激素可调节许多包括梳理在内的母性行为。

当犊牛被外来母牛舔舐时，超过5h舔舐会减退（Edwards，1983），所以舔舐的减退是犊牛的刺激特性变化的结果，而不是母牛中激素或其他变化引起的。

梳理会一直保持，如果新生幼畜被很好地照料，则梳理很快会结束。在动物产下多个幼崽的情况下，母亲的舔舐行为可能更多地被支配到那些在顺序上早出生的个体，特别是在美利奴绵羊中更为突出。母亲的经验在此时会起作用，没有孪生经历的母羊比有此经历的母羊更可能忽视对第二个降生的个体的梳理（Shillito-Walser等，1983）。

一旦幼畜站立起来，母畜可能会帮助它保持与母亲接近和发现乳液，或者母畜可能不帮助幼畜。在奶牛对它们犊牛反应的研究中，Broom和Leaver（1977）及Edwards和Broom（1982）描述了一些年轻母牛所表现的攻击行为和不适当的母性行为。在第一个研究中，如果年轻母牛在还是犊牛时被隔离饲养了8个月，这些行为会更常见，并且符合对它们那个年龄的动物的不

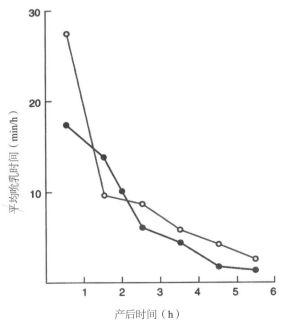

图19.2　母牛在分娩后最初6h内舔舐犊牛的变化
（Edwards和Broom，1982）

适当的反应。在第二个研究中，人们发现在犊牛靠近时，年轻母牛比年长的母牛更可能顶撞和踢犊牛。一些年轻母牛反复转过头面向犊牛，因此使犊牛寻找乳头变得困难。年轻母牛也更可能地移动而打断哺乳。

当动物降生、毛发变干和能够支配自己的四肢时，它几乎所有的行为最初都与寻找乳头相关。在寻找乳头的过程中，新生幼畜也在勘察它当前的环境。母畜不是简单地被动接受靠近的请求，而是表现出主动迎合以适应幼畜。最初这个举动并不那么明显，主要是因为母畜的行为表面上看是静止不动的。比较典型的做法是母畜一旦接近新生儿，将会选择静止不动并且保持这种姿势，容许幼畜慢慢地探索、靠近。母畜偶尔也会改变一下位置或姿势以矫正幼畜的方向但没有经验的母畜在最初往往会矫正过度。

通常，分娩一窝仔猪的第一个和最后一个之间要经过几个小时，并且母猪在分娩所有幼畜期间是躺着的。母猪侧卧也是一种照料姿势，这意味着，不管新生仔猪什么时候站起来（通常在出生后仅几分钟），它都能接近乳房部位。这一切使梳理不会成为极其重要的母性行为，而梳理恰恰是其他农场动物的特征。然而，当分娩全部完成后，母猪会嗅闻它们的仔猪崽。

梳理完成后，母畜获悉了幼畜的许多特征信息。嗅觉、味觉、视觉和听觉反应都建立起来了，且此后会逐渐地加强。从此时起，母畜将会照料幼畜并非常谨慎地保护它。通过发声求助或多次的哺乳尝试和身体接触，年轻动物与母亲保持亲密联系。这种相互作用是对母亲的报答。

在分娩后立即与羔羊隔离的母羊，如果羔羊在分离8h后又返回，母羊还会接受它的羔羊。甚至当羔羊互换发生时，经过一段没有羔羊的时间后，母羊也能接受较早接受它的羔羊。在分娩后几小时的一段时期内，母羊将会舔舐呈现给它的最近出生的第一只羔羊或出生几小时内的羔羊群，并且通过20～30min的舔舐建立起一种联系和识别的基础。

一只小山羊或羔羊在出生后被立即移开，在2.0～4.5h后再送还给它的母亲，这将导致大多数的幼畜被母亲完全拒绝。当母山羊在分娩后与它们的幼崽马上分离1h，接下来母山羊则表现出异常的母性照料行为。

绵羊和山羊一般只给它们自己的幼崽哺乳，并且会赶跑外来的幼崽。这表明母畜接受幼崽取决于早期的敏感时期，这个时期被限定在分娩后的最重要的几小时内。现在的观点驳斥了触摸幼崽将会导致它们被母亲拒绝的观点。如果将幼畜与母畜短暂分开，使其得不到触摸，这会导致母畜的拒绝。

绵羊和山羊在试验上表现出敏感期内的一些可变性。母绵羊和母山羊在分娩后2～12h内是不会亲近外来幼崽的，母畜受束缚后才能允许外来幼崽自由地吃奶（平均10d）。尽管一些小山羊被绵羊收养，一些山羊被给予羔羊，但所有这些收养都是成功的。这些结果表明，分娩后最初几个小时的正常敏感时期过后，母畜和幼崽间强制性接触能够有效地延长这个敏感时期。

小山羊分娩后马上与它们的母亲分离，尽管只有短短的1h，也会导致小山羊随后被母亲拒绝。然而，母山羊在分娩后和幼崽仅仅保持5min的接触，就能够避免分离后被拒绝。嗅觉作用似乎会涉及这个过程，它影响到母山羊在哺乳关键期的表现。绵羊和山羊的饲养者也认为幼崽气味是母畜接纳与否的最重要依据。

有经验和无经验的山羊母亲在与幼崽分离时的反应表现出显著的不同。之前做过母亲的经历可能会增加家养山羊母性应答激活和保持的可能性。冲洗并封闭饲养有助于母羊抚养羔羊，特别是在出生后第1天或第2天内更佳（Alexander等，1983a）。55%的母羊产完羔羊1～3d后不会接受分开仅40~48h而未进行冲洗过的羔羊。

三、母性哺乳动机

如果母畜没有和幼崽建立联系，那么母性哺乳动机就不能完全发展而结束得相当快。奶牛中，新生犊牛有时会移开而没有梳理的机会，母畜分娩后1～2d会表现出很少或甚至没有母性刺激的迹象。然而，如果有一些母牛和小牛接触，那么母性的哺乳动机将变得强烈而持久。如果一头母牛与它自己的犊牛待在一起24h，然后犊牛被移开，那么这头母牛随后5d仍然会有强烈哺乳动机，在此时间内这头母牛仍可能抚养外来犊牛。事实上，这是抚养一头犊牛的方法。在商业环境下，这也是母牛抚养多个犊牛的合适方法。人们发现，这种抚养方法加强了母牛和被收养犊牛的联系。因此，在奶牛中，这种母性反应性的发展和母子纽带之间的相互关系就建立起来了。在牛中，母亲与两个后代的联系比与一个后代的联系要弱（Price等，1985）。

绵羊中，成功抚养与羔羊吮吸尝试的持久性呈正相关，而与母羊的攻击性呈负相关。母羊尝试抚养不同的或额外的羔羊通常涉及分娩时留下的液体，如披在外来羔羊身上的夹克上的液体（Price等，1984a）。这些液体冻融后，仍会引发母羊的一种积极反应。其他能够促进外来羔羊被接受的行为包括：① 在引入幼崽前伸展母羊的子宫颈（Keverne等，1983）；② 利用掩蔽气味；③ 约束母羊和羔羊在一起并使母羊安定。母羊新产的羔羊死亡时，一种有效的抚养方法是剥去死亡羔羊的皮，并把它披在待抚养羔羊的身上，这种方法多年来被牧民所采用（图19.3a）；母羊会察觉羔羊的气味，然后会允许这只外来的羔羊靠近它站立（图19.3b）并为它哺乳（图19.3c）。

母性哺乳动机能够改变母畜的正常反应，导致它对人类的态度发生改变。母畜及其幼崽经过一段成功联系的时期，母性哺乳动机可能会持续几个

图19.3 （a）一只外来羔羊披着母羊死去羔羊的皮；（b）母羊允许这只披着羊皮的羔羊近旁站立；（c）母羊允许这只外来羔羊吮乳

月。在临近结束时，母性行为的减少变得明显。母畜表现出对幼崽寻求照料的行为更加冷漠。当母畜的生殖潜能通过减少或终止亲代行为而达到最大时，但后代鼓励父母继续照料也达到最大时，此时是父母与后代间冲突时期的起始（Trivers，1974）。这个论题由Broom（1981）作了详细探讨。亲代的行为能够被后代操纵，并且亲代行为不仅仅是父母决定给予多少照料的问题。

　　在驯化中，一些母性行为因为一些管理形式的束缚而发生了病态性变化。初产母猪会表现出对护理员的极端攻击。这证明了此时这些动物谨慎的态度，特别是在它们的仔猪被抚摸的情况下。母猪中一些病态行为的实例是它们残杀自己的幼崽。此时需要立即进行镇静。许多这样的母猪从镇静中恢复过来后会表现出正常的母性行为。在所有的驯养物种中，很少比例的个体会表现出异常的母性行为。许多异常母性行为将会导致拒绝新生幼崽和使幼崽不能获得初乳，而为了获得最佳的被动免疫，在动物出生后应当在安静的情况下迅速摄入初乳（Broom，1983a）。人们认为，几种新生期疾病的病原学因为这些分娩前后行为的机能失常而变得复杂了。

　　一些反刍动物表现出母性行为的一个特征是隐藏幼崽（Lickliter，1982，1984）。自由走动的山羊在它们的栖息地有着遮掩很好的地形，它们通常在一些密集遮掩的区域分娩幼崽。在第一次成功的照料后，雌性频繁地把幼崽放在靠近出生地的地方，并且离开一段合适的距离去采食。母畜将会定时返回去照料幼崽，但是在母畜准备好允许幼崽保持和它在一起之前可能要几天。这些幼崽也需要这个隐匿的时间，以充分发展而变得有能力去与母亲积极联系。许多显示出幼崽隐匿特征的物种也表现出同步化的分娩。它们也倾向于拥有为分娩准备的特殊区域。由于大量雌性约在同一时间某一特定区域娩出它们的幼崽，因此就组成了幼崽群。

　　以家养母牛为例，在门外产犊牛时，母牛经常在一些隐藏的地点分娩，并且在照料犊牛时，它会离开一段距离，此时尽管吃饱的犊牛还躺在地上。由于管理员有时会难以发现这些母牛的新生犊牛，因此犊牛在母牛出现地点的100m以外被发现并不稀奇。母子关系在第一次照料时就建立起来了，在随后的时期当母牛返回喂养犊牛时得到改进。而母马对跟随它的幼崽则表现出与母牛完全不同的情形，从出生的那一刻起就不会让其离开。

　　任一哺乳动物的物种在分娩后很短的时日，照料的模式由幼崽和母畜所决定，母畜经常使自己有空闲以进行几乎不间断的照料。随着平行发展，母性行为对于幼崽的防卫变得最重要。这种防御的安排造成一些母畜对所有其他动物有异常的攻击性，包括人类。

四、放乳

　　哺乳行为就是乳汁从母畜的乳腺转移到幼崽胃里的过程。然而，乳汁从乳腺的排出不仅仅是简单、机械地吮吸，它还需要母羊积极的放乳过程。放乳随着一个反射而发生，并且是一个自动的、无意识的过程。这种放乳反射通常叫做"乳的排放"。这个反射由刺激后乳汁压力的瞬间上升所证明，刺激通常包括对乳头上感觉神经末梢的刺激。整个反射路径是一个神经内分泌反射弧，通常开始于乳房刺激，经过外周和中枢神经系统到达下丘脑和后面的脑垂体。在这里，这个弧随着催产素的排出而延续。催产素经血液到达乳房，然后乳汁压力发生瞬间上升。随着这种压力的建立，被动吮吸乳汁得到了促进。看上去血浆催产素的浓度与哺乳动物母畜的快乐感觉有关。

　　这个机制显然需要激活，例如通过幼崽用鼻有力地拱乳房来激活，同样也需要催产素循环的时间。后者解释了通常记录到的放乳稍微延迟，如在哺乳母牛中。当幼崽稳定快速地吞咽由于乳汁压力上升而释放出的乳汁时，母畜就会表现出放乳的迹象。催产素因为肌肉充血而释放后，在放乳前需要一个循环时间。从催产素释放的时间到特定物种放乳的时间即为等待时间，等待时间如下：山羊，14s；母

图19.4　这头母牛不会放乳，除非有它的小牛存在。挤奶人留下1个乳头让小牛吮吸（图片由A.F. Fraser提供）

猪，2s；母牛，50s。许多母牛除非有小牛存在才会放乳（图19.4）。

尽管放乳的主要刺激无疑是对乳房部位的物理刺激，然而可能有其他因素，如气味、声音或视觉刺激对此起作用。在放乳的刺激时发生了条件反射，如母牛对许多挤乳时的声音和景象起反应。导致肾上腺素释放的各种因素能够阻止放乳。乳汁分泌机制的复杂性导致很难确定生理紊乱的具体细节，但是大的噪声或其他烦扰能够抑制放乳，也能由直接作用于乳房区域的肾上腺素的循环引起。试验发现，在开始挤奶前1min给予母牛电击将会抑制乳汁喷出，但是如果在乳汁开始流出之后给予电击则作用会很小。实践的经验支持了一个发现，即放乳能够轻易出现，但是不会轻易结束。

猪有复杂的照料和哺乳行为，这些行为由仔猪吮吸的几个不同阶段和母猪哼哼的独特模式组成。试验结果表明了母猪和仔猪行为的不同组成成分和放乳行为之间的因果关系。猪照料和哺乳行为的同步性特点促进了乳汁在所有仔猪之间的均匀分配（McBride，1963；Hemsworth等，1976）。

照料和哺乳

照料涉及幼崽吮乳时母畜的行为。作为一个一般性原则，单胎分娩的物种的典型姿势是敞开、笔直地站立，一胎多子的物种则是横卧伸长。母犬和母猫采用的姿势是使相对不动的幼犬和幼猫达到舒适的靠近乳头。母猪会侧躺下，并且在仔猪生命的最初几个小时，初乳是可以不间断取得的。第一个出生的仔猪可能从一个乳头走到另一个乳头去获得初乳（Hartsock和Graves，1976）。随后出生的仔猪，由于一系列的原因，获得充分初乳的可能性要小（Broom，1983a）。大约10h后，放乳变得同步和断断续续。母猪发出一种特有的哼哼声（Mcbride，1963；Whittemore和Fraser，1974；图19.5），并且乳汁从每个奶头同步射出。仔猪学习着哼哼声，并且由于奶的间断性，因此它们含着乳头随时准备着。放乳仅仅持续10~25s，每50~60min发生一次。这种体系确保为不是太多的仔猪提供乳头——正常14个——所有仔猪都能够满足地吃到奶。

母猪照料的姿势是完全地侧躺。一些母猪会向任何一侧躺下，而其他的

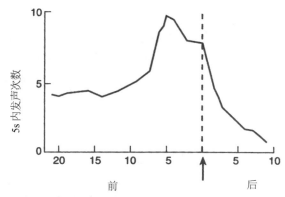

图19.5 在照料4或5次时，6头母猪每5s内哼哼声的平均次数。本图指出了仔猪快速吮吸的起始前后5s间隔的次数（修改自Whittemore和Fraser，1974）

母猪偏向于某一侧。只有很少数目的母猪在哺乳时站立。这些姿势可能会产生消极的结果。习惯上躺向一侧的母猪如果躺向另一侧会减少乳汁的供应。在照料时站立的母猪通常比躺下的母猪产奶少。这可能是仔猪促进乳房产乳的按摩在异常姿势下受到抑制，并且减少了泌乳。这看上去是可能的，因为泌乳在份量上受乳房按摩的影响（Fraser，1980a；Algers，1989）。频繁地按摩乳房可能会迷惑一个观察者，而使他认为的哺乳比真正的哺乳更频繁。表面上1/5的哺乳可能没有乳的射出。

其他家养动物中，在照料活动的第1天，母畜可能会每小时喂养一次幼崽，并且这贯穿白天和晚上。随后，母畜照料的频率可能会降低。此时，尽管大多数的母畜在要求下接纳了它们的幼崽，然而母亲与后代间的联系可能会同等化，母畜可能不再允许所有情况下都让幼畜吮乳。吮乳的尝试不仅仅是对乳汁需要的反应，相反可能是对舒适的需要。例如，当羔羊受到惊吓时，它们马上吮吸它们的母亲，而母羊倾向于站着并接纳羔羊，除非它所处的安全距离被侵入。

母性行为是一种非常复杂的现象。同物种的母畜之间或不同物种的母畜之间都表现出了高度的差异性。母性照料的某些方面随着连续的分娩而不断改进。Alexander等（1984）提出，母羊的母性行为在同一方面上会发生改变，这是由于在学习从一次泌乳到另一次泌乳。

"母性照料的综合行为"作为遗传、生理和经验因素相互作用的结果，会循序渐进地发生变化（Wolski等，1980）。在群居的序位中母畜的地位也影响它母性的能力。那些在群居序位中处于较低地位的雌性获得食物的机会更少，因此产奶也少。在绵羊中，机会最少的母畜通常是那些不足以供养自己的个体。

五、幼崽的行为

如第3章所述，哺乳动物和鸟类在分娩或孵化方面有很大不同。晚熟的幼龄犬猫比早熟的幼龄有蹄动物和观赏鸟类在分娩时的行为更少。新生幼猫能够对温暖作出反应，也能发现并吮吸乳头；新生幼犬能做到的略微多一些。它们需要许多天才能达到类似新生羔羊或犊牛的发育阶段。这里描述了早熟哺乳动物的许多行为变化，这些行为变化在晚熟哺乳动物表现得较晚。

与以前的经历相比，分娩使幼崽暴露在数量更多、范围更广的刺激之下。探索的行为涉及对新环境因素的反应，这些新的环境因素包括对固体的地面、声音、景象和气味的感觉。除了一些母性因素，如羊水的声音和气味外，环境中几乎所有的东西对幼崽都是陌生的。

降生以后，哺乳动物的幼崽马上平躺伸展，很快就可抬起头和脖子，伸屈前肢，完成胸骨的转动，并伸屈后肢使胸骨和屁股得以休息。头部从一侧向另一侧摇晃，柔软的耳朵可能变得灵活并在随后竖立起来。

在分娩后行为发育的第二个阶段，在一系列本物种的典型的活动中，幼崽尝试着站起以达到完全的站立。相对晚熟的幼猫和幼犬发生这些活动比早熟的有蹄动物要晚。新出生的幼犬表现出"拱嘴反射"，这增加了到母亲乳头的接触机会。母亲的触觉和嗅觉刺激及舔舐指导着寻找乳头的活动（Manteca，2002）。羔羊和犊牛在抬起前半部分之前先抬起后腿及臀部。马驹开始站起时，在抬起后半部分之前，伸展前腿和抬起前半部分（图19.6）。

颈部迷走神经反射启动了这个站立过程，并且内耳系统的抗重力功能在这个行为中发挥作用。在幼崽建立竖立的平衡之前，它通常要进行不止一

次的站立尝试。幼崽经常出
现跌倒，且通常会达到一个
"半直立"的姿势，保持住这
个姿势是成功站立的第一个
方法。尽管犊牛和羔羊仍然
依靠跪着保持稳定，然而它
们可能已经使后肢及臀部完
全地竖立起来。马驹会保持
局部直立起来一段时间，通
常是一条完全伸展的前腿直

图19.6　新生马驹第一次站立尝试（图片由A.F. Fraser提供）

立起来。对于马驹，在直立的灵活性建立之前，前肢和颈部的伸展及肌肉拉伸是早期直立站姿的特征。对于这几个物种，当建立一个直立的姿势时，在获得姿势的良好调节之前，四肢通常呈一定程度地伸展。

　　能够站立后，幼崽很快开始了走路的尝试。如典型的缓慢行走由4步组成，第一步尝试性的步伐开始了。在幼崽的行走中，不稳定性是一个显著的特征。有蹄动物中，由于存在甲床积脓或在幼崽蹄底部有胶原的护垫，不稳定性显著增大。这些护垫在幼崽活动期间有保护作用，并且在第一次步行活动期间，蹄表面仍然存在护垫。这个柔软的甲床上皮组织很快变得破碎，在早期行走期间由于磨损而从底部除去。不稳定的移动形式可能会进一步吸引母畜的注意。一般来说，幼崽的运动是为了获得母亲的关注，并且可能促进母子之间的联系。

　　新生的驯养哺乳动物在视觉能力方面存在差异，幼猫的眼睛尚未睁开，而有蹄动物可能有点近视，在缺乏远距离视力和视觉调节的情况下，它们有高度的近视觉感受性；有蹄动物也可能能够看清所有距离内的东西。幼崽对母畜的探索性行为经常采取近距离嗅觉，此时头部和颈部完全伸展到与身躯同一水平。这些行为促进了对母性及其他物种特性的辨识。物种之间在反应细节方面有所区别，但这些细节包括具有观察能力的物种进行近距离视觉检查，幼崽口鼻部有触觉的毛发或触须的利用，以及在这些活动中的嗅觉作用。通过个别母性姿势的调整可以间接促进幼崽吮吸乳房区域。一旦碰到一个乳头状凸出物，就会抓住并进行吮吸。

这些幼崽的活动是寻找乳头的组成部分。在没有找到乳头之前，寻找乳头的行为可能会持续2h或更长时间。然而，尝试的时间会逐渐缩短，并且幼崽对母亲的定位会最终确定。在成功吮乳之后，寻找乳头的能力会得到加强，认知开始了。

（一）马驹

新生马驹能够进行各种移动和活动的平均时间见图19.7和表19.1。马驹表现出许多的探索行为。牧场、地面、建筑、边界和能够接触到的环境中的其他物体被给予许多关注。在探索活动的过程中，马驹会啃咬和用嘴接触不熟悉的事物。通过这些敏锐的探索行为，它们熟悉了所处的分配空间，并很快将其纳入到家庭活动范围中。

在第1周，马驹的大部分时间用来休息。在随后的2或3周，它们用一半的时间休息。它们休息时通常采取绝对躺着的姿势。6月龄以后，胸腔和肺部的物理性和生理性成熟，不允许它们如此频繁平躺，因而它们更频繁地靠着胸骨卧下。马驹的群体倾向于躺在一起，并且这种休息行为的群体效果在大的饲养畜群中非常明显。

站起以后，马驹平均间隔21min吃一次乳。在随后的几天，马驹的哺乳间隔很少会超过1h（图19.8）。在大约6月龄时，马驹的吮乳减少至每天大

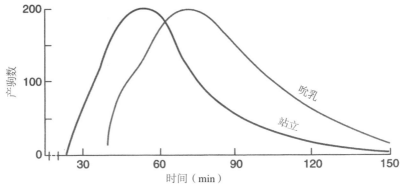

图19.7　马驹站起和吮乳的估计时间。资料来自435头马驹第一次表现出吮乳，这些马驹大部分都是纯种马

表19.1　马驹活动的次序

活动	分娩后的时间（min）
抬头	1~5
靠着胸骨卧下	3~5
第一次站立尝试	10~20
第一次站起	25~55
第一次吮乳尝试	30~55
第一次成功吮乳	40~60
第一次排便	60
第一次排尿	90
第一次睡眠	90~120

约10次。从1周龄开始，马驹逐渐地开始吃草。最初，马驹伸展和弯曲前肢以触到草，这会持续1或2周直到它的颈部长长，在此期间它不能同时进行行走和采食。在3月龄时，马驹每小时内采食花费的时间约为15min。

图19.8　马驹的吮乳行为经常包括在放乳时尾巴的活动（图片由A.F. Fraser提供）

（二）犊牛

新出生的犊牛会被母亲用力舔舐，经常会被母亲用舌头从地上局部提起，这种刺激可能会鼓励它站起来（Broom，1981；Edwards和Broom，1982）。第一次站起通常发生在分娩后的30～60min，除非发生了难产（Edwards，1982；图19.9）。在瘤牛（*Bos indicus*）犊牛的研究中，雄性站起来的时间是50min，雌性是40min（Paranhos da Costa和Cromberg，1998b）。犊牛使用一种蜷缩的站姿，腿部分伸展开，肩较低，头部和颈部完全伸展。它很快靠近一个如母亲的腿或墙般竖立的表面，并用鼻部推攘。鼻部推攘取决于鼻子的高度，并且水平面和垂直面结合处正好处于此高度时，这种推攘的力度是最剧烈的。这种行为，或者当犊牛碰到一个75cm高的桌子底面时，会引起母亲对下腹部的探查，腿与水平面交叉点会吸引最多的注意。

Selman等（1970a，1970b）强调，在犊牛探查期间，母牛荫蔽的下腹部对犊牛是有吸引力的。如果犊牛开始用鼻子碰触前肢，它可能花费一些时间去探查腋窝，如果探索发生在后肢周围，腹股沟地区可能会受到密切的注意。犊牛会舔和吮吸它们在探索期间碰到的任何突出物。如果发现了一个乳头，犊牛会把它放入口中，吮乳将会开始。嘴触的探索行为通常涉及寻找乳头，发现乳头后就会终止，但是如果没有发现乳头，这种行为可能会延长。许多犊牛第一次找不到乳头，并且一些犊牛在几次尝试后仍不能发现。Edwards和Broom（1979）及Edwards（1982）发现，在出生后6h以内，母牛的所有犊牛中有一半在第三次或随后的探索中仍不能发现乳头（图19.10）。这是因为，下垂的乳房和年长母牛肥大的乳头使寻找乳头变得困难。年轻母牛的犊牛超过80%会寻找成功，但是如果寻找被指向躯体的下侧而乳头下垂得更低，则经常会失败。在成功哺乳和吃到初乳前，许多其他因素会影响到时间长短（图19.11）。例如，孪生的犊牛通常比单个的犊牛虚弱，并且需要2～3倍的时间才能开始吮乳。

犊牛可从母牛的舔舐中获益，以刺激各种生理作用，如排尿、通便和一般的知觉。新生犊牛正常情况下每天吮乳5～10次，每次照料的时间持续10min。吃奶的次数通常随年龄增长而减少，但是这取决于犊牛的生长速度和母牛的产奶量，因此可能会有所不同。大些的犊牛吃草，也由母牛进行哺

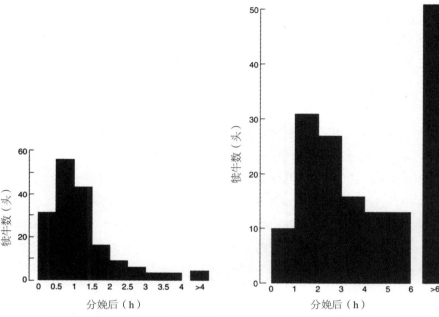

图19.9 171头奶牛犊牛从出生到第一次站立的时间（Edwards，1982）

图19.10 161头奶牛犊牛从出生到第一次吮乳的时间（Edwards，1982）

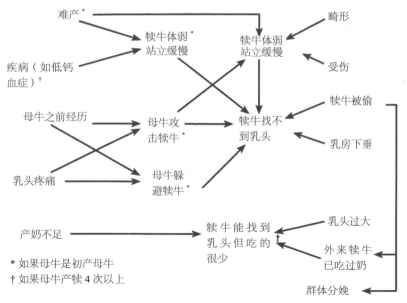

图19.11 导致犊牛摄入初乳不足的各种因素（Broom，1983a）

乳。6月龄大的犊牛每天吮乳3~6次。黎明时分是一个常见的照料时间，其他的照料集中在上午的中间、下午的晚期和大约子夜时分。

在拥挤的群体中，用饲槽喂养犊牛，犊牛间相互的吮吸是一个常见的问题。这种相互吮吸会频繁发生，并且能够导致皮肤炎症。通常是将耳朵、脐带区域或包皮拉长的吮吸。沉溺于相互吮吸的犊牛经常不知节制，特别是发生喝尿时。由于其他个体的吮吸，犊牛的耳朵变得潮湿，在寒冷的天气，耳朵可能会冻僵。给予一个供水奶嘴能够大大减少犊牛间的相互吮吸（Vermeer等，1988）。相互吮吸的行为在成年家畜中并不罕见，特别是在奶牛群中：在一个有问题的奶牛群中，1/3的犊牛和1/10的母牛可能会受到影响。其他群居的产奶母牛可能会助长这种行为的发生率。一旦局势难以控制，通常必须淘汰一些有异常行为的动物，这也意味着会面临严重的经济损失，而这种损失在大多数牛群是不存在的。

现在人们越来越关注自然饲养条件下母牛抚养的犊牛数量。当尝试交换抚养时，正常的方法表现为，一头已经在产奶的母牛和几头大概刚出生的犊牛。抚养的研究表明，在母牛分娩后，接纳自己的犊牛之前，并且母牛仍然在母性觉知的敏感时期，马上给予将要被抚养的犊牛，会有较高的抚养成功率。此时，这些母牛会迅速接纳、收养犊牛，并且在随后继续对它们的哺乳，以使它们的犊牛更好地生长。在选择犊牛进行抚养时必须认识到，在最初的6d没有自然吮乳的犊牛是不会得到一头正在产奶母牛的哺乳的。

（三）羔羊

羔羊在出生后的第一个小时就能站立、行走和吮乳，尽管许多出生重量较轻（如在3kg以下）的个体可能需要2h完成上述动作。在第一次成功吮乳以后它们会躺下并睡觉，它们的视觉和听觉非常发达。

在羔羊的感官发育中，视觉非常重要，因为它们是跟随者。具有代表性的是，在出生后的时期，它们跟随它们的母亲移动。在对母羊的紧密跟随中，羔羊经常在母羊采食时放低自己的头部以靠近母羊的头。羔羊很快认得自己的母亲，并且在只有1日龄时，它们有时会对陌生母羊没有反应。自从这种识别和跟随反应在母羊的一定距离内发生以后，视觉肯定发挥了巨大作用（Morgan和Arnold，1974）。

　　羔羊接收到的最早的感觉经历是触觉和嗅觉，接着是听觉和视觉的信号，所有这些羔羊学习得都非常快。在寻找乳房时，羔羊会利用腹股沟区域的气味，并且乳房的温度和触觉特征会导致羔羊花费一些时间探查乳房的邻近地区（Vince，1983，1984）。声音和发声的样子对羔羊的影响非常大。试验表明，羔羊在出生前就能听到母亲的咩咩声和喉咙的隆隆声（Vince和Armitage，1980）。子宫内的声响在变弱，特别是在较高频率的情况下。自从腹鸣声不再高频率，它们可能是羔羊出生时熟悉的声音，不同的母羊有不同的腹鸣声。出生以后，羔羊第一次听到低声调的腹鸣声，这是在母羊舔干羔羊时发出的。腹鸣声的构成与咩咩声非常不同。这些母羊发出的腹鸣声似乎有助于羔羊对母羊进行定位。这种声响也可保持新生羔羊靠近母羊，特别是在晚上与其他母羊和羔羊混合时（Shillito，1975）。

　　当一只母羊与它的幼崽分离时，它和羔羊将会发出咩咩声，直到它们被放到一起。甚至羊群中的成年个体与其他个体分开时也会发出咩咩声。在尝试着定居在一个主要的群体中时，它们的声调会升高，并且会变得更兴奋。移动距离增加，相应地发出的声音也会增加。当羔羊与母亲分开或成年绵羊与主羊群分开时，最初它们发出的声音是相当强的。然而，大约持续分离4h以后，发声会降低。

　　大多数的羔羊能够在出生后的0.5h内站起来，几乎所有的羔羊能够在2h内站起来。羔羊的第一次吮吸尝试通常会失败。它经常会嗅闻母畜的两前腿之间或它可能感觉有母性特质的东西周围，以此来搜寻乳头。如果此时幼崽不能发现乳头或母畜的行为阻止了它这么做，它可能停止吮乳的尝试。

　　在出生后的约1h内，大约60%的新生羔羊会开始吮吸，并且在正常情况下，在最初的2h内，几乎所有羔羊都找到了乳房。一旦羔羊能够站立，它会吮吸和啃咬身边的任何物体，通常是母羊的皮毛。当母羊将胎盘从羔羊移除时，羔羊会发现如何到达乳头和乳房区域。有时，母亲在移开胎盘时，羔羊吮吸乳头会受到母羊的阻碍。再者，如果乳房太大，幼崽可能会发现乳头难以控制。然而，一旦幼崽发现通过把乳头贮乳池推进乳房能够促进放乳，下一次寻找乳头时就会很容易，并且吮吸会很快发生。在出生后的第1周，羔羊吃奶非常频繁，有时在24h内会发生60~70次。此时吃奶的持续时间通常是1~3min，但是随后母羊很少会允许幼崽吮乳超过20s。

有时，母羊会向幼崽尝试吮乳的一侧抬起后腿以促进吮乳。羔羊行为特征的一个方面是在被照料时会强有力地左右摆动尾巴。人们认为这是一个引诱母羊嗅闻肛门区域以认出其幼崽的机理，如果另一头幼崽与它自己的相似，一些母羊不会阻碍它靠近。

（四）仔猪

仔猪在出生后能很快站起来并围着母猪身体的边缘移动。它们的第一次反应是关于身边的任一物体，它会用鼻子去嗅闻。仔猪在它们的口鼻部有敏感的神经分布，触觉和嗅觉对于仔猪非常重要。母猪分娩后，仔猪羊水的气味和味道可能会帮助仔猪待在母猪身旁。就如羔羊一样，分娩前的声音对于仔猪分娩后的行为是一个影响因素。母猪是普遍发声的，并且仔猪在出生前可能会听到母猪的声音。新生仔猪会学习母猪的发声，特别是放乳前发出的低音调的哼哼声（Mcbride，1963；Whittemore和Fraser，1974），并且它们学着用它们自己发出的声音进行交流。

尽管仔猪在出生后很短时间内就能够行走、看和听，然而某些生理机能，如温度调节在此时是完全没有发育的，因此通过蜷缩来保持温度是猪初生行为的一个显著特征。初生仔猪的死亡率较高，在断奶前通常约为10%或15%。这个死亡率在很大程度上要归因于在商业养猪场中被母猪压伤所致。健康状况正常并且饲喂良好的仔猪会对同一窝的个体和母猪的乳房区域表现出积极的态度。走失和虚弱的仔猪更容易被压伤或受冷。许多新生仔猪不能获得足够的初乳或乳汁，从而变得虚弱或更容易感染疾病（图19.12）。

母猪对外来仔猪的抚养在分娩后1~2d相对容易，这是因为母猪一般接受来自于它们自己窝的仔猪。因此，外来的仔猪可能会被接受。分娩后超过2~4d，母猪会对外来的仔猪表现出攻击性，并且仔猪在超过7日龄大时被抚养不能以正常的速率增重（Horrell和Bennett，1981；Horrell和Hodgson，1985）。

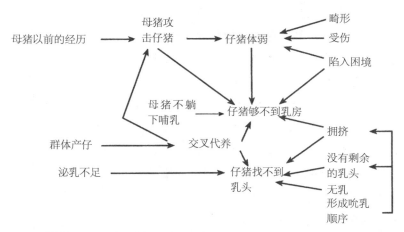

图19.12　导致仔猪摄入初乳或乳汁不充足的因素（Broom，1983a）

母猪接受外来仔猪的一个后果是，群体产仔猪会导致来自几个窝的最强壮的仔猪获得大量乳汁，而最虚弱的仔猪会从母亲的乳房区域被赶走（Bryant等，1983）。

许多猪吮吸行为的研究专注于初生仔猪对特定乳头的偏爱（Fraser等，1979）。仔猪一般吮吸相同的乳头，这形成了一个乳头的次序。这个次序在仔猪生命中的第1天发展，经常在1h内或出生后1h。这个次序在母猪第一次翻转以喂养仔猪时发生改变。许多观察者都记录到，仔猪对母猪靠近头部的（胸部的）乳头有特别的偏好，但是真正的偏好是一个产奶多的乳头，不管它在乳房的哪个位置（McBride，1963）。仅仅是仔猪的初生重不能决定这些乳头竞争的结果，但是体重非常轻的仔猪在乳头竞争中比较受影响，特别在有功能的乳头等于或小于仔猪的总数的情况下更显如此。

仔猪的每次吮乳都开始于一个按摩操作，此时，仔猪用它们的口鼻部用力摩擦母猪的乳房区域。仔猪按摩的区域是乳腺的一个单个区域。按摩的过程约持续1min。随后母猪会放乳，这个过程平均持续14~20s，在此期间仔猪会用力吮吸。最后一次按摩所占的时间不同，经常会被延长。

有时，母猪和幼崽之间会发生扩展的联系，然后人们能观察到照料仔猪的另一个特征。喂养后，嗜睡的、不活泼的仔猪可能会与乳头保持连结。因此，母畜和幼崽间的黏附能够从一次喂养持续到下一次。当这种情况发生时，它倾向于保证乳头次序的维持和全体的幼崽在每次放乳时都能得到喂养。这种黏附行为能减少对抗行为，并且能够抑制因饥饿而产生的极端虚弱，因此显现出重要的生存意义。

　　窝内的过度攻击行为会消除仔猪数的增长，这通过建立起稳固的乳头次序来实现。干扰因素，如母猪频繁移动会导致窝内竞争行为加剧，这是乳头次序上位置的丧失和死亡率的上升的结果。丧失乳头位置的最初迹象是仔猪吮吸行为的取向障碍，并且有取向障碍的仔猪很可能会在母猪下方被母猪压死，这种取向障碍的情形又是由营养不足引起的。当窝产仔猪数大于14头时，干扰因素非常大，因为14是母猪乳头的平均数目，此时母猪压死的仔猪数会显著增加。

第20章
幼畜行为与玩耍行为

一、幼畜行为

（一）犊牛

犊牛在断奶后会开始慢慢且明显地表现出成年牛的活动特征。形成生物钟的青春期犊牛，在进料时间来临时会很期待，并且开始不安。在哺乳牛群中，牧场中的幼龄犊牛和哺乳犊牛及其他犊牛会形成复杂的社会关系（Kiley-Worthington 和 de la Plain，1983；Benham，1984）。群养犊牛的邻里关系比散养犊牛的多。尽管两头犊牛一起只有几天，它们之间依然会建立一种联系，然后当它们进入其他群体时，也会稳定地保持这种联系。将先前没有社会关系的一些犊牛放在一起圈养，一个星期内，它们就可以形成一个群体（Kondo 等，1983）。

（二）羔羊

在刚出生后的前几周，羔羊会安静地待在自己母亲的身边。出生后的头一个月里，羔羊有2/3的时间是和其他羔羊在一起。在这个时期羔羊之间的嬉戏发展良好。羔羊嬉戏时很典型的变化就是跳跃。嬉戏的形式包括向上跳跃，偶尔也有舞蹈和群体追逐。随着羔羊的成长，嬉戏会变少，在4月龄的时候嬉戏就会很少见。

单独圈养的羔羊不与其他羔羊和母羊互动，其探索性行为会受到不良影响。这些羔羊不会去查看陌生的事物，也不会和其他羔羊追逐打闹。它们害怕面对新环境，较少鸣叫，动作迟缓，对新鲜事物也缺乏兴趣，不会和其他羔羊进行追逐（Zito等，1977）。与同龄羔羊一起圈养的羔羊的行为和跟随母羊的羔羊的行为类似，因为单独饲养的羔羊的行为形成的原因是社会关系的缺失，而不是母羊的缺失。双胞胎羔羊会和同胞保持很近的关系，它们学习识别对方的声音和长相。一般情况下，羔羊会选择和自己的同胞在一起，而不是羊圈中的其他羔羊。

当羔羊看不到它们的母亲时，可以通过识别声音找到它们的母亲（Shillito-Walser等，1981）。这种能力随着年龄的增长而逐渐增强，到3周时就会和刚哺乳时不一样。羔羊在听到母亲的呼唤时回应会更快，当母羊听到它自己的羔羊呼喊时也会迅速回应，然后迅速找到羔羊。母羊趋向于回应它听到的任何羔羊的声音，但是随着羔羊的长大，母羊的回应会更针对自己的羔羊。因此，6周龄的羔羊可以很轻易地通过声音找到母羊。

羔羊和母羊之间的距离取决于母羊的活动。在母羊躺着或者走动的时候，羔羊和母羊的距离通常保持在1m以内，在放牧状态下羔羊有更多的活动范围和更多的活动。在羔羊出生的头10d，羔羊和母羊之间的距离会逐渐增大，最后能到达20m的平均水平，20m也是羔羊和母羊在水草丰美的牧场的社会距离。

羔羊的食物会受到母羊的影响，然后会趋向于采食母羊采食过的饲料。6月龄羔羊采食饲料的方式取决于母羊对羔羊的影响。用克兰森林羊的母羊去养育威尔士山地羊的羔羊，羔羊的采食习惯会严格遵从母羊。相反的试验也证明，克兰森林羊的羔羊由在山地上的广阔区域觅食的威尔士山地羊进行养育时，它们的行为如养育它们的品种一样。非常年幼的只吃奶的羔羊，如果由采食颗粒饲料的母羊养育，那么相对于那些由不采食颗粒饲料的母羊养育羔羊来说，它们在以后采食颗粒饲料的可能性更大（Keogh和lynch，1982）。

（三）马驹

正在发育的马驹通常会逐渐远离它的母亲，并且逐渐增加与其他马驹在一起的时间。尽管以后会有同胞出生，然而马驹与母亲之间的联系能保持

1~3年且非常牢固。这种联系的一个行为学表现是头部摆放的位置，马驹把头放在母亲颈部的上方（图20.1）或母亲把头放在马驹颈部和前肢的上方（图20.2）。

随着马驹的成长，吮乳的次数逐渐减少，在6月龄时，每天只有8~10次。从1周龄开始，马驹一般就开始吃草了。在3~4月龄之前，马驹白天每小时的吃草时间约为15min。在1周岁时，马驹白天每小时用来吃草的时间约为45min。首先，马驹必须能够伸展和屈曲前肢以接触到草，在1或2周龄时，马驹既不能走路，也不能采食牧草。在第1周，马驹大部分时间在休息。在随后的2或3周，它们一半的时间用来休息。在6月龄之前，马驹典型的休息方式是侧躺。6月龄时，身体和生理的成熟要求它们平躺减少，而靠胸骨卧下更频繁。马驹的群体可能会卧在一起，并且群居对休息行为的助长非常明显。在一个由15匹母马及它们的马驹组成的畜群中，马驹为7~16周龄，人们发现它们与2或3个不变的群体联系。

图20.1　马驹的头放在母马上（图片由A.F. Fraser提供）

图20.2　母马的头放在马驹上（图片由A.F. Fraser提供）

（四）仔猪

仔猪年幼时食乳频繁。随着不断的发育，吮乳次数和持续时间均逐渐减少，从出生后几个小时内的20~30min一次降低到2月龄时的每天6次（Fraser，1974）。仔猪在7~10日龄之前会尝试采食硬质饲料。甜的、小颗粒组成的硬质饲料尤其能够吸引它们。然而，在3周龄时仔猪不会摄入大量的硬质饲料，除非仔猪摄入母乳很少。年幼的仔猪很快就能学会和它们母亲食用相同的食物，而母猪也会试着和它们分享食物。仔猪表现出正常的排便行为，这在它生命中的前几天发展很快。在4日龄之前，正常仔猪的排便行为表明，它们优先应用有限的公共排便区域，排便区域通常是距离睡眠区域最远的角落。

在出生后的5周内，仔猪睡眠时间约26min/h，平均为10.5h/d。这跟3~4月龄大的猪有差异，3~4月龄猪的睡眠约8h/d。似是而非的睡眠或快要入睡的时间会随着仔猪的成长而减少。年幼仔猪在睡眠时一般采用蹲下的姿势，四条腿弯曲在躯体下方。

发声活动是仔猪的一个显著特征。以下为Jensen和Algers（1983）划分的仔猪发声的5种不同等级：

1. 呱呱地叫

短的升调叫声，共振较少，在食乳的开始阶段频繁发出。最典型的特征是开始和结束的频率大致相等，而最大值会更高并处在这个短的时期的中间。

2. 低沉的呼噜

短的非升调呼噜，共振较多，在照料期间发出，没有可量度的音调变化。最典型特征是低频率，它是仔猪发音的基础频率在1kHz以下的唯一一级。

3. 高音调的呼噜

与低沉的呼噜类似，除了基础频率不同，高音调的呼噜的基础频率约高于1kHz。

4. 尖叫

长的升调叫声，伴随着相当大的正音高改变。经常在窝内相互攻击时发出。负音高改变只在少数实例中发生。

5．吱吱声

发音与尖叫相似，除了不很大的正音高改变。如尖叫一样，经常在窝内成员相互争斗时发出。

等级内的变化性非常低，并且很少会发生中间形式，使得这种发音形式稳定。仔猪在照料期间的叫声不能组成发音的连续统一体，但是却包括5种不相关联的等级，并有一定程度的等级内差异。这种差异部分是由于个体间的不同，但是少许的不同也会在个体内发生。仔猪中的一些差异与频率和持续时间相关。然而，仔猪发音的信号恒定，并且差异只是在很小程度上改变了交流的特异性。

（五）禽类

家养雏鸡在蛋壳内就很活跃，孵出前保持直立姿势，头和颈抬起。它们在壳内发出各种各样的叫声：悲伤和满意的叫声清晰可辨。当破壳而出时，雏鸡会很快去寻找热源并发出特征性的叫声。育雏母鸡是天然的热源，雏鸡孵出后能够与之发生非常亲密的身体接触。因此，雏鸡在发育成熟过程中会与母鸡紧密相伴，并有机会学会改进这种持续行为。一窝雏鸡与母鸡保持亲密关系，则很容易辨识出它的身体特征和叫唤声。若雏鸡在身体发育过程中引起绒毛脱落，则会被母鸡拒绝，雏鸡群变得分散，更多的是依靠自身维持活动，但是这仍然与鸡群有关。

与雏鸡一样，雏火鸡孵出前在蛋壳内也很活跃，孵出后非常好动。从孵出第1天开始，雏火鸡群在重要的群居依附关系就很明显，且对雌性母亲的依赖也是如此。它们通过声音和视觉信号保持紧密的联系。与雏鸡一样，这种联系使雏火鸡更容易学会某些重要的行为活动，特别是采食活动。一些人工孵化的雏火鸡，由于缺乏母性联系和学习技能的机会，而不能采食或饮水，并可能会因此死亡。3月龄后火鸡群就会形成社会等级关系。

二、断奶期和初情期的行为

断奶和初情期的行为是年幼哺乳动物身体发育过程中的2个重要方面。

经过依赖性哺乳的未成熟期之后，成功断奶标志着动物的成活，而初情期阶段的目标则是针对具有繁殖性能的成年动物的等级位次。这两个方面经常短暂关联，但在行为导向中又呈现强烈的紊乱和变化。

（一）断奶

驯养条件决定了断奶通常不是自然终结。犬和猫的饲养员会把幼犬和幼猫与它们的母亲分离开，分开的时间可能会稍微早于母亲与后代间的自然分离。大多数的活畜管理系统会相对较早地把犊牛与母牛、仔猪和母猪、羔羊和母羊分离开。在奶牛管理中，出生后或在吃初乳之前，幼畜就会从母亲身边离开，这会导致一些骚乱迹象，增加心率和发声（Hopster等，1995）。在其他农场的种群中，幼畜直到母畜的哺乳高峰已过并且幼畜的采食活动发展健全后才会与母亲分开。

这些人工断奶的做法通常是突然地施行。被分开的母畜和幼崽会持续地发出声音，它们相互召唤。若正常的行为模式被打断了，则它们很可能会中止采食和休息。几天之后，分开的双方重新回归正常的行为活动，分离过程即结束。突然取消照料会短暂地妨碍幼畜的生长，但是经过长哺乳期后突然断奶不会留下其他麻烦的后遗症。在奶牛中，断奶这个词汇应用于吮乳的中止。在群体饲养的条件下，突然断奶可能比逐渐断奶导致的问题少（Barton，1983a，1983b）。

尽管绵羊和山羊与幼崽在一起的时间不足以成长到发生自然断奶，然而自然断奶在这两个物种中偶尔会发生。自然断奶在羔羊3~6个月大时发生，并且自然断奶的过程是逐步的。在自然断奶后，母畜会迅速丧失对幼畜的兴趣，并且幼畜可能会受此影响而与畜群分开。4~6周龄的羔羊每天约吮乳6次。显然，在4周龄之前，羔羊逐渐断奶的过程已经开始。

自然断奶时有两点值得注意：① 断奶前，不管是突然发生还是逐渐发生，幼畜必须适应采食行为，这会保持到成年期。许多成年畜的采食行为能够通过模仿双亲对食物的选择及采食方法来获得。与母乳相比，成年动物饲料中的粗饲料好像能更好地满足饥饿感，并且这种情况决定了幼畜最终的采食行为。② 在断奶临近结束时，母畜有时会对幼崽表现出攻击行为，这看上去与母性行为中的一般特征形成鲜明对比，因为攻击行为经常是母畜对陌生幼崽的反应。正常情况下母羊只允许它的幼崽吮乳，并且它会尽力地赶走其他幼崽。这种对自己幼崽的接受和主动拒绝陌生幼畜的行为取决于结合的过程，这发生在分娩后最初几小时的敏感期。突然断奶时，其发生与关键的敏感期的认知过程相反，这导致了母畜自己的幼崽变得更像陌生幼畜。

在粗放的、半自然的环境条件下，仔猪的断奶年龄为12~17周龄。商业饲养的仔猪经常在4周龄时断奶，有时是2~3周龄，所有这些都是早期断奶。其后果是，它们表现出各种异常行为。特别是在4周龄之前断奶，失去母亲的仔猪可能会互相吮吸。这显然与探索腹部的行为相似。早期断奶还会导致严重的口鼻擦伤和仔猪间攻击行为的增加。离开母畜与缺少空间相结合可能会导致仔猪排便异常。

（二）发育期

发育期的各种不同的定义如下：

- 性别走向完全分化的时期；
- 第二性征变得明显的时期；
- 有能力产生生殖细胞的阶段；
- 有能力和欲望去完成性交；
- 第一次繁殖变得可能的时间；
- 调节性行为的神经组织激活的时期；
- 初期不孕的中止。

此处的发育期意指有效的性行为能够发生的时期，例如雌性第一次发情的年龄。

经验对激素诱导的行为发展的影响是一个复杂的过程，而不是简单的学习。犬的发育期取决于光照时间，以及同性和异性产生的性信号激素，还有动物的年龄和体重。猫发育期的年龄也受可变因素范围的影响，猫通常在5~9月龄时发生（Manteca，2002）。年轻雄性动物的爬跨行为不能说明是发育期的到来，发育期前的爬跨是会普遍发生的。在非常年轻的羔羊、猪、犊牛、山羊中都能看到爬跨行为。雄性雏鸡在2日龄时就会表现出交尾行为

（Andrew，1966）。在羔羊和年幼的山羊中，爬跨在几周龄时就会发生。以山羊为例，6周龄时主动的爬跨是一种频繁的活动，这大大早于发育期，山羊在155日龄左右进入发育期。猪的表现与其相似，年轻公猪出现爬跨行为的时间要远远早于能进行交配的时间。尽管公猪普遍在7月龄进入发育期，但是约50%的公猪在2月龄前就会表现爬跨行为。

牛出现爬跨行为也远早于发育期，爬跨行为与发育期的联系很小或与发育期没关系。在发育期之前，大多数的公牛出现爬跨定位。当它们获得进一步的性经验后，爬跨定位会得到进一步改进。在第一次繁殖时，在刺激动物后方的大多数公牛会调整自己的方位，但是30%的公牛爬跨不当。非常年轻和处于发育期早期的个体要进行协调，它们的爬跨定位较差，并且会频繁地尝试从一侧爬跨刺激动物。对于一个成年动物，这种从侧面爬跨表明了它在生殖反应中的不成熟。

人们作了年轻公牛和阉割牛的行为比较。年轻公牛和阉割牛在6月龄大时表现出行为差异。年轻公牛在爬跨和骑乘上表现出更多的正常活动，而阉割牛没有表现出这些，但表现出更多的嗅闻和舔舐行为。显然的，在这两个群体间，有发育期前的行为差异。通常在11月龄——与公牛普遍的发育期年龄一致——之前观察不到年轻公牛的自淫活动。

发育期年龄在个体间可能差异很小，但是会受到各种环境因素的影响，特别是营养情况的影响。然而，猪是个特例，这是由于年轻的雌性在发育期摄入的能量水平较低，而在相似年龄没进入发育期的雌性摄入能量水平较高。营养不良的公猪在正常的年龄性成熟。尽管生长慢的公猪比生长快的公猪需要更长时间获得射精能力，但是在7月龄之后限饲对于性行为是没有影响的。

牛的情况是不同的。高营养水平会使发育期提前到来，而低营养水平会稍微延迟发育期的到来。近亲繁殖的公牛需要更长的时间才能进入发育期。尽管饲养在不同的营养水平下，但孪生的公牛也以非常相似的模式发展它们的性反应。

试验表明，来源于环境的其他因素会对一些动物达到发育期产生一定影响。经过运输后，90%的仔母猪较早地表现出了发情，而没经过运输的同龄的仔母猪，只有28%表现出了发育期的这种迹象（du Mesnil，du Buisson和Signoret，1962）。试验得出的结论是，外部刺激能够导致猪较早地表现出第一次发情，并且会在刺激后的4~6d内；最有效的刺激是公猪的出现。对于绵羊，发育期更多的由季节因素决定而不仅仅是年龄，并且纬度越高越明显。

两性的生殖反应通常不是伴随着发育期的第一次出现而发展完全。对于雄性，在到达发育期后性欲会持续发展一段时间，相对于性成熟年龄的群体，发育期的雌性的发情通常持续时间更短，强度更小。

当年轻的母羊和年长的母羊与相同的公羊一起奔跑时，年长的母羊表现出更长且更强烈的发情，并且不和年轻母羊那样频繁地表现出短的、弱的发情。年轻母牛的发情会表现出多变的特征。

（三）玩耍行为

所有年轻的动物必须学会许多技能，以便在自然环境中生存。这种学习在其他章节和采食、躲避捕食者、护理身体等部分作了详述。群居动物需要学更多更复杂的技能。每一个个体必须学习怎样交流，怎样参与群体合作，怎样评定它在群体中的角色，群体中其他每一个个体的角色以它们的关系。许多活动可能会对这些学习有帮助，如玩耍。这个术语很难定义，它应用于那些有可能立即或最终涉及动物的一个功能性系统的活动。

年轻动物的活动包括：① 移动或操纵物体；② 追逐；③ 打斗而不造成伤害；④ 勾引然后离开另一个个体而不接触；⑤ 各种各样的杂技表演；⑥ 许多的变动。Brownlee（1954）通过对牛的研究提出，这些活动可能在促进身体舒适和群居技能上有作用。Dolphinow和Bishop（1979）和Fagen（1976）重申了这个观点。

人们由于方便而使用这个词汇，但是这个词汇的应用并不能说明类似于动机或功能方面的例子。对年轻动物开展的广泛活动可能提供了有用的实践和锻炼，这些活动涵盖于这个总标题下。有明显作用和即时作用的活动一般情况下不认作"玩耍"。

认作玩耍的活动大多发生于年轻的健康动物，并且没有玩耍可能是一个福利不良的标志。群体的玩耍，如追逐和虚假的打斗是很普遍的（图

图20.3　（a）犬的玩耍包括扯布；（b）犬之间的虚假争斗；（c）虚假的争斗，一条犬采用了顺从的姿势（图片由D.Critch提供）

20.3）。独自的玩耍能够采取控制的或运动的移动方式。以羔羊为例，在2周龄时，性行为就出现在幼崽的玩耍中。此时，羔羊会彼此爬跨、紧抱和戳插骨盆。爬跨和撕咬普遍发生于马驹的玩耍中。如果幼崽的行为受到鼓励而持续到成年期，那么这可能会变成脱离常规的撕咬。一些玩耍活动会被模仿。例如，应用一致的步法，这些模式对于物种中每一个个体成员都是相似的。

行为期间，在情绪的协同下，各种各样的玩耍活动与非玩耍活动不同。在竞争条件下，当一个动物逃脱了敌手的控制时，逃跑终止。当一个动物击退了它的敌手时，战斗终止。这些停止不会出现在玩耍中，玩耍可能会持续更长的时间。在玩耍中不会出现愤怒、恐惧等。

非常年轻但是腿脚灵便的动物，会突然表现出多变的行为，玩耍的自然的动作经常是猛然行为的形式，并且初期的玩耍在肌肉的运动能力和早期群居组织的发展中非常重要。独自的玩耍是锻炼的一种形式。当神经肌肉性玩耍的系统在锻炼中被激活时，该系统会很满足。动物一再的自发的玩耍可使它们能变得更强大。经过长期的限制，当玩耍被禁止，即使是成年动物，也通常能够发现它们在被释放后会有突发的玩耍活动。事实上，一些肌肉的锻炼需要主动的玩耍，但这并不意味着保持躯体的舒适是玩耍的主要作用。Byers（1998）得出结论，保持身体健康不是玩耍的一个重要作用，玩耍对群居技能和其他技能的获得更重要。

幼崽的玩耍活动经常模仿它们看到的成年动物的活动，如打斗、躲避、捕食和爬跨。很多玩耍活动，如逃跑和躲藏经常发生。虽然，这些成年活动对于年轻动物是没有影响的。由于有母畜的喂养和保护，幼崽正常情况下不需要争斗，也不需要逃跑。因为性器官依旧没有成熟，在幼崽中看不到为了性的爬跨。因此，尽管年轻的动物没必要进行这些活动，但是神经肌肉性的爬跨需求是存在的，并且包括于日程实践中。

每种驯养的哺乳动物的玩耍形式是特有的，这很好地说明了玩耍活动的模仿特性。年轻的马在玩耍中用它们的牙齿而不是用头去撞，成年的马在战斗中用牙齿而不是用头去攻击对手。与此不同的是，牛不用牙齿而是用头部去撞，不管是在玩耍还是在真正的打斗中。猪在玩耍和真正的打斗中都用头部向上拱。因此，在所有的物种中，相似模式的肌肉活动在有直接作用的成年动物的活动和类似的模仿性玩耍活动中都能看到。在玩耍性的打斗中很少会真正受伤，并且逃脱也不会真正实现。

当神经肌肉性玩耍的系统在锻炼中被激活时，该系统会很满足。丰富的环境对于玩耍是有益的。各种因素都能促进玩耍，包括环境中的物体、富足的饮食、群居的刺激、气候的好转、压力的终止和免于被限制。良好的饲喂能够增加犊牛的玩耍趋势，而差的饲喂则会减少。犊牛在层状的水泥地板上比在光秃秃的水泥地板上能更有力地进行玩耍性的奔跑。

牛在玩耍活动中不进行的行为有腾跃、踢、用蹄刨、喷鼻息、发声和摇头。尽管成年牛偶尔进行玩耍性活动，但是这些行为特定地出现在犊牛中。玩耍的进一步展示包括快步跑、慢步跑和尾巴抬高到各种角度的飞奔；猛然弓背跃起，用一条后腿踢蹬，用头顶，刨松土壤或垫草及爬跨。犊牛的玩耍也包括互相用头顶或用头顶没有生命的物体；在玩耍活动中，它们会刨地，用角撞垫草，恐吓饲养员和用喷鼻息制造噪音。玩耍性爬跨行为在犊牛中也能普遍发现。雄性犊牛比雌性犊牛爬跨和压按得更多，并且花费更多的时间进行玩耍（Reinhardt等，1978）。犊牛从限制中释放出来且有了新的垫草，当被引入其他犊牛中时，它们的日程或环境发生改变，犊牛经常发生突发的玩耍。

当玩耍性的推搡在2头犊牛间发生时；正在推搡的这一对可能会吸引到第3头犊牛。当3个之间相互推搡时，这个群体中的其他成对的犊牛可能也会被引诱而开始推搡。

马驹间玩耍的最普通形式有互相对着用后腿站立，追逐，爬跨和肩并肩的打斗。马驹的玩耍有性别差异，小公马比小母马爬跨更频繁，并且在一般的玩耍中也更活泼。雄性马驹比雌性马驹玩耍得更频繁。小母马对小公马玩耍的反应经常是退出或攻击。大多数玩耍涉及轻咬或啃咬躯体的各个部分，但是也有单独的奔跑或在群体中奔跑，或追逐，并伴有用头、急停和开始，还有后腿在空中踢踹。3和4周龄的马驹玩耍一次经常持续10~15min。这样的玩耍通常是由一头马驹发起的，通过轻咬活动而进行了彼此理毛的活动，从而使这一次玩耍得到发展。这一次可能会由于2头马驹的彼此分离而终止，或者更经常的是，一头马驹离开了另一头马驹。大多数的马驹与相似年龄的马驹玩耍，但是偶尔它们会与年龄相差2~3个月的马驹玩耍。

仔猪的玩耍在生命中的第2周得到发展，并且这是它们所有行为的一个显著特征。发展的主要形式是玩耍打斗。通过面对面地打斗，这样每头仔猪都咬或用鼻拱其他个体的脸、脖子和肩，这是最普通的运动。几周龄时，追逐和嬉戏是仔猪玩耍的主要模式；追逐通常比较短暂。嬉戏的个体行为包括用鼻拱和新奇地叫。用嘴对环境进行操纵和探索是猪行为的主要特征，包括成年期。与其他生病的幼畜一样，仔猪的玩耍会在生病时中止。因此，玩耍能够提供健康状况的参数，这会在预防兽医学的实践中有重大应用。

玩耍是代价高的行为。它看上去毫无目的、随性且无足轻重，并且相关联的事物包括行为活动或相关行为。这些也会发生在高风险的成年活动中，但是高风险活动的产生不需要玩耍。掠夺行为造成的死亡风险不可避免，这是玩耍的一个后果，玩耍外在的争夺资源的冲突得不到解决，并且受精卵也无法生成。由于玩耍的风险是如此之大并且需要很多的时间和能量，因此就有了玩耍对利益产生影响的问题，人们可能要对玩耍动物的消耗进行补偿。

当然，玩耍对动物有即时和最终的巨大益处。Fagen（1981）列举了6条可能的益处：

• 玩耍发展了身体的强度、耐力和技能，特别是对那些在社交互动中用到的行为和行为组合有潜在的致命后果；

• 玩耍提高和调节了发育速度；

• 玩耍的经验带来特定的信息；

• 玩耍发展了认知技能，而认知技能对于行为的适应性、灵活性、独创性或多功能性是必需的；

• 玩耍是一套在种内竞争中应用的行为策略；

• 玩耍建立或巩固了群体的群居凝聚力。

以下是驯养动物玩耍的典型特征：

• 有玩耍的欲望；准备玩耍的动物积极寻找玩耍的时机；

• 存在群居压抑，特别是避免了同伴的受伤；

• 应用无生命的物体或其他物种的个体作为玩伴说明了特异性刺激的缺乏；

• 玩耍可能会在每个阶段被更强的刺激打断，如巨大的噪音或闯入者，这说明玩耍在开始后并不是迫切的；

• 向其他个体，特别是玩伴传递玩耍的情绪，表现了群居易化作用；

• 发明新的个体的或试验性的玩耍，有时能导致神经和肌肉的协调；

• 玩耍方式可能会过度或造成经济浪费；

• 从一次玩耍到另一次玩耍的顺序可能会相对被打乱；

• 短的一连串动作或重复性的活动模式是玩耍组合的特征；

• 动物反复地回到刺激的源头；

• 行为的快速变换是一个普遍特征；

• 相同的行为可能由不同的刺激引起；

• 它发生在轻松的情形下，没有迫切的维持需要；

• 没有一个完成性的活动作为终点；

- 通常在玩耍之前有一个信号，这说明随后的才是玩耍；这些信号可能会在玩耍进行时再次出现，使玩耍继续；

- 行为活动以一种夸张的方式再次出现和执行是非常典型的；

- 通过主观的演绎，这种活动对于参与者是愉快的；

- 群居的玩耍有增大或浪费肌肉运动的特点；

- 在群居易化作用下，会得到最大化的判断；

- 在一次玩耍中，一连串动作中的个体运动可能会变得更大；

- 一连串动作中的某些运动通常比正常情况下没玩耍时反复得次数更多；

- 运动可能会增多和重复；

- 一连串动作中的个体运动可能没有被完成，并且这些未完成的部分可能会被重复很多次，表明了玩耍中行为组合不像链条那样在本质上是相联系的；

- 功能性的相关联活动的暂时分组能够分解；在同一个行为动作中一定数目不同类型的成分混在一起，表现出运动组合的排列；

- 玩耍没有即时的、生物学上适用的结果；

- 玩耍的成员能频繁改变它们的角色，如在打斗的玩耍中；

- 玩耍实际上是可以随意地重复，并且没有疲劳反应，而疲劳反应是许多行为的特征；

- 玩耍反应在动物的生命中有极其重要的作用；玩耍的信息可能起源于胎儿期的各种活动，它能够成为在良好福利测定中的基本因素，特别是它与正常的生长发育有关。

第21章
家养动物的捕捉、运输和人道控制

控制家养动物行为的方法有许多种，其中不少方法经过了长时间的实践检验，并被经验丰富的管理员所公认。对动物动作的预判是进行行为控制的最佳途径。

一、概述

动物的捕捉、装载、运输和卸载严重影响动物福利。到目前为止，肉鸡是运输最频繁的动物。以运输至少发生两次来统计，2005年，雏鸡运输超过480亿次，鸡屠宰运输超过480亿次，所以全世界鸡的运输次数总量超过960亿次（FAOSTAT，2006）。几种农场动物的数据参见表21.1。

表21.1　2005年全世界部分农场动物的数量，其中大多数运往屠宰场

动物	总数（百万）
肉鸡	48 000
蛋鸡	5 600
猪	1 310
兔	882
火鸡	689
绵羊	540
山羊	339
肉牛	296
奶牛	239

a 鱼通常不运输，未列入表中。

引自FAOSTAT（2006）。

　　动物从农场到屠宰场的过程可能需经过一个交易市场。基于肉类和家畜委员会（英国）的数据，Murray等（2000）报道表明，1996年英国56%的牛、65%的绵羊和5%的猪经过了一家活畜交易市场。一项对英格兰西南部运往屠宰场的16 000只绵羊的研究表明，当绵羊从农场直接运往屠宰场时，平均运输时间为1.1h，其中很少超过5h。但动物需经过一家活畜市场时，平均运输时间为7.8h，其中1/3以上运输时间为10~17h（Murray等，2000）。

　　运输的第一阶段是运输动物的选择，并检查动物以判断其是否适合运输。运输动物需做好准备，这种准备取决于动物品种和运输距离。对于较短距离的运输，准备包括动物集中前的禁食和为了保护主群动物健康状态而对被选动物的可能移动。对于较长距离的运输，要为动物提供必要的饮水和饲料，这对运输前2~3d集中的动物是非常有利的，它们能为运输做好充分准备并适应运输中提供的饲料。

　　动物随后必须装载到运输工具上，运输工具可能是汽车、火车或轮船。在运输期间，动物从装载应激中逐渐放松并恢复过来。动物在运输期间的舒适度取决于运输工具的设计、驾驶技术和路况。在运输期间，装载和卸载都将会增加应激程度和受伤风险，而且还有疾病传播的风险。运输工具必须有一定标准，以保证动物能在上面休息、饮水和采食。

　　在运往屠宰的最后环节，动物被卸载到屠宰场。这个过程需要提供良好的设备。动物在被屠宰前可能会有一个圈养期。对于大多数物种，假如动物如在屠宰前没有被圈养，或者圈养期非常短，那么福利会不好。

二、运输

（一）所用的运输工具

　　马和牛的运输通常使用单层运输工具，而猪和绵羊可能会使用2层或3层的运输工具。家禽和兔通常用箱子运送。这种箱子可以是可折叠的，其大小以一个人能搬动为合适；也可能是组合式的，则必须用叉车装卸。在运输工具上，折叠箱或组合箱之间要留有空隙。

一些运输工具装有空调，一些运输工具的侧面有设计良好的、可打开的通风区域。一些运输工具的通风设计较差，也有一些最简单运输工具的所有侧面都设有开放的栅栏，后者能够提供良好的通风。除了最差的运输工具，所有运输工具都会提供一些遮阳避雨设施，以防下雨或其他恶劣天气出现。

动物运输工具的悬吊系统差别很大，有好有坏，有的几乎可以忽略。动物装载设备也有很大区别。一些运输工具经过改装后具有良好设计的斜坡台，而另一些在后挡板或底板上安装有液压升降系统（图21.1）。许多运输工具装载用斜坡台非常陡峭，这会造成所有被装载动物低劣的福利。

参考Broom（2005a）的研究，下面概括了动物装卸和运输期间导致低劣福利的一些因素。人们对待动物的态度差别很大，而这些态度会对动物福利产生主要影响。在装卸和运输期间，某个人的态度可能会使动物高度应激，而同样工作另一些人可能会使动物应激很小或没有应激。由于没有考虑到动物会遭受疼痛和应激，或者缺乏动物及其福利的知识。有的工作人员可能殴打动物，这样会对动物造成巨大的疼痛和伤害。对相关员工的培训能够很大程度改变他们对待动物的态度，并改善对待动物的方式。

法律会对人们管理动物的态度产生约束。在欧盟内部，第2005年1号欧盟指令中"关于动物运输及相关活动期间的保护"一节，采纳了欧盟科学委员会关于动物健康和动物福利报告的建议，其中包括"运输期间的动物

图21.1　装有液压底板升降机的运输工具（图片由D.M.Broom提供）

福利（详细列举了马、猪、绵羊和牛）"（March 2002）及欧盟食物安全局"运输期间动物福利报告"（2004）（主要涉及其他物种）。法律的强制性已对动物福利产生影响。在运输过程中的操作规范也会对动物福利产生有效影响。其中最有效的是零售商的操作规范，有时和法律产生效果一样，因为零售企业需要通过规范的强制执行来保护他们的声誉（Broom，2002）。

一些动物比其他动物更能经受与装卸和运输有关的环境影响。这可能是由于与动物品种或生产性能选择相关的遗传差异所致。个体应对能力的差异也依赖于饲养状况的不同和饲养期间与人类及同种动物的接触程度。

由于运输期间运输工具内物理条件能够影响动物的应激程度，因此选择适当的运输工具对于动物福利非常重要。装载和卸载装置的设计也同样重要。设计运输工具和设施的人和决定用何种运输工具或装置的人也同样重要。

在运输开始前，人们必须决定动物的运输密度和分群及分布。如果没有给即将运输的动物提供食物，就会影响动物福利。对于所有的物种，在行驶中的运输工具上拴系动物会导致非常大的问题。对于牛和猪，动物的混群会导致福利非常差。

在装载和卸载时，驱赶动物的行为及驾驶员的驾驶行为都会受到报酬方式的影响。如果装卸载和驾驶比较快的人得到的报酬较高，动物的福利会更差。因此不允许采取这种报酬方式。在动物受伤和肉品质量低的发生率较低，且装卸和运输人员能够获得较高报酬的情况下，动物福利会得到明显改善。不应该允许通过保险应对受伤或劣质肉品。

制订运输计划的过程中，除应该重视前面提及的所有因素外，还应该考虑温度、湿度和疾病传播风险。疾病是导致运输动物福利低劣的主要原因。路线的规划应该考虑到动物对休息、食物和水的需要。驾驶员或责任人应做好紧急预案，包括运输期间一系列与紧急情况相关的兽医协助，如受伤、疾病或其他福利问题。

驱赶、装载和卸载的方法会对动物福利产生重大影响。驾驶质量可能会产生极少的动物问题，或者由于难以保持平衡、运动病和受伤等，也可能会导致低劣的福利。在运输期间，实际的物理条件，如温度和湿度，可能发生改变。这就需要动物负责人采取相应措施。长时间运输将会使差的福利风险更高，有时出现问题难以避免。因此，对动物做好良好监控并进行适当频次的检查，必要时进行彻底检查是非常重要的。

（二）动物遗传学和运输

家养动物为了获得特殊的品种特征已被选育了数百年。因而，不同品种对特定管理状况的反应可能不同。例如，Hall等（1998）发现，一只奥克尼品种的绵羊被引入有其他3只绵羊的圈栏中，会比同样情况下的克伦森林羊（一种威尔士低地品种）产生更高的心率和唾液皮质醇浓度。因此，在作运输计划时应该考虑到动物的品种。

人们对农场动物品种的选育特别针对获得最大的生产力。在一些农场物种中，这种选择会造成福利方面的后果（Broom 1994，1999）。生长速度快的肉鸡可能会有腿部病症的高患病率，比利时蓝牛可能无法在不助产或不剖腹产的情况下分娩犊牛。一些效应可能会影响到装卸和运输期间的福利。一些快速生长的肉牛会有关节病症，从而导致运输期间的疼痛，一些高产品种奶牛更可能患蹄病。特别是现代的奶牛品种，如果它们的福利不比30年前的奶牛差，那么它们在运输期间就需要更好的条件，并且旅途也要更短。

（三）饲养状况、经历和运输

如果动物在装卸和运输时容易受伤，那么再次运输这类动物时必须要考虑到这些因素，或者必须改善饲养状况。这种影响的一个极端例子是，笼养鸡的骨质疏松和骨头易受伤的发生率比能够扇动翅膀和四处行走的鸡要高2倍（Knowles和Broom，1990）。在装卸和运输过程中，单独饲养的犊牛比群体饲养的犊牛更容易不安，这大概是由于在这种饲养条件下缺乏运动和群居刺激所致（Trunkfield等，1991）。

在装卸和运输前与人类的接触也是重要的。如果犊牛断奶后能够再饲养一段较短的时间，那么在装卸及运输过程中，它们受到的干扰就会较小（Le Neindre等，1996）。通过适当预先处理，所有的动物都能对运输做好准备。

（四）混群和运输

如果来自不同群体的猪或成年牛（不管是不是来自同一个农场）在运输

前、运输期间或圈舍内与陌生动物混在一起，恐吓或打斗行为的风险会非常高（McVeigh和Tarrant，1983；Guise和Penny，1989；Tarrant和Grandin，2000）。与恐吓、打斗或爬跨有关的糖原消耗通常会产生黑色、坚硬、干燥（DFD）的肉品，造成损伤（如擦伤），并且还会导致差的福利。这个问题在福利和经济效益上有时非常严重，但是这可以通过把动物与群体中的熟悉个体饲养在一起来解决，而不是把它们与陌生个体混在一起。在装载期间人们可能会对牛进行拴系，但是在运输工具移动时都不应该拴系，因为长的绳会导致纠缠在一起的风险较高，而短的绳会导致牛颈部被吊住的风险较高。运输工具上猪的混群会导致攻击行为的瞬间上升（Shenton和Shackleton，1990），并且如果来源地不同的猪混在一起，那么在运输过程中猪的皮质醇含量会更高（Bradshaw等，1996）。

（五）捕捉、装载、卸载与福利

许多研究表明，装载和卸载是运输中应激最大的环节（Hall和Bradshaw，1998）。卸载时也可能有应激反应。在装载时会发生象征应激的生理改变，并且会在运输开始后持续几个小时。然后，随着动物习惯了运输，应激反应会逐渐消失。因此，在提供了良好运输条件且运输不会延长的前提下，由运输导致的主要福利问题来自装载（Knowles等，1995；Broom等，1996）。

装载可能对动物福利产生重大影响的原因是，动物在非常短的时间内要经受几种应激源的共同冲击。首先，动物在移上运输工具时被迫的躯体运动，动物被迫攀爬陡峭坡道时，体力消耗特别重要。其次，移至未知环境的新奇会导致心理应激。并且，装载需要非常接近人类，这会导致不习惯与人类接触的动物产生恐惧。最后，装载时，粗鲁地对待动物可能会导致动物痛苦。例如，用棍棒击打或刺戳动物——特别是刺戳敏感的区域，如眼睛、嘴、肛门与生殖器的区域或腹部，或用羊毛状物捕捉绵羊，这些都会造成动物疼痛。使用电动刺棒同样会让动物痛苦。

鸡与人类近距离接触会感到非常不安。对于鸡来说，人类是一个巨大且危险的动物。因此，在运往屠宰之前的捕捉对禽类有非常大的影响，包括对一些禽类相当大的身体损伤（Ebedes等，2002）。捕捉方式取决于禽类的饲养条件，但正常情况下，它涉及一个或多个禽类被取出并装入一个箱子中，这个箱子在旅途中装载约15只禽。如果母鸡在层架式鸡笼中饲养，那么正常情况下涉及的活动顺序为：一个人打开笼门，抓住一只或多只母鸡的腿，把它们拉出笼子，然后交给另一个人，这个人每只手里都抓着2~5只鸡的一条腿，将鸡提到这一排鸡笼的末尾或门口，并放入箱子中，在那里有一辆运输工具。这种捕捉方式会导致骨折，特别是笼养禽类更容易发生骨折。

Gregory等（1990）的一项研究发现，24%的母鸡在捕捉后会骨折。如果人们抓住两条腿，那么出现骨折的概率会少很多（Gregory和Wilkins，1992）。母鸡在运输前受到粗野捕捉对福利造成的影响可以通过监视肾上腺和其他的紧急反应进行评估。在一项研究中，人们对常规捕捉和小心捕捉作了比较（Broom，1986），在粗野捕捉后血浆皮质酮的含量高很多（表21.2），这表明母鸡身上激发的紧急反应更严重。这项研究还表明，在卡车上运输1h造成的皮质醇增加幅度比常规粗野捕捉要低。图21.2显示了捕捉和运输对血浆皮质酮、血浆葡萄糖和下丘脑去甲肾上腺素显著影响。葡萄糖的合成随皮质酮的分泌而增加，但是增加不多，因为葡萄糖在运输期间消耗殆尽。

表21.2　母鸡血浆皮质酮的浓度

处理	皮质酮（ng/mL）
在60s内没有操作处理、抽样	0.40
温和地装箱5min后	1.45
一般的装箱5min后	4.30
温和地捕捉与一般的捕捉相比，P=0.008	

去甲肾上腺素是一种神经递质，它在捕捉和运输期间能被耗尽。这些研究表明，母鸡的捕捉对福利造成的不良影响要大于一次短途运输。肉鸡、火鸡和鸭要经历两次运输，一次是幼雏期，另一次是运往屠宰场。新孵出的幼雏需要小心捕捉。肉鸡体重达到2kg时就要被收集，装入箱子中，通过运输工具运往屠宰场后，从箱子中取出并把它们的脚挂在传动钢丝流水线上，电

晕并屠宰。另外，旅途中的身体状况对于福利是非常重要的，但即使身体状况足够好，也会有断翅、损伤或肉品质降低的问题发生。

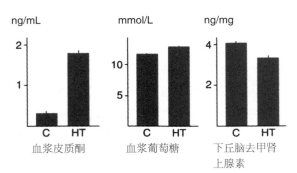

图21.2　经过捕捉和运输的母鸡（HT）的血浆皮质酮浓度（ng/mL）和血浆葡萄糖浓度（mmol/L）比未经过捕捉和运输的母鸡（C）更高。去甲肾上腺素的浓度（ng/mg）在捕捉和运输后变低（Broom等，1986）

对捕捉和运输的生理反应有一定范围。Freeman等（1984）指出，未经运输禽类的皮质酮浓度为1.0~1.6ng/mg，而经过捕捉和2h运输的禽类的皮质酮浓度为4.5ng/mg；经过4h运输，皮质酮浓度会达到5.5ng/mg。常规的捕捉过程，即捕捉人员进入饲养舍，把禽腿拴住将禽聚在一起，会导致一种强烈反应。Duncan（1986）研究了一种肉鸡捕捉装置的应用。这种装置在鸡舍内通过，应用旋转的橡胶连枷使鸡聚集到传送带上，并进入箱子里。与人工把鸡聚集起来相比，应用该装置使鸡心率加快的时间更加短暂。除此之外，肉仔鸡捕捉装置的应用还减少了损伤和骨折的发生率（Knierim和Gacke，2003）。肉仔鸡捕捉装置应用时达成的更好福利状态更加凸显人捕捉鸡时的不利影响。

在装载和卸载动物时斜坡台的坡度是一个重要方面。这可以用度（如20°）或梯度百分数（如20%）来量度。梯度百分数能够表示100m以上水平距离高度的增加值。例如，20%的梯度意味着一个水平长度为100m，高度增加了20m的倾斜（换言之，水平为5m，高度增加了1m），这相当于11°。图21.3显示了猪装载过程中使用的合适坡道。

不同物种对捕捉和装载的反应有很大差异，这在选择适当的装载程序时应予以考虑。例如，猪在通过陡峭的坡道时比绵羊或牛都要困难。

尽管物种间、物种内存在上述差异，还是能够提出一些一般性建议。例如，光线均匀、弯度较缓且没有急弯的通道更便于动物移动（图21.4）。防滑地板和良好排水系统对于防止积水也非常重要。动物倾向于略微向上行走

图21.3　（a）猪的装载坡道应该没有倾斜，或倾斜度不超过14°，并且要有结实的侧壁；（b）坡道应足够宽，以使两头猪能够并行（图片由D.M. Broom提供）

图21.4　牛很容易地走下一个宽阔、弯曲、侧壁结实的通道（图片由T. Grandin提供）

而不是向下，因此地板应是平的或向上倾斜。另一方面，坡道不应太陡峭（Grandin，2001）。如果装载坡道的地面不光滑，不同物种仍要保持不同倾斜度，以便它们能安全上下。

　　训练有素并经验丰富的管理员都懂得，人类利用动物逃逸区的进行移动能够较容易地将牛从一个地方移到另一个地方（Kilgour和Dalton，1984；Grandin，2000）。当人进入逃逸区的某平衡点时，牛会向前移动，当人进入逃逸区并向牛期望的相反方向移动时，牛会在人的驱赶下比较安静地排队前行。在控制动物移动过程中不使用棍棒或电棒能够产生更好的福利，并且使肉质差的风险也更低。

　　禽类和兔子的捕捉和装载与较大的哺乳动物有很大不同。肉鸡的捕捉通常由人工完成，有时也会使用肉鸡捕捉装置。人捕捉时的福利会更差（Duncan等，1986）。蛋鸡通常只能人工捕捉放入箱子或舱中。在捕捉时，蛋鸡会表现出明显的肾上腺反应。此时，蛋鸡发生骨折非常普遍，特别是禽类被饲养在小笼子里，缺少充足活动空间的情况下。

　　动物行为的良好认知和良好设施对于动物捕捉和装载期间的良好福利非常重要。

（五）运输期间的温度和其他自然状况

　　极端温度会导致运输动物非常差的福利。暴露于0℃以下的环境中会对小动物（包括家禽）产生严重影响。然而，过高的高温往往是导致福利差的更普遍原因，禽类、家兔和猪特别容易受到高温的伤害。例如，de la Fuente等（2004）发现，在较热的夏季条件下运输家兔比在寒冷冬季条件下会导致更高的血浆皮质醇、乳酸、葡萄糖、肌酸激酶（CK）、乳酸脱氢酶和渗透压。这些动物，特别是肉鸡，在温度达到或超过20℃时必须降低饲养密度，否则，将存在高死亡率和福利差的巨大风险。

　　运输途中的休息对于动物非常重要，特别是那些消耗的能量比平常多的动物，因其在旅途中必须保持一定姿势或必须进行长时间或间歇性的肾上腺反应以调动能量贮备。辨别动物在运输期间疲劳程度的一种方法是，观察它们在运输后想要休息的强烈程度。另一种方法是对任何紧急反应或其应对病原侵袭能力的不良影响的评估。例如，Oikawa等（2005）发现，在一个1 500km的旅途中，如果马得到更长时间的休息，并且在运输途中清洗运输工具上的围栏，那么它们就会表现出更少的肾上腺反应和有害炎症反应。

（六）运输工具的行驶方法、空间供给量和福利

　　当人类乘坐运输工具时，人们通常会坐在椅子上或抓住一些固定装置。靠四肢站立的牛更难以应对转弯或急刹车时产生的加速度。牛通常会努力运输工具上站稳，以使自己摔倒的概率降到最小，同时也避免与其他个体的接触。它们不会倚靠其他个体，并且移动幅度太大或运输密度太高都会对它们造成严重干扰。Hall等（1986c）的一项研究发现，运输绵羊的运输工具行

驶在蜿蜒曲折的路上时，绵羊的血浆皮质醇浓度比行驶在笔直路上时高得多。Tarrant等（1992）对牛进行研究，他们把牛的运输密度控制在高、中、低3个水平，发现摔倒次数、挫伤程度、皮质醇和肌酸激酶浓度随运输密度升高而上升。小心驾驶和较低的运输密度对于良好的福利至关重要。

在运输期间动物供给的空间大小是影响动物福利的最重要因素之一。通常情况下，空间供给量越低单位运输成本越低，因为只要可能，任何特定大小的运输工具都能装载更多的动物。空间供给量包括两个部分。第一部分是动物能用来站立或躺下的地面区域。这等同于通常所指的群密度。第二部分是装载动物的厢体高度。对于多层的陆地运输工具，这一点格外重要，这是因为运输工具有实际限高，例如要使它们能够在桥下通过。因此在商业压力下，两层之间垂直距离（层高）和动物头部上方的空间就会缩减。这种缩减可能会对装载动物的厢体内的充分通风造成不利影响。

绝对的最小空间供给量是由动物的个体大小决定的。然而，可接受的最小供给量也取决于其他的因素，包括：① 动物进行有效体温调节的能力；② 周围的条件，特别是环境温度；③ 如果动物希望躺下，那么它们是否有足够的空间。马在移动中的运输工具上选择站立；如果条件允许，牛在运输工具上6～10h后会躺下；绵羊会在2~4h后躺下；猪、禽类、犬和猫会立即躺下。在任何情况下，如果动物被打扰或是运输工具拐弯和急刹车造成移动的幅度过大，或者没有足够的空间安全躺卧时，动物会保持站立（图21.5）。

图21.5　在这个运输工具上的猪没有足够空间躺下（图片由D.M. Broom提供）

动物是否愿意躺下可能取决于运输距离、运输条件（特别是躺下是否舒服）和驾驶技术，以及与路面质量有关的车辆悬挂性能。确定实际最小空间需求量时，需考虑的一个非常重要的因素是，动物在运输工具上休息、饮水和进食需求。运输工具上的休息、饮水和进食将会需要更低的运输密度，使动物能够接近饲料和饮水。如果运输工具长时间静止不动，那么空间供给量可能要更大，以保证充分通风，除非通风非常容易由人工控制实现。

当四肢动物站在移动的物体表面时，例如陆地运输工具，四肢站在身体下方正常区域以外的姿势能够帮助它们保持平衡。如果在某一特定方位受到加速度的影响，它们也要采取四肢在正常区域以外的姿势。因此，它们比静止站立时需要更大空间。

当在移动的运输工具上采取这种姿势并作出这些移动时，牛、绵羊、猪和马做出最大努力不去接触其他动物或运输工具的侧壁。在车开得好的情况下，空间供给量越多，动物福利越好。这一点对于最大空间供给量也是正确的，最大空间供给量比动物运输中用到的要大。然而，如果驾驶技术很差，在拐角处行驶过快或急刹车，而使动物进行大幅侧向移动，那么动物装载挤些会对它们受到更少的伤害。最好的操作方法是良好地驾驶，并且给予动物空间而让它们采用站立或躺下的姿势，这个姿势对它们产生的应激最小。

与空间供给量有关的问题是攻击行为和潜在有害的爬跨行为。猪和成年母牛会相互恐吓、打斗和伤害。这会造成差的福利和DFD肉品。公羊和一些马也可能会打斗。把动物按在农场时的群居群体放在一起，或把可能会攻击的动物分离开，能使这种攻击次数最小化，或避免攻击的发生。雄性动物的群体可能会相互爬跨，有时会造成损伤。在运输密度非常高时，攻击和爬跨会更困难，这些行为造成的损伤也可能会减少。然而，这些问题能够通过良好的管理来解决，而为了使它们不能移动而人为进行高密度运输会造成福利较差。

地面空间供给量需要用确切的术语来说明。尤其是饲养密度，必须定义为动物特定活重所占有的地面平方米数，例如$m^2/100kg$，或每平方米地面区域的活畜重量（kg/m^2）。饲养密度，如每个动物所占的平方米数（m^2/只）不是一个定义地面空间需求量的可取方法，因为它没考虑到动物重量的差异。可取的空间需求量的定义必须考虑到涉及动物大小（活畜重量）的所有方面。这里还有一个问题，适用于非常小或非常大的动物数据有时是不可获取的。此外，可取的最小空间需求量和动物重量之间的关系通常不是线性相关的。

为运输的动物确定适当的最小空间需求量依赖于几方面的证据。这些证据又以下几方面为基础：① 首要原则是利用动物个体大小测量值；② 在真正或模拟的运输条件下动物的行为表现；③ 运输不良影响的指标测量。后面一种证据的例子是胴体上擦伤的数量（图21.6）或酶的活性，如血液中CK的活性。

对于形体一样的动物，体重记为W，线性计量值与W的立方根（$\sqrt[3]{W}$）成比例。动物体表面积与线性计量值的平方（$\sqrt[3]{W^2}$）成比例。用代数的方法，这与体重平方的立方根（$\sqrt[3]{W^2}$）相等，或与体重的2/3次幂相等（$W^{2/3}$或$W^{0.67}$）。对于所有类型的动物都适用的最小区域为：

$$A=0.021\ W^{0.67} \qquad （公式21.1）$$

其中，A为动物的最小地面区域需求量，用m²表示；W为动物的重量，用kg表示。公式里的常数（0.021）取决于动物的体型，特别是躯体长度和躯体宽度的比例。

图21.6 胴体的擦伤，如牛胴体的擦伤，是可以量化的。差的捕捉方法、不良驾驶技术会导致动物摔倒，过高的饲养密度会导致动物摔倒后难以站起，这都会增加擦伤（图片由D.M.Broom提供）

根据对空间供给量影响福利相关文献的评议结果，欧盟SCAHAW（2002）为猪、绵羊和牛推荐了这个公式，这些计算结果的例子见表21.3。欧盟食品安全局科学小组AHAW在2004年也同样推荐了该公式，用于其他农场动物的空间供给量计算。

表21.3　推荐的最小地面空间供给量

物种		体重（kg）	运输时间（h）	地面空间供给量（m²）
猪		100	≤ 8	0.42
		100	> 8	0.60
绵羊	已剪毛	40	≤ 4	0.24
			4~12	0.31
			> 12	0.38
	未剪毛	40	≤ 4	0.29
			4~12	0.37
			> 12	0.44
牛		500	≤ 12	1.35
			> 12	2.03

（七）运输期间的进食和饮水

细胞外液的减少会刺激饮欲。动物24h内饮水的频率因品种不同而存在差异，马可能每天饮水1或2次。由于不间断地提供饮水比较困难，并且许多动物在运输期间不饮水，因此如果运输中为动物提供水并满足其充分饮水时，运输必须频繁停下。

在已经开展的一项研究中，表述了炎热天气长距离运输马的渐进性脱水、应激反应和水消耗模式特征，并评估了30h商业运输后的恢复时间。研究结果表明，在炎热天气中，在不给健康的马提供饮水时，运输超过24h会导致严重脱水；超过28h，尽管定时提供饮水，逐渐增加的疲劳对马也是有害的（Friend，2000）。

Brown等（1999）比较观察了持续运输8h、16h和24h而没有休息或饮水/进食后，猪在入栏的6h内饮水和进食的需求情况。研究结果表明，尽管环境温度相对温和（14~20℃），所有的猪在入栏期间也会饮水和进食，尤其是运输了8h的猪到达目的地后，在休息之前会马上进食和饮水。

绵羊在运输途中通常不进食。然而，绵羊禁食12h后的进食意愿非常强烈（Knowles，1998）。至于饮水匮乏，绵羊看起来能相对很好地适应干渴，因为它们还能排出干燥的粪便和浓缩的尿液。另外，它们的瘤胃能够对脱水起缓冲作用。和预料的一样，饮水匮乏的影响看上去很大程度上取决于周围的温度。例如，Knowles等（1993）发现，当环境温度不超过20℃时，羊在长达24h的运输中没有出现脱水的迹象。然而，当在运输途中大部分时间里环境温度超过20℃时，便有明显的脱水症状（Knowles等，1994b）。

如果考虑在运输期间安排休息期来避免食物和饮水缺乏带来的影响，必须考虑以下几点因素。首先，休息期过短（例如1h）是不够的，甚至可能对福利产生不利影响。Hall等（1997）研究了绵羊在禁食禁水14h后的采食行为，发现绵羊在第一个小时内的进食量和饮水量一般较低且不平衡。Knowles等（1993）也发现，长距离运输后的恢复要经过3个阶段，而绵羊进栏24h后会从短期应激和脱水中恢复过来。研究表明，想获得任何真正的益处，至少需要进栏8h（Knowles，1998）。另一问题是即使是在长期缺水之后，绵羊不会轻易从不熟悉的水源饮水（Knowles等，1993）。因此，如果休息时间较短，绵羊也不会去饮水，而且采食会导致更加缺水，特别是采食浓缩料（Hall等，1997）。

第二个问题是休息期内的采食可能会导致动物间的竞争，强壮的个体可能会把弱小的个体阻止在外（Hall等，1997）。因此，进食和饮水的空间足够大，以使所有的动物能同时接触食物和饮水，这是非常重要的。建议绵羊的料槽空间为$0.112W^{0.33}$m（Baxter，1992）。这意味着20kg体重的绵羊需要的料槽长度为30cm，30kg体重的绵羊需要的料槽长度约为34cm。

最后，绵羊在圈栏中会不情愿进食，特别是对新饲料感觉陌生的成年羊。尽管Hall等（1997）发现绵羊禁食14h后吃的干草很少，人们仍旧认为干草是最广泛的可接受的饲料形式（Knowles，1998）。

人们要作出一个与休息期有关的重要决定，即是在运输工具上提供饲料和饮水还是在卸载之后。饲喂绵羊及给予其饮水在正常的商业装载时可能是行不通的，主要是因为使所有动物同时接触到食物和饮水非常困难（Knowles，1998）。然而，卸载动物时会产生许多问题，包括增加了疾病传播的风险，以及装载和卸载是运输中最大的应激来源这一事实。

鸡和火鸡的代谢率很高，特别是肉用品种。新孵出的雏鸡发育非常迅速，要快于20年前的发育速度。它们用尽了所有的蛋黄和蛋白，所以在48h内都需要食物和饮水。运往屠宰的禽类在运输中不会进食，并且通常会在3~5h内用光所有饲粮储备，因此旅途必须较短。

（八）运输持续时间和福利

对于所有动物，被装载到运输工具上是运输过程中一个特别紧张的过程，除了那些习惯于运输的动物。然而，随着运输的继续，运输时间对福利的影响越来越大。运往屠宰的动物不会给予像赛马或障碍赛马那样足够的空间和舒适的环境。因此，它们会更活跃，比未被运输的动物消耗更多能量。结果是它们会更疲乏，需要更多的食物和饮水，受到更多的不利环境的影响，更容易感染疾病，有时长距离运输比短途运输暴露于病原体的可能性更大。

在英国，通过调查送往4个加工屠宰厂的1 930万肉鸡，Warriss等（1990）发现，从装载到卸载的平均时间为3.6h，最长时间为12.8h。在两个加工厂同样屠宰130万只肉鸡的平均时间分别为2.2h和4.5h，最长时间分别为4.7h和10.2h（Warriss和Brown，1996）。

尽管似乎没有已发布的数据，但是在英国，需要屠宰的母鸡所需要的运输时间更长，因为愿意加工它们的加工厂数量很少。这种长途运输肯定是需要考虑的重要因素。在运输期间，由于箱子或隔间中的禽类不能有效进食和饮水，因此运输时间必须比红肉品种鸡短很多。死亡率随运输时间的延长而增加（Warriss等，1992）。这些作者记录了到达时的肉鸡死亡数，样本是1 113次运输到禽类加工厂的320万家禽，最高运输时间达到9h，所有运输的平均时间为3.3h。从将禽类装载到运输工具上开始，到卸载到加工厂为止，其全部时间最高为10h，平均为4.2h。所有运输的禽类死亡率为0.194%。然而，死亡率也随运输时间的延长而增加。运输时间低于4h的禽类死亡率为0.16%，而在运输时间超过4h的禽类死亡率为0.28%。因此，运输时间超过4h的禽类平均死亡率比运输时间低于4h的死亡率要高80%。

禽类遭受如骨折和脱臼等痛苦的创伤伤害非常普遍，且随运输路途的延长这种状况愈加严重。肝糖原以葡萄糖的形式为代谢提供快速的能量来源，在缺少食源的情况下，肝糖原会快速减少。Warriss等（1988）发现，肝糖原会在6h内减少到可忽略不计，被运输6h后的肉鸡肝脏中的糖原含量只有未被运输禽类的43%（Warriss等，1993）。

如上所述，运输过程中的休息期对于禽类来说不符合实际且具有负面影响，这是由于给禽类提供饲料和饮水是不现实的。由于它们被密集限制在运输容器内，因此兽医也无法进行有效检查。此外，运输工具中的被动通风要依靠电力系统，如果运输工具停下而没有卸载禽类，那么通风的减少很可能会导致装载过程中的某些时候温度上升，并且还很可能会出现禽类体温过高的问题。

马在运输期间保持站立姿势，并且在运输工具移动时必须作出移动以保持平衡。在一项对不足50km到300km距离内的陆地运输的影响比较研究发现，经过150～300km的运输之后，马的T_4和fT_4淋巴细胞增加。陆地运输超过100km时，会导致血浆中心肌抑制因子的肽成分浓度明显变低。据报道，Sanfratellani马的陆地运输距离超过130km会导致血清肌酸酐和肌酐浓度显著上升。经过130~350km的运输后，16匹未经训练的不同品种马的某些指标都有类似的变化，这些指标有天冬氨酸氨基转移酶（AST）、乳酸脱氢酶（LDH）、丙氨酸转氨酶（AAT）和碱性磷酸酶（SAP）（Ferlazzo等，1995）。

众所周知，经过长时间运输后，马呼吸道疾病的发病率会增加。运输后易发生呼吸道疾病的原因可能是由于肺泡巨噬细胞数量显著增加，以及病毒感染马的巨噬细胞活性显著增强。因此，8~12h或更长时间的运输很明显会产生更大应激，应该考虑监控福利和病理学重要指标。

一些试验调查了运输距离对牛福利的影响。大多数研究人员指出，运输持续时间的延长，对动物的不利影响也会增加。这些影响可以通过各种生理参数来表示，如体重、肌酸激酶、游离脂肪酸、β-羟丁酸、总蛋白质等。14h的禁食禁水会导致动物在有机会时就试图获得食物和饮水，但是血液生理指标在禁食禁水24h后才有明显改变，这些指标包括钙、磷、钾、钠、渗透压和尿素（Chupin等，2000）。

　　然而，运输期间的禁食禁水可能会有更大、更迅速的影响。Marahrens等（2003）对连续两次29h运输（中间提供24h的休息）牛的能量亏损程度进行量化后发现，运输14h后提供1h的采食和饮水时间不能使反刍动物获取充足的食物和饮水，却仅仅增加了运输的总时间；随着运输的继续进行，牛会更加疲劳，随之失去身体平衡的机会更大。

（九）疾病、福利和运输

　　动物运输会导致疾病发病率增加，随后通过多种方式导致更差的福利。这种方式可以是运输动物的组织损伤和机能失常、病理学影响（由已存在的病原体引起，否则不会发生），病原体在运输动物之间传播引发的疾病，以及病原体由运输动物向非运输动物传播引发的疾病。暴露于病原并不一定导致动物感染和疫病发生。影响这一过程的因素包括传播病原体的毒力和剂量，感染途径和暴露动物的免疫状况（Quinn等，2002）。

　　运输导致动物易感染性增加和疾病的发生已经成为许多研究的主题（Broom和Kirkden，2004；Broom，2006b）。

　　许多报道描述了运输和某些疾病的关系。例如，"船运热"是一个普遍用到的词汇，它用于一种特殊的与运输相关的牛病。这种疾病在运输后的几小时到1~2d发生。涉及多种病原体，如：① 巴氏杆菌；② 牛呼吸多核体病毒；③ 传染性牛鼻气管炎病毒和其他疱疹病毒；④ 副流感病毒3型和一系列与胃肠疾病有关的病原体（如轮状病毒）；⑤ 大肠杆菌；⑥ 沙门氏菌（Quinn等，2002）。

　　运输通常会导致犊牛和绵羊死亡率上升（Brogden等，1998；Radostits等，2000），以及绵羊（Higgs等，1993）和马（Owen等，1983）的沙门氏菌感染。对于犊牛，会导致与牛疱疹病毒有关的肺炎和后续死亡（Filion

等，1984），这种结果是由应激后重新激活潜在感染动物中的疱疹病毒引起的（Thiry等，1987）。4h的运输会导致牛的血浆皮质醇浓度升高，吞噬细胞反应减弱，CD3$^+$ T细胞增加，CD4$^+$与CD8$^+$细胞比率的升高，所有这些都会增加呼吸道疾病的发病率（Ishizaki等，2004）。在一些情况下，运输状况中的特定方面可能导致疾病发生。例如，猪混群导致的争斗能够抑制这些动物的抗病毒免疫（de Groot等，2001）。病毒感染的存在增加了继发性细菌感染的易感性（Brogden等，1998）。

致病性病原体的传播始于从感染宿主口鼻部的液体、呼吸的悬浮颗粒、排出的粪便或其他分泌物或排泄物中散布病原。不同传染性病原的排出途径各不相同。与运输相关的应激能够增加病原排出量和排出持续时间，从而增加了感染性。这一点在各种动物品种沙门氏菌感染中有所描述（Wierup，1994）。运输动物病原体的排出导致了运输工具和其他相关设施及区域，如在聚集地和市场受到污染。这可能会导致间接传播和二次传播。病原对不利环境条件的耐受力越强，通过间接机制传播的风险越大。

许多传染病的传播可能是由动物运输导致。荷兰古典猪瘟和英国口蹄疫的暴发比实际发生情况严重得多，主要是因为动物的运输，并且疾病某些情形下会在暂停站点和市场传播。Schluter和Kramer（2001）概述了欧盟口蹄疫和古典猪瘟的暴发情况，并且发现，一旦古典猪瘟在农场畜群出现，随后传播的9%可能性是由于运输引发的。在意大利最近一次高致病性禽流感病毒流行中发现，用被污染的运输工具和设施运送禽类成为传染病控制中的重大问题。

重大疫病暴发是非常重要的动物福利问题和经济问题，控制疫病风险的规范对于动物福利领域来说非常必要。如果应激程度降到最低，动物及其产品的混合减少到最小程度，那么疾病及其由此带来的低劣福利都能避免或减少。

（十）运输前和运输中的动物检查

受伤或生病动物不适于被运输，当它们的健康状态高于法律规定的最低标准时，才适合运输（EU SCAHAW，2002）。

运输起点的负责人和驾驶员（或运输期间的动物负责人）应该有能力评估动物福利状况，或是至少能辨别动物是否死亡、受伤或有明显的疾病。驾驶人员必须在长距离运输期间定期对运输动物实施检查，并在可能对动物造成问题的任何情形下，如运输工具过度使用阶段、可能过热的阶段或出现交通事故之后对动物实施检查。定期检查的间隔时间与法律规定的驾驶员休息间隔相一致。

动物的检查涉及视诊、听诊和嗅诊，以判别动物有无问题。必须确保看到每一个体动物，因此运输工具的设计、动物的分布和饲养密度都必须允许作上述检查。如果动物不能被检查到，如禽类在叠加的箱子中或滑动的储存设备中，那么长距离运输是不可能的。

兽医是判断动物是否适合运输的唯一人员。欧洲兽医联盟关于活体动物运输的意见书提供了在哪些情况动物适合运输的标准，即认定动物是否可以运输的情况。基本上，在妊娠期最后10%时间中的动物，在运输前2d内分娩的动物和肚脐尚未完全愈合的幼崽等均不适于运输。人们认为，由于严重疾病或损伤而不能独立走上运输工具的动物在几乎所有情况下都不适于运输。

对于牛、绵羊、猪和马的运输，动物负责人需要具备相应的检查设备。通常情况下，检查运输工具内的每匹马，且不对检查人员构成危险，又不会对动物产生惊扰是可能的。然而，在运输工具内检查其他动物，如群体中的成年牛，而不对检查人员构成危险是不可能的。在这种情况下，必需具有能够看到每个个体的外部检查设备。正常情况下，绵羊和猪的检查在外面就能充分进行，每个个体都能看到。如果需要在运输工具内部进行检查，那么每一层的高度不能太低，否则非常难以实施有效检查。

如果发现患病、受伤或死亡的动物，那么责任人需要明确下一步操作的知识或指令。保存记录并便于行政当局（例如兽医检查员）获取非常重要，记录内容包括所有生病、受伤或死亡的动物情况及运输中的任何处置措施。动物运往屠宰时，屠宰场和动物所有人需要该记录的副本。如果在运输中发现动物生病或受伤，有时需要在运输工具上进行人道屠宰。因此，运输工具的负责人有必要携带人道屠宰用设备并经过了设备使用方面的培训。当受伤或患病的动物不能完成运输时，例如它已不能独立站起，应该在合适的地点屠宰或卸载。

当动物死亡或被屠宰，运输可再持续一段时间并到达一个适于处置尸体的地方。在受伤、患病或死亡的许多情形中，通知该地区的行政当局非常重要。如果怀疑存在任何重要传染病，那么这一点就格外重要。运输计划中编入了运输中经过的每一地区行政当局的地址、电子邮件地址和电话号码。

动物的品种、性情及其饲养环境的类型都能影响到其在捕捉期间的行为。饲养在比较开阔或远离人类地区的动物会有较大的逃逸距离，当管理员在其有15m的距离时，它可能会恐慌不安。由此引起的问题包括动物严重不安，有时会对饲养人员构成威胁。例如，澳大利亚昆士兰州的瘤牛在广阔的围场或牧场生活很长一段时间之后，不仅仅难以捕获，还可能攻击饲养人员。定期进行管理的同类动物会表现得温顺很多。饲养在紧密限制环境（坚固混凝土或金属板地面）中的动物在被单独或成群移送到其他地面的圈舍或陌生圈舍时会难以控制。环境条件的改变或人类的出现都可能会使动物不安。

（十一）移动动物的设备

为了适当设计农场和牛棚中的捕捉设备，必须了解农场动物的行为特征。若有足够的机会，牛、绵羊和猪能较容易地熟悉它们所处环境。例如，牛能很快了解电围栏，并且把自己控制在一个领域、一个集中区或一个通道中（McDonald等，1981）。然而，如果将动物移送到一陌生区域首次遇到电围栏时，电围栏的存在可能会妨碍动物移动的过程。动物需要时间去认识围栏，它们还需要有避开围栏的机会。在奶牛场待挤集中区域，有时会用到移动电围栏，移动电围栏就如"电子犬"一般。"电子犬"是一排垂直向下的带电电线，并向围场后部的奶牛移动。它对一些奶牛有相当大的不利影响，可能会妨碍它们的泌乳，并且可能会使奶牛非常不愿意向挤奶厅移动。

每个奶牛场工人都必须能够把奶牛引入和引出挤奶厅。如果使用到通道和集群区，或者移动动物的方法不适当，干扰了部分或全部奶牛，就会产生福利问题。这种福利问题通常会导致产奶量降低。由于奶牛养殖户的行为或是挤奶厅设计缺陷导致挤奶台不舒适或电压不稳定，奶牛可能会不情愿进入挤奶厅。这些问题会导致奶牛养殖户在待挤区过度使用暴力。

用于移动奶牛到挤奶厅的通道设计相关问题与其他目的（如在运输前移动奶牛到运输工具上）设计通道的问题相似。Grandin（1978，1980，1982）对如何设计良好通道作了最广泛的研究。据她报道，如果牛遇到黑暗区域或有极端光照对比的区域，那么它们通常会退缩。有急弯的通道也可能在驱赶牛时产生问题，长且直的通道也可能会造成动物不愿移动或移动过快的问题。Grandin根据观察结果建议，通道应该光照均匀，如果动物彼此不熟悉，那么必须有坚固的墙壁，并且应该有柔和的弯度，而不能有急弯或直道很长（图21.1）。

不利刺激（如强音）并不能起到集中动物的目的。无论任何时候干扰音都不应出现在动物将要集中经过的地方。大声叫喊是一种干扰音，能诱发负面影响，其影响范围可表现为动物躲避到逃逸。当这种影响被妨碍时，恐慌（一种极端恐惧反应）很容易随之而来。

同样的原理也适用于向屠宰场移动动物。Grandin指出，等待分群的牛可以被放在一个半径为5m的宽阔弯曲通道中。在弯曲的通道中，人们能够挑选出动物到对角的圈栏中，或是引导它们到屠宰场的拥挤斜道、浸渍槽或限制槽。操作人员应该在通道内半径的狭窄过道开展工作。这便于动物的移动，这些动物倾向于围着操作人员转圈以保持视觉的联系。这个弯曲通道终止于一个圆形拥挤圈栏，与其相连的是一条单列通道。应该避免明暗的强烈对比。单列通道、限制栏和其他拥挤区域等应该有高且坚固的墙壁。这能够避免动物看到设施以外的人、运输工具及其他分散的物体。如果空间有限，应用一个紧凑蜿蜒的通道系统能够获得定向移动的效果。走道的宽度应该不少于3m。

猪最易于在侧面有坚固围栏且顶部开放的单列跑道中移动。猪进入圈栏时应有平坦的地面，避免出现坡道。猪有310°的视角，并且应该去除水坑和阴影，以避免不良的视觉影响。猪倾向于从一个相对黑暗的区域移向一个在人工照明下光亮的区域，并且照明光亮应随移动的方向而逐渐增加。在微暗的禁闭建筑物中长大的猪不会移向舍内阳光直射的区域。图21.7中显示的是猪不愿进入黑暗的运输工具中。

充分与人类接触的大多犬和猫比农场动物对运输条件产生恐惧要小，这是由于农场动物很少与人类接触。然而，少数犬和较多的猫会对捕捉的一些方面、限制或与运输时运输工具的移动非常厌恶。供玩赏的动物会从以往的厌恶经历吸取教训，当在预测到旅程迫近时会藏匿起来。本节中的大部分信息适用于农场动物和马。然而，任何动物都可能会受到上文提及的因素影响，特别是在与动物的调节能力有关的极端环境条件下。

（十二）药理学控制

有时必须应用药物去影响或改变动物的行为，以避免过度使用武力。不同药理学功能的现代化学试剂能通过安定、镇静或保定作用改变动物的行为（Cooper等，1982）。现在，当动物在一段时期内遭受某种形式的完全约束或者不习惯的捕捉时，人们会应用安定剂或者其他方式来控制可能诱发不利于健康的恐慌。例如，在运输或混群期间，动物会产生不良反应时，安定很值得推荐。

安定剂会产生心理上的安静，而不会导致生理抑制或意识模糊。然而，如果为了便于管理而应用安定剂时，通常有必要使用高剂量的安定剂，而这可能会导致共济失调、对刺激反应性降低和呼吸抑制。

安定剂不会产生催眠或止痛作用。加大剂量并不能产生更好的效果。使用安定剂前动物的心理状态可能会显著影响镇静作用的程度。凶猛顽固的和

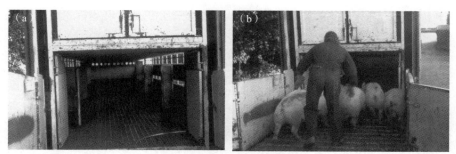

图21.7　（a）猪在坡道最高处遇到运输工具的入口，这个入口处太暗；（b）猪不愿进去，所以必须人工把它们赶进去（图片由D.M. Broom提供）

处于兴奋中的动物应用效果并不理想，除非使用更高的剂量，而这可能会使动物完全丧失能力。神经安定镇痛是镇静状态的一种情形，通过一种安定剂（神经安定药）和一种麻醉剂的联合使用可产生镇痛效果。这样，尽管病患保持清醒，且对某些刺激会有反应，然而各种操作（包括小手术）还都能正常执行。最广泛应用的制剂是Innovar-Vet（氟哌利多和芬太尼）。完全保定是限制性措施的一种非常极端的形式，并且在一些紧急情况下对于动物福利非常有用（De Vos，1978；Herbert和McFetridge，1978）。

琥珀胆碱、马钱子和三碘季胺酚是神经肌肉的阻断剂，它们在神经肌肉的接点周围产生作用。这些阻断剂用作浅的全身麻醉的辅助药物，以使深层肌肉舒张。因为这些药物只能造成运动神经麻痹，不会产生镇静或止痛作用，因此它们在有意识动物中的应用从福利上来说是不合理的。

兽医麻醉在40年以前就是一门学科。由于当时的程序不要求全身麻醉，那时可以应用chlorohydrate，至今它仍可用于大型动物镇静。从此发生了重大改革，并产生了精神药理学这一学科。这一现代专业学科的早期发展是神经安定药和抗焦虑药使用的结果。随后，类吗啡物质、精神活性药和麻醉剂的应用扩展了这个领域。这些进展把药物引入兽医领域应用，以进行各种类型的动物控制，这些控制的范围从轻度镇静、安静、暂时制服和短期保定到全身麻醉。在大多数情况下，小剂量的肌内注射给药使操作相对简单。通过已知的剂量-反应关系，在技术上简化了口腔给药或静脉注射。只在少数情况下会发生不利影响，此时这些药物用于特定物种时存在限制。例如，类吗啡物质可能会使少数的马狂躁——特别是给予的量不足时。

这些药物的给药方式虽然简单，但仍需要动物行为学和生理学方面的知识。当试图控制动物时，识别某些种类动物对恐惧或愤怒作出强烈反应的正常倾向特别重要。这种情况下，许多动物受恐惧刺激时会表现抑制。尽管每一物种对这种刺激都有特定的反应，然而许多个体在反应的性质和反应程度上会表现不同。强烈的反应会使动物产生应激，在福利层面上，对应激动物采取化学限制的方法是不可取的，除非在紧急情况需要对动物实施控制时。尽管如此，劳累性应激的生理学反应必须在记忆中形成。因此应该认识到，即使控制性药物具有潜在的最低致死量，动物也会在上述过程中面临巨大风险。

在疲劳时，剧烈收缩的肌肉系统会增加通过糖酵解产生的二氧化碳。血红细胞携带这些二氧化碳并把它们运输到肺。如果增加的二氧化碳含量不能由肺脏排出，那么血液中的氢离子浓度会上升，pH下降，从而导致酸中毒。在所有组织中也会发生高度缺氧。

事实上，劳累性应激是酸中毒的一个普遍状态。这是一个大概的情况，不能通过任何单一的生理学参数表现出来，确定这种情形必须依赖于临床或行为的表现。在发生劳累性应激时，受影响的动物的过度呼吸非常严重。过度呼吸可能会导致肺出血和鼻孔周围出现起沫的微带血色的液体。动物头部下垂，嘴巴张开，舌头僵僵地伸出嘴外。此外，还会发生肌肉活动失调。最终，动物会跌倒不再站起。与这些症状相关的其他临床特征有，心脏机能衰退和丧失吞咽能力。少数动物能够幸免于劳累性应激。一些看上去幸免于应激的动物很可能会在随后死于心脏衰竭或其他病理生理的变化。在那些幸免于这次继发性危机的动物中，一部分会产生骨骼肌的局部坏死。后面的这种情形通常被称作"获得性"或"劳累性"肌病。

尽管存在这些危险，但对难以驾驭的动物有时有必要进行治疗和处理。应用现代药物，通过化学控制是可行的（Iversen和Iversen，1981）。必须要考虑到的是这种方法有可能使身体生理疲劳和产生应激。以下是国际上用来使大型动物安静和受抑制的药物。这些药物只能由有资格的兽医使用或在兽医的指导下使用。

马来酸乙酰丙嗪（乙酰丙嗪）

卡芬太尼（杨森）

氯丙嗪（氯普马嗪）

地西泮（安定）

埃托啡（羟戊甲吗啡：止动剂）

芬太尼和氟哌利多（兽用依诺伐）

克他命（氯胺酮）

R51703

甲己炔巴比妥（Brietal）

甲苯噻嗪

以上这些药物的相关特征如下。

马来酸乙酰丙嗪　这种精神安定药是一种强效吩噻嗪派生物，广泛应用于镇静及抑制动物。它在对暴躁的动物进行安定时不能单独使用，因为在这种药物作用下，动物仍能对某些有危险的刺激产生反应。由于这种药物会导致血压过低，在动物受到惊吓及新陈代谢消耗大量氧气的情况下，动物可能会出现组织缺氧。此时，可能会导致休克和体温过高。

卡芬太尼　卡芬太尼在野生动物和倔强的动物固定中有巨大作用。它是一种新的、威力极大的类似于吗啡的作用剂，属于麻醉剂的芬太尼家族。与其他动物保定药剂一样，卡芬太尼能够用专门设计的皮下注射器投射到动物身上进行肌内施药，除此这会用到气压枪、刺棒或弩。卡芬太尼可以单独使用，或是与R51703（杨森制药）一起使用。卡芬太尼的颉颃剂是二丙诺啡（M50-50）。用卡芬太尼进行镇定，其效果是埃托啡的8倍，所以需要量非常小，并且能持续1~3h。二丙诺啡就像纳洛酮——一种埃托啡的对抗药——在中枢神经系统中是阿片类物质受体位点的竞争性抑制剂。

氯丙嗪　这种药剂在动物中已经应用了30年，对倔强动物的控制非常有用。在某种程度上，它可使动物更温顺，因此在清醒的状态下对动物进行短时间捕捉时也更顺从。它是一种精神抑制性吩噻嗪，大大增加了多巴胺的活力。没有精神抑制药效力的吩噻嗪没有这种特性。

地西泮　这种药剂能显著消除或减少焦虑。为了获得持久的效果，动物可以长期使用该药。它能起到镇静的作用，但是却不能镇痛。在捕捉动物时可以应用安定，它只能使动物轻微受抑制。给药量过大时会造成呼吸抑制。

埃托啡　埃托啡盐酸盐是一种经常与有安静效果的药品一起应用的产品，它是一种类鸦片类药品，其药效约是吗啡的1 000倍。因此，通过肌内注射导致动物静止的有效剂量很小。在施药的几分钟之内，动物就会跌倒；通过静脉注射它的颉颃剂（二丙诺啡）能够解除其效果。动物能在几秒钟内恢复，并能站起和行走（King和Klingel，1965）。

克他命　这种药品主要用作一种短时麻醉剂，但是对一些动物可能无法达到满意的麻醉效果，如猪、山羊和禽类。克他命和其他苯环己哌啶的一般作用是麻醉，并以紧张症的静止为特征。可能会发生抽搐。为了弥补这些不足，这种药品通常与另一种药品共同使用，如地西泮、吩噻嗪或一种麻醉药。

甲己炔巴比妥　这种不常应用的药品是一种作用时间非常短的巴比妥酸盐。由于不存在恢复期很长的缺点，它作为快速保定药物具有巨大潜力，其药物作用时间不到5min。

R51703　迄今为止，为了使野生动物在较短的时间里变得温顺，各种各样的药品被人们所应用（Ooms等，1981）。其中最近应用的是R51703，对倔强的动物使用这种药品能使其镇静、安静、警觉和表面上驯服，人们能够靠近、捕捉并把它朝一个特定的方向移动而没有困难。R51703是一种主要的血清素受体阻断剂，它对有攻击性的公牛有巨大的驯服作用。它最突出的特性是抗焦虑、镇静、镇痛和抗侵略性。它是安全且而没有严重副作用。它能用作一种使个体静止的药物。对于问题动物的短期管理，这种药品会非常有用。

甲苯噻嗪　甲苯噻嗪在暴躁动物中的主要作用是镇静和肌肉放松。它最好与其他镇静剂共同使用。因为较高的剂量可以产生较大副作用，如恢复期较长。但其抗焦虑特性使它对于迅速控制和大型动物的镇静还是非常有用的。

现有的"颉颃剂"，如纳洛芬盐酸盐、烯丙左吗喃酒石酸盐和纳洛酮盐酸盐，能颉颃麻醉剂的作用。这些药品对其他类别的麻醉剂和镇静剂没有用处。如果有人意外服用埃托啡时，纳洛酮盐酸盐可以颉颃其作用。

许多动物由于非法化学药剂的使用而致死。动物在对麻醉、肌肉松弛的反应中表现出致命的体温过高，生猪对紧张的反应中也会出现体温过高。这种体温过高的倾向可能会遗传，并且在长白猪、皮特兰猪和波中猪中最普遍。

在化学抑制剂使用之前，应该完整地评估正在讨论的物种行为、动物个体的情形、生理机能表现和环境的占领及控制情况。如果这些因素都考虑到了，程序推进时设备有效，并且材料经过仔细挑选，那么这个过程中动物的死亡率会大大降低。

第22章
与疾病有关的福利与行为

一、行为与疾病

对于个体来说，行为是动物适应疾病的重要方式之一，由疾病产生的选择压力已对行为进化产生重要影响。行为、肾上腺及其他生理反应、免疫应答和脑活动都能够帮助机体应对疾病（Broom，2006b）。

行为和健康之间存在着很多联系。在很多疾病的传播中行为起着很重要的作用。对于某些疾病来说，感染动物正常行为的某一方面，如交配对病原体的有效传播就非常重要。而在一些别的例子中，导致疾病传播所需的行为可能不是正常行为，且病原体和寄生虫通过改变宿主的行为来提高疾病传播的可能性（Holmes和Bethel，1972）。比如，感染眼片虫的鱼会在近水面游弋，从而使得下一个宿主海鸥能够捕捉到它们（Crowden和Broom，1980）。很多病原体的传播依赖于与主要宿主不同物种的中间病原携带者的行为。

疾病所引起的动物行为改变，兽医和医生可用于诊断疾病（Broom，1987a）。例如，腹痛的犬会弓背，患有腐蹄病的羊会跪着，而患有创伤性网胃炎的公牛行走时很可能表现出步态僵硬的特征。本章后面还会列举与疾病和不适相关的脑和行为改变的一些例子。某些行为已经因选择压力而进化，这些选择压力主要来源于严重危害动物健康的寄生虫和疾病。典型例子是雌鸟在交配的时候会优先选择羽毛鲜亮的雄鸟，因为有寄生虫的雄鸟羽毛不亮，而且不适合交配（Hamilton和Zuk，1984）。另外一个例子是感觉不适和随后食欲下降所产生的行为，这一行为有利于储存能量以保证免疫系统的抗感染功能。

二、疾病与动物福利

很多时候患病动物难以适应他们所处的环境，或者无法适应，因此在相似的环境条件下，患病动物的福利显然比健康动物的福利差。很容易观察到蹄叶炎、乳房炎、肺炎和严重腹泻对动物的影响。无论疾病有无使动物产生疼痛或其他形式的不适和痛苦，医疗处理无疑能降低疾病影响从而明显提高动物福利。需要着重强调的是，不是诊断改善了动物福利，而是继诊断之后的医疗处理改善了动物福利。正如Webster指出的那样，因肺炎而发烧的犊牛，在干草厩的角落里打颤，它绝不会因经验丰富的兽医诊断出了它患有肺炎而感到舒服。

如果从一头猪诊断出得了疾病，而结果只是对整个猪圈采取预防措施，显然这头患病猪的福利没有得到改善。兽医们需要问他们自己的一个很重要的道德问题就是，当他们在为一头患病或者受外伤的动物进行诊断时，是否会把某个个体的福利放在首位来考虑。是先考虑动物的福利，还是先考虑动物主人会不会掏钱给动物进行治疗。当动物患病或受外伤，外科兽医汇报治疗方案时，同时也会给出预后动物福利的评估方法，但是这些方法常常不能实施（Christiansen和Forkman，2007）。在医疗处理效果的临床评估过程中，很多福利指标都应该利用。对于农场主来说，一个很重要的道德问题是，如果通过求助于兽医能够让动物减少或者避免痛苦，他们是否还会让动物经受疾病折磨。

由于疾病引起动物福利下降的一个后果是，动物对其他疾病的抵抗力也下降。医疗和

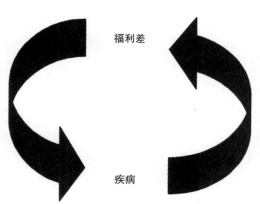

福利差

疾病

图22.1　福利差和疾病之间的长期相互作用（修改自Broom，1988c）

兽医领域对此早已熟知，而且这种福利的下降，不管原因如何，还是另外一个更加普遍过程的一部分，那就是动物对其他疾病的易感性增加。这种联系可以用来解释为什么开始时只是轻微染病或处在恶劣环境中的动物在后期会出现死亡率的螺旋上升。图22.1描绘了这种有可能导致动物死亡的正反馈效应。

图22.1中表现出的只是两者间的简单关系：疾病即意味着动物福利的下降，无论任何原因导致福利下降都通常会导致动物对病原体易感性增加和其他负面影响。

病理变化是指当动物机体受到有害物质作用或损伤时，机体分子、细胞及功能上产生的有害性紊乱（Broom和Kirkden，2004；Jones等修订，1997）。

不管哪种病理改变，都会导致一定程度的福利下降。如果某个动物个体体内有寄生虫或病原体，则这些寄生虫或病原体有可能对该动物不产生影响，那么动物不会发生病理学改变，福利也不会下降。但是，只要出现紊乱（如病理定义的那样），该个体必然会更难适应环境，而且对其功能造成某些不利影响，所以因病理改变动物福利会更差。动物个体可能知道感染的后果，病理学改变会导致动物产生痛感和不舒服。这种情况下，疼痛感或者不舒服加上病理学改变造成的其他影响，远比病理紊乱单独造成的福利下降更加严重。

在羊感染痒螨时，螨虫可以在不影响羊的情况下存在，这时也不会有病理紊乱而对羊的福利造成影响。但是，螨虫在羊皮肤上活动，会引起炎症反应、组织破坏及血液生化指标改变，性情烦躁和摩擦患处，血细胞数量和激素也发生改变，出现啃咬癖，疼痛敏感度增加或最终死亡（Corke，1997；Corke和Broom，1999；Broom和Corke，2002）。羊感染痒螨时，根据病理改变程度能够对动物福利进行评估。这里提及的改变有的会导致动物福利下降，有的也能指示福利条件变好。发生紊乱的动物，不管是因为感染疾病还是由于代谢或其他紊乱造成的，都能够导致福利下降，而这些福利下降都可以科学地进行评估。

在评估感染痒螨羊的福利水平时，经常用到以下几条标准：

- 评估动物福利的方法；
- 临床检查；

- 行为评估；

- 伤害感受器反应；

- 生理评估；

- 免疫系统功能；

- 影响动物福利的变量；

- 体况得分；

- 组织伤害范围；

- 螨虫数量；

- 皮肤敏感度；

- 体温。

在有些动物厩舍和管理系统中，动物福利差的最重要原因是疾病。比如，奶牛最主要的福利问题是蹄病、乳房炎和繁殖障碍（Webster，1993；Greenough和Weaver，1996；Broom，1999，2001b；Galindo等，2000）。高产奶牛群中，每年每100头奶牛中就有40头奶牛有腿部问题和跛行。这些疾病情况会随着环境条件的变化而改变，但同时也会很大程度上受个体代谢压力的影响。高产奶牛更因为产奶量高和代谢旺盛，更有可能发生这些问题（Pryce等，1997）。

另外一个例子是饲养量最大的动物，那就是肉鸡。肉鸡，顾名思义，就是用于生产鸡肉。肉鸡之所以福利差，是因为选育过程，导致机体快速增长出现的病理学结果。快速生长的肉鸡，有的会发生心血管系统紊乱，这些心血管紊乱可以导致腹水的产生。而发生比例最高的是腿部问题，如胫骨发育不良、股骨头坏死、角弓外张综合征等会导致肉鸡行走能力降低（Broom，2001a；Bradshaw等，2002）。行走或站立活动的减少使得仔鸡长时间匍匐在低质量的垫料上，常常会引起乳头水泡和关节疼痛。最近的调查报告显示，在超市里被整只而不是分割卖的A级肉鸡，质量较高，但是82%的这种A级肉鸡都有不同程度的关节疼痛（Broom和Reefmann，2005）。在这些肉鸡身上能观察到的皮炎对肉鸡本身来说是很明显的疼痛，但是对肉鸡行为能力的影响更为严重。

三、动物福利和疾病易感性

除了疾病能引起动物福利下降外，许多不同原因也能使得动物福利变差，而这种福利下降常常诱导机体免疫抑制反应，从而使得机体更易染病（Kelly，1980；Broom，1988a；Broom和Kirkden，2004）。这种免疫抑制可能是环境恶劣造成的后果，因为动物个体基本不能控制环境。在这种情况下，动物福利下降会进而造成病理学改变（Irwin，2001）。动物个体之间相互的危害性行为常常与动物福利下降相关，这些行为可以增加病理学改变发生的概率和程度。

另外，有时社会支持促成的动物福利程度升高，可以有助于动物个体抵抗疾病（Lutgendorf，2001；Sachser，2001）。良好的行为和大脑反应能增加动物成功应对恶劣环境的可能性。的确，比如肿瘤产生和增殖这样的病理反应，人类（甚至于其他物种）只要能正确乐观地面对，就能降低甚至防止其发生（Broom和Zanella，2004）。动物福利跟病理紊乱有着非常重要而且复杂的关系。

能证明动物福利和机体对疾病易感性有关联的证据有3个（Broom，1988d）：① 是记录个体病理特征的临床数据；② 是关于比较在不同的畜牧体系中或者不同的疾病处理后疾病发生水平的试验研究和调查；③ 是对不同疾病处理后的免疫系统功能研究。

每个兽医都能给出这样的例子，大量的动物生长在十分相似的环境下，大部分个体都不表现染病特征而只有个别的一两个个体表现发病特征，或者是大部分个体都表现发病特征，而只有个别一两个个体死亡。比如犊牛，通过体貌跟行为表现观察发现，更易受疾病影响的个体正是那些看上去更虚弱、不能很好适应环境的犊牛（Morisse，1982）。在群饲的情况下，通常有的个体因为处在群体底层，他们被别的个体追逐、厮打和驱逐出原有的群体，有时还得不到足够的食物，所以更易染病。关于农场中的饲养动物是否有这种效应，没有记载确实的科学证据，但是临床经验表明有必要对这一领域作相关研究。例如，和个体大的同胞仔猪相比，是什么原因导致个体小的仔猪更易发生慢性肠炎？有关人和实验动物的研究都集中在研究为什么有的个体患病而有的却不患病这个内容。

一些农场动物的饲养系统或者如捕捉、运输、农场操作等引起的福利问题，比其他因素引起的福利问题更多。因此，福利变化和疾病发生之间存在可能联系。有研究表明，某一试验处理可以直接和疾病影响联系起来。Pasteur（Nichol，1974）发现，腿被浸在冷水里的鸡更易患炭疽病。其他研究发现，畜牧饲养方式的改变，与疾病发病率的改变相关。Sainsbury（1974）报道说，长时间内当集约化养殖频率增加时，家禽慢性感染也会增加。

在不同的饲养系统下直接比较发病率水平的差异也是有可能的，但是任何关于动物福利下降和发病率的联系，都需要非常仔细地解释，因为其他随着环境改变而改变的因素也能影响发病率。Ekesbo（1981）强调，环境引起的疾病是一系列因素组合引起的。调查研究厩舍环境对发病率影响的例子有：Backstrom（1973）、Tillon和Madec在猪上进行了研究；Gross、Colmano、Siegel在鸡上进行了研究，他们用不同方法增加血浆皮质酮水平而后研究疾病发病水平的变化。

当把鸡放到新鸡群时，进入的鸡会求偶作炫耀行为，打斗，表现出肾上腺皮质活动增加的反应。当经常重复这种混入方式的话，将会导致鸡对支原体感染、新城疫和马立克氏病的抵抗力下降（Gross，1962；Gross和Colmano，1965；Gross和Siegel，1981）。相反，重复这种混入方式，却能增加鸡对大肠杆菌和金黄色葡萄球菌的抵抗力（Gross和Colmano，1965；Gross和Siegel，1981）。检测抗体活力时，经常反复混入新群的鸡，对如马立克等病毒性抗原和如埃希氏大肠杆菌等颗粒型抗原的反应性都相对较弱（Gross和Siegel，1975；Thompson等，1980）。这种反复混入新群的做法能增加肾上腺皮质活动，有助于对抗炎症反应。

病原体引起动物体一系列反应，包括免疫系统增殖和激活的免疫应答反应：① B细胞合成抗体与抗原结合，通过一套酶促进粒细胞、巨噬细胞摄取抗原及补体破坏抗原；② T细胞消灭表面附有外来抗原的细胞；③ T协同细胞，协同B细胞和T细胞发挥效力；④ 天然杀伤性细胞摧毁缺乏常规抗原的细胞，如肿瘤细胞或含有病毒的细胞；⑤ 记忆细胞（Broom，2006b）增加体液应答和细胞应答水平。这些及其他抵御病原入侵的系统还与其他一些机体系统相互作用，后文中将对这一点进行解释。

糖皮质激素在机体调控功能中起着很重要的作用，促进大脑产生重要的适应性反应（Broom和Zanella，2004）。但是，在紧急情况下应对环境存在困难时，皮质醇和皮质酮分泌量都会增加。高水平的皮质醇可见于以下情况：① 由巨噬细胞分泌的白细胞介素1和由T协同细胞分泌的白细胞介素2合成量都减少，导致B淋巴细胞和细胞毒素T细胞活力都下降；② 调控Th1细胞和Th2细胞平衡和功能的白细胞介素β分泌下降；③ 由呼吸性病原体、弓形体、沙门氏菌和肿瘤等引起的不良反应（Dantzer，2001；McEwen，2001；Broom和Kirkden，2004）。

有的时候，糖皮质激素的分泌会迅速对动物健康造成严重影响。最近Madel（2005）的临床病例报道，一群老龄羊被聚集起来并转运到30km以外，然后在有暴风雨的晚上放在原野上。结果至少有13头羊患上低钙血症，第2天早上死2头发生死亡。这种处理可能会因为增加了糖皮质激素的分泌，导致钙丢失，最终引起动物患病甚至死亡。

由于压力导致病理紊乱的例子还有很多，有某种意义上，环境给动物过多的影响，使得动物本身的控制系统承受不了而发生不适应的情况（Broom和Johnson，1993）。肾上腺活性能够在多种情况下检测到，如动脉硬化、心肌病变、胃溃疡和其他器官的病变等（Manser，1992）。

Broom和Kirkden（2004）在精神神经免疫学这一领域，就生理反应机制的慢性激活、免疫调节机制和对疾病易感性之间的关系进行了详细研究。其发现，环境改变引起福利下降，无论其是否威胁到心理或身体上的稳定，都会激活这些反应机制。但是，这种联系不是如此简单。随着环境的不同（Mason，1968a，1968b，1975），物种的不同（Griffin，1989），以及个体如何感知环境的变化（Broom，2001c），神经内分泌系统的反应会随着变化。糖皮质激素和其他激素通过各种方式调控机体的免疫系统，但是免疫系统中发生某个特定的变化，可能会通过不同的方式使动物对不同病原体的易感性发生变化（Gross和Colmano，1969）。

糖皮质激素对免疫系统的影响可能包括以下方面（Griffin，1989）：① 循环淋巴细胞减少（淋巴细胞减少症）；② 中性粒细胞增加（中性白细胞增多症）；③ 在某些物种中，嗜酸性粒细胞的数量减少（嗜酸细胞减少症）；④ 循环白细胞总量减少（白细胞减少症）；⑤ 有的物种中，淋巴细胞数量相对减少，白细胞数量增加（白细胞增多症）。糖皮质激素对不同白细胞群的影响不同，可以解释为什么某一特定压力会增加鸡对某些病原体的易感性，却降低了鸡对其他病原体的易感性（Gross和Siegel，1965，1975；Siegel，1980）。

糖皮质激素不仅降低循环淋巴细胞的数量，而且通过和巨噬细胞、辅助T细胞相互作用抑制B细胞和细胞毒性T细胞的活性。比如，糖皮质激素抑制巨噬细胞合成白细胞介素1，抑制辅助性T细胞合成白细胞介素2（Gillis等，1979）。这些细胞因子能够提高B细胞和细胞毒性T细胞的活性，同时也可以提高其他白细胞的活性，包括巨噬细胞和辅助性T细胞。

糖皮质激素是免疫系统中很重要的调控因子，但是他们并不是应激源影响免疫活性唯一的途径（Griffin，1989；Biondi和Zannino，1997；Yang和Glaser，2000）。动物机体在试图应对恶劣环境时，会产生其他激素，包括β-内啡肽、抗利尿激素和催产素。众所周知，β-内啡肽能促进T细胞产生免疫应答反应，抗利尿激素和催产素能够刺激剂辅助行T细胞产生γ-干扰素，γ-干扰素在这种情况下能够激活NK细胞和巨噬细胞。催产素通常在哺乳动物哺育幼崽和其他愉悦情绪（如交配）时才会产生（Carter，2001）。因此可见，愉悦的情绪能够建立更好的防御以抵制病原体的侵袭（Panksepp，1998）。

环境变恶劣的时候，由脑垂体前叶合成的β-内啡肽（Haynes和Timms，1987）和由垂体神经部释放的抗利尿激素、催产素（Wideman和Murphy，1985；Williams等，1985）都会增加。至少在人类而言，儿茶酚胺可以抑制细胞免疫应答，而加强体液免疫应答（Yang和Glaser，2000）。而且，包括骨髓、胸腺、脾和淋巴结（生成和贮存淋巴细胞的器官）在内的淋巴器官都受神经支配（Felton和Felton，1991；Schorr和Arnason，1999），使中枢神经系统可以直接调控淋巴细胞。抗利尿激素、催产素（Gibbs，1986a，1986b；Gaillard和Al-Damluji，1987）和儿茶酚胺（Axelrod，1984）还刺激促肾上腺皮质激素的分泌，伴随促肾上腺皮质激素一起分泌的儿茶酚胺形成与他们共同的前体前阿片黑素细胞皮质激素（Guillemin等，1977；Rossier等，1977）。

引起动物产生生理应对反应从而导致福利下降的环境条件，会改变动物对传染源的易感性，进而影响动物健康（Peterson等，1991；Biondi和Zannino，1997）。

与病理紊乱相关的应答反应包括行为改变、体内生理改变（如体液中急性蛋白和脑中细胞因子的产生）及免疫系统的改变。应对病理紊乱的及时性应答有：① 呕吐，由某些干扰素刺激导致的呕吐能够去除某些毒素；② 腹泻，由白细胞介素2刺激导致的腹泻同样有助于去除毒素（Gregory，2004）。应对病理紊乱的长时间性应答包括机体不适或者发病行为，这些都与免疫系统的改变有关（Hart，1988，1990）。免疫系统应答反应需要比正常的生理活动需要更多的能量，而病原体可能可以直接从宿主那里得到能量（Forkman等，2001）。

因此，有些疾病行为有助于节省能量，有的可以促进机体防御病原，而这些都是机体适应性应答的结果（Broom，2005）。当已感染细胞、内皮细胞、吞噬细胞、成纤维细胞和淋巴细胞释放出细胞因子时，疾病行为即被启动，因此除了大脑调节之外，还有很多外周调节机制（Gregory，1998，2004）。但从脑组织损伤的研究可知，大脑在对病原体免疫应答中的重要性很明显。丘脑下部的损伤和网状组织的形成会降低细胞免疫，同时蓝斑损伤会降低抗体反应（McEwen，2001）。

四、细胞因子对病理产生的一些适应性反应

在动物个体水平上，适应性是指在他们行为和生理组成的协同下，应用调节机制来使个体适应环境（Broom，2005）。在动物适应后，动物福利可能好，也可能差。有的适应性行为非常简单，耗能少，因此在这个过程中，福利可能很好。而其他的适应性行为却非常困难，可能因遇到紧急情况而引起生理反应或有异常的行为表现，通常产生疼痛和恐惧这类有害后果。这种情况下，即使动物个体最终完全适应，对生存没有长期影响，但是福利也是

很差或者非常差的。有的情况下，适应性失败，动物个体不能适应环境，这个时候会产生应激，福利最终会很糟糕。

在适应或应对病理时重要的一部分是阶段反应（Kushner 和 Mackiewicz，1987；Gregory，1998）。这是由化学物质细胞因子介导的，且很大程度上是由其控制的一系列机体防御反应。细胞因子影响白细胞的附着，改变毛细血管通透性，刺激产生中性粒细胞，破坏肌肉蛋白质，允许产生急性蛋白，最后启动发热反应（Gregory，2004）。细胞因子白细胞介素1和白细胞介素6会增加发热效应（Gregory，2004）。比如巴氏杆菌感染，发热有助于机体复原，也有助于感染个体消灭如巴贝虫这样的病原体（Hart，1988；Gregory，1998）。虽然发热耗能，但是大多数情况下，发热却能救命。

对发病动物来说，细胞因子一个非常特殊的作用是会降低食欲。短期内，因为肠道功能下降，它也节省能量消耗。禁食会减少鼠体内李斯特菌的数量，从而降低其死亡率（Wing和Young，1980）。如果继续禁食，能源供给不足，免疫应答会受到影响（Dallman，2001）。能源供给不足，某些细胞因子可能会影响大脑的工作效率。

细胞因子在和病原体产生反应时，会产生其他的一些广泛效应（Gregory，2004；Broom，2006b）。β_2-转化生长因子有助于外伤愈合；抗炎症细胞因子白细胞介素4、白细胞介素10和β转化生长因子都有助于内源性毒素引起的脓毒性休克，内源性毒素可能是病原体生理活动产生的。

动物产生病理反应时最常见的病理行为是活动量的减少（Gregory，1998，2004）。动物会感觉疲劳，静息沉睡。这就是适应性，因为感觉疲乏时，如果剥夺睡眠或者活动太多，会导致NK细胞活性降低，白细胞介素2对抗原攻毒的应答水平也会降低（Irwin等，1994）。众所周知，提高白细胞介素1水平，会导致非快眼活动性睡眠增加。第二种导致活动降低的原因可能是由白细胞介素2刺激产生的疼痛。痛感能够通过受损组织产物（如含氮氧化物）进行调节，含氮氧化物能够促进像缓激肽和前列腺素类化合物这些炎症反应作用剂的活性（Dray，1995）。

降低活动的第三种原因是患病个体会把自己从群体中孤立起来。因为活动减少，这种孤立行为可降低将疾病传染给其他动物的可能性，感染其他疾病的可能性也降低。由这3种原因所造成的动物个体活动量减少，都有助于动物恢复健康。

五、行为与疾病诊断

由于动物发病时，最先表现出的是行为改变，因此兽医诊断时，都是先从行为开始。在古希腊经典著作中就有很多关于动物发病时行为改变的文献。执业兽医在诊断疾病时，很大程度上依赖于行为观察。例如，类似磷缺乏这样的营养缺乏症、低镁血症和低钙血症这样的代谢疾病，还有传染性脑炎。动物患病时最先表现在行为上很普遍，比如食欲降低、活动减少和身体对外界的敏感性降低。

兽医临床医生在试图诊断疾病时会发现：低镁血症可能会引起奶牛高度兴奋，创伤性网胃炎会引起公牛步态僵硬，从身体护理受阻可以看出败血症造成阉公牛被毛脏乱和鼻镜干燥，卵巢肿瘤会使母马出现攻击性跳跃，中毒会使阉公牛精神沉郁，舟状骨病会引起马前肢姿势不对称，毒血症会引起羊精神沉郁，食欲废绝的猪可能是发生了感染，犊牛神经损伤会有异常反应，马行走僵硬可能是患有破伤风，等等。

异常的生理状态才会导致异常的行为，因此很多疾病都是通过行为描述才为人所知。这样的例子有跛行、驼背、慕雄、跳跃性病毒病、观星状、眩晕、梅花头、漫游、李氏杆菌病（转圈病）、侏儒羊，以及其他一些临床表现模糊的疾病，如唐纳牛综合征。

临床兽医动物学家的主要目的就是准确评估和描述非正常行为发生频率、形式和地点。

1. 从姿势诊断疾病

在患病状态下，改变姿势特征是动物行为特点最普遍的一种，在以下情况时动物采取非正常姿势：

- 机械状况，包括动物机体失去支撑和平衡；
- 神经状况，神经功能下降，不足以维持肌肉韧性；
- 适应性的永久改变，这种改变是动物在经历恶劣环境后获得的；

●疼痛状况，此时动物无法维持其自然姿势。

机械状况 这种影响姿势行为的例子很多，以下举的都是这样的例子。如马掌骨骨折的话，其受影响的那条腿基本不能负重。肱骨骨折也会导致机体失去机械支撑，而严重改变姿势。马屈肌肌腱断裂会导致球关节下沉，外漏足尖。奶牛腿部局部痉挛麻痹会导致腓肠肌收缩，最终导致其患肢变短。马驹肌腱先天性收缩也无法表现出正常姿势。

神经状况 能造成姿势异常的因素包括径向麻痹，马患有径向麻痹后只能长期匍卧。颈椎受损后，马会摇摇晃晃，典型特征是颈部僵直。腰椎形成脓肿后，会造成动物长时间保持犬坐的姿势。头部姿势不正常通常表明小脑或者大脑前庭发生病变。对于猪，如果头倾向一侧，也有可能是前庭神经相互缠绕或者小脑神经缠绕。中耳性脑炎也会使动物出现头部向一侧倾斜的现象。猪面部神经麻痹时，通常麻痹侧的耳朵会下垂，有时耳朵甚至会掉落。而不能保持平衡到处乱站则是动物小脑机能失调的典型特征。

适应性的永久改变 这种改变可能出现在如蹄叶炎的情况下，所有偶蹄动物都能发生蹄叶炎。长期患有蹄叶炎的动物有时会尝试学着用前肢踮起蹄尖走路，这种姿势可能减少疼痛，同时采用这种姿势也意味着动物的后腿会被拖到前下方。猪相互咬尾可能会导致脊椎形成脓肿，也可能会导致猪后腿站立姿势发生改变。很多案例中羊患腐蹄病后普遍导致骨髓炎。这种情形下，羊通常采取跪姿。患有慢性蹄叶炎的圈养奶牛有时会往圈的后面站，这样它能够把蹄后跟悬空起来。这种姿势能够让动物把体重转移到脚趾上，从而减轻疼痛。如果奶牛2个蹄中趾都剧烈疼痛的话，它会用2个前腿交叉站立，采用外侧趾负重以减轻疼痛。

疼痛状况 能够造成马行为异常的因素包括化脓性关节炎和球关节骨髓炎。患球关节骨髓炎会使马的后腿翻折起来。膝关节炎主要发生在马身上，造成患肢蹄趾尖点地。关节炎还会造成其他动物姿势异常，如猪患有关节炎时会弓背，这样可能会减轻骨骼肌和腹部疼痛。

动物疼痛时都有能够观察到典型行为特征。动物疼痛时面部会成凝视状，因为疼痛使得动物眼球不能像健康动物那样能随意转动，眼睑也会起皱褶。比如马，疼痛时耳朵会往后翘，而且长时间保持这种姿势。还有就是动物疼痛时，鼻孔会肿大。持续性疼痛会使动物表现出异常躺卧姿势。这时，马会卧在角落里，有时能观察到马和牛腹痛时都会采取以头抵墙的姿势站立着。通常腹痛还可能会造成动物反复起卧。而且躺卧时，疝气患马会用前蹄摩擦卧床，同时后肢缓慢旋转。

剧烈疼痛时，动物的鼻孔会肿大，眼球转动，脖子伸长，兴奋性嘶鸣。马有时会仰卧，四蹄朝天，且能维持这种姿势达15min。疼痛更剧烈的表现有：猛地摔倒在地，在地上打滚，或是直接跑进周围的防护物中。

2. 从运动姿势诊断疾病

检查动物运动行为是否正常时，需要在光线良好的情况下，让动物在清洁、干燥的水平地面上用不同的步态行走，从而对动物进行逐只检查。跛行，可被视为运动行为受损或运动步态不正常。在兽医诊断背景下，更为普遍的是认为由疼痛性四肢或背部损伤，或者是四肢机械性缺陷造成的运动步态异常，都可被视为跛行。特异性诊断后，神经缺陷造成的运动异常经常单独定义。大脑发生疾病的表现包括精神状态的改变，抽搐，异常的头部姿势，头部活动不协调，另外还有大脑神经缺陷。通常大脑神经缺陷，会导致同时出现姿势异常和运动异常。

如精神抑郁、迷失方向感、昏迷或者过度兴奋等神经状态的改变，都会伴有运动异常的表现。精神沉郁和迷失方向感是伪狂犬病和脑脊髓炎的典型特征。过度兴奋是饲料添加剂有机金属砷中毒的典型特征。

在很多动物，从迷失方向感到抽搐过程的转变，多见于大脑及脑膜炎症，如细菌性脑膜炎。抽搐的典型症状是肌肉韧性的大面积扩散，动物只能侧卧，阵发性抽搐，四肢呈奔跑或行走的状态。精神沉郁甚至昏迷也会伴随抽搐发生。角弓反张扩延到四肢的情形会可见于脑膜炎。

很多消化系统和其他生理系统失调都会导致迷惑、昏迷、昏厥、突然跌倒、抽搐、颤抖、视觉模糊、四肢轻瘫、下身瘫痪和间歇性疲软（Palmer，1976）。低血糖虽然不是典型疾病，但通常是7日龄内饿死仔猪的主要代谢表现。在昏迷及共济失调向四肢轻患的转变过程中，有时会有在昏迷时发生抽搐及死亡的现象。在共济失调的阶段，仔猪会用鼻子抵在地上，以此获得更多的支撑。共济失调是指肌肉活动或步态不能协调，表现为站立不稳，步态摇摆、突然跌倒、打滚、下步不准、两腿交叉，以及行走过程中腿向外面夸张性外展。

因为活动或感觉神经功能的丧失，麻痹被定义为无力行为。除此之外，还有局部麻痹。肌肉无力通常显现出明显的四肢轻瘫，在实际诊断时，无法诊断出这种组织神经局部轻微麻痹。在判断这种例子时，把导致麻痹的组织神经因素剔除，认为肌肉无力比麻痹更合适。

在评估步态时，需要考虑步幅的长度。辨距不良是指行走时步幅过大或过小。辨距过大，在猪上也叫鹅步，是机能障碍的一种相对较为普遍的表现。鹅步大部分是由于后腿附关节异常影响其正常活动造成的。步态不良包括大跨步，但是跨步时缓慢，借此获得支撑。疼痛性骨骼组织损伤会引起小跨步，行为迅速借此减少疼痛。

动物躺卧有时也可表现麻痹或肌肉无力。腿部疼痛会造成动物腿部异常姿势，包括腿部弯曲或外张，借此反弹体重压力。患多发性关节炎的动物站立时会用未患病那支腿，腾空患肢来承担体重。如在动物患严重蹄叶炎，且四足都疼痛时，他们会采取拱背的姿势，四肢并拢在腹部以下。患有这些疾病的动物都不愿活动。

3. 从其他行为诊断疾病

在动物行为学临床应用中，下列的行为特征能够提供提示。

患低钙血症的奶牛，躺卧时脖子会呈现特殊的S形。

患低镁血症的动物通常表现过度兴奋，活动增加。兴奋表现为眼睛和耳朵异常的过度活动，还有异常行走。

圈养的公羊过度饲喂时通常会患尿结石症，患尿结石时，公羊还会有啃咬栅栏、耷拉着脑袋等行为。

患坏疽性乳房炎的母羊，行走时总有一后肢在另一后肢后面。中毒的动物通常会耷拉着脑袋。

80%的奶牛囊性卵巢临床病例，不安静状态都可疑。患囊性卵巢病的奶牛，表现出向雄性行为的转化，阴道分泌物增加，接受其他奶牛的爬跨。患病奶牛声音变得深沉，而且嘶叫增多。在这么多的雄性行为表现中，还能经常观察到患病奶牛用前蹄掘地。

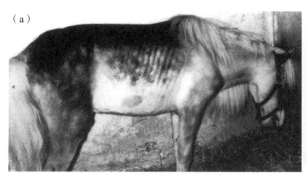

图22.2 （a）中毒后马耷拉脑袋综合征；（b）耷拉着脑袋的小公牛，它处于临床条件引起的
痛苦中（图片由A.F.Fraser提供）

　　奶牛患产褥热时，倾向于多运动，面部表情沉郁，眼睛凝视，而且还会磨牙，后腿呈划桨状踢动。奶牛还会经常强烈努责，但却很少有或者没有粪便排出。当病情加剧时，奶牛还会显示出共济失调。随着体力的消耗，奶牛会步态僵硬地漫游，身体偶尔还会发生摇摆，最后胸骨触地腹卧。一旦奶牛卧倒，其会变得较为温和，尽管有时接近奶牛，奶牛会显得亢奋甚至出汗。紧接着发生昏迷，要么继续保持腹卧姿势，头颈部着地，要么腹卧着打滚。

　　根据文献记载，在能确定的很多临床迹象中，包括精神沉郁如奶牛船运热，种公猪乳房炎-子宫炎-泌乳缺乏综合征（MMA），以及家禽的新城疫，精神沉郁都被表述为典型临床症状。这个词汇在临床上的应用描述为一般活动明显减少，对外界刺激应答减少和意识降低。耷拉脑袋是一个显著的例子（图22.2）。

　　动物精神沉郁因此既可以被认为是某些典型正常行为频率的降低，也可以被认为某些非正常形式行为频率的增加。

第23章
异常行为 1 刻板症

一、什么是异常行为？

为了识别动物的异常行为，观察者必须熟知该种动物的正常行为。事实上，一些异常行为的识别取决于人们对特定个体行为的认识。优秀饲养员所具备的素质之一就是通过仔细观察动物的行为有能力运用所获得的知识来识别动物的异常行为。如果许多动物表现出同样的异常行为，饲养员判断起来就会有困难，因为这种情况会让饲养员认为就像母猪咬栅栏一样是正常行为。

为了确定什么样的行为是正常的，首先必须对这些动物的行为有广泛的认识。为了获取农场动物行为的相关知识，必须要研究在相对复杂环境中的动物，因为在那里它们才有机会表现出各种各样的行为。这不一定必须是野生环境，但应该包括对动物来说重要的部分野生环境因素。因此，为了能够确定什么行为是异常的，必须广泛了解这些动物的生物学知识，详细地进行物的行为学调查。

最明显的异常行为是表现出不同的动作模式，但是这些动作模式通常部分看上去如同正常行为的一部分。最常见的异常行为是，动作的频次、强度及出现该动作的环境与正常情况不同。动物可能会表现出企图应对环境的一些行为。在某些情况下，异常行为可能会帮助动物应对复杂环境，但是在其他情况下，异常行为可能并没有任何有益的效果。异常行为是在动作模式、频次或发生与环境不符的行为，这些行为与该物种大部分个体在允许表现全部行为的条件下的表现行为不同。

　　一些异常行为对表现该行为的动物自身有明显的不利影响，如马吃木头；一些异常行为对其他动物有明显的不利影响，如猪咬尾。"恶癖"这个词有时用于表示异常行为。然而，当指人时，这个词意味着过失应该归因于表现该行为的个体。由于驯养动物表现出的几乎全部所谓的恶癖是人们安置或管理动物的结果，因此它是一个不合逻辑的词汇，在此书中将不再应用。应用该词会对动物管理者、所有者或者意见咨询者产生影响，使他们认为有关异常行为并不是他们的责任，而是动物自身的错误。这种态度是许多导致低动物福利的系统持续存在的重要因素。

　　本章描述的是刻板症。随后的其他章节根据异常行为的指向不同作了划分：指向个体自己的身体、无生命的周围环境或其他个体。第26章关注的是正常功能不足产生的行为，第27章论述的是反常反应。每一章都包括了对异常行为的描述，可能的话，还包括对产生机制的评论。然而，应该强调的是，虽然某些种类的异常行为是动物的一些具体问题的直接结果，但是表现出的实际异常行为却常常因个体不同而有差异。不同个体间异常行为的水平和性质差异很大。

二、刻板症

　　人们早已知晓，动物园里的一些笼养动物和牢房中的一些犯人会反复地沿着同一条路线踱步。相似地，笼子中的鸟会遵循一条路线在栖木间来回飞行或跳跃，笼子中的猴子和自闭症儿童会长时间前后摇动。Hediger（1934，1950）和 Meyer-Holzapfel（1968）列举了动物园中很多动物的这种行为，Levy（1944）也描述了层架式鸡笼中母鸡的摇头和儿童的各种行为模式的例子。Brion（1964）描述了马的吮吸和咬住秣槽喘气的习癖，Fraser（1975c）描述了猪的咬槽癖。刻板症是一个反复的、相对不变的系列动作，这些动作没有明确的目的。Broom（1981，1983b）对刻板症的发生及其原因作了详细的阐述。

　　刻板症通常被认为是重复多次且变化很小或无变化的一系列动作。然而，动物的行为特征包括许多重复的活动模式，如走路、扑翼飞行和各种各样不能称作刻板症的表现（Broom，1983b）。因此，刻板症的定义必须包括一些功能的缺失。它是否是动物正常功能系统的一部分（第1章）？应用录像记录的详细研究显示了刻板症行为的差异有多大。图6.4中是一头挤压饮水器的猪，这是圈栏动物有时会发生的一种行为。在同一研究中，假装咀嚼的刻板症发生一次就持续17.5min（Broom 和 Potter，1984）。以下是猪挤压饮水器行为中的典型顺序。

正如部分正常行为的行为模式，当从细微之处分析时看上去也有变化（第2章，Broom 1981），所以刻板症中的反复活动表明了一些变化。然而，当用信息理论对行为描述进行分析时，人们发现刻板症比非刻板症行为包括更多的多余信息，多余信息为发生的同一个系列事件。Cronin（1985）分析拴系母猪的行为序列时发现，一些母猪用一系列刻板的动作咬系链，而其他母猪表现的系列动作却有更多不同（Broom和Potter，1984；图23.1）：

- 母猪站立；
- 用鼻子挤压饮水器（5~8s，喝不到水）；
- 停顿（1~2s）；
- 重复上面的动作7~15次；
- 如上文描述的那样压饮水器；

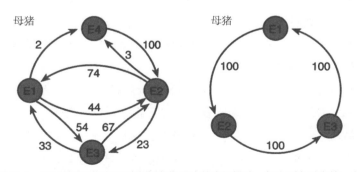

图23.1　两头拴系的妊娠母猪刻板行为顺序的定量描述。每个要素对应着一个特定的肌肉运动（如E3代表两头母猪都假装咀嚼），箭头上的数字表示每个要素继其他要素之后发生的概率（Cronin，1985）

• 把头摆向左边并把鼻子伸入旁边的猪栏中。

然而，这些母猪的表现本身就具有重复性的行为模式，即使顺序不固定，但他们也重复每一个这样的行为模式，因此这种行为仍然被称作刻板症。这些例子强调说明了刻板是相对不变的，而不是绝对不变的。重复可能是规律性的，但并非必须如此。并且动作的序列既有可能非常短，如母鸡的摆头；也可能时间长且复杂，如动物园中熊的路线追踪，或是栏养猪或笼中水貂的复杂迂回前行序列。

为了弄明白刻板症的意义和动机基础，人们进行了各种各样的生理学研究。若干种精神兴奋药均会影响多种动物刻板症的发生率，包括农场动物，这些精神兴奋药干扰了儿茶酚胺类神经递质多巴胺和去甲肾上腺素（或降甲肾上腺素）的代谢。Dantzer（1986）综述了其中的可能机制，断定："有证据表明，刻板症行为的发生取决于大脑多巴胺系统，这个系统与行为的控制有关。"大脑中的阿片肽可能也与刻板症行为有关，Cronin等（1985）发现，当给予刻板症母猪纳洛酮后，它们会终止刻板症行为，因为纳洛酮阻断了β-内啡肽的μ-受体。然而Cronin等（1985）指出，系链母猪通过刻板行为去诱导大脑中镇痛剂阿片肽起作用是不可能的。

Zanella等（1996）发现，表现出许多刻板症的母猪的mu和Kappa受体浓度更低，额叶皮质中的多巴胺浓度也更低。而McBride和Hemmings（2001）的报告显示，表现刻板行为越多的马，其依核（nucleus accumbens）中的多巴胺（DI）受体也越多。阿片类药物和多巴胺在刻板行为中的作用不容忽略。

刻板症发生在动物无法控制自身环境的情况下。在一些情形下，动物明显受挫，而在其他一些情形下，未来的事情难以预测。食物不足是导致刻板症发生可能性增加的一个因素（Lawrence等，1991；Mason，1993；Vinke等，2002），本章的其余部分包含了很多这样的实例。关于刻板症的因果关系及它们对动物的可能作用很复杂，这是由于一些刻板症的发生是由于贫瘠的环境因素所致，其他也包括受干扰或受威胁因素。因此，刻板行为可能会增加贫瘠环境中总的感觉输入，而在烦扰的情况下会产生更多可预见的、熟悉的输入。

变得刻板的行为顺序有时是功能行为模板的不完全形式（van Putten，1982）。它可能由为纠正一些问题的直接尝试而产生，如为了移开一个阻挡逃路的木棒，或者为了获得最后的食物颗粒。刻板症建立时并没有简单的功能。有趣的观察是表现刻板行为的动物往往难以被打断，这可能是由于调整大脑状态的方式降低了反应能力。没有明显的证据表明刻板症可以减缓不利条件的影响。然而，无论是否对动物有帮助，它们明显表示动物处于低福利水平。Mason 等（2007）解释了差的福利与刻板症出现的关系，刻板症可以通过适当的环境富集来减轻或根除。

本章的其余部分包括发生于家养动物的各种不同刻板症的描述，并且根据行为的性质进行了分组。第一种较少的刻板症涉及全身，随后的刻板症涉及身体的一部分或大部分。最后详细描述了口腔区域的刻板症。

（一）踱步或路径追踪

踱步或路径追踪过程中的重复行为模式是动物在走路或其他运动中用到过的，但动物沿着可以返回出发点的路线行走，这条路线经常被重复，只有轻微改变。路径追踪经常见于动物园笼养动物、一些受限制的家养动物和一些受限制或烦恼的人。一些显而易见的受挫通常很明显，大多数情况下，动物无法从笼子或圈栏中逃离出来，不可能接触到群居伙伴、性伴侣、食物或其他一些资源。

在长期受限制而活动非常少的条件下，马会表现出刻板的踱步。这种情况与迂回前行非常相似，动物的节奏运动具有精确性和重复性。刻板的踱步也见于家禽。家禽的环境状况能够使非常饥饿并极度盼望食物供给的禽类产生挫败感，从而诱导刻板的踱步发生。Duncan 和 Wood-Gush（1971，1972）曾训练母鸡从位于特殊位置的碟子中采食，然后用一种透明的有机玻璃盖在碟子上阻碍其采食（表23.1）。对于家禽，刻板的踱步类似于逃跑行为。受影响的禽类表现出典型的反复踱步运动，占用了整个圈栏或笼子一侧。当这种情况在禽类的行为模式中变得稳定时，它会表现出持续存在的强烈趋向，尽管消除阻遏的环境可能会减少发生的频率。

表23.1　导致母鸡刻板踱步的条件

条件	30min 内刻板踱步的平均数
被剥夺，给食物	13.3
没有剥夺，不给食物	18.7
被剥夺，受挫（食物在透明塑胶盖子之下）	161.0

引自frp，Duncan 和 Wood Gush（1972）。

　　如果没有筑巢材料，母鸡产蛋前也会踱步。如果有筑巢材料，母鸡会在产蛋前筑巢。如果无法筑巢，母鸡会受挫，这种挫败可能是此时导致刻板踱步的主要因素（Wood-Gush，1969，1972；Brantas，1980）。

（二）转圈和逐尾

　　多种动物有时可能会转成一个狭小的圈，明显地是想抓住自己的尾巴，犬就会这么做。这偶尔也是神经系统紊乱的结果。兴奋和沮丧的犬更可能发生逐尾。例如，它有可能被带出去散步，但是它却不能控制这会在什么时候或会发生。当令它沮丧的处境转变时，这种行为通常停止。

（三）来回摆动、摇摆和迂回前行

　　当表现这种刻板症时，动物逗留在一个地方，但是身体却前后或从一侧向另一侧移动，伴有摇头或不摇头。人工饲养的猴子，特别是和母亲或同伴分离了一段时间的猴子，会表现来回摆动的行为。自闭症儿童和在非常烦扰情形下的其他儿童也会这么做。被拴系或圈在狭小圈栏中的马、犊牛和成年牛有时会来回摆动和摇摆。

　　马的迂回前行会将头部和颈部及躯体前部从一侧摆向另一侧，以便身躯的重量交替地落在两个前肢上。在大多数情况下，这个行为发生时前蹄仍落在稳定的地面上，而在极端情况下，一只蹄抬起时重量已传递到另一只蹄上。

　　环境中缺乏多样性是一个可能的原因（Houpt，1981），因为这最常见于骑乘马，这些马在马厩中长时间无事可做。表现迂回前行的很多动物变得非常疲劳，体重逐渐减轻。这种情形一旦发生，要控制是非常困难的，并且通过模仿会诱使其他马也出现这种异常行为。在某种程度上，应用交叉的缰绳能控制迂回前行，这样做能限制头部的横向移动，但是对于马可能没什么好处。理想的情况是，受影响的马应放归牧场，但是由于空间不足不太可能，通过使用机械器具能够提供强化锻炼。

（四）摩擦

摩擦是身体的某些部分在坚硬的物体上前后移动，这种行为多次重复，它没有什么作用，仅仅是为了缓和局部刺激。

在冬季，长期关在圈栏中的牛可能会用头部反复摩擦圈栏的某些部位。这种行为在有角的品种更明显，公牛比其他牲畜更明显。长期被限制在狭小、单独的圈栏中的猪有时会摩擦头部。在这种行为中，母猪的鼻镜上部沿着横穿圈栏前方的门闩下部反复有力地摩擦。

马摩擦尾巴的行为可能会被视为患寄生虫病的迹象，这些寄生虫病包括直肠处的尖尾线虫、会阴处的真菌感染或动物尾基部区域的寄生虫侵染。在没有任何感染或侵染时，马也可能会表现持续地摩擦尾巴，这种情况是一种反常行为。马可能会后退撞上柱子、树、栅栏或建筑物的一部分，有节奏地从一侧向另一侧移动后腿及臀部，同时将尾巴推进会阴区域。

（五）蹄刨和踢踹畜栏

尽管蹄刨是四肢动物的正常行为，但当它持久、刻板地表现时，可能就是一种异常形式。在某些沮丧的情形下，犬会表现用爪刨地，马在获取食物受挫折时也会表现这种行为。蹄刨的反常情形如此频繁而有力，以至于可能在马厩地面上挖出洞，动物的蹄会严重磨损。在坚硬的地面上持续地刨蹄会导致各种形式的四肢劳损和受伤。试图控制这些问题的尝试都没有成功。这种情况最常见于受限制和孤立的马匹，因此也许可以通过将受影响的动物转移到牧场并有其他马匹陪伴来缓和。

关在马厩中的马一再低头，耳朵向后拉，背弓起，并用后肢踢身后的墙或门，以制造出巨响。噪声首先吸引了马的注意力，然后马可能会去寻找，但是这个动作可能会导致受伤和损害。木制品的碎裂会导致伤害加重，并产且随后马可能会将其吞咽。试图阻止踢踹畜栏的尝试通常包括使用挂毡或屏障，这些可能会减少损伤和损害，但是不能解决产生问题的根源。同马厩中的马表现的其他刻板行为一样，将动物放回牧场或经常提供运动和更多的伙伴才是真正的解决办法。

（六）摇头或点头

摇头发生在家禽中，采取旋转头部的方式，伴有一侧向另一侧的迅速转动，最后终止于一个轻微向下的移动（Levy，1944）。这些运动的肌痉挛只持续1s左右，但是可能会连续重复几分钟。野禽也可表现出这种行为（Kruijt，1964）。

禽类无法避开观察者的近距离出现时也会导致摇头增多。例如，人们发现，对于某些品系的禽类，在一个明显的位置出现一个观察者会使该品系的禽类摇头发生增加5倍（Hughes，1980）。笼养的禽类比在地面平养的蛋鸡摇头更多，并且受到品种、空间配置、群体大小、环境改变和社会等级的影响（Hughes，1981；Bessei，1982）。这些及Kruijt（1964）和Forrester（1980）的结果都表明，摇头与注意力机制和进行反应的准备相关。因此，偶尔表现这种行为可能会有作用，但当经常表现时却应当被认作异常行为和刻板行为。

点头是以各种形式发生于马的一种刻板行为。最常见的是上下反复振动头部。和其他刻板症一样，例如迂回前行，这种行为中可能有自我催眠的成分。当动物表现出这种异常时，它们必定显现出轻微催眠的状态，很少关心周围的环境。

（七）吸风

吸风可能表现为一种单一形式的刻板症，或者伴随着马的点头或咬饲槽或牛的卷舌一起发生。在一些时候，马吸风之前会点头和颈部数次。在最初的吸风活动中，头可能会突然上扬，张嘴吸入空气，下颌抬起同时曲颈。典型的吸风声音和排出空气时相似。吸入口中的空气没有被吞下和进入肠道（McGreevy等，1995）。如果周围的马表现吸风行为，则马表现吸风的可能性更高。经验表明，马驹可能会从受影响的母亲那里学到吸风的习惯。这种行为在牧场的马中通常少见。

避免吸风的一种常用方法是应用吸风带。将吸风带紧紧地固定在喉咙处，在咽喉的角和凸向咽的区域之间有一个心形的厚厚的皮革块。由于在适当的位置有这个装置，当脖子弯曲试图吸风时，马便会感到困难和明显的不适。有些马会继续进行这种异常行为而不理会这个装置，最终脖子上用带子压住的部分会出现强制性疼痛。

为了避免吸风，人们尝试了各种各样的外科手段。其中一种是在口腔的每一侧造一个漏管，安置在口腔和面颊之间。这种漏管防止了口中形成真空结构，从而避免了吞咽空气。此外，人们设计了一种防范吸风的手术，通过这个手术可以把咽周围的小肌肉部分切除。然而，即使是这种彻底的手术也不能取得完全满意的结果。这些措施对马没有任何帮助，改变动物的环境明显会更好。

（八）眼睛转动

在眼前无可见的物体时，眼睛也会在眼眶中转动。被限制在板条箱中的犊牛，有时较长时间站立不动，而且在躺卧和站立姿势间也不表现正常的变化。在这些情节中，头保持不动，眼睛在眼眶中转动，只显现白色的巩膜，动物会频繁地重复这种眼睛转动行为。

（九）无食咀嚼

动物的嘴里没有食物，颌运动却表现得就像在咀嚼食物一样。这种情形普遍出现在母猪群中，这些母猪常被拴系或单独饲养在没有垫料的圈栏中。猪不是反刍动物，却在食物已经吃完的情况下用力地咀嚼着，而且口中除了唾液也没有别的内容物。这种不变的行为特征包括反复咀嚼和扩口运动，而咀嚼运动可产生唾液泡沫。这种泡沫聚集在嘴唇的外沿（图23.2）和嘴角，有时会滴到地上并有一部分会留在地上一段时间，这可视作咀嚼活动的表现。无食咀嚼大多发生在母猪呈腹卧姿势或犬坐姿势的情况下。这种情况可以持续几天。Broom 和Potter（1984）曾报道，在白天的8h中，母猪无食咀嚼的时间能达到90min（平均值为26min）。Sambraus（1985）也描述了母猪日复一日地无食咀嚼很多小时。

如果给予母猪稻草或锯屑供咀嚼和嘴拱，无食咀嚼可能会减少。当在母猪的日粮中补充了同等重量的燕麦壳时，无食咀嚼行为发生的总次数不会改变，但是会引起母猪躺卧更长时间，结果导致无食咀嚼更加频繁，而站立时的无食咀嚼会减少（Broom和Potter，1984）。改为群体饲养系统是降低母猪无食咀嚼带来不利影响的最佳方法。

（十）卷舌

在无坚硬物质的情况下，舌头伸出口外，并在口外或口内做卷缩和舒展运动。牛的这种刻板行为有详细的介绍，也包含了放牧期间采食牧草的卷舌运动。舌头通常会伸出并卷回张开的嘴中，随后发生舌头的局部吞咽和空气的吸入（图23.3）。卷舌可能与吞入了空气和口中起泡沫有关。卷舌发作的持续时间从几分钟到几小时不等。卷舌在采食前后发生的最普遍。吸吮不足时犊牛的采食形式可能是卷舌的一个起因。对于马，虽然舌头可能会反复地伸出和缩回，但却没有旋转运动，这种症状称为伸舌（图6.6）。

尝试控制这种情况的努力只获得了部分成功。有时把吸风带固定到受影响的动物上。其他控制办法包括通过舌系带插入一个金属环。据报道，通过在日粮中添加盐混合物能提高治疗成功率。自由运动对于控制卷舌也是有

图23.2　母猪的无食咀嚼症（图片由H. H. Sambraus提供）

图23.3　受限制青年公牛的卷舌（图片由H.H. Sambraus提供）

益的。

（十一）舔砥或磨料槽

在刻板的舔砥行为中，动物以相同的运动模式，用舌头千篇一律地反复舔砥自己身体的某个区域或周围的某个物体。这个动作可能会导致舌头受伤，舔过的区域磨损或摄入大量的毛发或其他物质（第24章）。刻板的舔砥多发生于食物不足、没有乳头吮吸的情况下。

一些马长期遭受限制，表现出异常的口部行为，舌体缓慢地反复划过圈栏的某些部分的边缘，如栅栏或饲槽。在这种行为期间，动物保持舌头静止和稳定，而不是真正的舔砥。

（十二）咬栅栏、系链或饲槽

动物在栅栏、系链或畜舍门附近张嘴和闭嘴，用它们的表面啮合舌头和牙齿，并表现咀嚼运动。圈饲或系饲的妊娠母猪非常受限制，不能自由转身，这些母猪会表现咬栅栏。舍栏的正面和侧面都是由金属管道做成的。系链通常是金属链子，母猪会撕咬并上下移动。地面可能是坚硬的混凝土结构或漏缝地板。

在咬栅栏活动中（图23.4），母猪将板条箱前面的一个交叉栅栏含到嘴里撕咬，用舌头摩擦，或是将嘴有节奏地从一侧向另一侧滑过栅栏。当咬栅栏时，母猪可能会用颌紧紧固定住或将舌头压在栅栏上。在一些情况下，母猪不再咬栅栏，却摩擦鼻镜，用口鼻部的上方在杆的下方从一侧向另一侧运动。咬系链也以大致相同的方式进行，但是将系链含入口中后，这种行为变化较大，这是因为系链比栅栏的移动性更大。行为顺序包括一系列可精确重复的动作，而一些要素则更多变。这些活动会中断，结果导致是间断地发生。正因为如此，通常注意不到对母猪的损伤。

通过改善饲养条件，给动物提供口部占有空间，可以部分控制咬栅栏和咬系链。用稻草或锯屑作为垫料供动物们咀嚼或鼻拱，或许可以根除咬栏和咬系链行为。如果没有稻草和其他可操控物质，咬栅栏、咬料槽和其他刻板症会更频繁地发生（Fraser，1975c）。让动物采食稻草或燕麦壳并不能减少咬栅栏和其他刻板症的发生率（Fraser，1975c；Broom 和 Potter，1984），因此可操控才是重要的，而不是食物的大量供应。

　　然而，显著增加食物的配给量的确能减少发生率（Appleby和lawrence，1987）。第29章对这个研究作了进一步的详细阐述。严格受限制的牛也会表现咬栅栏。

　　马咬饲槽时会用门齿紧紧咬住饲槽的边缘或一些其他适当的装置（图6.5）。常常仅使用上门齿。物体向下压，下颌抬起，软腭被打开，通常伴有呼噜声。在一些情形下，马可能会

图23.4　关在圈栏中的母猪在咬栅栏（图片由H.H. Sambraus提供）

将牙齿放在料槽底部、架子稍低的边缘或轴与杆的末端稍作休息。在比较少见的情况下，马也会将嘴靠着膝盖或管骨。当尝试矫正时，一些习惯于咬料槽的马可能会出现吸风。一些马单独养在马厩中时会出现这些行为，但有些马是在有别的马相伴时才表现这些现象。当严格受监视时，一些受影响的动物不会表现任何不适的迹象，但是大部分动物会无视人类的存在。

　　咬饲槽的动物的门齿，特别是上颌的门齿，表现出过度磨损的迹象。门齿的磨损可能会发展到闭嘴时门齿碰不到一起的程度，使得采食牧草变得不可能。咽喉肌肉的尺寸也会增大。发展到后期，动物会出现生理上的不适。

　　这种情况很难控制，除非更换成较少受限制的饲养环境。最普遍的做法是围着咽喉拴一根带子，带子要足够的紧以使动物弓起脖子时会感到不适，但却又不能紧到妨碍呼吸。在采食期间通常需要拿掉这根带子。有时候可以使用一种金属的"咽喉块"，它有一个贴合气管的凹陷，并且戴上这个装置后动物没有危险。另一个预防性装置由一个凹的圆筒状的带孔小块构成，动物戴上时嘴能完全闭合。

　　咬饲槽的短期预防不能全面地减少这种行为，并且会带来动物福利问题（McGreevy和Nicol，1998a，1998b）。有时会用一个厚的橡胶或木块来阻止上下颌闭合，但是会造成严重的不适，从道德上讲也不推荐。有时也可以

执行外科手术：这是一个高度专业的过程，涉及对这个行为必不可少的一部分咽喉肌肉。如果是用于预防由于管理不当和畜舍条件诱发的行为活动，这是一个非常极端的做法。

（十三）压饮水器

圈养或系链饲养在配有乳头式自动饮水器的圈栏中的怀孕母猪会表现这样一种刻板症（图6.4），它反复地挤压自动饮水器却不饮水。饮水器是动物周围最有趣的装置之一，有时动物会长时间地玩弄它（见上文）。在Broom和Potter（1984）所作的一项研究中发现，母猪在白天的8h中会花2~74min去挤压饮水器，平均时间为10min，这远远长于饮水所需的时间。

第24章
异常行为 2 自身导向和环境导向

在前一章节中，已经讨论了构成异常行为的一般性原理。家养动物表现的某些行为模式基本是正常的，但在目标指向或程度上却是异常的。本章讨论的不是刻板行为（第23章），而是由动物自身的一些解剖学特征或周边一些单调的环境特征所导致的行为。第25章关注的则是由其他动物引起的异常行为。

由于受伤、伤口疼痛或者并不存在任何可以觉察到的局部损伤，犬会咬自己的四肢或身体的其他部位。这种啃咬可以持续达到明显的自残程度。犬也会在硬物上反复摩擦身体某个部位，直到产生伤口。

笼养的皮用貂经常将自己尾巴上的皮毛咬掉，偶尔会将自己的尾巴咬断（de Jonge 和 Carlstead，1987；Mason，1994）。

对马而言，通过剧烈的身体摩擦或者侧面撕咬而造成的自我伤害，是一种非常严重的异常行为。受这种不适影响的动物会咬身体的侧面部位或者摩擦脖子而损坏皮毛、鬃毛和皮肤，偶尔会引起肉体损害。这是一种以剧烈运动为特征的行为方式，有时伴有吼叫现象。常见于种公马，母马或去势马少见。

犬、马及其他动物的自残行为，主要发生在受限制和被隔离的环境下，可以采用镇定方法予以终止。有同类陪伴或者广阔复杂的生活环境有助于控制这种异常行为。尽管受影响的动物通常并不表现任何病理性的，如皮肤、寄生虫或胃肠道的临床症状，但在病例评估中应考虑这些问题。

在所有家养动物中，个别动物偶尔会表现摩擦行为，导致出现伤口。在某些情况下，动物还会啄食、撕咬或乱踢自己，导致自己受伤。这种行为通常与局部感染、寄生虫或疼痛（第27章）有关。但有时会出现极度的自残行为，如猴子在受限制和剥夺供应时表现的自残行为。下一部分将讨论掉落毛发、绒毛或羽毛。

一、舔舐、撕拔、吞食自己的毛发、绒毛或羽毛

犬、猫及其他很多家养动物会表现过度舔舐皮毛现象。很多单独饲养的幼犊，每天会花大量时间去舔舐可以够得到的身体的其他部位。这种形式刻板的行为可能会导致吃下大量的毛发，从而导致在瘤胃中聚集形成毛球或者结石。曾经发现在幼犊瘤胃中形成了直径15cm的毛球（Groth，1978），这些毛球会导致瘤胃堵塞和穿孔，甚至会引起消化问题和死亡。这种过度的舔舐行为通常发生于早期断奶的幼犊：所有的奶牛幼畜都会出现这种行为，单独饲养的比群体饲养的更严重。羔羊和家禽偶尔会表现舔食毛发现象，其他物种更多地表现为其他形式。

一些笼养鸟，如鹦鹉会撕拔下自己的羽毛，有时会吃，有时不吃。当刺激不够及出现不能控制的干扰时，鹦鹉更会出现撕拔羽毛的现象。这种行为会导致身体出现大片裸露。改善鹦鹉的福利并阻止拔毛现象发生的方法是通过给其提供足够活动空间，或者移除其不可控制的影响因素而改善鹦鹉的生活环境。减少拔毛现象的努力几乎不起作用，除非改善了引起此问题的动物福利。可以通过给鹦鹉提供机会以避免与人或者其他干扰因素接触，以及进行可以改善一些环境问题来实现鹦鹉对环境的控制。社会接触几乎可以使所有的鹦鹉受益，因为它们是具有复杂的社会结构和社会交往的物种。

二、吮吸和吞食固体物

刚断奶的哺乳动物常以不固定的方式吮吸或者舔舐围墙和围栏。过早断奶的犊牛和仔猪比正常断奶的更容易发生这种情况。在出生后几天就和母牛分开的犊牛，会啃咬、咀嚼和吮吸其生活环境中的任何物体，尤其是像

乳头状的物体，特别是人造乳头和其他犊牛的身体附肢部分（Waterhouse，1978；Broom，1982；van Putten 和 Elshof，1982）。下一章将进一步讨论这一行为。

犬的这种癖好比较少。众所周知猫会吃各种各样的固体材料，这经常是宠物主人关注的焦点。犬会啃咬易损坏的材料如木头，或者会叼走纤维或其他东西，然后咀嚼并吞食。这也许是表示营养缺乏，但是有些犬在不缺任何营养时也会表现这种行为。犬在没有伴侣（犬或者人）陪伴时会咀嚼家具和人的衣服，因为这些东西可能带有伴侣的气味。因此，提供伴侣经常是解决这种异常行为的最好方法。

在所有放牧动物中，大龄动物咀嚼或啃吃固体物偶有记载。牛和羊找寻和啃吃木头、衣服、旧骨头和其他物体，有时被称之为异食癖（pica）。有些情况下，这种行为是由磷缺乏引起的，尤其在磷缺乏地区自由放牧的动物经常发生。这种磷缺乏可通过摄取上述含磷物质来弥补。控制这种异常行为的途径是给受影响动物供应磷。研究发现，单靠提供富含磷的补充物，如骨粉可能并不足以纠正严重的磷缺乏症。有些磷缺乏动物无法通过摄取足够量的磷补充饲料来获得身体所需的正常磷水平值。在此情况下，应该采取注射方式来补充磷。

马场或围场中的马经常会发生异常的咀嚼和啃食木头或木本植被的行为（lignophagia）。不仅马厩中的马如此，室外牲畜栏中的马也有这种行为。在牧场中，这种啃食木头的行为可能会将树干皮剥掉。啃食木头会导致严重的肠梗阻（Green 和 Tong，1988）。尽管马通常不会吃掉所有被啃咬的木头，但一些碎片可能会被消化掉，一些可能会引发口腔损伤，也会过度地磨损牙齿。而且，这些马会将这种癖好传递给其他有关的马，进而毁坏木栅栏、隔墙和门。

日粮中缺乏粗粮无疑会诱发马啃食木头的行为。给马饲喂含粗粮不足的浓缩饲料比饲喂含粗粮丰富的草料更容易发生这种异常行为。一匹马每天会从马厩边缘啃食掉0.5kg木头。观察发现，高精饲料饲养的马厩中的小型马会花10%的时间啃咬木头。当提供高粗粮饲料时，啃咬木头的时间会下降到2%。使用广阔的牧场有助于改善这种状况，但是这种行为还会持续，树皮还会被一圈一圈地剥掉。

三、吞食垫料、泥土或粪便

有些动物的垫料本来就是可食的，所以像猪、牛和马等动物吃一部分垫料也不奇怪。但是，如果过度采食垫料，就不是正常行为了。然而，有些垫料几乎或者完全没有营养，被关养在狭小空间内的动物仍然会去采食垫料，甚至会吃到露出地表土壤。鸡和火鸡采食垫料的行为经常发生于圈养在干草或者木质垫料的禽舍里。这种行为在没有足够的采食空间的畜群中最易发生。禽类的某些品种和品系比其他品系发生率也更高一些，说明此种行为还存在遗传倾向。禽类的这种采食垫料的行为可通过投放大量的沙砾来缓解，这种现象可以解释为采食垫料行为是为了补充自身需要的矿物质元素。

家禽采食垫料容易使肌胃或者其他消化部位阻塞，进而导致出现多数病例死亡。马采食垫料的行为越来越难与自然采食行为区别，可能会采食霉变或被污染的垫料，这种情况下容易引发疝气，导致严重疾病甚至死亡。

已经确认了马采食垫料的几种原因，其中膳食不平衡、饲喂时间不正确、严重的寄生虫病等都有助于这种异常行为的形成。大部分时间在户外放牧的马，吃草是它们的主要消遣。如果突然圈养在马厩中，这种消遣被缩减，谷物或者复合日粮通常很快被消耗完。如果没有继续提供干净的草料供摄取足够的平衡营养来消遣，马就可能寻找其他可获得的材料来摄取营养需要。

为了控制家禽采食垫料，重要的是为其提供足够的采食空间，以确保在啄食等级内处于较低位置的禽类都有机会在料槽内找到安全的地方可以正常采食。如果没有充裕的采食空间，禽类就可能被驱赶并通过开始采食垫料来补偿。如果是马，那么控制这种异常行为就需要密切关注日粮的各个方面。评估饲料营养价值是确保获取适当数量和种类营养素所必需的。应该通过添加盐渍和富含矿物质和维生素混合物的方式给动物提供补充饲料。应该定期供给新鲜饲料，如青草、葱绿的草木和胡萝卜等。饲喂时间应该严格按照饲喂程序进行。如果寄生虫病较为严重，应该及时进行有效的驱虫治疗。

犬、马和牛有时也吞食泥土或沙子（图24.1），表现这种行为的动物主要是对营养失调较为敏感造成的。这种现象通常叫做食土癖，被视为是由于饲料中矿物质元素缺乏造成的。有时是由于缺乏磷和铁，但情况也并非完全如此。封闭限制和缺少运动似乎是动物出现食土癖的最常见原因。采食过多的沙子会导致马的盲肠和结肠产生沙阻塞，牛的皱胃区域也会因此出现沙阻塞。

　　食粪癖，也就是采食粪便的行为，是家兔的正常行为，有时也发生在犬、猪和马身上。其他物种的粪便可能会提供有用的营养物质，因此，也是猪等一些动物的食物组

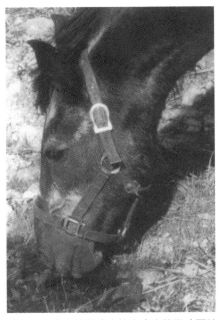

图24.1　在一块贫瘠土地上食土的马（图片由A.F. Fraser提供）

成。采食自身的粪便时，食物两次通过消化道，兔子可以吸收更多的营养物质。驴在正常饲养环境中出现食粪现象很普遍，通常认为是正常的，有助于建立适当的肠道菌群，但若偏离了此等作用，则视为是不适应的。成年马出现食粪癖是反常的，是由特定的环境如长期在单厩间圈养或者由经常运动突然转为不能运动的管理变化所引发的。

四、过度采食

　　过度采食或采食过剩，以及采食过快经常出现在犬和马，偶尔也见于牛。动物们匆匆进食时，有些动物会出现噎塞。采食的食物没有经充分咀嚼亦会引发消化紊乱。牛采食过量的谷物是致命的。控制过度采食的一个方法是使其难以快速进食。

五、饮水过度

如上一章所述，一些圈养母猪会长时间表现刻板的挤压饮水器行为，但这不属于烦渴或饮水过度，因为并没有吸收水。饲养在被隔离和受限制的马厩中的马，在随意饮水的情况下，一些马会出现神经性烦渴。有些马每天的饮水量竟达到140L，或者达到正常饮水量的3~4倍。这种情况会散发在一段时间内，或者集中在在一天相对短暂的2~3h内。密闭饲养其他物种也会出现饮水过度的现象，其饮水量比平时高出2~4倍。长期生活在密闭受限的畜栏和变形的板条箱中的绵羊就出现过饮水过度。

虽然很难准确评估这种异常行为对动物的负面影响，但是持续的饮水过度会减少日粮的营养价值。在母猪中，经常会导致母猪消瘦综合征。突然吸收异常多的水量会导致某段消化道负担过重，进而容易引发肠道扭结。这也许可以解释马出现肠扭结的原因。动物饮水过度通常被认为是由于圈养动物缺乏运动造成的，给动物提供更好的居住环境、定期增加运动会控制和中断动物饮水过度的习惯。

第25章
异常行为 3 注意力集中于另一只动物的行为

一、概述

一些与同种动物饲养在一起或有机会与其他种类的动物相互接触的动物，有时会表现出针对其他动物的异常行为。其中的许多行为应属于正常行为模式，但是却受到不适当的引导。根据动物明显的动机将本章中所描述的行为进行了分类。这些动物有时会对待其他动物及其身体的行为就如同它们进行探究、获取或撕咬一样，这与最后一章中描述的一样。异常行为的另一种情况是错误地把其他动物当成性伴侣、母亲或对手。许多农场动物的管理和畜舍环境的极端不自然造成了相当多的异常行为，并且农场动物比伴侣动物表现出更多种类的异常行为。

二、动物如同物体般被对待

本章所描述的先于活动的行为通常无法与第20章所述的相区别。当一个动物靠近另一个动物，或频繁地靠近其某个部位时，仿佛它正在探索环境或寻找食物。在有限空间或其他动物靠得太近而使它无法活动时，就可能会出现一个损害这个动物的行为。如果有这种行为的动物能够轻松地获得它所寻找的东西，那么发生这种行为的可能性就会降低。例如，提供稻草和其他多样性环境，圈养的猪针对其他个体的行为则会减少（Beattie 等，2000 ）。

（一）食卵

栏养和笼养鸡有食卵习惯。饲养在金属网上的鸡比饲养在有绒毛垫草上的鸡会有更多食卵行为。这种行为始于鸡啄蛋直到把它啄碎，接着吃掉其中部分内容物。当一只鸡有这种习性后，它可能会不断重复，其他鸡通过模仿也可能养成这种习惯。在一些情形中，大量的蛋壳被吃掉会引发一种猜疑，即这些家禽的饲料中可能缺少沙粒。

防止出现这种情况的办法是淘汰受影响的鸡，但是在大规模鸡群中很难把它们辨别出来。有时将鲜艳的食物染料注射到蛋内，然后把蛋放在地上，在啄食这种蛋的鸡头上会出现标记。也可采取提供大量的沙砾或贝壳来处理这个问题。在料槽中放入沙砾是重要的，这样所有的鸡都有可能吃到。在笼养情况下，如果能让蛋滚远而使鸡无法触及，那么问题就会减少。如果在较大笼子底层的蛋常被吃掉，可通过放入巢箱加以解决。

（二）啃羊毛和吃羊毛

啃羊毛是发生在限制性围场和室内饲养环境中绵羊表现的一种异常行为。很显然，圈栏内拥挤是原因之一。但也应认识到，饲粮中粗纤维的缺乏也会导致这种情况。在羊群中，除了能从其他个体身上啃毛外，个别绵羊还会吃下一些羊毛。

养群中通常有一只成年绵羊能熟练地啃羊毛。最后，通过群体的相互影响将这种异常行为传给其他个体。羊群中等级最低的羊被啃掉的羊毛较多，这与社会等级有关。啃毛羊的羊毛未受损伤，通过这一点可以把它们辨认出来。当刚刚开始啃羊毛时，受影响的动物用它们的嘴拽其他个体背上的毛。当被折磨的绵羊受到啃毛者的更多关注时，它背上的长毛会被啃光，只留下约3cm的短毛，而身体其他部位仍有正常长度的羊毛。随着这种异常行为的加剧，被啃毛羊全身会失去大量的羊毛，透过稀疏的羊绒可看到处于半裸露状态的粉红色皮肤。

由于这种情况明显与室内圈栏的过度拥挤有关，因此可能通过减少圈栏中的饲养密度来防止这种情况发生。约20m²的圈栏养10只成年绵羊，此时可能会发生啃毛现象。如将此饲养密度降低50%时可有效控制啃毛现象的发生。在降低饲养密度，特别是定期供应粗饲料时，则可消除该异常行为。干草比较理想，但是稻草效果也不错。人们怀疑营养缺乏与啃毛有关，但还没有被证实。但可以明确的是任何与此相关的营养需求一般与饲粮结构的不合理有关，而与某一特定的营养素无关。在室外长期粗放饲养，对于这种异常行为的控制也有影响。

当年幼动物与母畜近距离接触时，有时会啃掉母畜的部分皮毛，舔和吮吸母畜身体的某些部位，但不是乳房。羔羊在1周龄或2周龄时就可能会吃羊毛。羔羊舔食、咀嚼并咽下母亲某些部位（如腹部、乳房和尾巴等）的羊毛。咽下的羊毛在羔羊的胃（皱胃）里积聚，形成了致密纤维球（胃石）。这会使羔羊遭受剧烈的阵发性绞痛。胃石羔羊出现贫血，精神沉郁，体况渐差。长时间固定以一种由胃胀而弓背的姿势站立。如幽门或小肠的完全阻塞会引起死亡。

（三）啄羽、啄体和采食啄下的物体

啄羽是家禽中普遍存在的异常行为。在集约化饲养条件下，啄羽可发生于不同年龄段和许多物种，包括雏鸡、成年母鸡、火鸡、鸭、鹌鹑、鹧鸪和野鸡。因为啄是禽类的一种探寻和觅食正常行为，所以在单调环境中它们以此来探究其他禽类的羽毛并不感到奇怪。在网笼中饲养的母鸡，拥挤在一起，可供它们啄的物体很少。鸡一般啄同伴的背、尾、腹部和泄殖腔。在周围笼养的雏鸡也常见互啄。在其他情形中，几只鸡互啄可能会形成连锁反应。当羽毛被啄时，雏鸡不反抗或没有其他反应，但成年鸡则尽力躲避。

在集约化饲养条件下，啄羽特别普遍，尤其在一些品种鸡中更为频繁，如轻度杂交品种。另外，也应考虑环境因素，包括通风差、高温、低湿、饲养密度高和无限制的照明。从其他鸡只身上啄下的羽毛有时会被吃掉。被啄部位以尾部和翅膀为主，这两个部位的羽毛是全身最长的。在较小的雏鸡中，主要是啄背和腹部的羽毛。

啄羽的鸡只随后可能会啄其他鸡只的血液、皮肤和肉（Brantas，1975；Blokhuis 和 Arkes，1984）。当翅膀和尾巴上血管丰富的新生绒羽被啄掉并有出血出血时，啄体和随之而来的同类相食就会发生（Sambraus，1985）。

产蛋后，轻微隆起的尾脂腺和突出的泄殖腔会引发啄体。泄殖腔被啄之后常导致极其严重的后果。泄殖腔附近的伤口会迅速恶化，从泄殖腔的伤口露出肠会引发更多鸡只啄食，甚至被拉出后吞食。因此，一旦出现伤口，通常会引起死亡。

啄羽不一定会导致啄体，更多鸡只表现为啄羽。啄羽和啄体时不会受到恐吓，而它们身体姿态已经表现出典型的探索行为。被啄鸡只通常逃脱的机会很小，但啄食者对无生命的物体和另一只鸡，甚至已顺从的鸡的反应一样，这显然是不正常的。被啄鸡的行为同样也异常。当它们经常被啄时，不再表现出很多的逃跑行为，大概是因为它们知道先前的尝试是徒劳的。通常一只鸡出现啄体，其他鸡只也会效仿，以至于被啄的鸡只接二连三地被啄。驯养的家禽、火鸡、山鸡、鹌鹑和鸭也会出现啄体行为。

身体的其他部位也可能被啄。啄头行为发生在成年鸡与雏鸡混养的笼中，而啄趾和啄背有时在雏鸡中广泛发生。活跃的鸡会啄同伴的脚趾，极少情况下啄自己的脚趾。啄趾可能不会给雏鸡造成明显的伤口，但会给成年母鸡造成伤口。随后出血，形成的结痂会被再次啄掉。这样的开放性伤口容易感染，再出血。如此痛苦的鸡会表现出精神沉郁，躲到围栏的一个角落，拒绝采食，体重减轻。如没有适当的饲养管理介入，可能会出现死亡。在过度拥挤的情况下，幼雏经常会啄头和啄尾。雄火鸡打斗之后，在头的肉冠部位普遍有损伤和出血。啄趾可能会发生，特别是在垫草较厚的围栏中。已证实，杂交品种鸡比其他品种鸡啄羽得更频繁。啄羽和啄体的原因以及随后的同类相残在第30章作了描述。

啄羽和啄体的控制很大程度上受到断喙的影响，断喙也被称作切嘴尖。断喙是将上颚前面部分切除，切除后，啄变得无效。但是如第30章所述，这对禽类是一个痛苦的过程。断喙不能完全地消除攻击性啄或是而妨碍喙的发育，但啄羽毛能力会减弱。另一种办法是限制禽类的视力。即用红外线灯具或是把窗户玻璃喷成红色使禽类的圈栏变暗和改成红色光照。在上面的喙安装铝环或是应用"聚乙烯眼镜"都能限制禽类的视力，尽管这些装置在一些国家被禁止使用。而且这些措施给禽类的福利造成了不利的影响，从长远角度来讲，应通过改变禽类环境来减少这种行为的发生。

（四）摩擦肛门

青年猪会用鼻子摩擦其他猪，其中一些与寻找乳头和揉乳房（见稍后的嗅腹章节）相似，其他则表现为更普通的探究本性。在拥挤环境中饲养的猪，它们通常会表现出用鼻子摩擦肛门和食粪的异常行为（图25.1）。这在为控制咬尾而早期断尾的猪中比较常见。在密集群体中，有这种行为的猪会

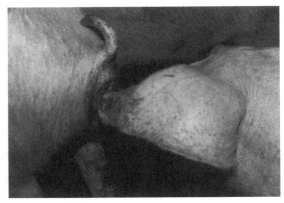

图25.1　猪表现出摩擦肛门，这是一种搜寻行为（图片由 H.H. Sambraus提供）

从一头猪走到另一头，用鼻子嗅闻肛门区域并做向上的摩擦运动。

尽管有一些被靠近的动物会躲避这种接触，而另一些却不会躲避。动物会用相当大的力气来摩擦肛门，以至于它的鼻子会深深地顶到被摩擦动物的会阴部。这种压力使得猪只频繁地作出排便反射，最终排出粪便，此时可能就会发生食粪的异常行为。口鼻摩擦的猪或单独食粪，或猪群中其他猪也加入其中（Sambraus，1979）。一些猪不会有任何反抗来躲避其他猪只的口鼻摩擦，使得经常给这些造成猪肛门或会阴周围脓肿。它们变得虚弱、站立困难、食欲和体况下降。严重的话，可能会死亡。

给圈栏中的猪提供各种物体，让它们咀嚼或拱动，可能会减少异常的口鼻摩擦。如果猪的拱动和玩耍的强烈愿望得不到满足，那么这种行为和摩擦肛门印证了混凝土猪舍中较差福利，并易导致异常行为。为了防止摩擦肛门和相关的食粪癖，改善拥挤的条件及提供拱动和操作的机会值得尝试。

（五）咬尾

在农场动物所有异常行为中，人们对猪咬尾关注最多，这个问题产生

于养猪业。在圈养的育肥猪中可以看到这种行为，但会不定时地发生。尽管人们意识到咬尾对猪的饲养影响已经有很多年了，但却没有把它看作是一个相当严重的问题，直到第二次世界大战后建立起现代养猪业（Dougherty，1976）。这种行为最初表现为一头猪将另一头猪的尾巴含入口中并轻轻咀嚼（图25.2）。被咬猪通常会默许。有时，尾巴受伤和出血促使猪咬尾的兴趣变得更强烈。人们认为出血促使更积极地咬尾，并且猪群中其他猪也开始咬那根受伤的尾巴，然后逐渐吃到根部。咬尾的猪可能会开始咬被咬猪的其他部位，如耳朵、外阴和四肢。所有的这些行为都与圈栏中猪只的剧烈不安相关。

由于被咬过多而受伤的猪开始变得顺从，接触反应迟钝，因此被咬时只有轻微反应。伤口可能会感染，后腿及臀部和脊柱后段形成脓肿。脓血症可能会导致肺、肾、关节和躯体的其他部位发生继发性感染。

易咬尾因素包括品种（如长白猪）、高饲养密度下快速生长的猪、料槽太小、饮水设施不足和不利的环境因素（如噪音、有毒气体、湿度和温度）。一般而言，单调环境很少有机会能满足这些需求，例如用嘴去玩弄东西或用鼻子拱土的需要，从而增加了咬尾的概率。对比饲养环境后发现，单调环境中饲养的猪，其咬尾率会增加2~10倍（Hunter 等，2001；Moinard 等，2003）。

猪的口部活动比其他种类农场动物多，猪试图用嘴以觅食和咀嚼物体来探索周围环境。人们注意到，在群养环境中，猪有大量口腔活动，包括衔起

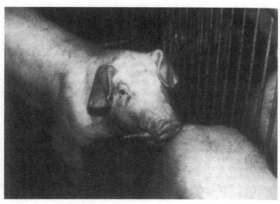

图25.2　猪表现出咬尾（图片由H.H. Sambraus提供）

木棍并放入口中和咀嚼草垫等动作。许多行为发生在早晨和高温。咬尾的自相残杀行为与猪群社会等级无关，而往往是猪群中体型较小的猪易养成这个嗜好（van Putten，1978）。

为防止咬尾，切除其下半段（断尾）已被广泛使用。人们发现，没有必要去除整个尾巴来预防这种异常行为。但剪尾后，猪的反应异常敏感，当有猪试图咬它尾巴时，它反应非常迅速。剪断的尾巴可能会形成一个神经瘤（Simonsen 等，1991；Done 等，2003）。神经瘤通常会引发频繁的疼痛，这种疼痛明显源于切断或受伤的附着物或其他组织，并且神经瘤所在的区域敏感性增加。因此，剪尾的猪会频繁阵痛，使它们对咬尾的企图反应迅速。另外，当碰触尾巴残端时，也会加重疼痛。

通过把咬尾猪移出群或改变气氛来防止咬尾则影响不大。虽然降低饲养密度能够减少咬尾，但更好做法是降低饲养密度的同时满足动物翻寻和玩弄物体（如稻草）的需求。由于有机会拱土的猪很少去咬尾，因此供给土壤会减少猪咬尾和其他异常行为的发生。

三、当作性伴侣

许多农场动物都饲养在同性别群体中，很少或从未遇到过异性，一些犬和猫也是这样。因此，性行为经常在同性之间发生。因为不能生育后代，被认为是异常行为。但是正常的性行为经常是指成年动物性行为中指引向任一性别的不同个体的行为。因此，幼龄动物会尝试一些同性之间的爬跨活动或与其他物种之间的爬跨行为，但是如果这种行为发生在成年动物则有一定意义。

奶牛群中时常发生同性之间爬跨。发情期的母牛和年轻母牛会被其他母牛爬跨，这种行为是饲养员用来判别发情的一个特征（第17章）。这种爬跨偶尔会受伤，但对饲养员有用，所以通常认为问题不大。Hall（1989）发现，如除去那些部分雄性化的牛，英国的奇灵厄姆野牛就不会表现出雌性之间的爬跨。因此，被认为是异常行为，尤其是在没有公牛却爬跨非常频繁时。

在青年或成熟雄性动物的同性群体中时，会频繁发生雄性之间爬跨（Stephens，1974）。当这种行为持续存在时，例如在群养的种用青年公牛或公羊中，这些动物的性取向经常指向它们的同性。当以后与传统饲养的雌性畜群接触后，其中的一些却不能改变它们的性取向。同性饲养可能会导致种用公畜阳痿，尽管这通常不是永久的，但是却会在公羊、公牛和公猪和雄性山羊中持续一段时间（Price 和 Smith，1984）。

在肉牛生产中，许多年前人们就已认识到，在传统的放牧条件下，一些年轻公牛或阉公牛会站立着被其他公牛爬跨。在粗放的放牧条件下，这并不是一个很严重的问题，这些年轻公牛或阉公牛不会受到过度爬跨。在商业饲养场，粗野行为的发生率会大大增加，其结果是引起被过度爬跨的动物福利较差，生长速率下降，受伤的频率升高和严重的经济损失。人们发现这些公牛站立着被爬跨，但却不会去爬跨其他公牛。另外，一些阉公牛，尽管被阉割但却是积极地去爬跨其他公牛。在养牛场，一些爬跨公牛反复地爬跨几头固定的公牛。这可能会使爬跨公牛体重下降或使被爬跨公牛变得疲惫、受损伤或摔倒。受伤的公牛可能会死亡。据估计，在北美饲养场中，公牛的粗野行为是造成经济损失的第二大因素，仅次于呼吸道疾病。

尽管在不使用合成激素的饲养场中也会发生公牛综合征，但是在使用激素的饲养场中这种情形的发生率会更高，如肌内注射孕酮和雌二醇或口服DES（己烯雌酚）（Schake 等，1979）。阉公牛和用促生长的雌激素处理的公牛取向于综合征。生理学研究发现，在尿液和血液中同性性取向的公牛比正常性取向的公牛有更多的肌酸酐、17-羟基皮质酮和雌二醇。

其他因素也是这种综合征的病因，并且人们逐步认识到，在受影响群体中一个显著特征是群体中动物数量太多。饲养场是否拥挤和规模大小都非常重要。很明显，拥挤压力连同其他饲养因素的组合情况（如激素使用、接种疫苗和清洗）与此有因果关系。不断地向饲养场引进新阉公牛会增加此事的发生率。然而，大量的阉公牛却以一种正常的社会行为避免了潜在的有害的相互接触。

对于一定数量动物，其空间无论大小或多少，但如果出现减少，就会发生更多的攻击行为。换言之，群内单位空间饲养的动物增加时，种群的流动性就会减少。毫无疑问，公牛取向综合征不仅是一个福利问题，也是一个经济问题。这种行为部分带有攻击性，部分带有性要求。控制这种情形需要群体压力减小和禁止使用人工合成激素。另外，圈舍上栅栏的隔离或安装电线有时能预防圈舍内动物的爬跨。这些方法却都不能从根本上解决问题，而且电线可能会对一些个体产生严重影响。

四、当作母亲

青年哺乳动物在正常的断奶年龄之前就与母亲分离开了，它们经常表现出寻找乳头和相互吮吸的行为，其指向是无生命的物体（第24章）或圈栏中的同伴。这种行为在仔猪和犊牛中被叫做嗅闻腹部和相互吮吸，有时会持续到成年。

（一）嗅闻腹部

嗅闻腹部是仔猪表现出的一种行为。指猪用嘴和鼻的顶部在其他猪的腹部上下活动，区域是它们前后腿之间腹部的软组织。（van Putten 和 Dammers（1976）和 Schmidt（1982）都介绍过这种行为，这与仔猪按摩母猪乳房相似。嗅闻腹部不会在断奶前发生，但是提前断奶的仔猪会表现出这种行为（Fraser，1978b）。

由于许多仔猪都在3～5周龄时断奶，在没有人类干预的情况下断奶要晚2～3个月，因此这种行为非常普遍。一些圈养在平地上的仔猪会被追逐和嗅闻腹部很长一段时间，会引起乳头、肚脐、阴茎或阴囊发炎。在一些情形中，被嗅闻腹部的雄性仔猪会排尿，并且嗅闻腹部的仔猪会摄取尿液。Fraser（1978b）的研究发展，过度嗅闻腹部与体重增加呈负相关。提供稻草能够降低这种行为的发生率，仔猪能够翻拱稻草（Schouten，1986）。Schouten（1986）的研究表明，在从活跃向静止过渡期间，嗅闻腹部发生得最频繁。在限位栏中的仔猪会有几分钟过渡期，会经常嗅闻腹部。而铺有稻草时，仔猪通常会躺下并开始咀嚼稻草。因此，没有稻草情况下，仔猪嗅闻腹部的时间会更长。

（二）犊牛相互吮吸

与母亲分离的犊牛会吮吸和舔它们自己的身体和圈栏中的物体（第24章）及犊牛的其他部位。它们通常吮吸肚脐、包皮、阴囊、乳房和耳朵。吮吸阴囊在犊牛中非常普遍。犊牛的鼻子顶高睾丸后，接着吮吸空阴囊。动物的吮吸姿势和站位与自然吃奶时一样，同时伴有如同针对母牛乳房正常的按压运动。被吮吸的犊牛通常表现出消极反应。同样，它们也吮吸其他个体，因此可能会涉及多个动物。如果舔吮的是其他犊牛的皮毛，那么可能食入大量的毛发，这会导致毛球病的形成（第24章）。如果吮吸到阴茎通常会引发排尿，尿液可能会被吮吸的犊牛摄入，这会导致肝脏失调和营养物摄入减少。相互吮吸的另一个不利后果是，犊牛被吮吸的部分可能会发炎、受损和感染（Kiley-Worthington，1977）。

试验表明，用料桶饲喂的犊牛比由母牛或人造乳头饲喂的犊牛发生有害的相互吮吸更普遍（Czako，1967）。存在乳头非常重要，但是喂养时间也是一个因素。犊牛每天花费60min吮吸母牛，但是用桶饲喂的犊牛每天只花费6min喝奶。因此，在这种异常的控制中，提供类似于幼畜吮吸行为的采食设备能获得最佳效果。

研究表明，通过应用后置的自动奶瓶饲喂犊牛，能使犊牛在每个饲喂期间的吮吸时间明显延长，并减少了犊牛吮吸其他物体或其他犊牛的可能性。吮吸时间持续大约30min，几乎不存在相互吮吸。另一个措施是在用料桶饲喂后捆绑犊牛1h，这段时间会使吮吸的期望降低，此后相互吮吸也不会频繁表现。日粮中补充粗纤维，如150g的稻草能够减少相互吮吸。通过用一个良好的饮水器为犊牛提供充足的饮水可以减少尿液的摄入。Mees和Metz报道，犊牛舔由墙上或管道中滴下的水后就不会去喝尿了（个人交流）。

（三）成年动物的相互吮吸或吮乳行为

这种行为是指一头母牛或公牛从另一头母牛的乳房中吸食乳液。成年牛的这种相互吮吸将掠取泌乳动物的乳汁，是不同饲养条件下偶然发生的一种异常行为。在有犊牛需要照料的母牛群中，外来的犊牛或一个成年动物（如一头公牛）可能会去"偷偷吮吸"。偶尔，人们极少会发现泌乳牛有从自己乳房吮吸奶的习惯。在群体中牛会固定吮吸一个泌乳动物，因而是成对出现。

相互吮吸可造成非常明显的乳汁损失，而且一头成年动物频繁吮吸会造成乳头损伤、病变和乳房变形。在一些大的奶牛群中，这种异常行为表现得非常严重。在受影响奶牛群中，可达泌乳牛的10%。群居的影响和现代畜牧养殖的大规模化，都会使其变得异常恶化。

与青年犊牛的情况相比，在露天环境中饲养的成年动物的相互吮吸行为更为普遍。Wood 等（1967）报道，相互吮吸的犊牛在成年后可能仍会相互吮吸。其他研究认为，在犊牛阶段有或没有乳头的经历可能会增加或减少成年期的相互吮吸。然而，这种行为是不可预测的，而试验证实也非常困难。Waterhouse（1978，1979）发现，在圈栏的墙上安装一个无营养物的奶头，单独用它来喂养犊牛3个月，这些犊牛和没有这种奶头的牛在成年后都无相互吮吸行为。

在过去，为控制异常吮吸牛奶尝试使用一些装置，在吮吸动物的脸和鼻子部固定个尖头。这些方法确保了动物搜寻吮吸对象时，被靠近的动物都会有逃避反应。遗憾的是，部分装置会阻碍它们的采食。此外，如果受影响动物较为固执，它会对其他动物造成创伤。有一种电子设备可扣紧在前额上，当电路由于头部压力合上时，会给予佩戴者一次电击，这种装置能获得良好的结果。由于这种电击是施加给吮吸动物的，因此相对于施加于被吮吸动物的反感刺激来说，这种方法更适用。

五、当作对手

一些针对同物种或其他物种动物的攻击行为是正常的，在防护个体、保护幼畜、维护所有权或确立社会地位起时作用。在农场动物的饲养中，一旦形成攻击行为，那么这种攻击影响深远且非常频繁，因而问题随之产生。导致福利问题的攻击行为会在第28～36章进行探讨。出于强度或频率考虑，人们认为其中某些行为被认为是异常的。对人类的恐吓或攻击是原因之一，但是其中的许多并不是异常行为，如一头带犊牛的母牛或公牛攻击了饲养员，那就不是异常表现。驯养过程也不会消除所有的针对人类的自卫行为或竞争行为，但已经减少许多。某些饲养形式使这种行为相对于其他行为更可能会发生。

犬对人的恐吓和攻击反应是一个普遍关心的问题。无论对待经过专门训练攻击人的宠物还是看门犬、警犬、军用犬，以及这种行为受到鼓励的宠物，每个人都必须能辨认出攻击的前兆（图25.3）。根据犬的条件和所受训练的不同，前兆也不同。其中大多数是自卫反应。它们需要保护自己的领地、资源（如食物）或另一只犬——不管它是否是一条家养的犬——在攻击前通常会表现出恐吓对手的行为。一般由以下几部分组成：直立地站起，脖子上的毛竖起，竖起耳朵，向后牵拉面颊区域以露出牙齿，以及咆哮。

图25.3　这条犬正尝试着发起对另一个个体的攻击（图片由A.F. Fraser提供）

如果这种恐吓能顺利地击退入侵者或挑衅者，那么可能就不会有进一步攻击。一次针对人的攻击可能会有准备动作，并伴有持续的咆哮和其他表现。然而，也可能会马上攻击。例如，如果人正接近一条犬想拿走这只犬的食物或别的东西，一旦靠近，攻击就可能会发生。一条被训练过攻击的犬，或由于其他的原因倾向于将人当成猎物的犬，它根本不理会这种恐吓而直接进攻，并要追着咬。如果仅有捕食的动机——如犬攻击小孩——那么常咬脸和颈。大多数的犬，甚至是那些会攻击人类的犬，已经接受了阻止它们咬大部分易受伤害部位的训练，因此通常会咬胳膊和腿。

猫攻击人类造成的伤害较轻，但是攻击或自卫反应非常普遍。它的恐吓表现与犬类似：毛竖起，露牙齿，并且常会发声。音调比犬的咆哮更高，能起到恐吓对手的一定作用，减少了人的持续靠近或做出其他不利动作的可能性。相对于咬，猫更可能会用它的爪，但是在极端情形下，可能是嘴和爪都会用。

公牛的恐吓行为表现为一系列的活动，可能会遭遇一头公牛的人都应该知道：

- 公牛转向刺激源，整个躯体迅速转变角度；
- 公牛的头和颈轻微地脱离，更加倾斜出躯体长轴。以这种姿势，公牛展现出头、颈和肩的侧面的外貌，相对于轻微转变了方向的后部，它们更加接近刺激源；
- 后腿被轻微伸到腹部的下方，由马肩隆至尾尖的背线下降；
- 眼眶突出并固定；
- 颈背侧的毛竖立起来；
- 姿势的紧张表现出肌肉僵化；
- 低沉、单音的发声或喷鼻息可能会伴随有恐吓的表现。

长角的有蹄动物使用头部进行防卫或攻击。无角动物以敲打攻击，而有角动物则会用角撞击。一些动物则会用头，这些动物把头插入土中，拱松地面以达到恐吓目的。公牛和公山羊的冲撞行为是一个众所周知的问题。这种习惯常见于在内部竞争的动物中，这些动物先前由人类的充分安排在某种群居条件下饲养。在某些情况下，这种行为是针对物体的，如门。

马恐吓人类时表现出肌肉紧张、伸长头部、耳朵向后、眼球突出，这导致眼球的巩膜变得可见。稍后的特征被牧马人称作是"展现白色的眼睛"。其他动物，如公猪恐吓人类会出现肌肉僵硬而使姿势绷紧。

"母牛式的踢踹"是单个后腿踢踹之一，如此命名是因为在牛群中牛普遍使用踢踹动作。母牛踢踹时，一条后腿迅速地向前、向一侧或向后伸出，另一条后腿则竭尽全力地向前、向一侧或向后径直蹬出。使用这种踢踹通常有明确的目的。

马偶尔会咬，特别是种马有这种倾向。而青年马和长期隔离的马可能也会有（Houpt，1981）。咬是指马用门齿撕那些接触或靠近它的人。在有些场合，同样攻击其他马。典型的咬会伴有警告信号：耳朵放平、嘴唇回缩、牙齿露出、经常挥动尾巴。咬的尝试通常非常突然。

一些马抬起前蹄攻击是一个危险的习惯，种马和被光线照着的马常这样。在没有抬起情况下前腿踢出。当第一次被靠近或头部被限制一段时间后，有这种癖好或性情的马可能会表现出这种行为。

当同时两条后腿也蹬出时，可踢到1.5～2.0m内的任何一个动物或人。这种伴有后腿的踢踹是骡的一个行为特征，有时被称作"骡式踢"。这也是马的天生自卫动作，但被频繁用于攻击则属于异常行为。低头，马肩隆后的躯体抬起，两条后腿用力地向后蹬出。当有蹄动物的空间即臀后方被抢占时，它会本能地蹬出一条后腿进行自卫。通常采取没有完全伸展的后腿急速地向下或向后蹬出。

防止这些侵略性动作非常复杂。在某些情况下，可采取避免出现特异刺激。不仅在许多书籍有所论述，而也被一些训练教程所采纳。对于大多数的动物而言，早期经验十分重要，并且畜舍条件也有相当大的影响。被训练或被允许攻击人类的犬，以及受限制相当长时间的公牛和种马，均有潜在的危险。在育成期和成年期，长期隔离的公牛对人类和其他牛来说也比较危险，而群养的公牛攻击性要小得多。

第26章
异常行为 4　功能障碍

在一定条件下的家养动物会在性行为、亲子行为和身体基本运动方面出现一些异常。它们属于功能障碍，而不是刻板行为或主动选择错误行为。一个品种内个体差异也是由于一些异常行为引起的。本章将描述这些异常行为，探讨影响这些行为发生的因素，并讨论一些可能的控制措施。

一、性功能缺陷

不能繁殖或繁殖延期是一个重要的经济问题，而这些繁殖失败经常涉及行为障碍。对于犬和猫，这是一个偶然性的问题，但对于一些家畜来说却是一个大问题。根据受影响的生殖周期的阶段，这种异常行为能够很容易得到纠正。当然，发情和性欲是繁殖的重要先决条件，正是在这两方面会出现一些比较严重的繁殖行为异常。

（一）隐性发情

作为一个专有名词，隐性发情已在第19章作过讨论，它强调了一个事实，即正常发情主要是一种行为现象。许多国家的多名研究人员发现，隐性发情在奶牛中的发生率为20%～30%，在高产奶牛中发生率更高。对于牛来说，年轻母牛的发生率最高，它们在畜群的社会地位中处于较低的位置。隐性发情也普遍出现在母马、母羊和母猪中。

这种异常是动物正常发情行为的丧失或减弱。正常发情具有发情现象的其他生理特征，包括子宫浮肿和充血，卵泡成熟并导致排卵。正常发情具备发情的全部生理特征，在此条件下，采取人工授精可以使动物受孕。例如，人们发现，在正常的发情条件下，即使受孕条件不好，母马也能达到正常的繁殖能力。同样，对于牛，如果达到满意的受孕条件，在合适时间进行人工授精可达到正常的繁殖水平。

发情条件的控制必须与提高繁殖动物的管理有关，以使动物代谢和受到的群体应激的量降到最低（第28章）。

（二）雄性阳痿

雄性和雌性只在家畜繁殖期间进行短时间接触，经常会发现，雄性动物对发情的雌性动物无反应。牛有时会发生一种"瞌睡性阳痿"，即公牛在繁殖期出现异常延长反应。在此情形下，公牛把下巴放在母牛后肢及臀部上，却对母牛关注很少。动物保持一个不活跃的姿态，并伴有嗜睡的表现，眼睛部分闭上或周期性多次闭上。人们认为这是一种非常严重的繁殖问题。与其他品种比，肉牛发生得更多。迄今为止，发生这种情况最频繁的是赫里福牛公牛和亚伯丁安格斯牛公牛。对于这些品种，该繁殖疾病难以治疗，并使公牛处于一种行为不育状态，最后通常会被宰杀。

（三）性交方向障碍

大型农场在动物繁殖期间，常规做法是，将雌性拴牢，再用一条牵引绳将雄性引向雌性。这种活动是交配的开始，反应时间为从最初接触到爬跨所耗时间。随后的正常情况是雄性动物将其自己与雌性动物处在同一条纵轴上。在正常情况下，雄性动物可以明确而迅速地主动完成这种体位。我们不妨假设整个爬跨的期间都完全保持这种体位。但是在许多情况下，雄性动物表现出定位障碍，它们的纵轴明显偏离雌性动物的纵轴。这种偏离贯穿于整个交配过程中，并且通常是长时间的保持此种体位，以至于最终导致交配失败。在这种异常的情形下，大多数动物表现不活跃和行为上的阳痿。对于一个动物，总是固定地偏向某一侧，如一些动物偏向左边，另一些动物偏向右边。这种偏离的姿势在整个交配期内会保持很长时间，或贯穿于整个交配期。这与偶然雄性阴茎未对准雌性动物的阴道不同，在这种情况下，雄性动物会很快地纠正体位。

（四）插入障碍性阳痿

雄性动物阳痿的另一种形式是插入障碍，在公牛和公羊都会出现这种情况。雄性动物能够进行正常的爬跨，但却不能完成插入，尽管能主动进行阴茎的抽插活动。公牛非常踊跃地爬跨，但是没有爬跨到位。公牛没有使其后腿尽可能地靠近母牛的后腿，这造成雄性动物不能插入雌性阴道，公牛在跳下之前的一段时间内阴茎的抽动是徒劳的。这种情况可能反复多次发生，却没有什么效果。这种情形存在于奶牛的几个品种和萨福克绵羊中。对于公牛，这种情形可发生在先前有正常交配功能经历的动物中。

这种情形多发生于某些品种的年轻种公羊中。这种异常可能不会永久地持续下去，通常持续6~12个月，但最终会自然消失。

之前的一些经历通常是造成雄性家养动物发生不当性行为的原因。公牛可能会对发情的雌性动物缺乏兴趣，因为性行为是由雄性主导的。减少这种情况的发生通常必须在管理措施方面进行一些改变。当其他一些同龄动物在繁殖方面表现很活跃时，一些山羊到达青春期时间比较缓慢，且在繁殖方面表现不活跃，但这种情况并不是由于缺乏激素导致的。在群居的地位低下，或不能与雌性动物的身体和体味接触，这些都会降低公羊对发情母羊气味的反应能力（Zenchak 和 Anderson，1980）。

Silver 和 Price（1986）指出，在青少年时期有过爬跨经历的肉用公牛的爬跨行为通常会更加准确。然而，Orgeur 和 Signoret（1984）指出，早期独处的公羊仍会表现出正常的交配行为，只要使它们在发情期间与雌性相接触。在圈栏中隔离饲养的公猪会在试配时表现出不适当的反应，但是如果在饲养期间通过金属丝网与其他公猪保持联系，那么后来的交配行为会显著改善（Hemsworth 等，1978a；Beilharz，1979）。雄性动物性功能障碍的补救方法包括避免在饲养期间长期隔离雄性动物，并让雄性和雌性动物在养殖期间能完全或部分接触。

（五）亲子行为不足

在家养动物中，大部分亲子行为是母性行为。在实际情况下，雄性动物表现出的有利于子代的唯一亲子行为就是保护群体不受攻击，而这样的行为只与饲养场地十分有限有关。母亲亲子行为不足或异常通常会对幼畜获得的照顾和养殖企业的效益产生重大影响。犬和猫很少出现不适当的亲子行为。养殖场选择家畜作为种用时通常只是基于子代的生产性能、产奶量、产仔数和易管理方面进行选择，然而一个被严重忽视的特性是母性行为的质量。因此，有的家畜品种，如美利奴绵羊母羊经常会忽视或遗弃它们的幼崽。犊牛和仔猪中的高死亡率部分是因为不适当的母性行为所致。一些不适当的亲子行为是畜舍环境的原因，但是雌性动物表现出合格和不合格的母性行为在遗传方面不同。表现出不良母性行为的基因在野生动物中存在的比率非常低。

（六）抛弃新生幼崽

在分娩后的第1天会发生各种形式的抛弃幼崽行为。这些情形中值得注意的是主动遗弃幼崽或母畜对幼崽表现出攻击行为。伴随着母性障碍，抛弃幼崽是农场动物中异常母性行为的主要形式。对于母猪，这种情形表现为食崽，这将在稍后探讨。抛弃幼崽的大多数情形是不由自主发生的，一些是由于分娩后与幼崽的短期分离造成的。如果小山羊或羔羊或其他农场物种在分娩后与母亲马上分离，尽管只分离1h也会导致母畜抛弃幼崽的事情发生。

母羊遗弃羔羊包括母羊离开羔羊。细毛羊（<22%）比其他的品种发生得更频繁。当细毛美利奴羊产双胎时，生产完第二只羔羊后它就可能会离开，只有第一只生产出的羔羊跟着它，除非牧羊人发现否则第二只羔羊会死去（Stevens 等，1982）。英国品种的母羊不会离开，除非两个羔羊都跟着它。营养因素也可能非常重要，一只在低蛋白水平日粮下饲养的母羊，如果它无法照料羔羊，那么它会遗弃它的后代。这可能被认作是一种适应性，而不是异常行为（Arnold，1985）。

在一些情况下，母畜对新生幼崽的反应非常具有攻击性，它包括攻击幼崽，攻击的形式包括用头顶、击打、赶走和咬。如果幼崽坚持朝向母畜，幼崽反复的靠近会使有母畜的攻击性更加恶化，并造成母畜的过度反应。在初产母畜中抛弃幼崽发生得更频繁，这表明缺乏经验可能是母畜出现这种异常行为的一个因素。一些母畜会表现出攻击后代的行为。

Broom与Leaver（1977）和Broom（1982）发现，最初的舔舐期后，隔离饲养的年轻母牛比饲养在群体中的年轻母牛更易发生离开犊牛的情形，并且隔离饲养的年轻母牛表现出群居的不适应性。有报道显示，猴子早期群居经验的减少会导致雌猴抛弃幼崽的事情发生（Harlow和Harlow，1965；Chamove等，1973）。在有关母马抛弃马驹的研究也强调了在幼儿时期群居在一起的重要性，这是因为这类问题多数发生在初产母马中（Houpt，1984）。产仔时由于受到人或种马的干扰似乎是一个促发因素。

（七）母性缺乏

一些动物并没有主动抛弃或者强烈排斥它们的幼崽，它们只是没有对幼崽表现出足够的母爱。母性缺乏的主要表现是在幼崽出生后不能及时或者无法被喂养和清洁幼崽。当发生这种情况时，新生幼崽被遗弃在潮湿的环境中，母畜无法获得可帮助母畜识别其后代的嗅觉和味觉刺激。母性缺乏的另一个特征是，母畜不习惯新生幼崽的吮吸尝试。当新生幼崽开始寻找乳头时，母畜表现出固执的拒绝反应，从而移开乳房。这种转身使幼崽一直处在母畜头部的前方，阻止幼畜吮乳。母性缺乏的另一种表现是无论幼崽何时吮吸，母畜都不停地移动，不让幼崽吃奶。

这种母性缺乏行为，如遗弃和攻击幼崽，在初产母畜中最常见，但通常只是暂时的。这些年轻的母亲经常对它们的幼崽非常在意，但是年长的母畜有时可能不会严格限制幼崽的运动，或是不经常照看它们，以至于幼崽更可能同其他母畜建立起联系（第27章）。饲养员应该仔细观察，发现缺乏母性的母畜，应进行治疗。

（八）偷崽

产仔前的母羊、母牛和母马经常靠近和嗅闻群体中其他动物的初生幼崽，并与它们保持亲近。这不是异常行为，但是如果幼崽的母亲因为虚弱、母性缺乏或群居的主从关系而不能与幼崽保持亲密的联系，那么就会产生问题。在这种情况下，外来的雌性会驱逐这个母亲。幼崽离开母亲而去附近的其他母畜游玩时会促进这种现象的发生。年轻的有蹄动物通常会吮吸外来母畜的奶，但是这些尝试通常会被拒绝。但许多母羊和母牛对外来的羔羊和犊牛有强烈的兴趣（Welch 和 Kilgour，1970；Edwards，1983）。它们会接受吮吸的尝试，并偷走幼崽。Edwards（1983）发现，在群体畜舍中出生的33%的犊牛会在出生后的6h内吮吸一个外来的雌性，并且年长的母牛更可能去偷犊牛。

在牛、马和绵羊中产生的问题非常普遍，不论在哪里，只要大量的妊娠母畜被圈在一起。例如，偷羔羊行为会导致母畜与自己所有羔羊的关系混淆。有时一些新生羔羊跟错自己的母亲，会导致吃不上母乳。在另一些时候，母子关系被搞混乱或被偷的羔羊不能吃到它们应吃到的初乳。甚至是由于偷其他羔羊的母羊，使得该母羊在生产后不给自己的羔羊吃奶，或者没有剩余的初乳给自己的羔羊（Edwards，1982，1983）。在这些各种各样的情形中，羔羊会频繁地发生死亡。一些母羊因生产时自己的羔羊死亡而去偷其他羔羊。尽管偷盗行为对被偷的羔羊来说并不完全有害，但是如果羔羊被偷这种情况发生在第一次生产的母羊上，那么这种偷盗行为可能会影响到被偷母羊的母性行为；在随后的季节中，这只母羊将缺乏育仔方面的经验，并且再产羔羊时更有可能表现出异常行为。

在产前或产后迅速分离群体中的母牛、母马或母羊，可有效解决这个问题。在室内生产的动物在快要生产前，可以将其放入单独的产仔箱中，最好是能看到其他动物；也可以通过在母畜的四周设置一个围栏来实现与其他动物的分离。

（九）杀死幼崽和食崽

如野生动物一样，临产前的家养动物有时会表现出粗暴的行为。这种行为最初可能是为了保护后代，或是牺牲幼畜群中的一部分，以最大限度地保证繁衍能够持续下去。一种方法，是可以通过饲喂精神抑制性药物（如氯丙嗪），来控制和预防产后攻击人或者后代的现象。另一种方法，是饲喂适当的安定药，如阿扎哌隆。大多数情况下，当它们恢复意识时，行为就会正常。

在猪和绵羊中可以发现母畜咬死自己新生幼崽的现象。食崽最严重的发生在母猪中，包括母猪咬、杀死和吃掉初生仔猪。对于表现程度不同的3种食崽形式，异常行为一般可在受影响的母猪中辨别出来（Sambraus，1985）。

第一种情况是最简单形式，母猪随着仔猪的产出而反应过度，并对仔猪的活动感到烦躁，这些活动包括仔猪的叫声。在母猪的焦虑运动中，仔猪会被压死。意外被杀死的仔猪可能会被母猪完全或部分吃掉。

第二种形式是食崽综合征，类似于其他物种发生的异常抛弃幼崽的行为。母猪表现出长时间的逃避仔猪。逃避会导致母猪攻击靠近它的仔猪。这些仔猪可能会被咬死或杀死。死去的仔猪可能会被部分或完全吃掉。

第三种产后食崽形式类似于在其他物种发生的产后攻击。母猪在产后过度活跃，并且攻击进入它范围内的人或仔猪。受影响的母猪侵略性地猛咬任何靠近的仔猪，通常会导致仔猪全部死亡。如同另外两种食崽综合征一样，被咬死的仔猪可能会被部分或完全吃掉或遗弃。

所有形式的母猪食崽都与兴奋过度有关，尽管在有生产经验的母猪中也会出现，但多发于初产的母猪。尽管这种异常行为通常在产仔后发生，但是母猪最初可能会正常接受仔猪，在1d后才表现出食崽。更普遍的是，这种情形随着分娩过程迅速发展。一旦食崽开始，这种食崽异常行为可能会持续到幼崽全部死亡为止。在极少数情况下，母猪杀死并吃下一只仔猪，却不碰剩余的仔猪。尽管一些被杀死的仔猪未被吃掉，但是无论如何，母猪食崽的行为被认作是残忍的行为。因为母猪的正常行为是遇到死去仔猪时，会选择离开而不是吃掉。

人们发现一定的饲养条件与食崽有关。例如，如果在分娩时将母猪放到一个新的环境中，则母猪更可能会食崽。这意味着不适应环境是一个影响因素。就这一点而言，给母猪一些垫窝用的草，可以减少食仔的发生。

母畜食崽的另一种形式发生在母羊和羔羊拥挤的室内，表现为持续地一点一点咬羔羊的附属器官。这些母羊可能会吃掉新生羔羊的尾巴和蹄子。这可能不会导致羔羊死亡，但是需要切除那些严重受损的蹄子。严重的蹄损伤和咬至尾根部出现严重的感染，受伤的部位组织会出现发炎。

提供宽敞的室外空间可以有效地防止这些情形的发生。在室内分娩的母羊需要住进分娩圈栏中。如果还是发生这种异常行为，应该考虑母羊的营养是否全面，因此为产羔羊的母羊提供均衡日粮非常重要。除此之外，这种行为也与产期母羊健康状况有关。

二、基本运动异常

一些类型的动物畜舍会妨碍动物的某些运动，或使动物不能进行正常的活动。受限的运动包括笼养母鸡扇动翅膀和飞行，限位栏中犊牛、圈栏中母猪或其他绳系动物的行走，以及很多室内动物的奔跑。限位栏中的犊牛或受限制的母猪无法接触到自己身体的背部，这些动物的异常已在第24章作了描述。笼养母鸡没有足够的空间伸展翅膀，进行整羽（第30章）。

异常的躺卧和站立

在光滑的漏缝地板上，有蹄动物在躺下和站起时会特别困难。有研究详细描述了牛的表现（Andreae 和 Smidt，1982）。在短时间嗅闻地板后，牛通常会开始躺下，然后降低前躯（图26.1）。漏缝地板上的育肥公牛的这一系列动作见图10.4。由于动物对光滑的地板感到担心，因此躺下前嗅闻地板的时间很可能会延长。

一旦躯体开始降低就准备躺下，躺下的一系列动作中也会出现许多中断。公牛被置于漏缝地板上时，其在躺下之前，会试探性嗅闻7或8次，并且有40%躺下的一系列动作被中断。而在厚厚的垫草上，公牛在大多数情况下嗅闻后就直接躺下，并且少于5%的躺下动作被打断。年轻的公牛一定程度上能适应漏缝地板，但是许多公牛是先卧倒后腿及臀部（图26.2）。

这种不寻常的躺倒方式可能使动物在这些困难的情形中减少危险。在圈栏和分娩栏中的母猪的躺下行为与在开阔区域中的母猪不同，这是因为它们不可能进行侧向运动。在躺地的过程中，母猪通常会移动躯体到一侧，但是如果栅栏妨碍了这种情况的发生，那么母猪会被迫从更高的地方突然倒下。这种运动更可能会导致母猪受伤，也更可能会导致仔猪被母猪压死。导致这种异常躺倒行为的另一个因素是，由于缺乏锻炼而造成的腿和其他肌肉无力（Marchant和Broom，1996）。长期进行圈养或系养的母猪可能无法缓慢而又小心地躺下，这是因为它们在非产仔期一直处于缺少运动的状态。躺倒行为的其他异常是跛行或其他的局部疼痛造成的。

如果母猪在妊娠期的大部分时间被单个限制在狭小而无垫草的畜栏内，

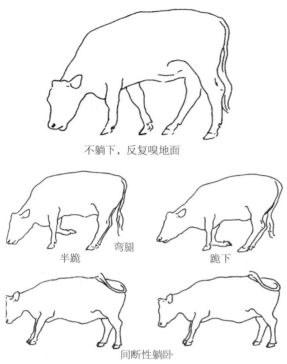

不躺下，反复嗅地面

半跪　弯腿　跪下

间断性躺卧

图26.1　在光滑漏缝地板上的年轻牛表现出行为的改变，拒绝、延迟或拖延躺下。图10.2为正常的躺下，可作对比（Andreae 和Smidt, 1982）

图26.2　与图26.1中的条件相同，一些年轻的牛先卧下臀部，大概是为了把躺在漏缝地板上的疼痛减到最小（同时见图10.2）（Andreae和Smidt，1982）

那么它会表现出如犬一样的坐姿。然而，这种异常行为不仅在于畜栏，被饲养在围栏内的高密度群体中的成年猪也会表现出这种异常行为。动物表现出嗜睡迹象，并且这种姿势很"痛苦"。这种行为会导致膀胱炎和肾炎，在适当的时候，这些炎症会造成更广泛的全身症状，在一些情况下这会导致流产，在其他的情况下，这会导致与脓血症有关的突然死亡。

　　长期限制在狭窄的限位栏中的肉犊牛有时会表现出犬坐姿势。犊牛的这种行为是不良的饲养条件造成的。体重大的活畜，如公牛偶尔会采用犬坐姿势，但这可能不是异常行为。

　　减少如犬坐立异常行为需要改变畜舍环境。犬坐姿势是不良动物福利的几个指标之一，这种不良的动物福利需要改进。减少动物异常的躺下和站起包括消除造成这种情况的原因。不使用光滑的漏缝地板，避免造成腿部肌肉虚弱。农场动物需要在适当的地面上进行运动锻炼，除此还需要有舒适的躺卧条件。

第27章
异常行为 5　异常反应

　　活动和反应的过多或过少也属于异常行为，就像在特定的环境下，人会变得昏昏欲睡或者极度亢奋，农场动物也可出现这些情景。原因是偶然情况下特定的神经错乱，但大多数情况下，是饲养或舍饲条件下所造成的缺陷，特别包括缺少社会接触。

长时间不活动

　　例如，笼养猫的不活跃行为已经长时间被兽医院的兽医护士、兽医及猫主人进行过评论。这些猫经常躺在笼子的后部，尽可能远离人们的活动线路，而且对外界刺激基本没有反应，经常长时间闭着眼睛。在McCune（1992）和其他人员的研究中，可以清楚了解这种异常行为与很差的动物福利有关。很好适应环境的猫比那些生活在禁闭环境中的猫更加活跃和警觉。

　　犬在某些情况下也会表现出异常不活跃。被剥夺社会接触的犬，当其没有犬类同伴且主人离开很久时，它要么表现非常活跃——破坏行为的一部分；要么表现不活跃，反应相对迟钝。这里描述的猫和犬的行为明显与人类在抑郁时的行为类似。下面提及的其他物种也会有这种表现的时候。

　　Wiepkema（1983）等报道，许多农场动物静坐、站立不动或躺卧不动是异常行为。不同物种间、野生动物个体之间活动时间差异很大。Clubb和Mason（2003）描述了运动的时间和距离范围，并报道称限制越激烈，动物在受限制下产生的刻板行为越多。对看似不活跃的动物的异常性程度的任何评估都必须包含那些允许活动范围宽泛变化的基因型动物的比较。已有报道称，在畜栏或拴系状态下母猪不活动时间延长，如Jensen（1980，1981b）报道，拴系的动物白天有68%的时间躺卧。而Wood-Gush和Stolba的研究称，在森林和田野里的猪白天有50%的时间啃食，只有一小部分时间躺卧（Wood-Gush，1998）。很多因素都会影响动物的活动强度，但是很多研究表明受限制的动物会变得不活跃。母猪长时间躺着会造成泌尿系统紊乱（Tillon和Madec，1994），在将第29章进一步讨论。

当犊牛被关进小限位栏时，它们不能转身，有时候躺下也很困难，并且减少了与外界接触产生的感觉。犊牛经常长时间站立，斜靠在笼子的一边或者是采取半坐的姿势靠在笼子的后部。在这种长时间站立过程中它们就可能表现出一些刻板行为（第23章）或者保持长时间不动。

独立马厩饲养的马与群养马相比长时间站立更加普遍。有时也会发现马的后腿及臀部发生后天变形。这种情况通常发生在年龄较大的动物。它们局部的临床或亚临床情况导致这些动物站立和躺下时出现困难。马在起身站立的过程中，后腿及臀部会用力，这些部位由于骨骼损伤，在突然运动时很可能会产生疼痛。这种疼痛的经历会制约马躺下。这个问题早就被马主人认识到，这曾经是体重较大马中的一个突出问题。

为了避免猪长时间躺着和犊牛长时间站立，唯一途径就是为其提供一个允许更多活动和表现更多正常行为的环境。对于有骨骼损伤的马，为了让其休息和睡觉，马主人在马房后部的立柱上套上结实的铁链或木棍以便让其后腿及臀部倚靠，以前这种现象很常见。

（一）紧张性不动

作为行为学问题，紧张性不动就是休息时躺着一动也不动。具体表现为：当受到外界刺激时，本应该使动物改变位置或姿势，而却表现为异常的低水平反应。

不动反应是鸟儿近距离遭遇天敌时的正常反应，家养的雏鸡不动反应的时间取决于它们所遭遇的情形和它们以往的经验（Broom，1969a，1969b；Rose等，1985）。如果一只家养的雏鸡或成年的家禽被抓然后放在地上，并且它们的头部在被遮盖几秒种后，就会表现出几秒钟或几分钟的紧张性不动（Ratner和Thompson，1960）。这种行为似乎是被危险的天敌捕获时的正常反应。然而，对于红原鸡这种物种来说这并非异常行为，而只是一种反应而已，但这种反应在它们一生中不常发生。因此，这是鸟儿表现的不正常反应，可以作为热带丛林中鸟类判断所处环境危险程度的指标。

牛和其他大型农场动物是否会表现出与家禽相似的紧张性不动尚未明确，但是发生的环境和反应本身相似。

特定的环境被认为是与这种行为的出现联系最紧密。事实上，所有的事例表明，当出现一些应激性环境时，动物的运动会严重受限。这种现象持续的时间差异很大，在反应一开始时，越害怕的个体持续的时间越长（Jones，1996）。在某些事例中，使用"镇静剂"和"紧张性不动"或强直性木僵的状态很相似。用过镇静剂的奶牛面对不同刺激躺着不动，但身体表现健康时，转移到新环境中，如从室内到室外，或者改变环境条件，如牵走一只犬，都可能让奶牛马上站起来。因此，出现这种状况并不是说明奶牛没有能力站起来，而是非常不情愿站起来。这种不情愿会导致身体出现病理状态。

（二）无应答性

活动水平的测定可精确获得，但是否活动降低意味很差的福利则很难了解。在"异常行为"描述中，Wiepkema等（1983）强调受限制的母猪对其周围环境不敏感，并且表现不活跃。这种行为有时候被称为麻木。在研究畜舍中的母猪时，Broom（1986d，1986e，1987a）用3种不同刺激来测定它们的反应。所有动物的视频记录表明动物对与食物到来的相关刺激都有反应，而对站在它们面前的陌生人或当它们清醒躺卧时用200mL室温水倒在它们背上的这两种刺激反应很小。相反，群养的母猪更容易注意到陌生人。当出现这种刺激时，它们表现坐下、站立或其他的活动。这个研究表明，在畜舍中喂养的母猪对此类刺激是异常的无应答（表格27.1）。这个研究结果可能取决于所提供刺激的准确性质，因为一个非常可怕的刺激可能会引起所有母猪产生极大反应。动物用头抵压（图22.2）的行为表明其可能处于痛苦中，而且对大部分刺激无应答。这类研究结果与人类郁闷时的行为很相似

（Broom 和 Johnson，2000；Goodyer，2001）。

表27.1　畜舍中喂养的母猪和群养母猪的应答性
（在刺激后20min内的行为）

	畜舍中喂养的母猪	群养母猪
坐下或站起的平均次数[a]（s）	27.5	349
其他活动的平均数[b]	2.5	6.5

[a] P=0.096b；[b] P=0.004。
引自Broom（1988d）。

（三）多动症

当动物表现出呆滞不动反应或者惊吓反应时，管理动物会变得更加困难，但是这两者都不是不可避免的异常行为。马在某种程度上有时候会变得极端而表现惊逸、逡巡不前或突然止步，这时需用遮眼罩来避免出现潜在的异常行为。其他家养动物也可能表现出极端惊吓反应（图27.1）。然而，这种行为介于正常反应至危险之间。

当动物个体由于强烈反应而受伤或者它们影响其他动物也表现类似的行为时就会出现问题。高密度舍饲的动物和牧场中高密度的动物群，群居传染的多动症会对动物和人造成危害。食草动物突然被打扰，即使被无害的物体（如被风吹过的纸）打扰，畜群也可能会惊逃。惊逃过程中，它们由于碰撞和摔倒而受伤的可能性很大。原始人曾利用这种行为来捕获大型食草动物。例如，美国北部的土著人就用此方法使得野牛惊逃而摔下悬崖。尽管这种行为存在野生动物群中，但是不能被动物适应。牛、马、

图27.1　山羊对剧烈惊吓的反应（图片由A.F. Fraser提供）

羊的惊逃会对动物造成很大伤害。

　　过度活跃对宠物犬也是一个问题。幼犬可能被相对不爱活动的主人认为太好动，但也会出现是病理性的过度活跃，有时候需要药物治疗（Manteca，2002）。

（四）异常兴奋

　　家禽中出现的大量紧张反应常被称为异常兴奋。在不同环境和不同年龄的禽群中，家养鸡疯狂时表现不同类型的紧张和不正常兴奋的行为。笼养蛋鸡的异常兴奋表现为突然飞起来、惊叫并试图躲藏。禽群密度越高，圈养的家禽发生异常兴奋的概率越高。有研究表明，40只家禽的群体发生异常兴奋的概率是90%，而20只的群体发生异常兴奋的概率是22%。研究发现禽类断趾会降低异常兴奋，虽然对一些禽类无效。即便是在笼子里也会发生异常兴奋，但是在多层鸡笼中装有3～5只母鸡比装有很多母鸡问题要小一些。

　　虽然家禽的异常兴奋会传染给层架式鸡笼中的整群家禽，但是毋庸置疑，笼养在一定程度上会控制家禽的异常兴奋。异常兴奋的母鸡相邻鸡笼的母鸡可能受到影响，也可能不受影响，但是母鸡个体触发的偶然状况可能导致同笼其他母鸡表现异常兴奋。笼养家禽这种异常兴奋情形的发生，很可能引起家禽后背皮肤撕裂外伤的出现。另外，由于异常兴奋，家禽的采食量和产蛋率会下降（Craig，1981）。

　　对于肉用鸡，特别是火鸡，异常兴奋可能引起其部分扎堆并部分死亡。一名优秀的饲养员会预防异常兴奋的发生。例如，优秀的饲养员在每次进鸡舍之前总是先敲下门，提醒鸡群有人将要进入鸡舍。这种做法会尽量降低惊逃反应，否则可能会发生这种反应，并沿着鸡舍一路放大。控制异常兴奋另外一种方法是在鸡舍里放一块挡板，使鸡不能跑得太远。这样扎堆现象就会减轻，死亡也会减少。

第28章
牛 的 福 利

一、公众对奶牛业和肉牛业的认识

在过去的50年，人们在牛群管理的某些方面已经有了相当大的改进，而且与此同时，我们关于牛生理学及行为学的知识也在增长。很明显，牛通过拥有的复杂脑神经系统来控制它们的行为过程；它们还拥有复杂的社会结构和精细的学习能力（Kiley-Worthington 和 Randle，1998；Philips，2002；Hagen 和 Broom，2003，2004）。基于这些数据，许多动物学家从牛生产效率和福利两个方面重新考虑农场的环境和生产程序对牛的影响。

大多数公众提及奶牛业和肉牛业时，他们认为这个产业就是在田间放牧，母牛生产犊牛并产奶。奶制品和牛肉产品得到公众的关注是因为这两种产品的生产对人类的营养与健康、动物福利和环境有很大影响。如果人们认为这些产品对上述的任何一个方面有害，那么这些产品的销量就会受到严重影响。牛海绵状脑病曾导致一些国家牛肉消费在短期内急剧下降。一些人可能为了降低胆固醇摄入量而减少食用乳制品。然而在奶牛业的某些方面，例如甲烷的产生可能会因污染环境而遭受批评。但是这些都不是本章的主题，本章的主题是牛的福利。

在10～15年及其以前，人们并没有过多地感受到牛的福利水平过低，而且到现在人们也仅仅是经常对奶业生产体系中犊牛的饲养管理进行批判。然而奶牛业正在逐步转变（Webster，1993）。逐步累积的奶牛低福利证据已经影响了一些国家公众的观念。对于奶牛业，在牛的繁殖和管理受到公众的广泛谴责之前就设法解决动物福利问题是非常重要的。与此同时，肉牛业生产没有因福利问题而遭到过多批判。然而，一些有依据的批判性报纸文章和电视节目的出现，也会对肉牛业生产者、运营商和零售商造成很大压力。

　　牛和其他农场动物出现福利问题的方面大体相似。本章将重点关注饲养和管理体系对牛福利的影响。可能导致牛福利问题的原因包括：

- 繁殖程序及随之带来的难题；
- 不良对待；
- 偶然的、蓄意的或者由于缺乏知识造成的忽视；
- 畜舍或围栏等设计方面的不足；
- 管理体系不完善或农场管理水平不佳；
- 对动物身体的残损，包括不必要的或不当的处死；
- 不良的饲养环境和生产程序：① 转移和装卸过程中；② 运输过程中；③ 在市场内；④ 在屠宰场内；
- 紧急情况的预防措施。

　　在一些农场动物的管理方面，提高动物福利就意味着提高动物的产量。提高奶牛的福利可提高奶牛的产奶量；提高犊牛的福利可提高犊牛的生长速率和存活率，进而给农场主带来更多的经济效益。然而在其他情形中，提高动物福利将导致经济效益下降，如降低对动物福利有害的高饲养密度。正如下文讨论的，现代养牛管理体系确实会使牛产生一些福利问题。高产基因的选育和管理方法的总体改变提高牛的生产压力。营养学家已经很大程度地提高了生产动物将饲料转化成肉和奶的转化效率。如果动物得到积极关注，动物将不存在福利问题和管理困难，但是在决定和建议选择何种饲养管理体系时，还需要考虑更多的因素。Broom（2004）已经对养牛业中所需要考虑的福利问题进行了评论。

二、不良对待和忽视

　　导致牛低福利的人类行为包括不良对待、忽视和不完善的生产体系。不良对待经常发生在农场进行转移动物过程时，在交通工具上装卸动物的过程中，或者动物在市场或围栏里。应忠告那些不良对待动物的人，他们的行为可能会导致经济效益下降，并且有法律禁止虐待动物的行为。忽视的行为包括不能提供充足的日粮，不能对动物疾病给予合适的治疗和缺乏正常的饲养管理程序。日粮提供不足可能是营养成分的不足，也可能是食物数量的不足。人们在食物短缺或者日粮涨价时对牛进行限制饲养，这种情况会导致牛营养不良，当提供更多食物时，牛可能会出现补偿性生长。如果牛因为营养不良而饿死，而且这显而易见是由动物的健康状况造成的，那么这就是一种严重的忽视行为。一些农场主由于缺乏养殖的相关知识，而使所提供的日粮营养较低和疾病治疗失败。这些不良的饲养管理是导致动物产生福利问题的重要原因，而且在养殖过程中，兽医的医疗服务非常重要。在动物患病后，农场主有道德上的义务来征求兽医意见对染病家畜进行治疗。

三、普遍的饲养管理

饲槽护栏

与牛的饲养管理有关的某些普遍观点，在考虑到针对犊牛、肉牛和奶牛出现的问题以前就要形成。由于畜舍的饲养环境与放牧环境有很大差异，因此畜舍的饲养环境有可能使牛在获得食物方面产生困难。正如Cermark（1987）所描述的那样，畜舍的饲养环境既会使牛的身体出现问题，也会使畜群产生重要问题。因为牛群饲喂是大范围同步进行的（Benham，1982a；Potter 和 Broom，1987），所以一旦对牛群同时进行饲喂，就必须保证每个个体都有进食位置（Wierenga，1983；Phillips，2002）。那些找不到进食位置的牛将得不到充足的食物，并且这种情况将会对牛的福利产生不利影响。

由于得不到食物将会使牛产生挫折感，因此竞食饲喂方式的应用尚待考虑。在竞食环境中，如果不给牛提供单独的饲喂场所，那么将会给牛带来很多问题。在这种情况下，地位低的牛只能在其他牛的威胁和攻击下采食。Bouissou（1970）发现，在牛与牛进食的场所之间隔离护栏的范围越大，出现的攻击就越少（图28.1）。如果处于从属地位的牛在靠近料槽时需

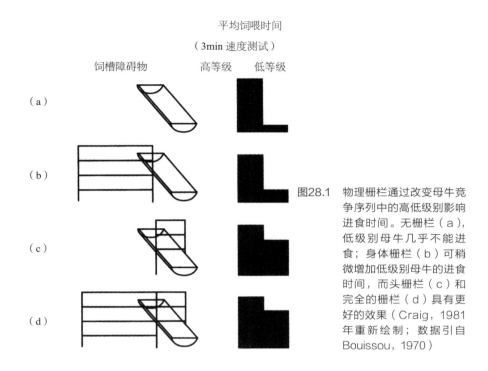

平均饲喂时间

（3min 速度测试）

饲槽障碍物　　高等级　低等级

（a）

（b）

（c）

（d）

图28.1　物理栅栏通过改变母牛竞争序列中的高低级别影响进食时间。无栅栏（a），低级别母牛几乎不能进食；身体栅栏（b）可稍微增加低级别母牛的进食时间，而头栅栏（c）和完全的栅栏（d）具有更好的效果（Craig，1981年重新绘制；数据引自Bouissou，1970）

要靠近处于统治地位的牛，那么它将会移动更远的距离，花费更长的时间来进食（Albright，1969；图28.2）。如果饲槽空间有限，那么处于低社会等级的犊牛获得它们喜欢的食物将会较少（Broom 和 Leaver，1978；Broom，1982）。

　　为了减少那些降低日增重福利问题的发生，农场主应该为每个个体提供充足的进食场所，而且最好在个体的进食场所之间设置护栏。牛能够适应单一的食物，而且电子饲喂栏的应用很成功（Albright，1981），但是群体饲养中的一些个体可能在适应这个系统方面有困难。

　　圈养牛中普遍存在的另一个问题是，它们不得不站立在潮湿、光滑、凹凸不平或者是边缘较尖存在潜在危险的地板上（Galindo 等，2000）。光滑的石板将导致牛站立和躺卧出现困难（Andreae 和 Smiidt，1982；Galindo 等，2000）。地板对圈养牛的不利影响将使得牛出现蹄部损伤、跛足、尾尖组织坏死及其他各种疾病（Schlichting 和 Smidt，1987）。跛足病是圈养奶牛所出现的最大福利问题，而且影响跛足病发病率的因素包括地板质量和劣质排水系统，会导致排水不畅而使牛站立于泥浆中（Wierenga 和 Peterse，1987；Greenough 等，1997）。

四、犊牛的福利

在犊牛出生后的最初几日内，其最主要的福利问题为肠道和呼吸道疾病。奶牛的犊牛可能由于各种原因而得不到足够的初乳（Edwards，1982；Edwards 和 broom，1982；Broom，1983a）。最大机会获得初乳并最低限度接触病原体将会对犊牛福利产生重

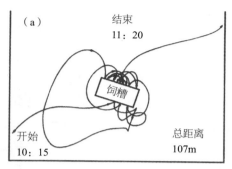

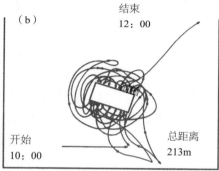

图28.2　展示了食物置于料车后两头母牛在畜舍内的行走路径。母牛（a）被发现相对于动物（b）具有更高的竞争序列，母牛（b）在竞争序列中级别低，由于料车移位走路更远且花费更多的时间进食（Broom，1981；Albright，1969）

要且有益的影响。如果犊牛在出生后的24h或48h就离开母亲，犊牛早期就存在不能从吮吸初乳中获得充足免疫球蛋白的风险，但这会随着饲养员在犊牛站起后就将母牛的一个乳头塞到犊牛的口中而降低。奶牛犊牛在短期群养的情况下，一头奶牛的初乳可供自己的或其他被母亲拒绝喂养的犊牛采食。这种情况可以通过提供单独的育犊栏来解决，但是这个育犊栏必须保证奶牛之间能有可视的接触。有必要为犊牛提供松软的畜床，这种畜床的结构必须简单并且能够容易得到。奶牛的犊牛很早便与母亲分离，并且许多犊牛进行单独饲养。犊牛被限制在一个狭小的空间中，并且剥夺所有或大部分的社会接触。

（一）犊牛的需求

需求是动物生物学结果的必要条件。动物的需求有可能是某种特殊的资源，也有可能是应对环境或身体刺激的应答（第1章）。犊牛的需求在Broom（1991，1996）和EFSA（2006）的文章中作了详细的描述，而且下文将举例说明。犊牛的需求遵循以下标准：① 呼吸新鲜空气；② 喂食和饮水，包括吮吸、咀嚼和反刍；③ 拥有正常的肠道发育；④ 休息和睡眠；⑤ 运动；⑥ 无恐惧感；⑦ 探索和与社会接触的能力；⑧ 较少疾病；⑨ 梳理能力；⑩ 调节体温的能力；⑪ 避免有害化学物质；⑫ 避免疼痛。

犊牛在出生后需要迅速吮吸初乳，随后吸奶。犊牛也需要表现出吮吸行为，如果犊牛不能从母亲乳头或人造乳头那里获得乳汁，那么它将会吮吸其他物体（Broom，1982，1991；Metz，1984；Hammell 等，1988；Jung 和 Lidfors，2001）。犊牛需要各种营养物质。例如，需要充足铁来维持正常活动和减少疾病的发生。犊牛血浆中血红蛋白的临界值为4.5～5.0 mmol/L，如果低于这个临界值，犊牛将会出现缺铁性贫血（Lindt 和 Blum，1994），而且犊牛的免疫力也将会有实质性的降低。当把犊牛放在跑步机上让其行走时，那些血红蛋白平均水平为5.5 mmol/L的犊牛比那些平均水平为6.6或6.9 mmol/L的犊牛能消耗更多的氧气并显示出更高的皮质醇水平（Piquet 等，1993）。因此，从试验看出对犊牛身体无害的血红蛋白临界值为6.0 mmol/L而不是4.5 mmol/L。

除非犊牛摄食含纤维的物质，才能在结构上、生理上和行为上正常发育（van Putten 和 Elshof，1987；A.J.F. Webster 等，1985）。因此很明显，在犊牛出生的几周就需要在日粮中添加纤维。犊牛出现咀嚼异常行为的决定因素是犊牛饲粮中是否具有合适水平的粗饲粮（Veisser 等，1988；Cozzi 等，2002；Mattiello 等，2002）。

为了恢复体力和躲避危险，犊牛需要正常的休息和睡眠。它们需要应用多种姿势，包括一种把头放在一条前腿上，另一条前腿完全伸出的休息姿势（de Wilt，1985；Ketelaar de Lauwere 和 Smits，1989，1991）。犊牛在舒适的环境中休息的时间越长，生长就越好（Mogensen 等，1997；Hanninen 等，2005）。

运动对于犊牛骨骼和肌肉的正常发育是必要的，如果有可能犊牛将选择间歇性行走。犊牛从小饲养间中释放出来后，将表现出大量的运动行为；如果被关在小饲养间中的时间过长，那么犊牛将表现出运动问题（Warnick 等，1977；Trunkfield 等，1991）。

探究行为是为了躲避危险的一种重要准备，并且所有犊牛都能表现出探究行为（Kiley-Worthington 和 de la Plain，1993）。犊牛需要表现出探究行为，当处于光线不足的建筑中时，犊牛不能进行有效的探究将导致高度的刻板行为（Dannemann 等，1985）和恐惧（Webster 等，1985）。玩耍也是探究行为的一种，而且如果犊牛处在能够满足其需要的环境中时，犊牛将表现出更多的玩耍。

如果犊牛的母亲与犊牛在一起并表现各种行为时，那么犊牛的需要可以得到更有效的满足。当犊牛的母亲不在场时，如果有可能犊牛会与其他犊牛在一起，并且它们表现出大量社会行为。犊牛和其母亲之间的契合程度将在犊牛出生后的很短时间建立起来：犊牛与母亲分开24h，犊牛能在分开1d后辨认出母亲的声音（Marchant-Forde 等，2002）。Flower和Weary（2003）发表了一篇母牛及其犊牛进行早期分离后所受的影响的文章。其结论为，一方面母牛与犊牛相分离时行为反应的激烈程度随着它们过去接触的增多而增大；另一方面如果母牛和犊牛在一起的时间越长，它们的健康状况和生产效率（如犊牛的日增重、奶牛的产奶量）提升就越多。由母牛喂养的犊牛不会形成交叉吮吸行为，但是人工饲养的犊牛就能形成此行为（Margerison 等，2003）。犊牛之间充分的社会交流和相互作用非常必要，这些可以从犊牛的偏好和犊牛从群体中分离出来后所产生的不利影响中看出来（Broom 和 Leaver，1978；Dantzer 等，1983；Friend 等，1985；Lidfors，1993，1994）。

犊牛通过具有的一系列免疫学、生理学和行为学机制来减少疾病的发生。行为学机制的一个例子就是犊牛最大机会获得初乳；另一个例子是犊牛在吃草时偏好远离排泄区域的行为。犊牛也会对那些可能传播疾病的昆虫作出反应。如果犊牛感染病原体或寄生虫后，犊牛将会表现出患病行为以减少疾病的不利影响（Broom 和 Kirkden，2004）。小于4周龄的幼年犊牛不能很好地适应面对应激的事件。犊牛不能有效地引发调节短期内适应能力的糖皮质激素反应，这有可能是导致犊牛高发病率和高死亡率的关键因素（Knowles 等，1997），并且有可能导致嗜中性白细胞增多症（Simensen 等，1980；Kegley 等，1997）、淋巴细胞减少症（Murata 等，1985）和细胞免疫抑制反应（Kelley 等，1981；Mackenzie 等，1997）。

犊牛的梳理行为是减少疾病发生和寄生虫的一种重要方式，而且犊牛相当努力地彻底梳理自己的身体。犊牛需要非常有效地梳理它们整个身体。

犊牛需要使自己的体温维持在一个适度的可以忍受的范围内。犊牛通过各种行为方式和生理机制来维持体温。当犊牛发现自己过热或变得过热时，它将转移到凉爽的场所。如果这种转移无法实现，犊牛将变得烦躁不安，随后问题进一步恶化，而且犊牛也会出现行为和生理上的改变。犊牛对低温的变化，如果有可能也将会包括位置的转移。当犊牛过热或即将过热时，犊牛将会采取增大自己体表面积的姿势来散热。这些姿势包括：当犊牛处于卧姿时将尽量伸展四肢，并尽量避免与其他犊牛或不导热的物体接触。当处于比较冷的环境中时，犊牛将蜷缩四肢，并以减少体表面积的姿势进行躺卧。过热的犊牛将尽可能多地通过饮水用以增加降温方式。

（二）犊牛饲养环境和管理体系的比较

在研究犊牛福利时，人们已经对限位栏体系与板条地板和垫草地板的群体饲养体系进行了对比。人们对犊牛进行单栏饲养时，饲养栏的尺寸和饲养栏侧壁的坚固程度各有差别。犊牛的饮食对其福利来说非常重要。例如，饲喂不合适的蛋白质和碳水化合物，犊牛将不能充分利用；如果牛奶酸化太重，适口性就会不好。然而日粮中对犊牛福利影响最大，并且与犊牛关系最密切的两个方面是上文讨论过的纤维和铁元素的含量。

人们对犊牛进行饲喂时有时用饲桶，有时用人造乳头。通过乳头进行饲喂时，犊牛的进食时间长且存在吮吸干乳头的可能性，这样可以减少人工饲养的犊牛对无营养物质的吮吸，但不能消除（Veissier 等，2002；Jensen，2003；Lldfors 和 Isberg，2003）。

限位栏饲养的犊牛将表现出各种不良福利的信号：① 出现刻板行为；② 站立、躺卧和梳理困难；③ 由于过多梳理体躯前部，而摄入的大量皮毛在肠道中形成毛团；④ 行走和运输过程中的实质有害反应。如Broom（1991，1996）文章中和本书几个章节中所描述的。所有犊牛有与畜群接触的动机，但是对于限位栏的个体这种情况则不可能发生。Holm 等（2002）的研究用操作性条件反射证明了这种动机的存在。对犊牛来说，限位栏饲养是一种应激，而且这种应激的程度可以通过测量由ACTH引起的肾上腺反应来显示（Raussi 等，2003）。群体饲养有助于犊牛获得社会技能（Boe 和 Faerevik，2003）。混群时所得到的一条非常重要的经验就是，群体饲养的犊牛将会在与限位栏饲养的犊牛混成的群体中占统治地位（Broom 和 leaver，1978；Veissier 等，1994）。

群体饲养体系中犊牛所能获得的空间大小将会影响犊牛的福利。奶牛犊牛的环境空间影响刺激玩耍行为的产生：成群饲养在较小畜舍中的犊牛所表现的玩耍行为明显少于饲养在较大牛舍中的犊牛（Jensen 等，1998；Jensen 和 Kyhn，2000）。从出生到1月龄，饲养在较大畜栏（1.00m×1.50m）中的犊牛比饲养在较小畜栏（0.73m×1.21m）中的犊牛表现出更多的躺卧行为和梳理行为；另外，饲养在较大畜栏中犊牛的淋巴细胞明显偏高（Ferrante 等，1998）。

犊牛的疾病发病率很高。例如，在van der Mei（1987）的研究指出，有25%的肉犊牛都接受过呼吸道疾病的治疗。用抗生素来预防疾病也是一个问题。降低疾病发病率，对于犊牛的福利和增加农场的收入非常重要。然而，不管是单独饲养还是群体饲养，犊牛的呼吸道和肠道疾病在畜舍中的传播都会发生。影响疾病传播的关键因素不是单独饲养还是群体饲养的饲养方式，而是通风换气的程度（Heinrichs 等，1994）。

将来自于不同群体的个体进行混群是饲养管理导致问题出现的一个方面。Webster（1994）发现，将那些从外边购买来的犊牛放置到饲养场中进行饲养时，这些犊牛得病的概率要比其他牛高5倍。饲养管理导致总是出现的第二个方面是农场雇用工人的卫生习惯，而第三个方面是疾病的早期检测。比起饲养体系，上述这些因素在促使病情恶化方面起着更加重要的作用。

由于肉犊牛不良福利产生的各种恶果，欧盟于1997年通过了一项法律，要求人们遵循以下标准：① 犊牛8周龄以后才可以群体饲养；② 限位栏的宽度要不小于犊牛的高度；③ 除小于1h的饲喂时间外，其他时间禁止对牛进行拴系；④ 补充充足的铁，保证血红蛋白的平均水平达4.5mmol/l；⑤ 日粮中的纤维从第8周的50g/d，增加到第20周的250g/d。许多欧盟的犊牛饲养企业在将犊牛的群体饲养体系与传统的限位饲养体系对比后发现，群体饲养体系能够使企业获得更多的经济效益，而且遵照新的规定实行新的饲养体系时仍能产生白肌肉。

在对犊牛进行广泛评述时，欧盟食品安全局（EFSA，2006）的动物健康和福利委员会总结，集约化饲养犊牛将会造成如下的犊牛差福利风险：

- 初乳摄入不足；
- 一些畜牧饲养体系中通风不足、空气流动、气流速度和温度不适宜；
- 暴露于病原体所导致的呼吸道和胃肠道疾病；
- 连续补栏（不采用"全进全出"的饲养方法）；
- 不同来源的犊牛混群；
- 初乳摄入量不足；
- 摄入的初乳质量差；
- 饮水不充足；
- 固体日粮不平衡；
- 高湿；
- 室内有贼风；
- 空气质量不好（氨、生物悬浮物、灰尘等过多）；
- 地面质量不好：缝隙太大，太滑，躺卧地面太湿，无牛床；
- 光线不充足而不能对犊牛眼睛产生视觉刺激；
- 犊牛产生健康问题时，管理人员反映不及时，特别是犊牛日粮更换得不及时；
- 缺乏母牛的照顾；
- 与母牛分离；
- 缺乏铁导致血红蛋白水平低于4.5 mmol/l；
- 过敏蛋白；
- 过量饲喂（吃得太多）；

- 地面空间不足；
- 健康监控不及时；
- 血红蛋白水平的监控不及时。

五、肉牛的福利

肉用犊牛的饲养环境有时与那些产犊牛肉牛的环境相似，因此它们有相似的福利问题。在一些国家中，将年龄较大的肉牛单独饲养在小的饲养栏中或用拴系的饲养方式进行饲养时，这些肉牛将表现出很多的刻板行为。Riese 等（1977）报道刻板行为包括卷舌、运动摇晃和自我舔舐。Wierenga（1987）报道，约1/3单独饲养的幼年公牛每个小时都有几分钟表现出卷舌行为。在封闭的环境中进行饲养时，肉牛犊牛也会出现生理学的反应。Ladewig（1984）报道，拴系饲养的公牛与那些成群饲养且能与畜群相互接触的公牛相比，表现出较高皮质醇水平的频率将会更多。这种异常行为和生理状况可能进一步恶化，主要是由于社会剥夺和由于空间狭小而正常行为不能表达。拴系动物缺乏锻炼，并且具有与自由行走的动物不同的肌纤维形式（Jury 等，1998），并更多出现软骨病（de Vries 等，1986）。作为产肉动物饲养的一般为公牛，而且不对其进行阉割。在德国，几乎所有的产肉动物均为公牛；但在英国，在生殖系统的发育阻止其生长之前将会对其进行阉割。

群体饲养的肉牛，尤其是公牛，打斗和爬跨行为将会使动物产生福利问题。减少上述问题发生的最重要的方法就是保持牛在稳定的畜群内。因为混群将产生争斗，并由此带来伤害、碰伤和出现过激的心理反应（Keeny Tarrant，1982）。在稳定的畜群中，爬跨行为将会比打斗行为给肉牛带来更多的伤害（Appleby 和 Wood-Gush，1986；Mohan Raj 等，1991）。那些经常被爬跨的肉牛可能因此会变得伤痕累累，并且有非常严重的腿伤。在牛的头顶上方设置护栏或者带电栅栏可以很大程度地降低爬跨行为的发生。电击瞬间的初始感受与不断重复爬跨所造成的严重伤害相比，电击将对动物福利产生较小的负面影响。

肉牛的饲养密度和所提供的地面环境也对动物福利有相当大的影响。

高饲养导致更多的攻击、伤害和碰伤。肉牛的体重增长很快，但是由于将它们饲养在较小的饲养栏中而缺乏运动，因此它们腿的增长速度赶不上身体的其他部分。现在肉牛的最终体重远远高于过去，因此其腿几乎不能支撑身体。其结果为软骨损伤，这种病最明显的症状为肢体疼痛和躺卧困难（Dammrich，1987）。Graf（1984）发现，育肥肉牛饲养在铺有厚垫草的地板上时，上述这些问题将会消失，并且这种环境可以减少行为问题的发生。肉牛对稻草或其他材料垫的畜床具有强烈的偏好。所有这些问题在《欧盟科学委员会动物健康和福利肉牛生产的福利2001》中有详细的说明。

六、奶牛的福利

奶牛最主要的福利问题包括跛行、乳房炎和其他环境问题导致的繁殖能力受损、不具有表现正常行为和紧急生理反应的能力和损伤。

（一）肢蹄疾病

Greenough 和 Weaver（1996）在一篇关于跛行问题的综述中，介绍了什么程度的跛行病是福利问题。几乎所有走动跛行的动物，无论何时减少走动或避免走动，可能遭受腿或蹄部疼痛（图28.3）。它们表现各种喜好行为的

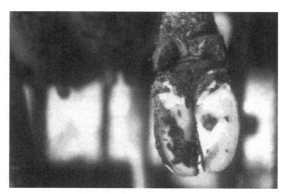

图28.3　奶牛蹄底溃疡导致奶牛非常痛苦且行走异常
（图片由F. Galindo提供）

能力被损害，而且对其他方面的各种正常生物学功能有负面影响。奶牛的跛行行为意味着动物福利差，并且有时说明动物的福利水平确实非常差。

在奶牛饲养中跛行出现的程度为：在美国，每年每100头奶牛中有35～56头牛患有跛行；在英国，每100头牛有59例；而在荷兰，被检奶牛中发病率超过83%。确切数据依赖于评估方法，而且大部分的跛足病都没有经过兽医外科的治疗，但毫无疑问跛行是一个非常严重的福利问题。

（二）乳房炎

乳房炎对于哺乳动物来说非常痛苦。奶牛对于触摸感染组织非常敏感，并且正常功能明显减少。乳房炎流行通过预防和治疗等手段已减少很多，但是乳房炎的发病率并没有减少到应有的水平。据Webster（1993）报道，在英国每年每100头奶牛中平均有40头患有乳房炎。

（三）繁殖问题

近年来，奶牛的繁殖问题已经相当普遍，大量的奶牛由于不能产犊而被淘汰。Esslemont 和 Kossaibati（1997）在英国选取50个牛群进行研究时发现，不能受孕是导致奶牛淘汰的主要原因。这些牛群中的奶牛有44%为初次产奶，42%为二次产奶，并且总共有36.5%的奶牛由于繁殖问题而遭到淘汰。然而，乳房炎、肢蹄疾病和其他疾病都可以导致繁殖问题，但是从农场主的记录中很难找到导致繁殖问题的最初原因。Plaizier 等（1988）的报告显示，在加拿大奶牛因为繁殖问题而遭到淘汰的风险在0～30%，平均为7.5%。

（四）饲养管理体系和福利

舍饲奶牛跛行的发病率要高于放牧饲养的奶牛。放牧饲养的奶牛如果没有适宜的地方行走，有可能因为踩到石头而损伤蹄部。潮湿的饲养畜舍和疏于维护的稻草围场都会导致奶牛很高的跛行发病率。即使是最好的畜舍管理体系也会出现一些跛行问题，并且这种情况会被畜群社会因素恶化（Broom，1997；图28.4）。

最好的垫草围场，虽然其带有粗糙区域也会引起奶牛正常的蹄部磨损，

图28.4　如果奶牛不得不在潮湿区域站立，可能由于机体压力，
它们更有可能发生跛行（图片由D.M. Broom提供）

但几乎不导致跛行的发生，因此这种设计可能是解决舍饲奶牛跛足的最好方法。奶牛乳房炎的发病率受挤奶时的卫生和其他管理条件的影响。设计不合理的畜舍将导致各种各样的福利问题，而且这种情况会随着饲养密度的增大而恶化。相对于牛的长度来说畜舍设计太短，畜舍设计不合理使动物没有足够的运动场所等这些问题已经为人们所熟知，在此也不作过多阐述。总之，许多奶牛的饲养管理体系，特别是畜舍的设计没有给奶牛提供容易适应的环境。最好的垫草围场看起来最成功，因为它给予奶牛更多与环境相互作用的机会。

　　除了奶牛畜舍设计的影响外，管理方法对于动物福利也有重要的影响。这个话题在第21章和其他章节进行讨论。如果饲养员每天有相同的习惯并且让这些行为被动物所熟知，那么奶牛就能很好地适应人们强加在它们身上的恶劣环境。例如，奶牛进入挤奶间时经常选择相同的一侧，并且每天按相似的个体顺序进入挤奶间（Paranhos da Gosta和Broom，2001）。

（五）牛奶产量和福利

　　肉用繁殖母牛的产奶量为10L/d，一年能产1 000~2 000L。20世纪80年代末期，在英国每头奶牛的产奶量为30L/d，每年约产6 000L。10~15年以后，相对比较而言，某些品种的牛产奶量高达75L/d，每年约产

18 000L。与它们的原始祖先相比，现代奶牛的产奶量有了相当大的提高。由此产生的一些问题就是：奶牛是否已经达到或是超过了它的最大产奶水平，而且这样的产奶水平是否到了产生福利问题的范围。

与其他种类的动物，如海豹和犬相比，奶牛的每单位体重的日能量输出峰值相对并不高，但是每天能量的输出量非常多，泌乳的持续时间非常长。因此，有可能发生一系列问题（Nielsen，1998）。这些就是我们所发现的原因，虽然一些奶牛能高水平产奶而不发生福利问题，但是那些预示的很差福利问题的跛行、乳房炎和繁殖问题等疾病的发病会随泌乳量的增加而加大。

奶牛的繁殖问题随泌乳量的增加而加大的情况为人们所熟知。正如Studer（1998）所表述的："尽管兽医的治疗提高了畜群的繁殖健康，但是奶牛的妊娠率从20年前的55%~66%降至近年来的45%~50%（Spalding等，1975；Foote，1978；Ferguson，1988；Butler和Smith，1989），在同一时期奶牛产奶量有了很大的提高。"

不同国家的研究表明，产奶量与奶牛的繁殖问题程度存在正相关（van Arendonk等，1989；Oltenacu等，Nebel和McGilliard，1993；Hoekstra等，1994；Poso和Mantysaari，1996；Pryee等，1997，1998）。Studer（1998）解释了高产奶牛身体瘦弱，且在泌乳期体况评分经常下降0.5~1.0的原因，并常出现在发情期。Broster（1998）指出，奶牛在泌乳期体况评分下降1.0分是很正常的。在两个大规模饲养场研究的关于泌乳量和繁殖关系的数据见表28.1和表28.2。

一些研究表明，健康问题对繁殖的影响非常明显。例如，Peeler等（1994）研究显示在交配前一段时间在跛行奶牛有可能观察不到发情行为。跛行病在高产奶牛中的发病率很高。Lyons等（1991），Uribe等（1995）和Pryce等（1997，1998）的研究明显表明，奶牛的产奶水平与奶牛疾病情况的程度有直接联系，并且二者呈正相关（表28.1和表28.2）。另外一些研究中经常测定的乳房炎和肢蹄疾病也受产奶水平的影响。现代体况良好的高产奶牛的产乳热、胎衣滞留、子宫炎、脂肪肝和酮病的发病率都比较高（Studer，1998）。

表28.1　产奶水平与差福利的指标呈正相关[*]

繁殖因素	相关性
产犊间隔	0.50 ± 0.06
初配日龄	0.43 ± 0.08
乳房炎	0.21 ± 0.06
蹄部疾病	0.29 ± 0.11
产褥热	0.19 ± 0.06

[*]泌乳量来自于33 732头奶牛的产奶记录。

引自Pryce 等（1997）。

表28.2　产奶水平与差福利的指标呈正相关[*]

繁殖因素	相关性
产犊间隔	0.28 ± 0.06
初配日龄	0.41 ± 0.06
乳房炎	0.29 ± 0.05
体细胞计数	0.16 ± 0.04
蹄部疾病	0.13 ± 0.06

[*]泌乳量来自于10 569头奶牛的产奶记录。

引自Pryce 等（1998）。

　　现在奶牛高产是遗传选育和饲喂的结果。奶牛适应了高纤维、低营养水平的日粮。奶牛的遗传选育并没有改变奶牛的这些基本特点。奶牛对高谷类日粮或高蛋白和低纤维的配合日粮很难适应。遗传选育并没有充分考虑到奶牛的适应能力和福利。除非在充分考虑奶牛福利的前提下，人们不应该为了获得更高牛奶产量和更高饲料的转化率而对奶牛进行选育（Broom，1994；Phillips，1997）。牛生长激素（BTS）会导致高水平的产奶量，同时也导致高水平的乳房炎、跛行、繁殖障碍及其他问题（比如注射部位的问题）（Broom，1993；Willeberg，1993；Kronfeld，Willeberg，1997；Broom，1998）。不管遗传工程激素的效果是不是奶牛产奶量提高的原因，但是人们无法接受由牛生长激素导致的奶牛差福利。

欧洲科学委员会动物健康和福利关于牛生长激素的应用而导致福利问题的报告中得出如下结论：

牛生长激素被用来提高产奶量，常用于那些已经很高产的奶牛。牛生长激素的使用已经导致大量引人关注的福利问题，如发病率逐渐增多的蹄部疾病、乳房炎、繁殖障碍和其他与产奶量有关的疾病。如果不应用生长激素，那么就不会产生这些问题，而且奶牛也不用忍受痛苦、疾病和抑郁感。如果其他方法也能导致上述奶牛的健康紊乱和其他福利问题，那么这些方法将不会为人们所接受。人们每隔14d就重复注射生长激素的方法，将导致奶牛的局部组织肿胀，并引起奶牛的不适感和差福利。

委员会给出如下建议：

牛生长激素的应用导致奶牛蹄部疾病、乳房炎的发病率明显提高，并导致注射部位出现不良反应。这种情形，尤其是前两种情况使奶牛产生痛苦，体质下降，导致被处理的奶牛产生非常差的福利。从动物健康和福利的角度看，动物福利与健康科学委员会得出生长激素不应用于奶牛的结论。

七、未来养牛业的管理将朝着福利的方向发展

在最近几年中，传统的牛育种方法已经使这些动物有了相当大的改变，而且随着基因选育的发展，未来的变化可能会加快。例如，选择肉牛的双肌基因及转基因可能性可以提高生产率或者改变最终的体型，使肉牛获得更大的体躯和快速生长的躯体。生长促进剂（如生长激素）已经在介绍奶牛的版块中进行过叙述。另外，肉牛体重的增长速度如果与腿尺寸和力量的增长速度不一致，那么将会导致肉牛跛行的发病率更高。任何动物的选育都需要经过科学的福利方法进行检验，以确保动物在与环境接触时没有更多困难。这些研究进行的时间应该与动物的最长饲养时间相同。

转基因动物的子代也应该通过这种方式进行研究。新技术在没有经过动物福利的检查并确保对动物没有负面影响之前，是不应该得到批准被广泛应用的。动物的选育也可以使动物的福利水平提高，如植入的基因可以提高动

物个体的抗病力。

对牛进行杂交也可以导致奶牛的福利问题。如果大型公牛和小型母牛进行交配，有可能导致母牛难产。如果应用胚胎移植，相似的问题也可能发生。多倍的胚胎移植可能引起其他问题。胚胎实际移植的手术可能较大，给母牛留下外伤，但具有较小影响的技术水平目前是可能的。任何胚胎移植过程都应该这样，并且这些所产生的福利问题应该不能发生于正常受孕的母牛。

一个影响动物福利的完全不同的领域是计算机和其他电控元件的发展。养牛业中已经引进了对个体进行单独饲喂的饲料投喂车，并且这种方法能够降低个体无法获得食物的概率。这个系统在单独饲养或在小饲养间中应用时也会出现各种问题，因为处于统治地位的个体有可能通过攻击或恫吓的方式阻止其他个体进食。当一个具有攻击性的个体在旁边时，胆小的个体可能不愿意接近饲喂器。Wierenga和van der Burg（1989）建议，在牛的耳朵上安装听觉信号装置，以告诉个体何时去进食，而且那些进过食的动物在到达饲喂器时不会得到食物。这个系统可以很好地给每个个体提供一种分配进食时间的方式。除了那些受食物刺激才进食的动物，这个系统在其他动物中的应用都很好。

电子系统能够使牛更好地控制它们周围的物理环境，如电子系统可以给牛调节环境温度和空气流通量的机会。由于缺乏上述控制是导致牛福利问题的主要原因（Broom，1985，2003），因此这种控制的实现可以提高动物福利。电子挤奶器可以提高那些能够适应此项系统的动物福利。电子挤奶系统在奶牛进入挤奶间时可以分辨奶牛个体，并通过计算机和预先编好的程序使奶牛的乳房和挤奶器相协调。在这个系统中，奶牛可以自由选择何时进行挤奶。牧场的布局应该改变为以挤奶间为中心的放射状分布。如果不采用上述设计，那么奶牛将会有持续待在畜舍中的趋势，从而导致奶牛更多的肢蹄疾患，并且这些奶牛得不到足够的运动。

第29章
猪的福利

前几章研究已经证实了猪行为的复杂性和控制行为的大脑机制。猪具有很强的学习能力和复杂的相互交往行为。因此，如果猪不能应对所处环境中发生的事情而遭受挫折或者被不可预知的情况所支配，猪的福利问题就随之产生。例如，当猪不能阻止其他个体攻击，不能调节身体温度或无法清洁身体时，所有这些都将产生不良的福利。与那些因伤害、疾病或其他疼痛和身体不适相比，上述带来的影响是额外的。

猪的福利问题涉及身体虐待、管理疏忽、处理、运输、农场管理（见第21章）和疾病（见第22章）（Broom，1989b；Jensen等，2001）。与其他家养动物一样，猪的一些福利问题都是受遗传育种的影响。当一个品种集中以高生产性能为选育目标时，其他的性状，如抗应激等能力几乎被忽略（Rauw等，1998）。这样的选育结果也应考虑动物的行为能力（Schutz等，2004）。

本章重点关注人们广泛应用的饲养模式对猪的影响，尤其是对干奶期母猪环境、临产母猪设施、断奶仔猪和育肥猪的影响。猪的处置和运输是产生福利问题的主要环节，部分原因是猪的育种方向导致了它们在运输过程或其他不利条件下产生严重问题，这在第21章中已作了介绍。

一、干奶期母猪

不泌乳的母猪和年轻母猪称为干奶期母猪。它们将被配种或已受孕，在不同的饲养管理模式下饲养，包括拴养、限位栏养、单体栏饲养、饲喂栏的群养、无饲喂栏的群养、设有母猪电子饲喂器的群养（图29.1和图29.2）、有厚垫料的圈养、在田间或是庭院群养，以及试验用动物的家族圈养。上述每个分类中都有某些不同，特别是在小气候、地板类型、垫草或其他垫料、日粮和饲喂次数方面。将根据如下指标进行猪的福利讨论。

（一）生长发育和产仔性能

尽管其他因素也有可能使个体产仔数有较大变化，但是那些生长缓慢的年轻母猪及产仔量过少的母猪或初产母猪可能面临福利问题。在对一些饲养模式的对比研究中发现，很难确定究竟有多少头母猪个体存在上述问题，因为一个饲养模式中那些数据仅代表平均水平，因此一些产仔高的个体将有可能掩盖那些产仔低的个体。但是用平均产仔数衡量，显然管理良好饲养场的母猪不管被限制饲养还是群体饲养都表现良好。Broom等（1995）在对限位栏、母猪电子群养系统与单栏圈养比较试验时发现，限位栏养的母猪体长较短，但是产仔数无差异。在一份研究更多动物的欧盟报告也得出了相同的结论（Jensen等，2001）。

（二）繁殖问题

母猪由于不能受孕或产仔率较低而被淘汰。出现受孕失败或减少的原因是母猪处在难以应对的困境中。许多因素会导致母猪乏情，但是有一些学者

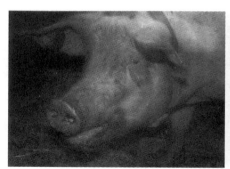

图29.1　猪身上带有电子感应器，当进入饲喂栏时可启动饲料供应系统。该感应器可以安装在颈部、耳部等位置（图片由D.M. Broom提供）

图29.2　母猪成群进入饲喂栏。饲喂栏前面应设置一个出口（图片由D.M. Broom提供）

把它归结为饲养条件方面的原因。Jensen等（1970）的研究显示，拴养母猪比群养母猪的初次发情时间晚4d。Mavrogenis和Robinson（1996）发现，限位栏养初产母猪与群养初产母猪在初情时间上有较大的区别。

配种后，单圈饲养母猪比群养母猪受孕率低（Fahmy和Dufour，1976）。Hamsworth等（1982）和Sommer等（1982）也发现，限位栏饲养的母猪在断奶后再次发情需要的时间比群养母猪要晚。然而Maclean（1996）研究显示，在受"威胁"较多的群养母猪中，会产生与上述相反的结果。而且据Hansen和Vestergaard（1984）的报告显示，群养个体在重新发情需要更长的时间。农场主认为限位栏养或拴养的一些母猪或/和年轻母猪受孕有困难。上述研究还无法给出发生此类现象的准确解释。饲养条件导致的不良福利可能造成繁殖性能降低，存在因母猪发情不明显而使饲养员没有发现的情况。

饲养条件对母猪初情和发情的影响需要在控制其他变量的条件下进行。但是研究结果显示用限位栏养或拴养母猪比饲养条件好的群养母猪能产生更多的问题。然而，需要特别指出，争斗行为高发猪群中存在不良的福利问题，并可导致母猪发情延迟。

对繁育问题的评价能反映出母猪在妊娠期间及产仔后的不良福利。对这些问题大多数研究由于受到妊娠期和产仔期设施对结果的影响，从而变得复杂。Backstrom（1973）在对1 283头限位栏养母猪的妊娠期和产后期与654头自由圈养母猪进行了同期比较发现，限位栏养母猪乳腺炎、子宫炎及泌乳缺乏的发病率较高（11.2%：6.7%），大多数母猪分娩时间大于8h（5.4%：2.3%）。Vestergard和Hansen（1984）对4组处于妊娠期和生产期的拴系饲养或松散饲养的母猪研究发现，一直采用松散饲养方式饲养的母猪，其分娩持续时间明显比那些在某段时间拴系饲养的母猪短。

缺乏运动可能对母猪有某些负面影响。Backstrom（1973）和Sommer等（1982）发现，限位饲养母猪会产较多的死胎。一般来讲，商品猪场中管理良好的限位栏饲养不会比群养方式存在更多的繁殖问题。在Backstrom类似的研究发现，限位栏的大小差异或者饲养管理人员的不同有可能产生不同结果。总之，如果不同饲养模式存在差异，那么这种不断发展的饲养模式旨在减少对有效繁殖的影响，而很少考虑对猪的福利产生哪些影响。因为即使是较小的差异，也可能会对母猪产生相当大的福利问题。

（三）母猪疾病、骨强度和损伤

经常刺激肾上腺皮层系统的动物其免疫系统功能会受到损害，对疾病具有更高的易感性。Ekesbo（1981）论述了饲养条件对母猪和仔猪健康的影响，指出抗生素使用程度会对不同饲养条件下的猪患病影响更大。

如果猪被烈性传染病，如伪狂犬或猪高热病感染，不论以往其福利如何，所有猪都有可能被感染。无传染性或低传染性的疾病，如肢蹄病、疼痛、肠扭转或溃疡等与环境明显有关，猪对这些疾病有一定的抵抗力。

我们已经在前文中讨论了饲养环境对猪分娩的影响。Backstrom（1973）发现，除较高的MMM（乳腺炎、子宫炎和无泌乳能力）发病率外，产仔期的限位栏养母猪（24.1%）比非限位栏养饲养母猪（12.8%）发病率要高。由于上述研究已被应用到生产中，因此母猪的管理水平有了很大的提高。限制饲养的母猪也要感染更多的泌尿系统疾病和腿部疾病，而群养母猪则更有可能经受更多同伴的伤害，有时会携带更多的寄生虫。

Tillon和Madec（1984）发现，在法国越来越多的母猪被限位饲养后，使得母猪泌尿系统疾病也随之频发。他们报道，拴养母猪泌尿疾病的发病率也相对高。而且Madec（1984）提出，如果母猪躺在它们的粪便上，也会出现更多的泌尿疾病。他们还发现拴系饲养母猪饮水和排尿的频率均低于散养的猪，因此拴系饲养母猪的尿液更浓并且尿道中的细菌有更长的危害时间（Madec，1985）。产生这个问题的原因可能是母猪的活动少导致饮水过少。因此，虽然部分问题是由饲养模式造成的，但是可通过饲养员驱赶动物多运动和增加饮水来减少不利影响。不断地驱赶动物对于饲养员来说是不可行的。

很明显，母猪个体间差异很大，如一些不活动的母猪饮水次数少，而其他常活动的母猪饮水次数多。Tillon和Madec（1984）称，1/4拴系饲养中，超过20%的母猪患有严重的蹄部疾病，其他的研究者也有相同的发现。Backstrom（1973）发现，被圈舍设施或地面弄伤的母猪数量占栏养母猪的6.1%，但是在散养的母猪中仅有0.8%。研究显示母猪大部分的腿部伤害和由感染引起的蹄部疾病与地面类型有关。Pennt等（1965）将烂蹄病的高发归结为劣质的混凝土地面。而且Smith和Robertson（1971）称，设计不合理或疏于维护的漏缝地板将导致母猪的蹄部和腿部出现更多伤害及高淘汰率。Backstrom（1973）发现，在半漏缝地板上生活的588头猪中有6.3%的猪有蹄部伤口，但在非石质地面上的3 520头猪中仅有3.3%有脚部伤口。很明显，好的漏缝地板将比劣质的地面对猪的伤害要小一些，但是猪跛行发病率仍然很高。在良好的地面上，由于分娩和缺乏运动而导致蹄部疾病的可能性仍然存在。通过使用准确计量猪外伤的方法——de Koning（1983）计量法，发现拴系饲养的母猪受到损伤的频率更高。

采用限位栏或拴养的母猪几乎没有运动的机会，这样做的后果之一就是它们的某些肌肉和骨头要比有运动的猪脆弱。Marchant和Broom（1996）发现，限位栏养母猪的大腿骨强度仅为群养母猪的65%。骨强度低意味着这些动物不能很好地应对环境。因此，限位饲养将导致动物的不良福利。尽管很少发生猪骨折，但这样的动物一旦发生骨折，将遭受很大的疼痛并且造成会更糟的损害。

在群养中，因遭受其他母猪攻击而导致的伤害是非常严重的。良好的饲养管理，如良好的饲喂方式和稳定的猪群，都可以减少攻击行为及其造成的伤害。在管理不善的养殖环境中，这种伤害非常不利于动物福利。猪被其他个体攻击所形成的伤害可以用一个精确的方式进行量化（Gloor和Dolf，1985）。很明显，那些易造成强烈攻击行为的饲养模式将对一些猪的健康造成严重影响。因为这些强烈攻击造成了损伤、咬阴和咬尾。以下，我们将会从行为学和生理学的角度对这个话题作进一步的探讨。

（四）活力和反应力

异常低水平的活动和缺乏对周围环境的反应一直被认为是猪福利问题的指标（van Putten，1980；Wipekema等，1983）。一些专家报道称，栏养或拴养的猪与群养的猪相比表现出长时间不活跃的现象。猪的活力受配对、妊娠阶段、蹄部疾病程度和刻板行为的影响。当应对不利环境时，如果猪可以选择消极应对或刻板行为，那么对那些处于特殊环境中猪活力的粗略测定方法不是十分有效。因此，最好能详细地研究个体动物并且找到准确测定动物反应能力的方法。Broom（1986d，1986e，1987a）在对母猪经过一系列的反应试验研究后发现，与群养母猪相比，栏养猪对除食物以外刺激的反应能力较弱。然而，在这方面栏养猪个体间差异相当大。

二、刻板行为

限位饲养的猪无法正常清洁身体（van Putten，1977），而且在调节体温方面也存在困难。大多数猪采食量少，采食频率也低。限位饲养的猪无法与其他猪进行正常交往，而且不能躲避人或其他潜在的有害刺激。许多种动物当自身无法应对周围环境时，就表现出各种刻板行为，如啃咬饲养栏，玩耍拴系绳、饮水器或空嚼（图23.2）。群养的猪偶尔表现出如此行为，且出现的平均频率相当低。据报道，栏养猪刻板行为的持续时间占其活动时间的10%~29%；但据Cronin和Wiepkem（1984）观察，一些拴养的猪只表现出刻板行为的时间占白天观察时间的80%。上述这些研究所得到的数据与有效记录方法有关，尤其是录像机的应用。

许多刻板行为频率较低的报道是由于忽视了一些其他刻板行为，如空嚼。而且当观察者出现时，刻板行为也减少。Broom等（1995）在对比猪的福利时指出，在不同环境中饲养的猪最大不同点就是，限位栏养猪表现出异常行为的水平比任何一种群养猪都高。像咬栏、空嚼及玩耍饮水器和拱饲槽的持续刻板活动等异常行为，在限位栏养的猪中都非常普遍（Broom等，1995）。

日粮影响猪的刻板行为。如果在饲料中添加可供玩耍的粗饲料（如未经切短的稻草），那么猪的刻板行为就会大幅度降低。一项研究发现，如果在浓缩料中添加体积较大原料，则可以使刻板行为方式发生变化，但是总的持续时间没有净变化（Broom和Potter，1984）。Appleby和Lawrence（1981）的研究表明，饲喂量多（每头猪4kg/d）的猪将会比饲喂量少（每头猪1.25kg/d）的猪产生的刻板行为较少。

然而Broom等（1995）发现，用商业饲喂2.2kg/d而不是Appleby和Lawrence饲喂1.25kg/d，群养的猪几乎没有出现刻板行为，但在限位栏饲养的猪中仍然出现大量的刻板行为。刻板行为预示福利问题的出现，并且经常出现在限位栏和拴系饲养的母猪中。通常妊娠母猪的饲喂量相对较少，是造成不良福利的原因之一，但是限位饲养应该是主要原因。

（一）攻击行为和其他伤害行为

当一个动物受到其他个体伤害或经常被追赶时，或是其他强势个体出现而使其在活动上受到限制时，那么它的福利水平就会非常低。攻击行为经常出现在限位栏饲养和拴养的猪，出现的原因可能是猪只之间的争端无法解决，并且被扩大（Broom等，1995）。一些采用群养方式饲养母猪的养猪场报道，猪群中经常会出现打斗，并且因为打斗而造成严重伤害。在争夺食物时，这种打斗越发激烈。如果在猪群中设置可供所有猪同时且单独进食的限位栏，那么在饲喂期间就不会发生打斗行为。因此这个设计从福利层面上来说是非常好的（图29.3）。

母猪电子饲喂系统在对个体进行定量饲喂时具有明显的优势，但不利之处在于它每次只能供一头猪进食，因此其他猪只能在入口处排队。早期电子饲喂器的设计缺陷导致相当多的母猪阴部被咬伤及其他伤害。电子饲喂器的缺点包括设计的不合理和安放位置的不当，例如设计的后门不能隔断与后面猪的接触，而且后面只有一个出口，将允许其他的猪跟前面的猪进入饲喂器

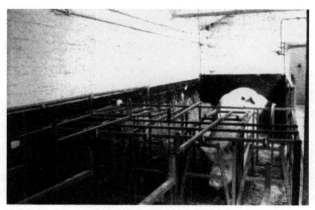

图29.3　可以单独饲喂母猪以便减少打斗。大部分饲喂栏在供应饲料后就关闭。这种饲喂方式大多都是在室内（图片由D.M.Broom提供）

或者将饲喂器安放在猪的躺卧区。Hunter等（1988）通过饲养管理和利用电子饲喂系统对行为学研究后发现，有效的训练、充足的饲喂器、每天饲喂一次、稳定的猪群、安装前出口的饲喂器或良好的躺卧区能够减少福利问题。Broom等（1995）对猪的各种饲养环境进行研究后发现，那些能够导致损伤的攻击行为都没有出现，但是限位栏饲养的母猪攻击行为最严重。

在另一个群养模式中，即公猪、母猪及其子代所组成的家族群圈饲养方式，几乎没有发生攻击行为（Stolba，1982；Wood-Gush，1983）。在这种饲养条件中，母猪就拥有了多变、有趣的环境，很少表现出福利问题。然而这个饲养条件的运行需要更多饲养员，如果雇用的饲养员技术不好，将存在潜在的福利风险。

（二）肾上腺和其他生理指标

当动物处在短期处理和运输时，动物血液中皮质醇水平和心率是检验动物有无福利问题的有效指标。当对饲养条件长期进行评估时，血液样本检测或心率测定对动物福利的好坏几乎没有任何指示作用。尽管难以准确地解释，但是对于评估上述不同的饲养条件下，猪对激发ACTH反应来说仍存在一定意义。Barnett等（1984）比较了经装载和运输处理后母猪皮质醇的反应，以及预先拴养、成对饲养或群养模式下母猪诱导促肾上腺皮质反应。经过对比后发现，拴养的猪会对运输表现出强烈反应，并且表现某些更剧烈的肾上腺皮质激素反应症状，但是在一些成对饲养的猪中也会表现出强烈反应。Barnett等（1981）的研究发现，拴养猪比栏养猪表现出更高的皮质醇水平，而且经过Barnett等（1987）的深入研究后发现，在饲养栏之间设置钢丝网可以有效降低血浆皮质醇水平。但是这些结果可能无法反映动物对饲养环境的长期反应。猪大脑内阿片肽样受体的测定为人们提供了寻找猪应对不同环境采取不同方法的证据（Zanella等，1996，1998）。

（三）猪喜好的研究和猪福利的改进

在设计母猪饲养模式过程中，研究母猪如何选择在宽阔多变的户外环境中生存非常有用（Stolba等，1983）。野外饲养的母猪会花费大量的时间来拱土（图29.4）。Hutson（1989）发现，如猪拱土的机会增多，那它对动作行为反应次数就多。

在关于母猪的许多研究中，很明显将稻草当做一种玩耍材料（Jensen，1979）稻草不是满足这一目的的唯一材料，稻草的益处也不能完全抵消环境带来的有害影响，但是在没有更好的材料出现之前，还是应该使用稻草。

图29.4 母猪在有帐篷的场地中。母猪在此场地中可以做许多活动（图片由D.M.Broom提供）

三、待产母猪和吃奶仔猪

在各个国家中，最主要的一个猪福利问题是初生仔猪的死亡率高（Marchant等，2000）。在英国仔猪断奶前死亡率为10.3%（DEFRA，2006），而丹麦和荷兰分别为12.5%和13.4%。导致仔猪死亡最重要的原因是仔猪在母猪躺卧时被压死。仔猪可能被挤压致死，或者因仔猪身体虚弱而不能吃奶或增加了对疾病的易感性。与猪的野生祖先相比，现代的遗传选育方法使猪在个体上有着较大的提高，但仔猪出生时的个体大小没有明显改变，而母猪的母性行为在减退（Marchant等，2001）。

疾病也是导致仔猪死亡的一个主要因素，发生严重疫病与初乳中所吸收的免疫球蛋白量少有关。导致仔猪不能获得充足的初乳或乳汁的因素在表19.12中有详细说明。仔猪的体弱和死亡不仅是一个关系到养殖场利益的经济问题，显然也是一个主要的福利问题。当母猪在稻草垫制的畜床上分娩时，尤其当垫草不厚时，就会出现仔猪的死亡问题。如果不铺产床，仔猪的死亡率会更高，但是可以通过尽早将仔猪从母猪身边移开的方式来减少死亡率，但吃奶时除外。为解决这一问题，人们在猪舍中安装了育儿箱，它只容纳一只或多只仔猪而非母猪进入。

当农场主在一个饲养棚中增加更多产仔圈，并通过缩小圈舍来降低劳动成本及不使用垫草时，都会使仔猪的死亡率有明显的提高。在这种情况下，限位栏的使用可以降低仔猪的死亡率（图29.5），而且现今饲养场经常使用各种样式的限位栏。仔猪的存活率可以通过安装温暖的育儿箱并且在限位栏上设置栏杆的方式来提高。这样可以减少仔猪跑到母猪体下的概率，但是仍然存在仔猪被压死的情况。

图29.5　母猪在限位栏中（图片由D.M.Broom提供）

限位栏在商业生产中得到了广泛的应用，但是由于它严格限制母猪的运动，损害了动物的福利，最近几年来遭受人们越来越多的批评（Cronin等，1991；Lawrence等，1994；Arey，1997；Edwards和fraster，1997）。因此，那些能使母猪很少受限制，又能提供不同活动程度的多种饲养模式逐渐发展起来（Arey，1997）。这些模式可分为：① 群体分娩模式，待产母猪分享一个公共区域，并能搭建自己的巢穴（Gotz 和Troxler，1993；Cronin等，1996；Wechsler，1996）；② 畜舍饲养模式，对母猪进行单个限位饲养，不提供公共区域，但是允许母猪有某些活动自由。

后者介绍的饲养模式包括旋转式饲养笼（McGlone 和Blecha，1987）、"渥太华"饲养笼（Fraser等，1988）、椭圆形饲养笼（Lou 和Hurnik，1994；Rudd和 Marchant，1995）、地板倾斜式饲养笼（McGlone和MorrowTesch，1990）和生产笼（Schmid，1991）。

群养和单栏饲养都遇到了各种各样的问题，因为这两种饲养方式管理困难（Arey，1997），或者由于母猪的挤压而导致仔猪较高的死亡率。然而也取得了小范围的成功（如"渥太华"饲养笼和椭圆形饲养笼），但是母猪的利益，如获得更多的活动自由，常伴随着仔猪被压死造成成本和饲养员的管理困难之间相平衡。群养能够给母猪相当多的活动空间，增加母猪在分娩后短期融入组群概率，但是由于畜群中相互攻击因此也增加了引入的困难。个体单栏的饲养方式能够让饲养员提供良好的保护，而且不仅为仔猪提供了免遭被母猪挤压、远离母猪运动的区域，而且还能为母猪提供一些包含搭窝在内的自由运动。任何替代限位栏的设备都必须给母猪、仔猪和饲养员提供良好福利。

经过分娩后，母猪的环境由于经常有仔猪的来临而变得非常有趣。然而由于母猪的行为受到限制，因此不能与仔猪靠得太近，母猪也感到非常的压抑。如果有可能，母猪将会在产前搭很大的窝。有研究显示，产前不能搭窝的情况会使母猪产生挫折感（Lawrence等，1994）。总之，那些广泛使用的限位栏虽然使管理更加容易，但是对母猪来说远远不够理想。关于母猪分娩环境的研究一直在进行，但是在这个领域仍有很多工作要做。

四、仔猪和育肥猪

仔猪在其出生后的几天内需要经历一系列的处理。在一些国家，仔猪需要注射铁制剂，有时还注射抗生素，在不麻醉的情况下进行断尾和去势等处理。对仔猪去势研究时发现，与经过麻醉的猪相比，未经麻醉的猪进行去势处理时，仔猪会产生高频率的嚎叫（>1 000Hz）或尖叫（Weary 等，1998；Taylor和Weary，2000；Prunier等，2002；Marx 等，2003）。仔猪在嚎叫过程中伴随着身体的抵抗动作和交感神经的兴奋，这些都通过心率的升高（White等，1995）和肾上腺皮质的活跃程度表现出来（Prunier等，2004）。对去势全过程中的仔猪叫声分析发现，在摘除睾丸和切断输精管的过程中疼痛较为明显（Taylor和Weary，2000）。切除输精管时对仔猪进行局部麻醉可以有效减少抵抗行为的试验又进一步证明了上述观点（Horn 等，1999）。

与生理反应相对应的行为也发生了变化，去势仔猪吸吮乳汁或拱母猪乳房行为较少（McGlone和Hellman，1988；McGlone等，1993；Hay等，2003）。仔猪在觉醒时变得不活跃，并表现出更多与疼痛有关的行为（虚弱、身体僵硬、颤抖）和摇尾。与未去势的仔猪相比，去势仔猪经常独处，动作不协调。不用麻醉剂或无痛觉的去势将导致仔猪产生免疫抑制反应（Lessard等，2002）。

在商业养猪场，每只仔猪都要经历的痛苦就是断奶。正如Jensen（1986）描述的那样，仔猪都应该在10周龄以后断奶，但是通常的商业做法是在3～4周龄就对仔猪进行断奶。

如此早断奶将会对仔猪产生相当大的影响，并导致仔猪的福利问题。失去母亲和可供吮吸乳头不得不使仔猪到别的地方寻找食物，使仔猪产生更多的噪声和吮吸其他仔猪。早期断奶的仔猪经常将鼻子放到其他猪的腹部下侧并进行上下摩擦（van Putten和Dammers，1976；Schmidt，1982），这些行为经常在早期断奶的仔猪中表现出来。当仔猪将嘴放在另一只仔猪的腹部下侧并时，将舔舐外生殖器和肚脐或喝尿；也会出现吸吮其他仔猪肛门，导致出血（Sambraus，1979）。在一个圈内，一些仔猪会因为其他仔猪想吮吸其腹部而到处乱跑，那些不能逃脱的猪会受到伤害。这种追咬行为将会对仔猪的福利产生负面影响。仔猪对其他仔猪腹部的舔舐，鼻子的摩擦和对地板、墙、栏杆等吮吸的行为，表现出了强烈的吮乳欲望，而仔猪的这些欲望原本可以通过母猪的哺乳来满足。这些行为持续时间的长短反映出仔猪被强行断奶的感觉程度。

仔猪在断奶期间出现的另一个福利问题是打斗。如果将来自于不同窝的断奶仔猪进行混群，那么仔猪将出现包括打斗在内的各种交往方式，直到建立新的社会关系为止。这样的打斗行为会造成仔猪受伤，如吮吸腹部行为。另外一个主要问题就是一只仔猪会被另外一只或多只仔猪持续不断地追咬。如果在饲养栏中给仔猪提供躲藏头部的洞或者是可供躲藏身体的栅栏（图29.6），那么腹部舔舐行为和追咬行为将会减少（McGlone 和Curtis，1985；Waran和Broom，1993）。在对仔猪进行混群时使用镇静剂可以减少仔猪的打斗行为，但是没有证据显示这种方法可以解决随之而来的福利问题。当仔猪与较大的猪进行混群时将会产生更加严重的打斗行为。由于打斗双方都会造成严重伤害，因此应避免对仔猪进行混群。

　　仔猪或育肥猪所获得空间的大小，影响仔猪活动能力、体温调节能力、排粪、探索能力及寻找到足够休息场所和躲避其他不期望打扰的能力。不仅猪所能得到的空间大小重要，而且空间质量也非常重要。当评估猪所需要的空间时，仔猪在躺卧和站立时所做的一切活动都要考虑（Petherick，1983a）。另外其他考虑因素包括：① 提供足以分开的躺卧区和排粪区（Baxter 和 Schwaller，1983）；② 在个体进食时没有受到其他个体攻击的风险；③ 提供能够躲避其他个体猛烈攻击的空间。

　　Petherick（1983a）指出，在计算猪所需要的空间时，面积（A）用m^2表示，建立一个与体重（W）有关的公式为：$A=kW^{2/3}$。系数k根据猪所采取姿势的不同而不同。这在EFSA（2006）中有详细的规定，而且也涉及为满足动物需要而表现出的所有行为。随着体重的增加，k值所表示的猪所需

图29.6　围栏内可供仔猪躲避的小栅栏（图片由D.M. Broom提供）

要的最小空间量也会有所增加（Edwards等，1988；Gonyou等，2004）。Meunier-Salaun等（1987）指出，行为学和生理学反应比生产指标能更早和更敏锐地反映动物适应环境的能力。EFSA（2006）指出，为了使猪能够拥有分开的排粪区和躺卧区，在超过25℃时具有足够的体温调节能力，并且使猪在其他猪躺卧时有散步的区域和猪群交往的区域（Arey 和Edwards，1998；Spoolder等，2000；Aarnink等，2001；Turner等，2001），k值应该为0.047。

影响育肥猪的另一个主要福利问题是在不适当的地面上活动。猪有可能在地面上卡住蹄子或是由于蹄子磨损导致损伤；如果地面光滑，将导致腿部骨折和拉伤。旧的混凝土地面和漏缝地板将导致特有问题，但是一些新的地面对仔猪或成年育肥猪来说，在上面也明显不适。Beattie（2000）发现，与生活在漏缝地板上的猪相比，那些生活环境中存在稻草的猪表现出了更多的探索行为，不活跃状态较少，但对同栏饲养的个体表现出了较少的攻击行为。在简陋饲养环境中饲养的猪对同栏饲养的猪会表现出长时间的拱咬行为。Kelly等（2000）将不同厚薄稻草垫与漏缝地板相比发现，在第3周断奶仔猪的行为很少针对同栏饲养的个体和饲养栏杆而是更多地拱稻草。因此在提供有垫草的环境中很少发生咬尾行为（Zonderland等，2004）。

仔猪既喜欢有垫草的环境（Steiger等，1979），也喜欢坚硬的地板，但不喜欢石质地板（Marx 和 Mertz，1987）。如在坚硬的地面铺上垫草那就更好。Ducreux等（2002）发现，猪更喜欢在杂物堆中休息，而不在漏缝地板上，如温度较低相互背靠取暖时就越发明显了。猪不喜欢在易卡蹄的有漏缝地板上行走（Greiff，1982）。在坚硬的地面上，人们可以很容易给猪铺垫草或提供其他玩耍材料。垫草可以有效降低滑囊炎和其他疾病的发生率（Pearce，1993）。如果地面是全部或部分的漏缝地板，那么这种体系中粪便处理系统就是处理垫草。为了防止粪污和垫草堵塞排粪管，人们可以在排粪管中安装切碎装置。

第30章
家禽的福利

一、概述

人们对待家禽的态度往往不同于家养哺乳动物。鸡很少被当成单个动物来看待，也很少有人认为它很聪明。这种认识形成的部分原因是它们大量集中在一个地方饲养；另一方面是因为鸡属于鸟类，与大型哺乳动物相比，不容易被人重视。实际上，当人们把几只鸡放到不会惊吓到鸡只的学习环境中，试验表明它们表现得很好。鸡比人类的感觉能力强，而且它们的群体结构复杂，需要一定的学习和记忆能力才能维持。

我们经常看到，鸡对人类的恐惧占据了它们大多数的活动。因此，一般的公众或养鸡户都无法充分认识鸡的复杂行为和环境应对能力。人们对待鸡以及其他一些家禽的态度，对人类评估这些动物需要什么样的条件及其忍受程度有相当大的影响。那些专门研究家禽行为的学者（Appleby等，2004），尤其是研究野生禽类的学者（McBride等，1969；Wood-Gush等，1978）必然对禽类的其他成员开展更多方面的研究。野生缅甸红原鸡（*Gallus gallus spadiceus*）与家养缅甸红原鸡（*Gallus gallus domesticus*）在行为上几乎没有差异，但它们的叫声、羽毛及其他行为的差异非常明显。群体中的等级次序或啄序的概念起源于对鸡的研究（Schjelderup-Ebbe，1992；Guhl，1968）。

由于在蛋鸡的研究方面做了大量工作，本章将首先以家养蛋鸡为例阐述福利问题。家禽是世界上最普通的鸟类，数量为90亿～100亿只。如果家禽存在广泛的福利问题，那么其他极大数量的个体都会受到影响。因此，鸡的福利问题是一个十分重要的课题。本章首先分别讨论蛋鸡舍饲养模式（Newberry，2004）和肉鸡舍饲养模式（Weeks和Butterworth，2004）对福利的影响。之后依次讨论繁育母鸡、雏鸡、火鸡、鸭子和鹅饲养过程中产生的福利问题。对于这些禽类，最关键的是集约化养殖是否使福利更糟糕。Estevez等（2007）通过数据分析表明，对于禽类来说，在一般空间充足情况下，养殖规模增加与攻击的增加无关。当饲养数量较大时，饲养员更有必要仔细查看个体，以便发现问题。

那些与禽类的操作处理和运输相关的重要问题已在第21章进行了讨论。

二、蛋鸡

（一）母鸡的需求

正如第1章中介绍的那样，动物有获得特定资源的需求，也有为达到某一目标而进行某些行为的需求。这些需求可以通过对动机的研究和对无法满足需求而产生的动物福利问题的评价予以确认。当无法满足需求时，它感到很不舒服，需求得以满足时它们会感觉很好。无法满足需求时，福利将会比得到满足时要差。下面对母鸡的需求作了概括（Broom，1992，2001），包括基本的生物功能发挥，为达某一目标而进行的一系列活动的方法，对一定应激反应及维持某些生理状态：

- 获得充足的营养和饮水；
- 生长和维持机体的正常运作；
- 避免会造成损伤的环境条件，伤害或疾病；
- 将疼痛、恐惧和沮丧的发生率降到最低的能力；
- 表现某些觅食和探索行为；
- 得到充足的锻炼；
- 表现梳理羽毛和沙浴行为；
- 表现出探究和对潜在危险反应的能力；
- 与其他母鸡的相互交流能力；

● 寻找并搭建一个舒适的窝。

（二）饲养模式

一直到1950年，大多数国家的产蛋母鸡均以散养为主。鸡通常在晚上被关进某种鸡舍里，但白天可以在农家院或野地里活动。后来，在10~15年内改成在铺有厚垫草的舍饲。随着室内环境的控制，进一步采用层架式鸡笼饲养模式。在20世纪90年代，随着人们对母鸡福利的关注，散养鸡生产也随之增加（表30.1）。在2005年，消费者购买12个笼养鸡蛋花34便士（英国货币，100便士=1英镑），而散养蛋花68便士。因此，笼养和散养鸡蛋的价值基本一样（DEFRA，2006）。

表30.1 英国蛋鸡不同饲喂方法所占的比例

年份	散养（%）	垫料（%）	笼养（%）
1948	88	4	8
1956	44	41	15
1961	31	50	19
1965	16	36	48
1977	3	4	93
1981	2	2	96
1998	15	5	79
2005	30	6	64

引自Ewbank（1981）和DEFRA（2006）。

散养就是将母鸡在开放区域进行饲养，饲养密度按照欧盟（EU）规定的标准。20世纪30年代，当能控制室内环境条件时，美国首先使用成排的鸡笼饲养母鸡。这种鸡笼被称为层架式鸡笼，术语"层架式鸡笼"也得到广泛使用。现代层架式鸡笼（图30.1）能使鸡与它们的粪便相分离，比其他饲养模式更胜一筹，这有利于预防疾病和寄生虫病。粪便可以通过笼子下面的传送带运走，也能直接掉落，或通过木板刮向粪尿坑。图30.2显示的是一些安装层架式鸡笼

图30.1 笼养蛋鸡（图片由 D.M. Broom提供）

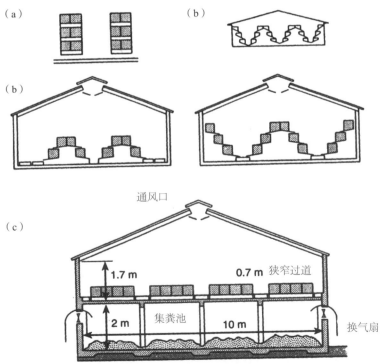

图30.2 笼养鸡舍：（a）垂直笼（b）半层叠笼（c）全重叠笼（d）有垫料
的层架式鸡笼（图片由D.M. Broom提供）

的鸡舍设计。通过"全进全出"的饲养管理能进一步降低疾病的发生率。在母鸡即将产蛋前,将它们放进一个干净、空旷的鸡舍,72周后将全部母鸡在同一时间运出并屠宰。在欧洲国家,一个笼子里一般饲养5只鸡,而北美国家一般会多些。整个鸡舍中的温度、湿度和空气流速都可以得到精确的控制。饮水通常可以实现不间断的供应,食物一般通过自动传送按时供应。

改进的层架式鸡笼虽然能降低伤害的发生,但是不能为动物的正常行为表达提供更多的自由空间。家具式鸡笼的安装有一根栖木、一个巢箱和一个沙浴盘,这样便于沙浴。这种鸡笼装备有自动供食和捡蛋的机械装置(图30.3)。目前,这种鸡笼与层架式鸡笼的高度相当,或者稍微高一点,能够安放栖木。但如果鸡能够伸展和拍打翅膀的话,需要更高一点的笼子,还要比普通笼子底面积大。

由于母鸡在层架式鸡笼饲养的最大问题是空间小,从而无法躲避被啄,Elson(1976)设计了"逃脱笼"。这种鸡笼在荷兰(Brantas等,1978)和德国(Wegner,1980)得到了进一步发展。这种鸡笼(图30.4)可以在两个水平面上饲养20只母鸡,笼子里设置有巢窝、栖木和进行沙浴的区域。

图30.3　蛋鸡在有栖木、巢箱和沙浴区域的鸡笼中(图片由D.M. Broom提供)

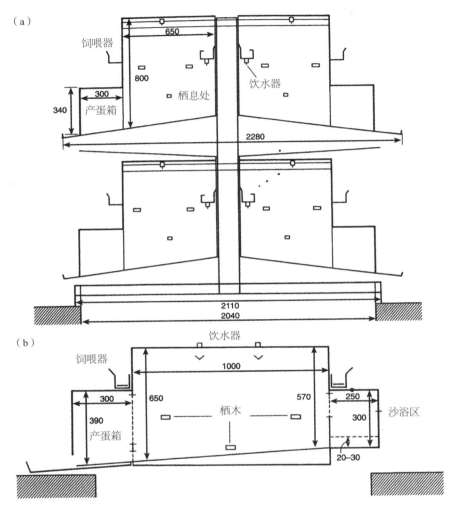

图30.4　两种形式"方便鸡笼"的部分结构图（mm）。（a）具有产蛋箱和垫料的逃脱笼 （b）
　　　　具有产蛋箱和沙浴区的方便鸡笼（Wegner等，1981）

稍后将作进一步阐述，但它们设计的并不成功。

　　垫草养殖是将母鸡集中在褥草上或板条上饲养，舍内有许多巢箱。这种
饲养方式在20世纪60年代早期（图30.5）应用非常广泛。使用板条饲养时，
体重大的鸡种每只鸡占0.18m^2，体重轻的鸡种则为0.14m^2。若不使用板条地

图30.5　垫料饲养系统的蛋鸡

板，则每只鸡占0.27～0.36m^2（Sainsbury，1980）。垫料养殖中母鸡能利用很多空间，而在具有相同体积的雏鸡笼里，母鸡距鸡笼边缘只有几步之遥。虽然与层架式鸡笼相比，垫料养殖增加了捡蛋麻烦，但在家禽业基本上被接受，被广泛应用种鸡饲养。然而，与多层架式饲养笼或者现代阶梯式平养相比，垫料养鸡舍的多数空间没有得到充分利用。因此，它平均成本要高。

在垫料鸡舍中，鸡并不仅仅平面饲养，而搭几根它们能用的不同高度的栖木。在有栖木鸡舍中，一些雏鸡进入鸡舍后不使用这些栖木。然而，Appleby（1985）发现，如果从雏鸡开始母鸡就一直使用栖木，那么栖木很普遍用。因此，早期栖息经验对于鸡来说很重要。栖木已经被大鸡舍所代替。

介于方便鸡笼和栖木式的鸡舍有voliere、volierenstall、Rihs Boleg 1、Rihs Boleg 2、Natura、Hans Kier unit 和分层金属板单元。这些鸡舍增加铁丝地板或木质饲槽及饮水器和巢箱。每个层式铁笼可以有4层或更多层，使粪便能落到底下的传送带便于运走。在每层顶部设置栖木，相邻的层交错放置，以便鸡能从一层跳跃到另一层。最低下放些垫料，方便母鸡抓取。靠墙放着产蛋箱（图30.6、图30.7和图30.8）。

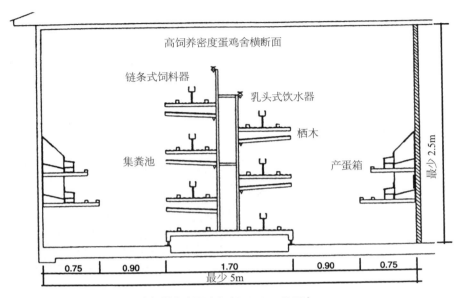

高饲养密度蛋鸡舍横断面

链条式饲料器

乳头式饮水器

栖木

集粪池

产蛋箱

最少2.5m

0.75　　0.90　　1.70　　0.90　　0.75

最少5m

图30.6　高饲养密度蛋鸡舍（Fölsch，1983）

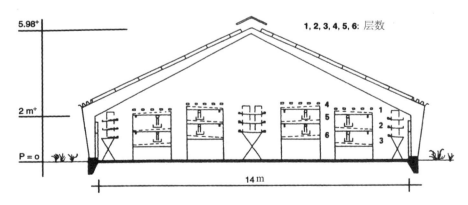

5.98⁺

1, 2, 3, 4, 5, 6: 层数

2 m⁺

P = 0

14 m

图30.7　层层排列的蛋鸡金属网笼底系统：（1）3层地面-上层为休息区）（2）底层金属网笼底高度不一，类似楼梯 （3）地面全为垫料（德国动保协会，1986）

图30.8　层叠式金属网笼底系统（图片由D.M. Broom提供）

三、与母鸡需求相关的舍饲和管理

（一）运动空间

母鸡的一系列正常行为需要多大的空间？Dawkins和Hardie已经制定了母鸡正常活动所需空间的测算方法（Dawkins和Hardie，1989；表30.2）。

表30.2　不同行为模式下蛋鸡所需的面积

行为模式	需要面积（cm^2）
站立	428~592
转身	771~1 377
整理羽毛	818~1 270
刨地	540~1 005
伸翅	653~1 118
振翅	860~1 980

如果一个笼子里养5只母鸡，它们将不会同时表现出不同的行为，当某只鸡所占空间稍大些时，别的母鸡就会表现的相对不活跃。表30.3中列举了一些可能的动作。表中明确表明：一个笼子里养5只鸡，每只鸡占地450cm^2，总共2 250cm^2，这会严重抑制鸡的正常运动。人们通常使用的鸡笼只有50cm高或更矮些，鸡都无法拍打翅膀。

表30.3　笼养5只鸡的空间需求

行为模式	总面积（cm²）	面积/只（cm²）
4只鸡扎堆，1只鸡振翅	2 720	544
4只鸡扎堆，1只鸡伸翅	2 185	437
4只鸡扎堆，1只鸡梳理	2 342	468
3只鸡扎堆，1只鸡转身，1只鸡振翅	3 469	694
2只鸡扎堆，2只鸡转身，1只鸡振翅	4 218	844
4只鸡站立，1只鸡梳理	3 074	615
4只鸡站立，1只鸡振翅	3 460	692
2只鸡站立，2只鸡转身，1只鸡伸翅	4 050	810
2只鸡站立，2只鸡转身，1只鸡振翅	4 584	917

如果每只鸡所占的空间大于450cm²，鸡的扰乱行为就会减少（Hughes和Black，1974；Hansen，1976；Zayan和Doyen，1985；Cunningham等，1987；Nicol，1987a）。每只鸡所占空间达到1 125cm²时，鸡能够正常地表达行为；当达到1 410cm²时，鸡能够持续地放松自己；但是如果空间变得更大，达到每只鸡平均占有5 630cm²时，它们就会聚堆。空间容积大小对伤害程度的影响不成线性关系，而受复杂环境的影响。为了给鸡提供逃跑的机会和躲避啄羽及其造成的损伤，必须提供比正常层架式鸡笼再大的空间。提高逃跑概率对于降低鸡体的损伤有十分重要的作用。只要提供了这些条件，在鸡所占的空间允许范围内，鸡的伤害行为将维持在较低水平。

1. 骨骼脆性

母鸡饲料中的钙和维生素D足以满足骨骼的生长，但是层架式鸡笼中所饲养的鸡容易造成骨折。经过一系列的研究发现，层架式鸡笼中饲养的鸡在产蛋结束后在被击昏之前，25%~40%的鸡至少有一块骨骼发生了骨折，98%的鸡胴体有骨折（Gregory和Wilkins，1989；Gregory等，1991）。尽管在实际生产中设计简陋或过于拥挤的环境会造成鸡骨骼的损伤，但是在栖木式饲养和鸡舍中饲养的鸡的骨骼损坏的数量较少。如果鸡得不到充足的活动，它们翅骨和腿骨的力量就会减弱。如在不能拍打翅膀笼子里饲养的鸡，它们翅骨的强度仅是与能较好的拍打翅膀栖木饲养鸡的1/2（Knowoles和Broom，1990；Norgaard-Nielsen，1990）。

2. 探索性啄食与沙浴

雏鸡很喜欢垫料地面而不喜欢铁丝网笼底。啄食地面上的物体、刨地面、在舒适的地方进行沙浴，这些可能会减少母鸡和肉鸡损伤行为（Blokhuis，1986；Vestergaard等，1998；Kjaer和Vestergaad，1999）。人们对叼啄行为的发展及其发生的动机进行研究后发现，它的发生与剥夺啄食地面和沙浴有关。

3. 避免啄伤

在探索过程中，母鸡会尝试着为了获得羽毛、寻找食物或攻击而啄伤其他母鸡。雏鸡的攻击性啄伤很有力，经常会朝下啄伤另一只鸡的头部或背部（Kjaer，2000）。被啄的鸡倾向于躲开。有时羽毛会受到损伤，但一般仅限于头部（Bilcik和Keeling，1999）。术语"侵略"一词有时在养鸡业中用来指啄羽或啄伤同类的行为。但是，互相侵略无论是在形式上还是在起源上与之都有区别（Savory，1995）。啄肛与寻找食物的动机类似，但啄肛会造成身体的伤害。经常有报道指出，鸡群中普遍存在生产性疾病和像输卵管炎等感染的现象（Engström和Schaller，1993；Abrahamsson等，1998；Tauson等，1999）。啄羽将会在后文进行讨论。

4. 产蛋箱和产蛋

如果能提供产蛋箱，几乎所有的母鸡都会使用合适的产蛋箱（Wood-Gush，1975）。如果没有，母鸡的行为会受到影响。若没有合适的产蛋箱，则容易发生异常行为（Wood-Gush和Gilbert，1969；Fölsch，1981；Heil等，1990）。这些刻板行为是鸡长期沮丧的表现。

5. 栖息

栖木是除雏鸡以外所有鸡都很喜欢的休息地。栖木使用应正确，因为早期栖木经验是非常有效果（Appleby等，1993）。栖木能增强鸡的腿部力量（Hughes和Appleby，1989）。在啄肛发生的鸡群中，栖木放置的高度不能让鸡的头部够到其他鸡的泄殖腔。这也是一些方便鸡笼设计失败的一个重要原因（Moinard等，1998）。

6. 光照

在低强度光照下，家禽不能表现出正常的探索行为。如果强度较低，眼睛的发育会出现衰退。Manser（1994）的研究表明，当光照强度低于20Lux时，鸡将会产生明显的福利问题。Kristensen等（2007）报道，雏鸡更喜欢某些日光灯而不喜欢白炽灯光。

7. 断喙

断喙涉及组织的损伤，操作时会产生疼痛。有时还会形成神经瘤，导致长期疼痛。断喙还会严重削弱感觉功能和栖木行为。断喙对鸡的福利产生重要的影响，尤其形成神经瘤时，会更为明显。

四、养殖模式问题

（一）散养母鸡

母鸡在散养状态下，如果一直饲养在一个地方的一段时间，其疾病的发病率会高。例如，Loliger等（1981）报道，寄生虫感染和球虫病的发生率比层架式鸡笼至少高8倍，并且散养条件下抢食行为发生率也相当高。当进行福利评估时，疾病和抢食现象都应该考虑到（图30.9）。另外，散养鸡会遇到恶劣天气，在异常寒冷的冬天，它们的福利会很差，导致母鸡的产蛋量急剧下降。因此，在散养模式下福利很差，但是这些问题都可以解决。

饲养密度高时，可以将鸡群转移到新的地方以减少由粪便传播寄生虫病和其他疾病。给鸡提供隔热和通风的屋舍能对付恶劣气候的影响。鸡是起源于热带的物种，所以冬天很少在室外。因此，这些房子需要与舍内群养条件一样好。雨天或大风冷天，母鸡喜欢呆在鸡舍内。因此，与散养鸡有关的攻击和房舍设计问题将在本章中稍后讨论。这些饲养条件会有效地限制散养母鸡外出。

然而，大部分母鸡会利用一切机会尽可能出去，如拍打翅膀、搔痒、梳理羽毛或与其他鸡交流。很明显，散养方式能够将鸡的福利问题减小到最低水平，但是也很有可能，散养的所有优点在于通过良好设计的房舍来获得。

图30.9　散养蛋鸡易受到狐狸、鹰的捕食，这种系统有很
好的围栏（图片由D.M. Broom提供）

（二）笼养

低发病率、良好的通风、连续供水和按时供应优质均衡的日粮都是层架式笼养模式在维持鸡优良福利方面的优势，但也会产生与之相反的一系列缺点。

对于动物而言，任何自动化的屋舍都存在一定的风险，那就是自动化设备会出现故障。饮水器可能会堵塞，饲料传送设备可能无法向某些笼子正常传送饲料，通风设备和保暖设施可能会无法正常工作。出现上述任何情况之一，以及鸡只生病或陷入困境，这时警报系统和仔细检查就显得非常重要。在很多层架式鸡笼饲养模式中，查看鸡的工作相对来说很容易：有经验的饲养员可定期检查鸡笼中的每只鸡，从而判定出一些严重的福利问题。但是，对最下一层的鸡或者那些饲养员看不到的笼子来说，这种检查工作没有任何效果。

Eloson（1988）曾指出，为了方便检查工作，底层的笼子不应该太低。另外，如果笼子有很多层，应放置梯子以方便检查上层的鸡笼。所有舍养动物中影响福利的另一个风险就是火。在一个能容纳10万只鸡的鸡舍中打开所有鸡笼需要很长时间，而在笼子里生活了较长一段时间的鸡，当鸡舍发生火灾，有些也不愿离开笼子。有时整个鸡舍会化为乌有，这是这种模式的严重缺陷。虽然警报和喷水系统有助于降低火灾的风险，但是仍然会遗留一些严重的问题。

对于饲养在层架式鸡笼中的母鸡来说，其许多问题的产生都是由于不能做某些事情。它们不能自由行动，拍打翅膀，栖息，产蛋之前建巢，抓刨食物，进行沙浴或叼啄地面上的物体。这些权利的剥夺导致母鸡正常行为的丧失，使得鸡出现啄伤其他鸡的行为，以及某些发育异常或身体出现畸形。

散养鸡比笼养鸡或笼网上群养鸡活动的时间更多（Föslsh，1981）。层架式鸡笼完全限制了鸡拍打翅膀的行为。与群养和散养的鸡相比，层架式笼养鸡的舒适行为明显减少（Hughes和Black，1974）。层架式鸡笼没有充足的空间来让母鸡伸展腿或用嘴整理羽毛等正常的行为。Wennrich（1975，1977）指出，鸡从层架式鸡笼转移到较大的区域后会表现出更多拍打翅膀的行为。Nicol（1987b）深入研究了这种反弹效应，把饲养在笼子里不同阶段的鸡进行比较。鸡较长时间被限制在笼子里时，被释放后会延长拍打翅膀的时间。这是一个明显的福利问题，但很难说明这个问题有多广泛或多严重。

缺乏运动的长期效应表现在鸡的骨骼和肌肉上。与运动较多的鸡相比，层架式笼养鸡的骨骼重量较轻，脆性较大（Meyer和Sunde，1974），并且跛行鸡只较多（Kraus，1978）。笼养鸡中软骨病和骨质疏松症的发生比群养和散养鸡要高许多（Löliger，1980，1981；Löliger等，1980）。Martin（1987）指出，笼养母鸡肌无力现象较多。肉品质的研究证实了不同饲养方式下鸡的肌肉特点，但是没有为福利提供必要的信息。

或许当鸡被送去屠宰时看到骨骼坏损可以作为福利问题的最重要证据。Simonsen（1983）指出，运达屠宰间时散养鸡中翅骨损伤的发生率仅为0.5%，而笼养母鸡中却高达6.5%。屠宰后笼养鸡中会再增加9.5%。Niselsen（1989）也报道了类似的研究结果。在英国，Gregory和Wilkins（1989）解剖了3 115只层架式笼养母鸡，发现在屠宰前电击致昏后平均有29%的鸡有骨折。从笼子中拿出鸡并悬挂在生产线上被认为是最可能造成损伤的过程。Knowles和Broom（1990）发现，层架式鸡笼中的母鸡比栖木式或Elson平台模式饲养的母鸡活力小，而且它们的肱骨和胫骨易受损。

和其他动物也一样，运动与母鸡的骨厚度和力量相关。通常认为，笼养鸡缺乏运动是导致骨脆弱的主要原因（Fleming等，1994；Michel和Huonnic，2003）。栖木式饲养笼设计的不足和饲养密度过高也会导致骨的坏损（Gregory和Wilkins，1996）。现在还不清楚软骨病和骨质疏松症会对鸡导致多么不适，但是可以断定骨骼受损时鸡会感到很疼。任何导致骨骼损伤发生率增高的因素都属于严重的福利问题。处理和运输过程是主要问题，这与散养和笼养禽类的转移不同。然而，只要能避免这种肢体损坏发生，很明显有必要在舍养环境或/和处理时作一些实质性的改变。

如果有可供利用的栖木时，鸡会使用栖木，尤其是在晚上。它们栖息时常常聚集在一起，使用栖木的目的很明显（Fröhlic，1993；Olsson等，2002；Oester，2004），但是层架式鸡笼中很少放置栖木。当栖木放置高度不同时，鸡往往会选择离地面高的栖木（Blokhuis，1984），但是在层架式鸡笼中鸡会选择低一些的栖木（Tauson，1984）。鸡栖息在上面，睡觉不容易醒，另外栖木还能增强腿部的力量（Hughes和Appleby，1989；Abrahamsson和Tauson，1993）。

栖木必须设计合理，边缘不能有棱角，粗细要适中，以保证鸡爪不发病。据研究，使用平顶、硬质、直径38mm的圆形栖木，鸡足垫炎的发生率可降到最低。Gunnarsson等（1999）指出，饲养雏鸡仅在4周龄后提供栖息木，当成年后鸡啄肛行为加倍流行。Yngvesson等（2004）指出，在模仿同类互相袭击时，无栖木饲养能削弱产蛋鸡的逃跑行为。多数母鸡对栖木的偏爱及骨骼强度的提高，尤其是栖息在坚硬地面而不是笼网地面，其伤害和畸形发生率会降低（Moe等，2004）。以上这些表明，栖木的使用能够提高福利。

天气好时，散养母鸡能走相当长的距离，这表明它们喜欢大空间（Hughes，1975；Dawkins，1976，1977）。在每只鸡达600cm^{2}或在450cm^{2}以上舍养时，鸡会表现出更广泛和更多种的行为，拥有更多行为的自由（Appleby等，2002）。鸡只的有些活动范围在某一特定时间段需要超过600cm^2。这种现象可以再次解释了对一些早期行为测试，即在白天时鸡为什么会选择更大容积的鸡笼（Lagadic和Faure，1990）。另外，也并没有显示出选择小鸡笼的倾向。以上这些结果表明，鸡喜好大鸡笼具有周期性，具有相应的依赖性（Cooper和Albentosa，2003）。

最近对空间偏好的评估已经证实，母鸡有平均分配空间的行为，而当鸡能在两个连接的改装笼子里来回走动时，表现得更明显（Wall等，2002，2004a；Cooper和Albentosa，2004）。这些偏好的测试结果表明，在每只鸡占600cm^{2}面积的改装笼时，其仍然试图扩展它们的个人空间。这种倾向远远超过了要求增加鸡笼高度的倾向（Cooper和Albentosa，2004）。

在产蛋前，家禽会精心寻找适宜的巢窝点，建造巢窝并表现出其他行为。这基本上与野生禽类一样（Wood-Gush，1954；McBride等，1969；Fölsch，1981）。但饲养在鸡笼里的母鸡没有建造巢窝的材料，没有巢窝的支撑物，也无安静和黑暗的地点供产蛋。它们常常被从计划的产蛋点推出来（Brantas，1974）。然而为了产蛋，鸡非常喜欢寻找一个封闭的巢窝（Freire等，1996）。在层架式鸡笼中产蛋，母鸡会表现出许多不同程度的沮丧迹象。

母鸡无论有无巢窝，血液中皮质酮含量均能促使其提早产蛋（Beuviong，1980），这可能为产蛋做准备。母鸡在产蛋前会"咯咯"地叫（Baeumer，1962），在层架式鸡笼中饲养的鸡，其强度和持续时间是平时的3倍（Huber和Folsch，1978；Schenk等，1984）。这是在暗示强烈的沮丧，最明显的表现是呆板地行走。如果能够正常搭建巢窝，母鸡会不断地来回行走（第23章）。母鸡似乎完全接受了用Astro Turf垫板制成的人造巢窝（Wall等，2002），并愿意和其他母鸡共同分享一个巢窝（Abrahamsson和Tauson，1997）。

在层架式鸡笼中，另一个限制母鸡某些正常行为的是金属网地面。母鸡无法抓刨地面寻找食物或者进行沙浴。人们对母鸡喜欢何种金属材料的地面进行了研究，虽然母鸡喜欢小网眼金属网地面而不喜欢大网眼地面，但是它们更多的时间是在垫上面，尤其是临近产蛋期（Hughes和Black，1973；Hughes，1976；Dawkins，1981）。当阻止母鸡进行沙浴时，母鸡会在笼子中表现出相似的行为，比如在饲料（Martin，1975；Wennrivh，1976；Vestergaard，1980）、同笼鸡只或空气中进行沙浴（Vestergaard，1982；Martin，1987）。

母鸡在笼中饲养一段时间后，再给予沙浴条件时，母鸡沙浴行为的长短与被剥夺的时间成比例（Vestergaard，1980）。Oden等报道，当垫料的质量很差时，明显只有很少的母鸡进行沙浴。然而Wall（2003）指出，母鸡每2~3d进行一次沙浴。如果沙土很少，母鸡会为此竞争（Olsson和Keeling，2003）。为了能进行沙浴，一些改装鸡笼中设有沙浴区。但由于很小，因此经常迅速变空，而且沙子被鸡扒到外面会损坏饲喂设备或捡蛋机。如果饲料仅在沙浴区域提供，鸡进行沙浴时不会损坏机器，但是饲料会被浪费掉或者被粪便所污染，之后再被鸡吃掉。

鸡花费大量的时间啄物体，以此来探索周围的环境，喙上面有感觉感受器。鸡在笼子里没有可供叼啄的物体，只能通过一些叼啄行为来代替叼啄物体，比如进行啄食（Fölsch和Huber，1977；Folsch，1981）。在鸡笼里会出现一些叼啄刻板行为（Martin，1975）。通过观察发现，即使有食物时，鸡也会把啄一把钥匙当成一种奖励（Duncan和Hughes，1972）。这表明对鸡而言，叼啄行为并不只是为了获得食物。笼子中的鸡有时会不断地叼啄笼子装置、羽毛或其他鸡的肛门。

Blokhuis（1986）指出，层架式鸡笼中出现啄羽现象的主要原因是因为笼子中没有其他足够可以叼啄的物体。重要因素有剥夺沙浴、缺乏探索食物的可能、地面类型、饲养密度、群体大小、食物结构和成分、基因型和光照强度（Blokhuis和van der Haar，1989；Elson，1990；Kjaer和Vestergaard，1999；Nicol等，1999；Savory等，1999）。为了减少伤害性啄羽，Newberry（2004）推荐，应给母鸡提供栖木和适口饲料，全程饲喂颗粒料如混合饲料或粉碎料。应推迟蛋鸡开产的时间，母鸡至少可到20周龄。加强管理，减少总是侵害某些鸡，阻止部分鸡只霸占采食适口饲料。高点的栖木能成为母鸡的庇护所，巢窝的设计应能在产蛋时看不到泄殖腔，提供充足的空间有助于母鸡利用所有的资源。

叼啄行为可对被啄的鸡产生很严重的影响，雏鸡最初啄其他鸡的泄殖腔，甚至会造成其他鸡的严重损伤或死亡。Savory（1995）和Newberry（2004）阐述了引发啄食同类以致死亡的原因是由受伤造成的。一只鸡死亡，接着会发生更多同群鸡死亡（Tablante等，2000）这是受伤的结果，生病或其他的结果也在其中（Savory等，1999；McAdie和Keeling，2000；

Yngvesson和Keeling，2001；Cloutier和Newberry，2002），或许是鸡相互学习的结果（Cloutier等，2002）。

不能抑制喙和爪的生长是层架式笼养的一个问题。如果不抑制它们的发育，喙和爪生长到一定程度会出现严重畸形。Tauson（1986，2003）指出，在鸡笼中拉一条研磨带就能解决这个问题。改善鸡笼设计可以减少对鸡的许多损伤（Tauson，1977，1985）。Tauson和Holm（2002，2003）研究了这些问题并提出了解决方法。鸡常因头、身体、翅膀、腿或爪卡在笼网间。斜面坡度为23°或更陡时，鸡爪易滑到网眼中造成严重损伤。但是，坡度降低到12°就解决了这个问题。通过提供栖木也能减少爪部损伤的发生（Tauson，1980，1988）。

由于层架式饲养会出现很多严重的福利问题，因而许多消费者都批评这种饲养方式。随着法规的不断完善，该饲养方式渐渐被淘汰。现在，装配式鸡笼要好很多，但是无法提供为沙浴提供原料的机器，如为食物供应和可捡蛋的机器那样，因而这个问题仍然没有得到很好的解决。另外，很少有装配式鸡笼的高度能允许鸡进行适宜的锻炼，以避免软骨病的发生。目前尽管装配式鸡笼比最好的鸡舍贵许多，但仍然是大型鸡舍替代层架式鸡笼的最好方式。断喙仍然在层架式和鸡舍饲养中广泛使用。

在这些模式中，尽管限制母鸡的些交流，但是它们仍有更多的活动自由。因此有时也会发生啄伤，甚至非常严重。因而，虽然断喙会引发疼痛和其他不利因素（见下文），但是仍然被采用。在鸡聚集打斗的鸡舍饲养和其他群舍饲养中，均一的光照能减少鸡群中的攻击性问题（Gibson等，1985）。鸡笼没有直拐角也很重要，可以避免追逐时无路可逃。舍内鸡群大小或饲养密度好像对啄伤无影响（Gunnarsson等，1999；Green等，2000；Oden等，2002）。疾病或寄生虫病的高发也会造成福利问题。经验丰富的饲养员能够将二者鉴别出来。

养鸡过程中遇到的一个经常性的问题就是一些鸡不在产蛋箱中产蛋。因此，一方面很难找到它们产下的蛋，另一方面蛋壳经常被弄得很脏。但是如果产蛋箱好的话，很少发生在地面上产蛋的现象。在商业化生产中，捡蛋是完全自动化的。一般来说，对于母鸡福利问题，最好的层板式鸡舍是最经济实用的舍养模式，每枚蛋的生产成本与层架式饲养一样，而且每只鸡占500cm²。装配式鸡笼目前在应用中遇到一些问题，而且每枚蛋的价格较贵。虽然散养更贵些，但是能卖出好价钱。

五、肉鸡

肉鸡的数量很大，因此福利问题会涉及许多个体。现代肉鸡生长很快，大部分在5~7周龄时就被屠宰，此时体重已达到1.5~2.0kg。肉鸡生产中福利差的主要原因是急速生长，即对生长周期短的鸡的选育。这些鸡只过于肥胖而无法表现正常行为，甚至发展成腿部失调。腿部失调与关节、附关节和骨头的炎症有关，鸡跛行时会感到疼痛（Kestin等，1994；McGovern等，1999；Danbury等，2000），很明显这些炎症的发生会导致严重的福利问题（Webster，1994）。

典型的肉用鸡舍与母鸡的厚垫料舍相类似。通常是矩形的，有良好的通风和温度控制系统。在鸡入舍前，洁净的地板上铺15cm厚的垫料，如树叶或稻草。将1日龄的雏鸡转移到舍内饲养，直至育成，最终密度为30~45kg/m²，一般饲养10 000~20 000只。在饲养前期，雏鸡空间大，但到长大后，就变得非常拥挤了（图30.10）。

这种饲养模式产生的一个问题就是饲养密度太大，但是很少或没有任何检查设施，常常无法发现虚弱、受伤或生病的鸡。其中绝大多数会死亡，尸体留在垫料上。有时，虚弱的鸡会被其他鸡踩踏而死亡。这是因为当鸡群接近或大于阈值30kg/m²时，鸡只会为了有立足之地展开竞争。在单个鸡舍内饲养大量的鸡的不利之处是，鸡只突然受到恐吓时会迅速蔓延整个鸡舍。结果，许多鸡迅速拥到鸡舍的一个角落，导致许多个体拥挤致死。良好的饲养管理在一定程度上可以减少这种事情的发生，也可以通过在鸡舍内设置缓冲设施来预防。

肉鸡各器官的发育速率并不协调。肌肉增长的速度很快，但是骨骼尤其是腿骨的生长就没那么快了。鸡腿将无法支撑住整个身体，就会如上面所提到的有被踩踏的危险。Bradshaw等（2002）和Mench（2004）对与肉鸡腿

图30.10　肉鸡舍中的雏鸡（图片由D.M. Broom提供）

部虚弱有关的各种疾病进行了论述，其中有：细菌性股骨头坏死，腱鞘滑落，感染性阻碍综合征，愈合疾病，软骨发育异常，佝偻病，软骨病，退行性关节疾病，自发破裂的腓肠肌肌腱和接触性皮炎。患有腿部疾病的鸡会遇到福利问题。这是因为周围环境造成的疼痛，又因无法行走导致有沮丧感，以及不能够正常采食和饮水引发的一系列相关问题。

　　在鸡生长期结束前，肉鸡舍中快速蓄积的粪便覆盖了全部垫料。碱性的粪便及其分解物可腐蚀皮肤。鸡长期在污染的褥草上饲养会导致鸡胸部、跗部和爪发炎（图30.11）。皮肤发炎用不了1周（Ekstrand和Carpenter，1998）。这种情况在一栋鸡舍中很普遍。由于爪在销售之前会被切割掉，消费者很难看到爪的炎症，但是消费者可以发现胸部和跗部炎症。为此，要将鸡胴体的腿切割得再短些，或将胴体进一步分割成鸡块。

　　Broom和Reefmann（2005）调查了"A"级胴体中的15种可见损伤程度。他们对6种损伤进行组织病理学分析后发现，鸡在宰前几天出现跗关节损伤，而且一直很疼。超市出售的肉鸡胴体上可发现很多真皮炎症，而且82%有跗部损伤。在这些损伤中，18%的面积大于0.3cm^2。散养鸡有跗关节损伤的数量是一般饲养的一半，也许与垫料质量的不同或腿部的强壮程度有关。所调查的"A级"肉鸡胴体把能看到的损伤排除在外，因为这些鸡身上一些不正常部分被切除了，而且胴体也被分割了。因此，在农场饲养中出现

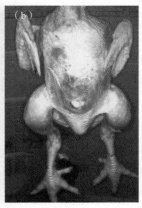

图30.11 （a）肉仔鸡的跗关节和爪发生严重疾病；（b）肉鸡的胸部（图片由D.M. Broom提供）

损伤的频率会比报道的多。由于严重的皮肤磨损和水疱将使鸡承受相当大的疼痛和痛苦，因此应改进鸡舍模式或改良品种以避免鸡爪的腐烂、跗关节损伤和胸部脓肿。

肉鸡的腿病随着年龄的增长和体重的增加变得更严重（Mench，2004）。Kestin等报道90%肉鸡的行走能力在屠宰前1周内都会衰弱，26%的肉鸡严重衰弱。Sanotra（1999）调查了多个国家饲养一个鸡品种发现，有30%的商品代肉鸡在养殖场时就有严重的腿病。一般认为，腿衰弱的鸡会卧在垫料上，再加之垫料的质量不好时，一些鸡胴体上便出现了接触性皮炎（如在胸部）或跗关节。将1957年与1991年的肉鸡品种对比时发现，生长速率及其引发的腿部疾病主要受遗传的影响，而食物质量的影响要小（Havenstein等，1994）。

当鸡舍变得非常拥挤时，几天内有些指标也会出现明显降低，如鸡的数量减少或到屠宰时运动减少。这种运动减少会使腿部问题变得更糟。复杂的环境对肉鸡的活动程度有一定的影响，环境越复杂活动就越多。鸡舍中放入更多有趣的食物和材料可以吸引鸡进行探索、摆弄和攀爬，这样增加了活动量，腿也变得健壮。低强度光照造成运动减少（Boshouwers和Nicais，1987），也导致腿部疾病高发（Gordon和Thorp，1994）。

腹水病是与肉鸡快速生长相关的一种病理状况，也是导致肉鸡福利问题和致死的主要原因（Maxwell和Robertson，1998）。人们也称肺动脉高压综合征，使得血液中的液体渗向腹腔。5%的青年鸡和15%~20%的大型肉鸡会发生该病，并能致死或变得虚弱，胴体出现病变。起初该病主要发生在高纬度地区，但是现在分布广泛遍及全球。腹水的主要原因是心脏功能障碍影响到了向组织运输氧气。该病在以前品种的鸡极少出现。它是由于心肺系统的衰竭来满足肌肉与内脏的快速增长造成的。

随着饲养密度的增加，福利问题出现的程度和频率都会增加。例如，有很多报道称生长速率在高密度饲养条件下会降低。随着饲养密度从每平方米5kg增加到45kg时，鸡的死亡率增加（Shanawany，1998），行为问题通常也会增加（Kestin等，1988），垫草潮湿程度和跗关节损害程度在高密度饲养环境下也会增多。

Uner等（1996）比较了24～36kg/m²的肉鸡饲养密度后发现，在高密度饲养条件下，鸡减少了行走、奔跑、梳理羽毛及总活动量，表现出更多的安静行为，而是将更多的注意力集中在饲养员身上。在较高饲养密度条件下，环境很难改善。Dawkins等（2004）指出，相比其他管理因素而言，饲养密度对肉鸡福利显得不那么重要，而毫无疑问禽舍内垫料管理和通风是导致跗关节病的重要因素。然而，Dawkins等的研究并没有考虑饲养密度小于30kg/m²情况。但他们统一了其他所有变量只在不同饲养密度下对行走不便作的比较发现，在46kg/m²的饲养条件下鸡所出现的运动问题是30kg/m²的2倍。

肉鸡长到临近屠宰阶段，如果其福利不好，将会影响大群鸡只，而且也是当今最为严重的动物福利问题。但是这些问题是可以解决的。应选育腿健壮的肉鸡品种，通过遗传选育或饲养管理使得肉鸡生长缓慢是必要的办法。如果在鸡生长期限制其采食量，那么腿部问题就可以减少（Classen，1992）。在高密度饲养条件下，鸡的一些问题有可能恶化，所以鸡的饲养密度要尽可能限制在25kg/m²或30kg/m²。肉鸡品种繁育应注重促进腿部的发育或者减缓肌肉发育的选择。鸡不应该在粪便污染的垫料上饲养。

种鸡最主要的福利问题是人们通过限喂来控制它们的体重。因而，它们大部分时间处于饥饿状态。种鸡的饥饿程度用添加估算采食量、采食时间及采食的快慢来进行评估（Hocking，2004）。目前这个问题还不能完全解决。

六、火鸡

火鸡主要做肉制品，它的饲养需要在无窗可调控的鸡舍中，即供暖、通风和光照都可以准确调控。由小农场提供的一些父母代和大多数的圣诞节火鸡都是在用木杆撑起的谷仓中饲养的，虽然可以采用人工光照，但是这些开放或者粗放的饲养环境使得自然光可以完全射入。温度跟通风也不可调控。散养也与这种谷仓养殖相类似。在有围栏的外面可以利用自然光。散养或林下养殖火鸡的方式才刚刚开始，相对于上述饲养条件来说仍然不是很普遍（Hocking，1993）。

在生长后期，火鸡可能会表现出攻击行为。这会影响火鸡的福利和生产。为了减少这种影响，人们采取了一些措施，如在低强度光照下饲养火鸡。对于鸟类来说，人们认为视力非常重要（Appleby等，1992）。家禽视网膜锥形体的高比例表明，家禽在明亮的地方比在昏暗的地方视觉要好，而且色觉也很好。因此，Manser（1996）推测在低光照强度下养殖的鸟会减少感觉的输入，这有利于在恶劣的环境中生存。低光照强度诱使火鸡减少活动，这样能提高生产，也就减少了攻击行为，同时还节省了用电成本。因此，火鸡通常在1~4lux光照强度下饲养。如何设置强度可以参照人类敏感程度，在屋内令人满意的光照强度范围从卧室的50lux到办公室的500~750lux。对人类来说，20lux的光照强度太昏暗了，无法看清任何的打印材料；对火鸡来说，也不利于它搜索周围环境。在这样或更低的光照条件下，一些正常的活动都受到抑制。由于火鸡的很多活动在低光照条件下受到抑制，因此会导致与运动相关问题的进一步恶化。

在非常低的光强度下（1.1lux），孵化出的雏火鸡不喜欢活动，而且会造成眼部畸形和肾上腺肿大等疾病（Siopes等，1984），可是在1lux和10lux光照强度下的采食和饮水都一样（Sherwin和Kelland，1998）。Hester等（1987）发现，在低光照条件下饲料转化率高，但在低光照强度下火鸡生长率较慢（2.5lux与20lux比较）。与19lux人工光照相比，在220lux自然光照条件下，鸡腿部疾病的发病率更低（Davis和Siopes，1985）。人们在对雄性火鸡的光强度偏好进行测试后发现，在商品代火鸡场中普遍采用的光照强度并没有达到火鸡喜好要求，但是火鸡对小于1lux的光照强度很反感。如果光照强度达不到火鸡的要求，那么就会影响其福利（Sherwin，1999）。在光照条件相对较低的情况下，补充紫外线的做法对于火鸡有益（Sherwin等，1999）。

　　体重较大的雄性火鸡更容易受到热应激的影响（Perkins等，1995）。高温（如29℃）环境对火鸡的影响比较缓慢，它的肌肉和脂肪组织会减少（Noll等，1991；Waibel和Macleod，1995）。虽然地面垫料可提高动物福利，但是也会发生足部皮肤炎，所以要保持垫料的干燥，而且要避免饲养密度过高（Hocking，1993；Hester等，1997）。

　　在简易棚舍中饲养时，断喙经常被使用，目的是为了减少火鸡的叨啄性损伤和啄食同类的行为，否则会导致火鸡的低福利。然而，断喙是一个产生创伤过程。此外，断喙使火鸡丧失了一个重要的感觉器官，这也是主要的福利问题。断趾可能使火鸡产生剧烈的疼痛，但是所造成的长期影响尚不清楚。为确保火鸡的生产和福利，这种做法应淘汰。当取掉绷带时火鸡也会有一些疼痛，但是仍不清楚去除绷带会对行为和随之而来的福利会产生什么样影响。对火鸡舍改造或者管理制度的改变只能改善这些问题但不能解决。Hirt等（1995）称选育标准不仅仅要考虑经济效益，还应该考虑到那些影响动物福利的因素。人们选育了生长快的火鸡品种，但是也使得火鸡易感某些疾病，甚至致死，尤其是巴氏杆菌和新城疫病毒对火鸡的危害很大（Tsai等，1992；Nestor 等，1996a，1996b）。

　　生长缓慢的火鸡一般不会发生臀部及关节部位的退化和紊乱，但是雄性种火鸡的繁殖末期却普遍存在上述问题（Hocking等，1998）。成年雄性种火鸡常有腿部疾病，因为它们行为不便被经常看到。Duncan等（1991）设计了一个试验来研究身体重大的雄性火鸡腿部是否有疼痛感，在使用止痛剂与未使用止痛剂的情况下对火鸡的行为进行了对比。他们首先观察未使用止痛剂的火鸡行为，然后再观察使用止痛剂后火鸡的行为。那些使用了止痛剂的火鸡卧的时间较少，更多是站立或者行走行为，采食量更大，也更早更快地寻求雌性火鸡，且更愿意爬跨。

雄性火鸡的较大胸肌造成了它比较特殊的机体构造，使得它们无法与雌性火鸡进行交配。这一基本生物功能的丧失不仅涉及伦理上的问题，而且还对动物个体的福利有影响。由于雄性火鸡能接近雌性火鸡但不能交配，会使雄性火鸡产生挫败感，因此会对它的福利有一定的影响。精液的采集过程需要大量的人工操作，这也对火鸡的福利产生某些影响。对雌性火鸡进行人工授精时也包含大量的人工操作。

七、鸭与鹅

鸭与鹅的主要福利问题在于水的供应、饲养密度及为取鹅肝而进行的强行填饲。

鸭子的生长非常快，只需7～8周体重就已达3.0～3.5kg（Stainbury，2000）。现在越来越多的鸭子在舍内饲养，鸭舍提供了稻草、金属网或者木板。众所周知，鸭和鹅都是水生动物，它们绝大多数时间是在临水的地方或者在水中度过的。然而在商业条件下，水基本上都是用乳头式饮水器提供的。商业养殖条件下，通常不会给鸭和鹅提供开放水域或者活水。它们无法展示与水生相关的行为，如不时整羽、晃动身体甩水、用鸭嘴饮水、滑蹼、游泳等行为。

如果不提供开放水域，鸭子会生病，但是这从来就没有经过科学验证。Matull和Reiter（1995）对饲养在舍内鸭子在有无游泳条件下的舒适程度进行了调查。鸭子是否表现出洗澡行为与品种有关。当鸭子有机会洗澡时，有两个品种的鸭子其梳羽能力将降低。总之，很少有关于商业养殖条件下鸭子行为的书籍。Reiter和Bessei（1995）对第1~6周3个品种鸭子的行为作了对比。另外，Reiter（1993）研究了鸭子的短期饲养和饮水行为。Desforges和Wood-Gush（1975，1976）分别研究了群体空间关系和性行为。

鹅肝生产所产生的福利问题：① 填喂式饲喂一般在出栏前2～3周进行，并且使用非常小的笼子（图30.12）；② 填饲行为本身（图30.13）；

图30.12　用管子将浸泡过的玉米填饲鸭子　　图30.13　处于填饲期鸭笼中的Mulard鸭
　　　　　　　　　　　　　　　　　　　　　　　　　　（图片由D.M. Broom提供）

③ 填饲行为对肝脏的病理影响。这些笼子除了能饮水外，动物无法展示任何正常行为。没有任何其他农场动物像鸭、鹅一样遭受如此受限的饲养。填饲是一种饲喂方式，而鸭子和鹅也想更多的食物。然而插入填饲管这种操作以及食管中突然填入500mg湿玉米团，实在让动物感到厌恶。

　　饲喂通常是不会引起血液肾上腺素升高的，因此在填喂时肾上腺素没有上升表明对动物福利没有产生影响。鸭或鹅在其一生中的大多数时间自由采食，其肝体积也能增长10倍，而在最后的2~3周内人们对其进行填饲。正常肝脏的主要功能是对体内的有害物质进行解毒。但由于肝脏体积的扩增和组织学的改变而使得它的功能有所降低，最后丧失。人们在动物因为肝脏衰竭而死之前，将其处死并提取肥肝。这在欧洲科学委员会关于动物健康和动物福利报告中提到（http：//europa.eu.int/comm/food/fs/sc/scah/out17_en.pdf）。

第31章
养殖鱼和观赏鱼的福利

一、概述

在世界的大部分地区，鱼类是继鸡之后被人类广泛饲养的第二大动物，通常包括生活在热带地区的罗非鱼（橙色莫桑比克罗非鱼、荷那龙罗非鱼和奥尼罗非鱼）和生活在温热带地区的鲤鱼科鲤鱼家族成员或鲑科鲑鱼家族、鲑科鳟鱼家族成员。这些鱼虽能被饲养，但很少被驯化。在一些国家主要是热带地区，养殖鱼是廉价蛋白质的主要来源，存在某些持续需求。但在欧洲、北美和富裕的东亚国家，养殖鱼并不是稳定的食物，很多产品是市场终端的奢侈品。因此，这些特定鱼产品的需求更易受公众对产品的认同程度和销售价格的影响，而呈现忽高忽低和易波动。

人们对动物福利的关注正在迅速提升，已经成为影响人们是否购买动物产品的重要因素。如果认为某种动物产品对人类健康、动物福利或环境有坏的影响，其销量会明显地大幅度下滑。产品越珍贵，消费者越富裕越有可能决定不购买有福利问题的鱼产品（Broom，1994）。养鱼业承担不起由于忽视鱼的福利问题产生的不良公众影响而严重影响其销量的后果（Broom，1999）。

世界上主要的养殖鱼是中国和很多其他国家的草鱼（Ctenopharyngodon idellus）和鲤鱼（Cyprinus carpio）。其中，中国的鱼产量占了世界鱼产品的一半；除此之外，还有非洲罗非鱼和南美洲有几个地方品种的罗非鱼、大西洋鲑鱼（Salmosalar）、虹鳟鱼（Oncborbyncbus mykiss）、斑鳟鱼（Salmo *trutta*)、鲤鱼、乌颊鱼（ *Sparus aurata* ）和黑鲈（ *Dicentrarcbus labrax* ）。

　　与养殖场饲养的鱼相比，经过驯养的很多观赏鱼变化更大。金鱼（ *Carassius auratus* ）和鲤鱼，如锦鲤和普通鲤鱼作为观赏动物而被饲养已经至少有3 000年的历史了。现在有更多种类的鱼作为伴侣动物而被饲养。鱼类作为伴侣动物的地位不仅得到了饲养者的证实，而且有研究表明和观赏鱼在一起可以使人变得平静（ De Schriver和Riddick，1990 ）。

二、福利方面

（一）意识和疼痛

　　围绕鱼福利进行讨论的重要问题是鱼能否意识到它们周围所发生的事情，能否进行认知加工和是否具备像疼痛那样的感觉（ Broom，2007 ）。这些问题和其他所有家养动物相同，已经在第4章和第5章进行了论述。本书得出的结论是鱼类确实具有某种水平的上述这些能力，因此我们应该保护鱼类，应该考虑它们的福利问题。Chandroo 等（ 2004a ）已经对鱼的意识有过论述。我们知道某些鱼确实可以对其周围环境进行思维表达，表现为导航能力（ Reese，1989；Rodriguez 等，1994 ），具备识别社交伙伴的能力（ Swaney 等，2001 ）及有能力躲避数月或数年前曾遇到过的捕食者（ Czanyi和Doka，1993 ）或曾被挂钩抓住过的场所（ Beukema，1970 ）。

　　一些种类的鱼能够学会空间关系并在头脑中形成意境地图（ Odling-Smee 和 Braithwaite，2003 ），并且能利用这些空间顺序的信息（ Burt de Perera，2004 ）。在这些功能方面，鱼类和哺乳动物非常相似，但大脑解剖结构却不同（ Broglio等，2003 ）。很明显，鱼类能够把这些事件的时间顺序整合起来产生适当的躲避反应（ Portavella 等，2004；Yue 等，2004 ）。如果不假设鱼类能够感受到恐惧，这些研究结果则很难解释。一系列研究证实的学习能力显示鱼类具有比联想学习更为复杂精准的认知能力（ Sovrano 和 Bizazza，2003；Braithwaite，2005 ）。Schjolden等（ 2005 ）研究了鲑鱼对同一困境作出的不同个体反应，结果清楚地表明鲑鱼会使用不同的策略来处理这一问题。

Rose（2002）、Jaction（2003）、Chandroo等（2004a，2004b）及Braithwaite和Huntingford（2004）都对鱼类是否能出现疼痛进行过争论。对虹鳟鱼（Onchorbynchus mykiss）与三叉神经相连的疼痛感受器进行解剖学和电生理学研究发现，这些鱼有两种疼痛感受器—A-三叉感受器和C纤维感受器（Sneddon，2002；Snddon 等，2003a）。与哺乳动物中内源性镇痛剂功能类似，传导素P、止痛的阿片肽物质脑啡肽和β-内啡肽等也同样存在于鱼的体内（Rodriguez-Moldes等，1993；Zaccone 等，1994；Balm 和 Pottinger，1995），金鱼对这些镇痛物质的行为反应类似于大鼠（Ehrensing 等，1982）。Sneddon 等（2003b）向鳟鱼的口中注入一些低浓度的乙酸溶液或蜂毒时发现，鳟鱼就停搁在最底层，来回摆动自己的身体，在坚硬的表面摩擦口鼻部。当再注入一些镇痛剂吗啡时，它们会停止这些摩擦行为。

鱼类的驯化程度与蜜蜂和蚕蛾等其他动物相似，但是由于缺乏证明它们具有疼痛系统或其他感觉的证据，因此暂不考虑它们的福利问题。

（二）鱼的糖皮质激素

鱼类所拥有的下丘脑-脑垂体-肾上腺反应几乎等同于哺乳动物的HPA系统。当外界刺激引起鱼不安时，它的嗜铬组织就会分泌肾上腺素和去甲肾上腺素（Perry 和 Bernier，1999）。同时下丘脑产生的CRH可诱导脑垂体释放出ACTH，接下来ACTH可通过血液转运到类似于哺乳动物肾上腺体的肾间组织中，刺激产生皮质醇（Sumpter，1997；Huntingford 等，2006）。

影响鱼类产生糖皮质激素的环境因素包括：麻醉程度，环境温度，水的含盐量，可利用的营养物质，日照长短，光照强度，饲养密度和背景颜色（Barton，1997）。在许多动物身上进行的关于糖皮质激素在诸如学习等过程中所起的作用研究中，已有越来越多的证据表明虽然这些过程与应激没有联系，但对个体动物是完全有益的，这有可能是糖皮质激素在鱼体内也起着同样的作用。然而，有下丘脑-脑垂体-肾上腺反应参与的紧急响应会导致对鱼的伤害，这种伤害接下来确实会引起鱼的应激。例如，当环境因素诱导鱼的糖皮质激素分泌量增高时，鱼体内的淋巴细胞数量减少，抗体分泌水平降低，溶菌酶活性下降，性腺类固醇减少及对疾病易感（Pickering 和Pottinger，

1989；Maule 和 Schreck，1991；Pankhiers 和 Deduecal，1994）。另外，免疫系统的机能对糖皮质激素的产生也有影响。

如果养鱼场的水质条件和饲养程序对鱼有应激，那就更可能诱发一些重要疫病，如疖病，该病是鲑鱼和其他鱼类的一种细菌性败血症。疖病是由杀鲑弧菌引起的，这种专性病原菌经常存在于鱼的体内而不会引起任何疾病，但是如果受到应激就会发病（Wedemeyer，1996，1997）。

（三）术语

在养鱼业中应该考虑的一点是，对待鱼福利的态度受到了所用术语的影响。在英语中，谈及鱼时人们倾向于使用植物术语。一整笼鲑鱼有时被称之为作物，屠宰过程有时称之为收获。农场主就像说"种小麦"一样说"种鱼"，可是动物与植物不一样。生长的是鱼，但进行饲喂和管理的是农场主。这些术语会使鱼听起来更不像是个体动物，且鼓励农场员工把鱼当做了物体而不是具有感觉的生物，进而可能虐待它们。因此，使用像"作物""收获"和"种鱼"这样的短语是不恰当的，不应该被使用。

三、鱼的福利问题

以下列出的是鱼类养殖业所面临的问题，其中一些也与观赏鱼有关。首先考虑那些被认为是最主要的问题。

（一）放养密度

一些鱼喜欢群居生活，以至于它们彼此生存距离非常近，如北极红点鲑鱼（*Salvelinus alpinus*）（Jergensen 等，1993）。可是还有一些其他种类的鱼却事与愿违地被迫高密度的生活在一起，养鱼场高密度放养或者出于其他目的的高密度圈养的鱼，它们的福利会比较差（Ewing，1995；Vazzana 等，2002；Montero 等，1999）。如果再加之水流不足或干扰太多，则福利就会比只存在一个不利因素要更差。

高密度养殖鲑鱼和鳟鱼通常会对鱼鳍造成损伤。鱼鳍的损伤多数情况下可能是被其他鱼咬鳍或是彼此碰撞所导致的，而不是由与网箱或鱼缸接触引起。如果食物匮乏，鳟鱼的鳍部损伤会更严重（Winfree 等，1998）。

虽然其他草食性鱼类不太可能出现咬鳍行为，但是很多种鱼在高密度放养下会咬鳍。放养密度应该能够允许鱼类表现大多数正常行为，避免出现异常行为，应该使疼痛、应激和恐惧减少到最小。

（二）饲喂方法

养殖场食物的投放要确保每个动物都能得到充足的食物。如图31.1投饲的话，养殖鱼进食通常会很激烈。观察笼中的鲑鱼进食时发现，个体较大且游速较快的鱼会获得更多的食物，而大多数个体小且缺乏竞争力的鱼则处于网箱的边缘。通过潜水观察发现，个体较小的鱼自始至终一直处于水面下距离网箱底部15～20m的网箱边缘（D.M. Broom，个人观察）。如果饲喂量能够满足鲑鱼的需要，那么比起采用激烈竞争的撒播投喂方式来说，它们要游得更慢且攻击行为更少（Andrew 等，2002）。

食物的分配方式应该均匀而且广泛，以便最大多数鱼理想地说是每条鱼都能够得到食物。人们应该开发研究能够使所有鱼都能得到充足食物供应的更好的食物投喂设施。

（三）捕捉和处死方法

在欧洲国家，事实上世界上大多数国家，农场动物都被要求采用先电晕后处死的人道屠宰方式。这同样适用于鱼类。人们无法接受将鱼暴露于

图31.1　（a）当饲养人员来投饲时，网箱中的鲑鱼会窜至水面；（b）撒饲料（图片由D.M. Broom提供）

空气中使其窒息而死的毫无福利可言的做法（图31.2）。在鱼死之前将其放冰面上冷却只会延长经受福利差的时间（Rob 等，2000；Robb 和 Kestin，2002）。无论是专门设计的锤或者机械的击晕装置，都是用敲击的方式处死鲑鱼。这种方法应能提供足够的力度使鱼立即失去意识，并且直到死亡都保持这种无意识状态（图31.3）。

像杀鲑鱼这些小型鱼类时，一个满意的方法就是使它们瞬间昏迷并持续到死亡。将动物在空气中窒息而死的方法虽被广泛使用，但是不可接受的。电击可能是目前可用的致晕的最好方法（Lines等，2003）。所聘用的杀鱼员工都必须了解和掌握人道的处死技巧，且能熟练地应用。

在一些养鱼场，并不是采用最快而干扰最少的方式从水中捞鱼，而是允许一些人入场钓鱼。研究表明，钓鱼和再放生会增加鱼鳞的损伤，使鱼更易感染疾病（Broadhurst 和 Barker，2000）。鱼钩钓鱼导致的损伤和死亡普遍存在，尤其是当鱼钩刺入到鱼的深层组织时对鱼的损伤更大（Muonehke 和 Childress，1994）。在放生比赛期间及其之后，鱼的死亡率会有明显上升（Suski等，2005）。捕获的实际过程会导致鱼的心跳加快和皮质醇水平升高，进而躲避再发生这种事情（Verheijen 和 Buwalda，1988；Pottinger，1998；Cooke 和 Philipp，2004）。

鱼在捕获和放入水之前暴露在空气中会使得其免疫系统功能受损，雌二醇分泌受到抑制，繁殖能力降低和严重代谢紊乱（Pickering 和 Pottinger，1989；Melotti等，1992；Ferguson等，1993；Pankhurst 和 Dedual，1994）。

图31.2　鲑鱼暴露于空气中直至死亡（图片由 D.M. Broom提供）

图31.3　电击前的三文鱼（图片由D.M. Broom提供）

在密闭网箱中饲养一段时期也会诱发肾上腺反应——有时会很长，有时也会相当短（Pottinger，1998）。

（四）环境质量富集

鱼要同种饲养，这样不会被剥夺社会接触。然而，从另外一个角度看，这些鱼的生存环境非常贫瘠。人们需要更多的信息来证实是否能通过环境富集刺激来提高鱼的福利，以及如何能够满足鱼的所有需求，包括对多样性刺激的任何需求。

（五）疾病和寄生虫病

病原体和寄生虫都会导致鱼的福利变差。因此，如何管理使疾病的发生降到最低是非常重要的。关键在于找到一个检查并识别出那些生病的、沮丧的或死亡的最好方法。像鱼虱这样的寄生虫将导致鲑鱼的福利变差（图31.4）。养鱼场经常性地免疫接种可以减少或避免抗生素的滥用。然而，由于处置和使用刺激性佐剂，鱼的福利在短期内会变得非常差，长期内也会变差（Sorum 和 Damsgaard，2003）。

图31.4 鱼虱吃鲑鱼的肉，并导致疼痛（图片由D.M. Broom提供）

（六）处置、分级分拣和运输

鱼从水中被捞出会表现最大限度的应急肾上腺反应（图31.5）。出于鱼福利的考虑，不离开水的转移方法更可取。然而，任何手工处理方式、很多分级分拣程序和一些运输过程对鱼类都是非常强烈的应激，通常会增加鱼对疾病的易感性（Strangeland等，1996；Pickering，1998）。经证实，2h的运输过程会降低银大马哈鱼的学习能力（Schreck 等，1997）。

图31.5　当从水中捞起时鳟鱼身体剧烈活动，呈现出肾上腺反应（图片由D.M. Broom提供）

除非必需的分级，鱼群不应该进行过多的分级分拣（图31.6），因为分拣过程往往会使鱼相互拥挤进而导致血浆皮质醇水平持续升高（Barnett 和 Pankhurst，1998），大多数分级分拣都可能使鱼感到紧张。

在剥皮和抽取过程中，鱼经受处置和使用镇静剂的次数越多，皮肤损伤和应激就越严重。但是如果使用了有效的麻醉剂并且在镇静和麻醉的全过程维持适当的浓度，鱼的福利会改善很多。

（七）天敌和养殖鱼

养鱼场要经常采取一些必要的防护措施来保护他们的鱼免受天敌侵扰，

图31.6　（a）、（b）分拣可以区分不同大小的鱼，但是如果捞出水面则造成福利变差（图片由D.M. Broom提供）

因为当有天敌出现时，鱼类会表现出强烈的肾上腺反应，而且进食也受到压抑（Metcalfe 等，1987），死亡率会升高（Carss，1993）。很多天敌已引起公众的高度警觉，海豹、水獭、苍鹭、鱼犬或塘鹅。因此，养鱼场必须有防范天敌的措施（图31.7），但是也应最大限度地减少对天敌福利的影响，同时不能威胁到天敌的种群数量。捕杀天敌应是不得以的选择。

四、对观赏鱼的特别关注

关于养殖鱼福利方面的许多重要问题也与观赏鱼有关。由于各种各样的鱼可作为宠物饲养，因此其需求也有很大差异。一些品种的鱼暴露在空气中也能幸存下来，而许多种类的鱼都能够忍受水中相对较低的氧气浓度。有时候养鱼人不能确保采用往水中吹泡的方式注入空气来满足鱼的需要。如果清理鱼缸所间隔的时间过长而又无其他保持鱼缸清洁的措施，结果将导致水中的含氧量下降，污染水平上升。在某些情况下，如果人们投喂的食物超过鱼的采食量，那么过多的食物就会腐烂而变成污染物质。这种情况将导致鱼的

图31.7　鲑鱼网箱上方有网状物防止鸟等捕食（图片由D.M. Broom提供）

福利变差。

不同种类的鱼饲养在一起，有可能会出现弱肉强食的现象，尤其是鱼缸中还有正在发育的小鱼时更是如此。即使它们之间不残杀或者捕食，也会发生鱼鳍或身体其他部位损伤的现象。这些伤害将给鱼带来疼痛，有可能恐惧及其他福利差问题。

可能会导致观赏鱼福利差的最普遍的情况之一就是将鱼饲养在单调的环境中。通常情况下，鱼类所生活的环境较为复杂，并且对其有所反应。在鱼缸中单独饲养一条金鱼，由于缺乏环境刺激其生存也许会收到严重影响。这方面的科学资料很少。

鱼对很多种疾病和寄生虫病都比较易感。很多作为宠物饲养的鱼经常会遭受真菌类疾病的侵染。养鱼的人可能不知道如何预防或治疗，而且也找不到兽医。不过，现在已有专门的鱼类兽医师这个职业，他们可以给观赏鱼和养殖鱼看病。

第32章
毛皮动物的福利

一、概率

　　毛皮动物是指为人类服装和装饰提供皮和毛而饲养的动物，像牛和羊等以提供食物为主的动物的皮毛也可被利用。这些动物的福利在其他章节中也有讨论。许多种兔子也属于这类（第34章）。猫和犬在一些国家可被食用（第35和36章），但偶尔也被当作毛皮动物饲养或宰杀。除了上述这些动物外，雪貂（*Mustela furo*）是真正被驯化而又经常作为毛皮动物饲养的品种。雪貂已被人工饲养了大约2 000年，或者用于猎捕野兔和其他小型哺乳动物，或者作为伴侣动物饲养，现在有时也被关在金属笼子里作为毛皮动物饲养。水貂（*Mustela vison*）、红狐或银狐（*Vulps vulpes*）、北极狐或蓝狐（*Alopex lagopus*）、海狸鼠或河鼠（*Myocastor coypus*）、狸（*Nyctereutes procyonoides*）、丝毛兔（*Chinchilla brevicasudata*）和黑貂（*Mrtes zibellina*）等动物很难被人类驯化，作为毛皮动物被饲养的历史才有仅仅20～90代（Hansen，1996）。

　　现在毛皮动物尤其水貂和狐狸的毛皮特质已经有了相当大的改变，但是由于被饲养在金属笼子里，只是偶尔会看到人类，而且经常处在非常烦扰的环境中，仍然很难适应人类的存在。狐狸能通过遗传选育得到更容易驯化的品种（见下文），但是养殖场通常达不到人工驯化动物所需要的程度。在对毛皮动物的行为和其他功能进行研究后发现，人类几乎无法将毛皮动物驯服，下面我们将对毛皮动物养殖条件的福利作一简短概述。

二、养殖水貂

近年来，人们对养殖水貂的福利问题所作的研究正逐渐增多（Braastad，1992；Nimon 和 Broom，1999）。在毛皮动物农场，水貂一般饲养在一端带有一个巢箱的金属网笼子里（图32.1），除了一个饮水器外再无其他容器。这些装置并不能满足水貂的全部需求。野生水貂和许多从饲养场逃逸的水貂活动范围相当广，特别是受到威胁时会穴居，在水中能完成多种任务，善于攀爬，窥探周围环境，以及一旦它们分群后喜欢独居。水貂属于水生动物的证据包括：① 脚部分带蹼，游泳迅速并能潜水；② 大多数食物来源于水生，能在水下捕食和玩耍；③ 无线电跟踪研究显示水貂每天游泳1~2次，平均游250m。当水貂被训练得可以表演进入巢箱，玩弄不同物品，在高台玩耍，钻过通道，钻入空笼子和进入水池时，人们发现水貂总是更加优先地选择到水池中游泳（Mason等，2001）。

通常饲喂水貂以鱼、禽或者哺乳动物等这些营养丰富并且卫生的食物。食物通常都被放到水貂能很容易够得到的笼子顶部。貂笼都安装有饮水器。水貂一般能在毛皮动物农场成功饲养（Elofsen等，1989；Moller，1992），尽管水貂有严重的传染病，但是皮毛动物养殖场的动物健康状况一般都还比较好。

研究发现，在每个貂场都会有一些貂表现咬皮毛的自残行为（Joergensen，

图32.1　笼子中的水貂（图片由D.M. Broom提供）

1985；de Jonge 和 Carlst，1987），很多貂都表现很刻板的行为（de Jonge 等，1986）；但是这些问题在野生水貂（Mason，1991；Dunstone，1993）和动物园（DonCarlos 等，1986）或实验室（Dunone，1993）等圈养环境中饲养的水貂中都没有。水貂最普遍的自残方式为咬掉尾巴皮毛。大部分毛皮动物养殖场都有一些水貂有咬行为，而且de Jonge和Carstead研究发现（1987），18%的雌貂有此行为。有些水貂甚至咬掉尾部组织，直到尾巴短得够不到为止。但是，水貂极少会有撕咬自己四肢的行为。

养殖水貂表现的刻板行为包括晃头、跳跃、来回走动和转圈等。一些情况下，当有人在场观察时这些刻板行为仍然会继续，但是当水貂感兴趣或觉得有重要意义的事情发生如人类到来时，这种行为多数会停止。一项研究表明，在142只养殖水貂中，其中70%的水貂有一些刻板行为，50%的水貂其刻板行为持续时间超过了其清醒时间的25%（de Jonge 和 Carlstead，1987）。另一个研究表明，在一个大型水貂养殖棚中，有16%的活跃行为属于刻板行为（Bildso 等，1990）。

当人们对引起水貂表现刻板行为的因素进行分析时，明确发现笼养环境和管理方法是导致毛皮动物出现这些刻板行为的原因。野生的、在良好的动物园中饲养的和生活在多样化笼养环境中的水貂均不表现刻板行为。但在正常或双倍尺寸的笼子中，水貂会表现刻板行为。表现刻板行为的高峰时间出现在饲喂前，但其他时间段也会出现。正如上文提到的，水貂的刻板行为在饲养员出现时可停止，因而缺乏刺激可能是关键因素。7周龄断奶的水貂会比11周龄断奶的水貂表现出更多的刻板行为和咬尾行为（Mason，1994），推断母貂可以预防的一些小水貂的挫折感可能是导致上述情况的原因之一。笼养水貂的刻板行为比较强烈，尽管一些养殖场中的水貂不存在严重的刻板行为，但很明显正常的生活环境非常差。

努力改善水貂的笼养环境很大程度上是对现有笼子设备进行改造，以便尽最大可能地满足其需求。Hansen（1998）的研究指出，应在笼子里装一个跳台，其他一些专家则普遍认为在笼子里安装一个铺有稻草的巢箱可提高动物福利。Vinke 等（2002）发现，将貂笼连接起来再安装一个塑料圆筒和金属网跳台，对减少刻板和自残行为几乎没有效果。通过丰容环境，而不仅仅是扩大笼子的尺寸，可减少貂类刻板行为和咬尾行为等福利不良的标志（Hansen等，2007）。

三、雪貂

人们对雪貂的研究还比较少。与养殖水貂和狐狸相比，雪貂很少攻击人类或者害怕人类。雪貂常被人们当做伴侣动物，主人投入很多情感，对它们细心照顾。水貂则不能这样饲养，因为它很容易咬人。在毛皮动物农场，雪貂饲养在与水貂相同的笼子里，可能经受与水貂大致相同的挫折感。然而，由于雪貂的脚不带蹼，因此没表现出在水中游泳、玩耍和捕食的强烈喜好。

四、养殖狐狸

Bakken 等（1994）以挪威和芬兰为例对毛皮动物农场的养殖标准作了介绍。狐狸要饲养在底面积为0.6～1.2m²、高0.6或0.7m的金属网笼中（图32.2）。蓝狐饲养的笼子尺寸稍微小点。从交配季节直到幼崽断奶期间人们会在笼子中给狐狸安个巢箱。其余时间段没有装置或覆盖物。这些并不能满足动物的需求，会导致动物的福利不良（Nimon 和 Broom，2001）。在欧洲，自从欧洲委员会公布了关于毛皮动物福利的建议后，业内逐渐认识到许多消费者意识到了毛皮动物养殖场存在的不良福利问题。因此，无论是否在繁殖季节，现在狐狸饲养中笼子中都增加个架子和巢箱供狐狸躺卧。

幼崽一般在出生后8周龄时与雌狐分窝，而同窝幼崽在10周龄时相互分开。Pedersen（1991，1992）建议，一起饲养的同窝幼崽应放在双倍大小的标准丹麦狐狸笼中，大小为1.95m×1.2m×0.95m。之后，狐狸就可以单独或成对饲养在单个或双倍大小的标准笼子中，成对饲养的通常是同胞狐狸（Pedersen 和 Jeppesen，1990；Pedersen，1991）。

养殖狐狸的日常饲喂方式与水貂相同（详见上文；Nimon 和 Broom，1999）。当需要鉴定狐狸发情及在狐狸交配期、毛皮品质鉴定和治疗时都需要抓捕和处置。一般来说，种狐每年被抓捕或移动的次数多达20次，而幼

图32.2　笼养北极狐（图片由D.M. Broom提供）

崽也要被移动5次。被人类触弄和转移到新笼对狐狸来说是常事。不管取皮的还是留作种用的狐狸一般都饲养在用金属墙彼此相隔的笼子中，这些笼子一起安置在饲养棚下。

据报道养殖狐狸对人类和其他狐狸会表现出"极度恐惧"，如发抖、便失禁、退缩到笼子后部和试图咬操作人员等（Tennessen，1988）。人们已经多次对能否通过品种选育来减少狐狸"持续性恐惧"的可能性进行了研究（Bakken等，1994）。人们在西伯利亚进行了大规模的驯化试验来选育银狐以消除银狐对人类的消极反应，即防御反应（Belyaev和Trut，1963；Belyaev，1979；belyaev等，1985；Trut，1999）。这些试验选育出的银狐行为上类似于家犬。在长达2年的研究中，将选育的150只狐狸幼崽与未经选育的123只商品幼崽进行比较，Belyaev等（1985）发现驯化延长了幼崽适应于人类的期限。经选育的狐狸所产的幼崽在发育上有了一些变化，据报道这些幼狐放在新笼子中时未表现出恐惧行为，与对照组相比，对人类也表现出较少的恐惧。此外，另一些报道称经选育的狐狸所产的雌狐发情时间较早，有时一年交配两次（Naumenko和Belyaev，1980；Trut，1981；Hansen，1996）。

更深入的研究发现大脑化学物质和脑垂体系统的发育在驯化狐狸和野生狐狸之间存在明显差异（Malyshenko，1982；Trut和Oskina，1985；Plyusnina等，1991；Popova等，1991；Dygalo和Kalinina，1994）。Harri等（1997）发现，选育了37代的俄罗斯银狐与美国饲养的银狐相比，在面对人类和人类触弄时表现出了更少的行为反应和心理反应。不过这些基因品种还没有用于商业用途。人类的早期经验对狐狸有着重大的影响（Pedersen，1994），因此比较驯服的品种仍然需要与人类进行大量接触从而使狐狸能更好地适应人类，但问题是狐狸还有可能害怕相邻笼子中的同类。

公众对狐狸的养殖提出了以下问题：① 笼子太小；② 环境单调，笼子里除了一个饮水器没有别的东西；③ 笼子底部是金属网。如果不改善笼子设施、不丰容笼子环境，单纯靠扩大笼子尺寸并不能使养殖的狐狸受益（Korhonen 和 Harri，1997）。然而，给予狐狸较大的空间就有可能使其环境真实起来。狐狸几乎不需要通过安装巢箱来抵御风寒，但即使临时安置一个重要的藏身处也可以有效地丰容狐狸的居住环境（Jeppesen 和 Pedersen，1991；Nimon 和 Broom，2001）。Mononen 等（1995b）发现，银狐喜欢在窝箱的顶部休息。

在动物园中，狐狸选择在高出地面2m或2m以上的有利地形蜷伏，因而很明显在狐狸的笼子里架个高台就能改善环境的丰容程度。给笼养狐狸提供适当尺寸的平台，可以使它们表现正常的生物学行为，很明显也有助于满足狐狸的一些需求（Korhonen 等，1996）。传统的狐狸笼子可高达1m，因此放置在笼子中的任何架子都不足以给狐狸提供足够的视野。比起单笼饲养，多笼饲养能够更好地满足狐狸的需求。对饲养在大笼或是复杂笼养环境中的狐狸进行分组饲养试验效果良好，但可能不适合在繁殖季节使用，因为无血缘关系的成年狐狸可能互相伤害。

Harri等（1995）发现，只要不与在高台休息和有效调节体温相冲突，银狐更喜欢坚硬的地面。低温时，狐狸能够抖松绒毛，这样在金属地面上可以更好地保持体温。金属网平台更适合北极狐而不是银狐。

银狐表现异常行为的发生率已经引起人们的高度关注。饲养场的一些个体表现刻板行为的频率相当高，尤其是在没有人类在场观察时，如果在比较挫败的环境中饲养，会有更多狐狸表现刻板行为（Braastad，1993）。狐狸普遍存在繁殖问题，有时与异常行为和对邻近狐狸的恐惧有关。在对德国（Haferbeck，个人交流，1996）所有养狐场调查时发现，45%的银狐和40%

的蓝狐不能繁殖，尽管其他国家这种问题的发生率相对较低。

据报道，从咬掉尾巴和咬唷开始，母狐杀死和伤害幼狐的行为已经成为养狐场中的一个普遍问题（Bakken，1989，未出版；Braastad，1990a，1990b）。Braastad（1994）发现，在笼子里安装一个带有进入通道的巢窝，可以提高母狐的产仔率，降低3周龄内幼狐的死亡率。Bakken（1993a）的研究指出，邻近狐狸的出现可以影响雌狐的杀仔行为，该试验中有杀仔行为的母狐与其他雌狐进行了物理和视觉隔离。此后，这些狐狸对幼狐的伤害明显减少了。而且，Bakken（1993b）通过人为控制雌狐邻近狐狸的社会地位，可显著减少雌狐的杀仔行为。这个研究充分说明，在当今的饲养场中一些处于劣势地位的雌狐，其繁殖性能受到抑制，杀仔行为增强。

很明显，在商业化养狐场中存在严重的福利问题，而且也没有通过科学研究或改造养殖场笼舍加以解决。

五、河狸鼠

河狸鼠生活在南美，基本上是一种水栖生活的啮齿类动物，毛皮通常被称为海狸鼠毛皮。河狸鼠在长满芦苇的地方建造巢穴，也在湖泊或河流的堤岸上挖洞作为隐藏或生活的场所。河狸鼠的脚上长有蹼，游泳和潜水能力非常强，如果没有可游泳的水域，河狸鼠就发育不好。现在河狸鼠作为毛皮动物饲养比以前少多了，因为逃逸的河狸鼠会对河岸和其他水域造成严重危害。麝香鼠（*Ondatra zibethicus*）是北美当地的一种水栖动物，偶尔被作为毛皮动物饲养，但在欧洲造成了巨大的损失。笼养的河狸鼠如果能得到小心处置，能很好地适应人类。然而，人们对河狸鼠福利方面的研究还非常少。

六、貉

近年来，貉的活动范围已经向西迁到了欧洲。与红狐相比，貉的体格较小，腿较短，可以饲养在与红狐相似的笼子中，貉主要饲养在芬兰。尽管貉在与人类接触时表现得不如狐狸那么紧张，但是人们并不了解貉在与人类接触时的真正反应。因为貂被人类圈养驯化的时间只有很少几代，很可能在适应方面仍有很多问题。在一些高质量的科学期刊中未见到有关貂福利方面的文献。

七、栗鼠

栗鼠是一种生活在南美岩石山区的小型啮齿类动物。花栗鼠（*Chinchilla lanigera*）是最常作为毛皮动物饲养的品种。栗鼠作为宠物饲养的时间要比作为毛皮动物饲养的时间长。在养殖场中，栗鼠一般不习惯于人类的出现，其行为明显表现出很害怕人类靠近。当栗鼠受到惊吓时，逃跑反应表现为能跳跃的高度可达到自身身高的几倍，很有可能会撞到任何小笼子的顶部，引起受伤。因此，任何栗鼠都不应该饲养在那些没有达到通常逃跑反应高度的笼子里。逃跑反应跳跃的高度大约为70cm，但是人们还没有进行过栗鼠所需要空间大小的福利研究。

雄性栗鼠表现父亲行为，一般是一雌一雄配对生活。但是在养殖场，经常是一雄配多雌。这有可能导致攻击行为增多，社会关系混乱。在一些棚舍中，雌性栗鼠的颈部经常被带上项圈，但尚不清楚这些项圈对栗鼠的福利有什么影响。牙齿问题会导致栗鼠福利不良，这些问题非常普遍，尤其是在农场更多见。

因为栗鼠很少独居生活，所以把栗鼠作为宠物单独饲养可能会导致福利问题。然而，一些宠物栗鼠的饲养环境看起来能够满足其需求。不过几乎没有关于栗鼠福利问题的科学证据。

八、黑貂

黑貂是一种生活在亚洲的凶猛的捕食兽，体格比水貂大很多。黑貂偶尔在毛皮兽场饲养，但是由于没有证据显示黑貂能够适应笼养环境，所以不应该被关在笼子中饲养。

第33章
马和其他马属动物的福利

虐待和忽视

最早的一些关于保护动物的法律是由于对马福利的关注而颁布的。马或驴经常被鞭打并导致大量的伤口和长时间的瘀伤，而且由于马和驴的负重非常大，导致它们无法正常移动。一些人经常用驴或马的形象来讽刺社会和政治家，以迫使他们采取措施制定动物保护法。即使现在在一些国家，将自己的驴或马鞭打致死，以及它们拉车或负重时导致背部或腿部骨折仍是不触犯法律的。施行虐待行为的人应该有充足的知识意识到他们的行为将使动物产生极大的痛苦并使动物产生低福利问题。这些人的行为应该用残忍来形容。

人们有时候对马的忽视是故意的，且这种行为完全可以避免。一种情况是人们知道应该去做些什么，但是由于疾病或贫穷而没有能力去做；另一种情况是由于缺乏知识而导致的意外。一般情况下，在牧场中饲养马时，牧场不能给马提供充足的食物，而且牧场所提供的饲草可能仅为马需要量的一半。经受饥饿的马会表现出身体状况逐渐变差，无精打采，并表现出各种异常行为。上述这些都是马经受饥饿后很明显的标志（Fraster，1984）。除非能不厌其烦地满足马的各种需要，否则人就不应该饲养马。马主人给马饲喂较少食物和较少放牧的行为非常残忍且应该避免。给马饲喂不平衡日粮的行为也是马福利低的原因。在农场动物生产中不正确的喂养方法相对少见，但是在作为伴侣动物饲养的马中却很常见。

导致役用和伴侣马属动物低福利的另外一个原因，是不能对马属动物进行正常的护理工作以防其发病（Fraster，2003）。正常的护理工作可以由主人、马医或外科医生来做。不对马进行修蹄将导致蹄部过度增长。像蹄部裂损和蹄部损伤可以通过给马钉掌的方式来解决。这样的工作可以由知识丰富的马主人和马医来完成。马的许多疾病可以通过兽医的治疗而预防，但是如果不治疗将导致长期的低福利问题。由于缺乏人的照顾而使马患上本来可以避免的疾病，也是人残忍的一种形式。

（一）与骑马、鞭打和役用有关的福利

马、驴和骡最初在背上驮人和物时可能会感到不安。但对其进行训练之后，在背上驮人或适宜尺寸的货物时，这几种动物的福利并不会变差。事实上，马和驴似乎和熟悉的骑手之间会形成某种默契，并且动物在携带骑手时很少显示出不情愿情况。这是因为，在许多情形下，携带骑手的情况是马生活中一段有趣的插曲，而且能使马做更多的运动。

然而在许多情形中，人们希望马和其他马属动物一样负重更多，跑得更快。但是马不喜欢这样的选择，而且马也不愿意去它们所不喜欢的方向。马可能受到鼓励或受到喊叫、鞭打或马刺的惩罚。骑手的鞭打和踢等行为可能造成很轻微的损伤，也可能导致严重的伤害。

因此，有必要对马可接受水平和不可接受的水平进行区别。这种区别应该通过对动物福利的影响来进行评估。骑手在用2cm的马刺踢和戳马的肋部和腹部时，可以很容易地刺破马的皮肤，并导致马出血和大量的组织损伤。因此，许多管制骑马的组织都禁止使用马刺或者严格限制马刺的尺寸和形状。这样即使是非常兴奋或愤怒的骑手都不会对马造成严重的伤害。使用马鞭将对马造成可见的瘀伤，同时热成像可以显示鞭打区域的炎症程度。用马鞭进行更强的打击时将使马产生更明显的炎症，并且能计算出高于一定值的鞭打次数。在骑手骑马过程中应用测定马鞭力度的方法可以发现，一些人鞭打马时所用的力量很大，而另外一些人用的力气就很小。在许多国家中，过度使用马鞭的行为已经在骑马俱乐部中被禁止。

然而，什么是过度这个问题可以用各种方式进行解释。如果把对马的所有形式的严厉惩罚都列为违法，那么骑马运动将会有很大程度的转变。当考

虑到其他被骑行的动物时，人们可能发现在这些动物中发生更残忍的行为是正常的。如果不在大象脖子上插入一个长15～20 cm的匕首，则大象不能被训练并且在一定情况下不能被骑行。由于大象可以很轻松地杀死它的骑手，因此上述行为可能是可以理解的，但是人们训练和骑行大象的行为仍然遭到道德的质疑。如果匕首的使用对于大象的骑行和训练非常必要，那么它们就不应该被骑行。

（二）训练方法和福利

动物使用过程中的中心道德问题是对马进行训练时所采用的方法是否人道。因为马在训练过程中所表现的各种行为和动作的频率，对于它们来说非常陌生。如果有人说为了使马的训练获得成功，就必须使动物的福利变差，那么大多数人都认为少数人为了娱乐和利益而对动物进行使用是不合乎情理的。马戏团对大部分野生动物的训练就归属于这一类。然而，像马这种家畜可以被训练来供骑行、拉车或耕地，并且在训练过程中不产生低福利问题。马训练过程中所存在的问题就是驯马师经常采用一些不人道的训练方法（Mcdonnell，2002），而且这些训练方法很难被人发现。如果驯马过程中经常使用的严酷训练方法为人们所熟知，那么整个驯马行业将会很危险，因为公众有可能要求停止这种行为。

在马的训练过程中，一个特别引人注目的状况就是，是什么使马容忍人的骑行行为。驯马过程显示，它往往是一个非常严峻的过程：该过程被称为"破坏"。这个时期显示了人对动物的暴力征服过程。很明显，严酷的突破方法将会使马在生命周期中的很长一段时间内处于低福利状态。然而，人们可以使用很多温和的突破方法来对马进行训练。严厉的训练方法在训练马的过程得到允许是很不正常的。

马经过训练后可以被骑行，而且一些马经过严格的训练后可以参加越障碍赛、越野赛、花式骑术比赛和赛跑比赛。在马的训练过程中，一些人采用的训练方法比较温和并且给予马一些友好的鼓励，而另一些人所采用的方法就比较粗暴。在训马的过程中有必要对驯马的方法进行严格检查，并且应该禁止那些导致动物低福利的过激行为。

比赛用马的初始训练年龄对于它们的福利有很大的影响。如果青年马匹经常性地快速奔跑，尤其是在坚硬地面上地奔跑，那么将会对其骨骼的发育造成负面影响。驯马师也不希望这样的情况发生，但是迫于财政的压力，驯马师不得不尽可能早地使马努力地奔跑，这种情况将导致10%甚至是50%的马不能参加比赛。为了降低由于艰苦训练而导致的运动失调和早期死亡的发生率，对马参加各种比赛的年龄规则作出修改是很有必要的。

（三）外科手术

为了让马更便于管理或是为了使马看起来不一样，人们对马进行阉割。当人们不需要公马进行繁殖，并且为了降低骑乘时的危险性时，人们对公马进行阉割。如果不使用麻醉剂或是镇痛药，那么阉割过程对于马来说非常疼痛；但即使是使用了麻醉剂或镇痛药，在药效消失以后马也会有很强烈的疼痛感。断尾对马来说也非常痛苦。这些操作都会导致福利问题的出现。例如，断尾后的马匹不能有效地驱除蚊虫的叮咬而将导致动物的低福利。

为了降低异常行为发生的概率，可能要对其进行其他的操作，但是有害的程序将导致马福利的恶化（第23章）。打烙印的过程也会降低马的福利，并且这个过程对马的正常奔跑来说并非非常必要。

（四）繁殖和福利

在过去的100年中，农场的繁殖过程给农场饲养的动物带来了巨大的改变，但是与此同时给马带来的变化却出奇得小。然而，由繁殖带来的改变已经对动物的福利产生了影响。一些品种的马神经比较紧张，而且这种马相对难以训练和骑乘。

（五）饲养和管理

马属于群居动物，因而它们每天都需要与其他马有充足的接触时间。它们每天的日粮中必须添加粗饲粮和其他营养成分，而且必须进行日常的运动。许多马的个体饲养在与畜群相隔离的环境中，而且给它们提供营养不合理的食物和极少的运动机会。正如第23到27章所述，饲养环境、饲喂和其他管理方法将导致各种异常行为和低福利。有很大比例的马生活在需要不能被满足和福利很差的饲养环境中。饲养和管理方法是导致大多数马产生福利问题的主要方面（图33.1）。

图33.1 马是群居动物，这两匹小马驹只要有机会就在一起。分开的马厩会导致福利不良（图片由A.F. Fraster提供）

第34章
养殖兔和宠物兔的福利

  兔作为一种伴侣动物、肉用动物和实验动物为人们所饲养。世界范围内有多种兔，但是只有穴兔（*Oryctolagus cuniculus*）被人们所饲养。在很多情况下这些动物都在笼中饲养。如果可以选择的话，即使是宠物兔也不愿留在人类身边。笼子的尺寸据饲养兔目的不同而有所不同。一些宠物兔比试验兔和养殖兔所拥有的空间要大很多，但是也有一些宠物兔的居住空间很狭小。与养殖场中肉兔所占的饲养空间相比，实验室中作为试验用的兔占据了更多的饲养空间。这与兔的需要相比不符合逻辑，但是人类对兔的态度据兔的用途而不同。

  兔的养殖数量非常巨大，每年兔肉的产量为50万t。我们如何才能评估兔的福利呢？对于所有动物来说，衡量福利的指标非常相似。评估兔福利的一个指标就是异常行为出现的程度。在笼养的兔中经常观察到异常行为。导致兔出现这些异常行为的原因可能是缺乏环境的有效刺激或是缺乏对环境的控制能力。在试验兔中，除了异常行为之外的其他指示福利问题的行为还包括：在笼子的栏杆上下嗅动、将头埋在角落及不均衡的饲养。与围栏饲养的动物相比，笼养动物会表现出更多的咀嚼和舔舐行为（Morton 等，1993）。

  另外，为了测定兔对新环境和人类的恐惧反应，人们对兔进行了新式饲养栏行为测试和紧张反应测试。人们已经对兔的白细胞数量、肾上腺重量、抗坏血酸水平、皮质醇水平和睾酮水平等生理指标进行了研究。Fenske 等（1982）发现在新的环境中处理和放置兔时，将对其产生很大的应激。Verde和 Piquer（1986）发现笼养42～43d的家兔，在应对热应激（32～34℃）和噪声应激（90±5dB，200c/s）时将产生高水平的皮质醇和抗坏血酸。高温（持续4.5h的42℃高温）将导致兔皮质醇水平的大幅度提高和生理的应激反应（Dela fuente 等，2007）。

在养兔场，用于繁殖的雌性家兔经常饲养在长60～68cm、宽40～48cm、高30～35cm的金属网笼中。这样的笼子可以给家兔提供2 400～3 120cm^{2}的地面面积。当母兔进行生产的时候应该在笼子中放置产仔箱，而且当幼兔在21～25日龄与母兔分离时要将放置的产仔箱移除。留5~6只幼兔在笼中饲养，直到达2.0～2.8kg的屠宰体重时为止。与此同时，每只兔都应该平均占有480～520cm^{2}的地面面积。如果提供可供10只兔居住的大的饲养笼，那么兔所占有的平均地面面积可以保持在450cm^2（EFSA，2005）。

在饲养场中，一般兔笼的高度都不允许成年兔采取正常的姿势。在这样的笼子中，饲养的兔可能无法竖立起它们的耳朵，而且兔养殖场几乎没有可供兔后腿站起来的兔笼。在笼中饲养的兔有可能因为耳朵伸出笼子的顶部而导致受伤。家兔在笼子中不可能有跳跃行为。兔的逃避反应就是产生跳跃。在兔饲养场中，因为笼子的顶部非常低，因此会使兔产生一系列的问题。这些问题尤其是在兔子感到不安，但已经学会了不去跳跃的时候表现得更加明显。

用于繁殖的母兔很容易交配和产仔，而且每年能产6窝，平均每窝产10只幼崽。在维持这样繁殖率的情况下，兔的寿命仅能维持1年。这与兔的潜在寿命相比非常短暂。因此从这些情况可以推断出，兔场的繁殖母兔正在经受着低福利的严重状况。人工授精进行的非常快可能是导致繁殖母兔低福利的原因。

兔笼的金属网地面将导致笼养兔的不适和爪部受损。Mriabreil和Delbreil（1997）对法国兔养殖场进行了调查研究，并对兔的伤残程度根据Drescher和Schlender-Bobbis（1996）的伤残分级表进行了分级。平均12%的雌性家兔爪有伤口，而且那些伤口严重的兔都显示出不适的迹象。Rosell和De la Fuente（2004）发现，在西班牙笼养的兔出现爪部伤口的比率仅为9%。Princz 等（2005）发现，在塑料笼中饲养的兔比在金属网笼中饲养的兔有更高的死亡率和耳损伤率。

　　当兔所熟悉的人对其进行不断重复地抓拿时，人的抓拿对兔的福利有积极的影响。在幼年时经过抓拿的兔与没有经过抓拿的兔相比，在其生命后期它们对人的惧怕程度有所降低。当在敏感时期对幼兔进行处理时，如产后第1周内和临近哺乳时间时，会产生很好的效果。

　　在兔的饲养笼中添加干草、金属玩具和木片可以提高兔的福利。在动物笼中添加物品会使兔花费大量的时间与其相互作用，并且兔很难适应它们（Huls 等，1991）。Lidfors（1997）研究发现，与木棍和箱子相比，干草能够吸引兔花费更多的时间与其互动。与此同时，与在笼中不添加任何物品或在笼子中添加除了草之外的丰富添加物相比，添加青草和干草的笼子将使兔舔舐和啃咬笼子等异常行为的发生率减少一半。干草和青草可以减少这种异常行为的原因可能是兔可以对这两种物质进行采食。可以通过在饲养环境中提供木头棍棒的方法来减少兔啃咬饲养笼栏杆的行为。在饲养兔的笼子中添加木头棍棒可使兔的日增重提高。

　　Stauffacher（1992）建议，为母兔提供可供躲避幼兔和休息的饲养笼设计非常有必要。为了达到上述目的，他提议安装一个地势较高的场所，一个平台，一个单独隔间或设置一个与笼子相连的隧道。Finzi 等（1996）指出，在笼子中所设置的升高的平台可使兔在获得更多的空间方面有较大优势，而且不用改变笼子在地面上的占地区域。人们设计的带有22cm高平台的饲养笼，在经过15d的饲养后发现，兔会在平台上花费53%的时间。相反，兔应用隐蔽隧道的时间很少，仅占总时间的2%（据Lidfors观察）。

　　饲养场饲养环境条件下，在兔42d的常规繁殖周期中，Mirabito 等（1999，2002）测定了笼子中设置的平台对兔占据空间的影响。在母兔生产后的第2~4周，也就是在母兔的哺乳期，当人们在兔的饲养笼中提供一些工具并将生产箱移除时，母兔在平台上花费的时间从20%上升到35%。尽管产生的实际问题尚待解决（Mirabito，2004），但是与一些提供的工具相比，饲养笼中设置平台对于提高兔福利的效果更明显。

　　兔是社会性动物，而且在养殖场、实验室和作为宠物饲养的兔都是群体饲养的。Batchelor（1999）对试验兔的群体饲养制度进行了详细描述。然而，在养殖场中，不育个体、未来种用兔群和雄兔经常单独饲养在小的饲养笼中。在实验室和动物试验中，雄性个体都是进行隔离饲养的。许多宠物兔在其生命中的大部分时间是在孤独中度过的。不能与兔群接触是对兔权利的一种严重剥夺，因此当兔与社群隔离时，它们的福利将会变得很差。雄性个体之间会发生打斗行为，而且在群体饲养制度中，那些遭受攻击的个体的福利也会变得很差。但如果在饲养笼中给兔提供躲避潜在攻击的空间，那么那些受攻击兔的福利将会得到很大程度的改善。

第35章
犬 的 福 利

一、驯化和繁殖

犬是由狼进化而来的，所以我们可以说狼与人之间的关系已经有将近12 000年的历史了。两个物种都是从最初的联系中逐渐演变过来的，犬有以捕捉大型猎物为中心的捕食能力，而且也可以这样说，犬用另一种方式驯化了人类（Broom，2006）。为了利用与人类相关的生态位，犬不得不以某种方式在遗传上有所改变。那些具有胎生、长寿和小犬模样等性状的个体更容易存活下来，因为这样的个体即使与人类接近也能够正常繁殖。犬和人类从某种程度上视彼此为群体成员或部落成员。一些种类的动物可能从来都不能与人形成这样的关系，而且也不会出现互利共生的情况。犬似乎经常因为人类的存在而获利，其实反过来看情况也是一样的。

尽管犬发生了一些与人类相关的一些遗传变化，但是犬在人类社会中扮演着各种各样的角色，而且它们都各自有自己不同的优势特性。猎犬的主要职责是追捕大型猎物并将其扑倒然后等待主人的捕杀，而且与他们的野生祖先相比，这些相互配合的犬群具有更强的奔跑能力。与它们的野生狼祖先相比，如果犬要与比较危险的动物进行战斗并且抓住它们，它们就必须具有更加强壮的爪部肌肉和颈部肌肉。那些和人类一起生活并且一生即具有小犬模样的犬，它们的解剖结构和行为特性都有了相当大的变化。最初出现的犬种，是为了满足人们对，如守卫牲畜、警告入侵者、捕猎时搜索小动物和刨开洞栖动物洞穴等的角色需求。

一旦出现不同类型的犬，人们饲养它们一段时间后，并会用各种方法选出性状突出的犬。因此，体型非常大或非常小、长毛、短脸、速度非常快且耐性和身体强的品种便产生了。人们对犬进行非功能性和非生物学特性的选育后，那些选育出来的犬有的耳聋，有的几乎没有视力，不能正常呼吸，易兴奋，或是容易产生由于髋关节发育不良，癫痫发作，睫毛内向生长和皮肤过度褶皱等所形成的紊乱。所有的这些性状都将导致犬的福利问题，但是育种者仍然在试图繁育出越来越极端的性状。

当今的大多数人认为，一些犬可能通过繁殖将基因传递给后代并使后代拥有上述任何一个性状的情况在道德上是无法接受的。因此，在这种情况下，像牛头犬、沙皮犬和狮子犬这样的品种都不应该继续存在。像英国塞特犬、腊肠犬、拳师犬、达尔马提犬、荷兰毛狮犬、德国牧羊犬、黄金猎犬等这些拥有一个或多个遗传基因的犬也应该消失。但是，并不是每个人都这样认为。

二、残损

（一）残损和其他生殖特性导致犬的繁殖福利问题

由于整容的原因，一些犬的常规繁殖已经使它们的部分解剖结构和与之相关的繁殖标准发生了变化。最明显的例子有：① 科吉犬、拳师犬、普德尔犬和其他一些品种的犬的断尾情况；② 切割耳朵，以使耳朵变尖。所有犬在很大程度上的沟通，都是通过它们的尾巴；而上述所提到的那些品种的犬，由于缺乏正常的尾巴而使其交流能力严重缺失。切断尾巴非常痛苦，因为尾巴有丰富的疼痛感受器；但是断尾操作仍然继续进行，断尾操作一般是在初生后的第7天并且在没有使用麻醉剂或镇痛剂的情况下进行。由于断尾后在断尾处将形成神经瘤，所以断尾行为会给犬带来持续或间歇性的疼痛。为了治疗而将受伤的尾巴切除很少见，但是把所有用于繁殖和其他特殊用途的犬的尾巴切除的行为从未考虑到犬的利益。因为怕犬被植物弄伤而将犬的尾巴切除的观点也不能成立。移除犬尾巴上的长毛应该对上述情况有所帮助，但是将尾部的骨骼、皮和神经移除就不会有什么好处了。

将杜宾犬和洛威拿犬等一些品种的犬的耳朵进行切除，仅仅是为了让它们的耳朵在外观上显得更直，但是人们并没有考虑到切除和愈合的过程会使犬产生疼痛。犬的耳朵一般情况下都与信号有关。

一些是长毛品种的犬，即使长毛损害了他们的感觉、运动和其他功能，但它们的主人也不对其进行修剪。一个最典型的例子就是英国牧羊犬，这种犬由于额前挂着长毛而使其无法看清楚东西。犬的主人对宠物额头前的长毛降低它们视力的观点感到惊讶，而且他们仍然选择继续保留他们宠物额前的长毛，即使他们的宠物因为眼前的长毛而什么都看不见。这类犬的福利明显非常差。一些犬由于身体和尾部的长毛，而经常被地面的沟槽和植物所刮到。有些人使他们的犬在高温环境中留长毛，或是在寒冷的环境中将毛剃光。这些行为都将导致犬的低福利。

（二）为了主人的便利而使犬的身体受损

为了使犬停止吠叫，人们将它们的发声器官进行移除；这种行为是为了犬的主人和其他人的利益而进行的处理，但是如果犬不是因为吠叫而被杀，那么这种处理对犬来说没有什么好处。一些情况下，为了防止犬的撕咬而将其牙齿拔掉的处理对人类和其他犬来说都有好处，而且人们可以给予接受过上述处理的犬更多的自由。然而这种对犬的权利严重剥夺的行为必须与之所产生的优势相平衡。

为了便于管理而进行的最广泛的手术就是对公犬进行阉割和摘除母犬卵巢（卵巢子宫摘除手术）。那些没有进行睾丸切除的公犬会在户外很大的范围内寻找发情的母犬，而且如果有可能，它们将与那些发情的母犬进行交配。宠物的主人不希望住宅中或住宅附近的公犬与他们饲养的母犬交配。因此，人们对公犬进行阉割。这个手术通常是由兽医在使用麻醉药和镇痛剂的情况下来完成。但是这种情况仍然会使犬产生一些疼痛，因为去势对犬的最大影响在于行为和性格上的改变。这些影响将导致犬的低福利，但是去势后，人们给予犬更多的自由将在某些程度上平衡上述影响。

母犬的卵巢切除手术更加重要，因为与公犬的去势相比，卵巢切除手术会导致更加显著的低福利。经过卵巢切除手术的母犬不用经常的妊娠而且在发情季节会有更多的自由。然而，切除卵巢会使母犬的性格有非常大的改变。而且母犬一生都没有生育能力的情况明显是对其权利的一种剥夺。

三、行为问题

（一）社会关系的剥夺

自然状态下，犬的一生都是在其他群成员的陪伴下度过的。如果犬和人生活一段时间，那么犬将会像对待群成员一样对待人类。社会关系对犬来说非常重要，因为犬会花费很大力气去维持与人及其他犬尤其是群成员的社会关系，而且如果不能这样做时将会表现出混乱行为的迹象。据报道，如果将犬单独留在房子中，其将会表现出异常行为。它可能会损坏衣物和家具，尤其是那些具有熟悉人气味的东西，而且有可能会过多地吠叫或显示出抑郁的迹象。如果这些犬有一个陪伴者，上述这些问题可以很大程度地减少，而且人不在的时间段里，最好为其提供另一条犬作陪伴。

（二）环境中的各种不足

尽管许多犬的生活环境多样且非常有趣，但是也有一些犬生活在光秃的水泥犬窝或小笼子里。一些犬由于受到铁链或绳子的束缚而使行为受到限制，因此使得环境中一些有趣的事情变得遥不可及。与作为陪伴作用的犬相比，这样的问题更普遍地发生在起看守卫作用的犬中。看护犬应该有一个同伴并且有大片的巡视区域，但是一些起守卫作用的犬经常被固定在一处，而且仅仅起一些警告和制止人的作用。

对于那些机场犬、检疫犬或实验室的犬来说，由于环境缺乏多变性而会产生很多问题。为了提高犬的生活环境，Hubrecht 等（1992，1993）已经开展了多方面的研究。

（三）严厉或不足的训练方法

有一些犬的主人认为，如果不通过狠打的方式对犬进行训练，犬永远学不会服从。人所采用的经常打的训练方式和母犬偶尔教训幼犬的体罚之间有着很大的区别。除了那些太严格或太痛苦的惩罚外，如果犬不知道因为什么而受到惩罚，那么人所施加的惩罚不会产生任何效果，因此会导致犬的福利问题。犬的主人经常不能有效地使他们对犬将惩罚或奖赏与不断强化的行为联系起来，因此导致犬没有学会主人所教的，而且犬主人也为此感到沮丧。不断强化偶然行为对于犬的训练至关重要。

（四）允许犬在人居住的环境中充当不适当的角色

即使是幼犬也会表现出过分自信、攻击行为和暴力倾向。和犬生活在一起的人应该让犬明白人是管理者，而且是由人来作关键性的决定。如果不这样做，犬将获得一定的控制权力，而且最终将产生或多或少的严重问题，也有可能使犬到了被杀的地步。总之，犬地位的定位必须一直低于它的主人，而且喂食、散步和其他行为发生与否取决于其主人。在散步时，主人应该合理地允许犬停下来，去探索它闻起来感兴趣的位置。Appleby（2005）提供了关于这些问题的指导。

（五）允许犬攻击人、宠物和家畜

犬可能在保卫领地和个体、保护食物、展示较高社会地位或假装捕食时表现出攻击行为。在给出的前3个例子中，可以说犬表现出了3种不同形式的攻击行为。但是捕食行为并不是攻击行为，它属于另一种不同类型的行为。捕食行为通常由2条或2条以上的犬成组进行，而且大部分的犬袭击事件发生在儿童或体弱的成年人身上；一些对宠物或家畜的严重攻击事件通常是由2条或多条犬共同实施的。在某些环境下，许多犬主人不能有效阻止犬的攻击行为，或者犬对入侵者或是主人暗示的目标不能表现出任何的攻击行为。Podberscek（1994）、Podberscek 和 Serpell（1996）对犬进行攻击行为的案例进行了讨论。那些攻击性的和捕食性的行为都有可能导致犬在行为上受到限制，而且由于封闭的空间，铁链或口套的束缚都将导致动物的低福利。上述问题本可以通过采用不同的训练方法来解决。

一些家养的犬能从追逐、攻击和杀死野生动物的行为中获得益处。首先，这个行为是自然和获利的行为；第二，它们可以从捕获的猎物中得到额外的食物；第三，这些行为得到主人的奖励。如果犬主人想要利用犬攻击和捡回猎物而不让它食用，那么主人需要对犬进行细心的训练。如果主人不需要打回的猎物，而仅仅希望从犬的行为中获得乐趣和利益，那么犬的这些行为将会得到鼓励。在很多情况下，用来看守财产或训练后用于攻击的犬，都不会因为表现出攻击行为而受到惩罚。一些犬主人鼓励他们的犬去攻击和杀死一些猫和小型犬。另外一些犬主人会阻止这些行为，这是由于在训练犬攻击一些小的、移动中的野生动物而不去攻击宠物方面存在困难。

一些人训练他们的犬，使犬对闯入某个区域或靠近它们主人的人进行恫吓和攻击（图35.1）。在其他环境中，那些经过上述方式训练的犬有可能继续表现恫吓和攻击行为。很多养犬人，尤其是生活在城镇中的养犬人，发现教会他们的犬不去攻击羊、鸡和其他农场动物非常困难。即使那些在城市中从来都没有表现出攻击行为的犬，来到农场后也会不时表现出攻击行为。这是因为这些犬没有经过特别训练。犬的训练是一个非常困难的过程，而且这种训练很需要技术。那些给人、宠物和农场动物带来很多伤害的犬的行为，可能是由于受到了刻意或偶然的攻击训练，或是没有经过合适的训练造成的。

当成为犬的主人或对犬有控制权力后，每个犬主人都应当承担起恰当地训练犬的职责。如果犬做出了伤害他人的行为，那么那个训练它的人就应该承担相应的责任。一些犬生性难以训练，那么这就需要犬主人知道他们对犬的控制程度，并据此对这些犬的行为加以限制。因此，如果犬没有被训练好而且它们的攻击行为不能轻易阻止，那么它很有可能就会被在嘴上戴上口罩，让人用绳子牵着或是被主人关在一个地方。这样的处境会使它们的福利变得很差。有的时候是由于主人的错误，但是犬却因为表现出攻击行为而受到严厉的惩罚。那些没有经过良好训练的犬的福利非常差，也有一些犬因为攻击行为而被处死。

图35.1 巴西Filho犬被训练用于守卫主人住宅（图片由D.M. Broom提供）

四、其他问题

（一）家养犬饲喂不适和其他对待

现代生活中有许多关于为家养犬提供最好日粮的信息。犬的主人可以很容易发现什么食物最适合他们的犬，而什么不适合。宠物食品公司可能不能为家养犬饲喂日粮提供最好的建议，因为这些食品公司想借机来出售他们昂贵的"招待"和平衡的宠物食品。然而，饲喂犬时所出现的问题主要来自于犬主人的不恰当饲喂。有时宠物的主人认为他们所喜欢的食物同样能使动物喜欢，并因此产生了这种情况：给犬饲喂的食物并未使犬生长得更好。人类给犬饲喂的食物可能太甜，包含太多的碳水化合物或蛋白，但是却没有充足的脂肪、微量元素，尤其是没有充足的纤维。当犬主人自己没有充足的可供食用的食物时，他们能够给犬提供的食物和昂贵的蛋白可能就会更少。有一些人给犬穿上衣服或者像人一样对待它们，但是犬在应对这些情况时可能存在困难。

（二）治疗疾病的不足

如同其他的家养动物一样，如果动物的病情和损伤不能治愈，那么这个动物的福利就会非常差。导致这种情况发生的原因有两种：一种是因为一些犬主人没有足够的钱来支付兽医的医疗费用，另一种是一些人不希望因为犬的生病和受伤而花钱。在这两种情况下，犬的福利会比较差或非常差。在这两种情况下所产生的一个问题是：这是不是犬最糟糕的福利；而产生的另外一个问题是：犬受到的伤害和疾病能否采用不损害动物福利的方式进行治疗。在对犬进行安乐死时，犬所受伤害的严重程度和持续时间必须能够很好地支持犬的主人作出上述决定。正如上文提到的，安乐死的使用是为了保护动物的利益，而且必须严格限制在保护动物利益的前提下。对于那些不考虑动物福利的人来说，作出杀死动物的决定是一件很容易的事情。这种情况就不能称之为安乐死。对于其他人而言，动物余生低福利的程度不得不和死亡及实际处死相关的高福利损失相平衡。在大多数情况下，应采用这一决定。

　　上文关于安乐死的讨论中，有一些是为了犬主人的利益而将犬处死。在这种情况下，大部分犬主人对犬选择人道的处死方法。如果仅仅是因为不方便照顾而将动物杀死，而不是为了让它们从伤害和疾病（一些由于退化造成严重机能障碍的疾病）导致的低福利中解脱出来，那么这种处死就不能称之为安乐死。即使由于没有人照顾而将动物处死的情况能尽可能避免，且动物被家庭重新收养的可能性被调查后，大多数人仍然无法接受将动物抛弃到野外环境中。一个从家庭环境中释放出来的犬有可能被饿死、感染疾病或是由于车辆、人或其他动物的行为而受到伤害。

　　流浪犬的福利非常差。一个深层次的原因是流浪犬导致其他动物的低福利，有时还导致这些动物的死亡。流浪犬可能对环境产生有害的影响，如对被捕食动物数量的影响。总之，将犬抛弃到环境中的行为是不允许的，因为这种行为对犬的福利和环境的影响非常之大。笔者认为，所有的流浪犬都应该被集中起来，而且应该在尽可能短的时间内为它们在人类家庭中找到稳定的住所。如果不能找到这样的地方，那么这些流浪犬都应该被处死（图35.2）。

图35.2　毛里求斯MSPCA收养的流浪犬。这些犬会危害当地动物群体，且经常会发病，因此福利水平非常差（图片由D.M. Broom提供）

第36章
猫 的 福 利

一、猫的驯化和繁殖

　　大多数人认为猫与犬和其他宠物有本质的不同，并且科学著作中也普遍支持这个观点。猫是起源于北非和中东地区的一个物种，并且人类与猫之间的关系已经至少存在了9 500年，如在巴比伦和古埃及就已经开始饲养猫（Vigne 等，2004）。中美洲和东亚地区人类社会发展到较高的水平，有可能与欧洲、北非和中东一样，或者早于上述地区，但是在中美洲和东亚地区猫却没有与人类形成较近的关系。

　　一些人可能要说猫不能与人形成实质性的关系，而且猫也不能像犬、牛、马和猪那样受到人们的驯化。猫受到人的改变很少，猫更加独立，而且与在人为环境中饲养的家畜相比，猫能在人类居住环境以外找到食物。因为上述这个原因，猫受到一些人的喜爱，但是也有一些人因此而排斥它们（Serpell，2000）。

　　猫的养殖过程导致了生理和大脑结构的变化，产生了严重的不适应反应和维持猫这个物种特性的变化，但与此同时也降低了猫对人的恐惧和对人类居住环境适应方面的困难。一些猫在养殖过程中已经有了遗传变异，因此它们有了过度紧张的反应并对人类表现出高水平的攻击行为。由于遗传上的变异，猫腿更短，毛发更稀疏，而且在严重疾病环境中更容易感染疾病，这样猫的福利会变得很差。不管猫对哪种环境表现出偏好或喜爱，一般人都无法接受它们所喜欢的任何一种环境。就像其他家畜一样，猫在养殖过

程中同样经受了太多由于生产不适所导致的压力，而且这些猫的福利都很差
(Steiger，2005)。

二、为了主人的方便而损害猫

人们经常发现的一些问题是：猫主人最不愿意看到的事情就是被猫爪抓
伤；许多人都会发现夜行的猫在夜间发声；一些猫主人被猫之间打斗过程中
所产生的过多噪音和不时地损伤所困扰。面对上述问题，人们采用了不同的
解决方法。一些猫主人对猫进行细心的训练以使它们在与人的接触过程中不
使用猫爪。另一些猫主人并没有这样的耐心，他们采用将猫爪切除的方式来
解决被抓的问题。就像去除任何一个重要的生物学功能一样，猫爪切除手术
对于猫保卫自己、抵御其他猫进攻的能力方面有重要影响，并且猫爪切除手
术将会使猫产生福利问题。由于猫爪上富含敏感组织，因此在切除过程中会
使猫产生一些疼痛。

对猫最普遍的损害方式就是去势。正常的公猫可能有在家中撒尿、长期
离家、由于打斗和繁殖后代而夜间吼叫等行为，这些行为与生俱来。但是一
些猫主人不愿意通过训练的方式来限制猫到处撒尿的行为，也不愿意容忍那
些不能通过训练来避免的行为。解决上述问题的办法只有一个，那就是不养
猫。解决第三个问题的方法就是对猫进行去势。即使兽医在此过程中使用麻
醉剂和镇痛药，去势过程也会使猫产生疼痛，而且去势后猫的性格也可能因
此发生很大的改变。与此相似，切除母猫卵巢（卵巢子宫切除术）是采用比
去势更多的方式，该手术使猫产生疼痛并且导致母猫性格改变。切除卵巢的
母猫更加雄性化，而且更加难以管理。然而绝育的猫在发情季节在行为上没
有很大的改变，而且它们也不能再产崽。

三、不需要的猫和处死方法

在考虑到猫的福利时，一个很大的问题就是不希望猫产下幼崽。如果人
们不得不去照顾那些不需要的动物，那么人们有可能对这些动物不友好。如

果可以选择的话，人们可能选择不人道的方式将其处死，如溺死。从那些溺死的人可以看出，溺水过程是一个非常可怕和相当漫长的过程，尤其是对陆生生物。如果选择将猫溺死，在溺水过程的2~5min内，猫的福利非常差，因此人们不能接受溺水的处死方式。正如在35章中讨论的，仅仅为了人的方便而将动物杀死的情况不能称之为安乐死，而且对动物的处死方法有的还不人道。

四、行为问题

（一）生活环境单调

一些猫群居生活，如果剥夺这些猫的群居生活，那么它们的生活有可能受到很大的影响（图36.1），但是也有许多猫在丧失经常性的社会接触机会后，它们的福利看起来仍然很好。如果为了使猫的福利不变差，必须在猫比较活跃的时候为它们提供一个相对比较复杂的环境。

为了使猫能够拥有较好的福利，Rochlitz（2000，2005）已经对猫所需要环境方面的特点进行了详细阐述。成群饲养的猫更喜欢坐在升高的平台或架子上，而不是平地上。对于猫而言，那些能够俯视周围环境的处所非常重要（Podberscek等，1991；Rochlitz等，1998）。如果人的位置非常靠近猫，猫会感到不安（Bradshaw 和 Hall，1999），而且如果猫找不到躲避自己的场所，那么它们的福利就有可能变差（Casey 和 Bradshaw，2005）。羊、牛、犬、猪和家禽等动物在休息时喜欢聚在一起，但是猫却喜欢与它临近的个体保持几个身位的距离。如果猫处在它不熟悉的生活环境中，它将会与其他个体保持数米的距离。但是，猫可以与其他个体一起友善地进食（图36.2）。

对于猫而言，一些非常重要的资源包括可用爪子抓来玩耍的材料。绳子和绕在立柱周围的细线是一种特别有效的可供玩耍的材料。这个立柱的尺寸应该大到能够满足猫放置任何一支前肢的需求，并且这个立柱能够为猫提供可抓取的位置（图36.3）。对猫进行群体饲养时，其中的一些个体可能会独占用这些资源（van den Bos 和 de Cock Buning，1994）。

猫在休息时不希望受到人类的打扰。饲养在小笼子中的猫不断地受到路过陌生人的打扰。猫通过躺卧或很少移动等行为对上述环境作出反应。对于那些关注猫福利的人而言，如何区分正在休息的猫和受环境影响而躺卧不动的猫非常重要（McCune，1994）。对这类猫的心率和血浆皮质醇水平进行测定后可以发现所得的测量值都比较高。由于占统治地位的猫将会攻击那些冒险外出的个体，因此上述相似的行为也出现在那些怕受到攻击而不敢外出的猫身上。如果猫主人发现经常外出的猫突然有一天拒绝外出，那么他的猫就有可能在外出时受到了其他个体的猛烈攻击。那些自由放养猫的另一个危险来自于机动车辆。Rochlitz（2003a，2003b）发现青年猫和公猫的危险较高。

猫更喜欢多样的食谱。虽然罐装猫食质量很好，但是在每天饲喂相同食物的情况下，它们更喜欢通过捕杀野生动物来补充它们的食谱。

来自于人类家居环境中的猫在经过一段时间的笼养之后，如

图36.1　一对猫在喘鸣（图片由T. Malone提供）

图36.2　3只猫在一起进食而没有明显的竞争（图片由D. Critch提供）

图36.3　猫在挠抓有多个架子的挠抓柱（图片由T. Mlone提供）

在经过隔离检疫期的6个月之后，猫的行为将会变得异常，而且它对所熟悉的人的行为也会有所改变（Rochlitz 等，1998，2005）。猫的行为和福利的改变可以深刻说明，6个月的隔离检疫期生活对猫而言是一种严重的制裁。一些国家对猫进行隔离的主要目的是为了避免狂犬病的引入，但是避免引入狂犬病的最好方法是预防接种和细心监护。

对于实验动物和其他长期笼养的动物而言，能够提高他们福利的居住环境和管理方法非常重要。一生都生活在实验室中的猫，它们福利的好坏取决于所提供的环境、试验人员和照顾者等。那些能够满足猫大部分需要的复杂有效的环境能大大地提高它们的福利水平。提高猫福利的一个最重要条件就是能不能给它们提供一个躲避人类和其他猫的环境。Carstead等（1993）发现，与那些可以找到躲避场所的猫相比，不能找到躲避场所的猫的尿液中皮质醇浓度较高。然而，大部分在笼子中饲养和家养的猫都不能找到可供躲避的场所。对于任何一只笼养猫而言，它们复杂的捕食环境大部分或完全消失了，因此它们只能通过与其他猫的接触或与人的互动来对缺失的复杂环境进行补偿。那些饲养在小笼子中、没有或很少有丰富的刺激、偶尔与人接触的猫的福利很差。

（二）残忍的训练方法

许多人认为猫不需要训练的观点对于猫而言是一种不幸。然而人们惊奇地发现猫会表现出抓伤主人、损毁财物和在不合适的场所排粪尿等行为。猫需要像训练犬一样进行训练。人们对猫行为进行惩罚或奖励的做法，对于塑造猫的行为而言是一种非常重要的增强因素。除非猫知道哪些行为是应该被强化的，否则它学不会这些行为。猫主人所采用的比较差的训练方法将使猫产生异常行为，并导致猫的低福利。如果人们不能采用有助于猫学习的惩罚方式，或是对猫的惩罚过重，都将导致猫的福利问题。

人们可以偶然地训练猫做一些恶作剧或其他不寻常的行为，但是这些不是经常发生的，因为猫很难被训练。因此，为了使猫能作出这些行为，人们将有可能采用比较严厉的训练方法。动物因此有可能十分惧怕训练者，而且它们有可能要忍受训练时带来的疼痛或严重的权利剥夺。

（三）允许猫在人类居住环境中拥有不适宜的社会地位

猫喜欢单独活动，而且它们似乎并不寻求对人类的统治地位。然而在群体饲养的猫中，占统治地位的猫将会采用具有攻击性的方式对其他猫进行统治。这就有可能使处于从属地位的猫的福利变得非常差，而且当处于从属地位的猫不能离开这个饲养群体时，情况会更糟。猫主人可以被猫看作是在人类居住环境中处于从属地位的猫，而且猫一旦感觉到人类处于从属地位，猫就会给人带来各种问题。在人类居住环境中，人们无法接受那些具有攻击性的猫，或当人在移动猫时对人具有潜在危险的猫。最终，这些对猫有可能产生严重的问题，并因此而导致猫的低福利。

（四）猫对野生动物影响的管理

一些猫会捕杀大量的哺乳动物和鸟类（Fitzgerald 和 Turner，2000）。猫所抓的野生动物中有一些是有害动物，而且它也正在做自己的本职工作，但是有时候猫所抓到的动物不属于有害动物。那些被猫抓到的野生动物的福利非常差，而且一些种类的野生动物已经被猫彻底捕光。在一些先前没有捕食者的岛上引入野猫后，猫严重的掠夺行为使岛上居民采取了灭猫措施（Slater，2005）。采用设置陷阱或投毒的方法捕猫不人道，但是可以用笼子对猫进行捕捉然后将之移走或是人道处死。精准射杀也是比较人道的方法。一些野猫由于人类的饲喂而生活得很好，但是那些依赖于捕猎为生的猫有可能会营养不良。在野猫群体中疾病是最主要的福利问题，但是以Slater（2005）的观点来看疾病的发病率在野猫的群体中有很大差异。

在一些国家，生存有爬行速度或反应速度相对较慢的动物，以及不能飞行的鸟类或移动缓慢的爬行动物等比较脆弱动物，养猫是否合法一直存在争论。在大部分国家，如果允许猫捕猎将导致生态失衡。为了避免这种情况的发生，人们不得不给猫带上铃铛，而且如果它们仍继续捕杀野生动物，就必须被关在室内饲养。那些可以带着铃铛外出猫的福利要比关在室内饲养的猫的福利要好。猫的福利与野生物种的保护和福利之间应该得到平衡。

五、其他问题

（一）不合理的饲养和对待

一些猫由于过量饲喂而变得非常肥胖，并导致这些猫的福利问题。猫过于肥胖的原因可能是主人给予猫过多不合适的食物或是给予的食物总量过多，如给予过多的糖或其他碳水化合物（Sturgess 和 Hurley，2005）。有时候人们给予猫的食物中缺乏某些必需营养成分。因为猫属于肉食动物，那么它们的食物应该包含来自于哺乳动物、鸟类或者鱼的动物性蛋白。

一些猫主人有时像对待人类的孩子一样对待他们的猫。人类的一些行为有些对猫无害，但有些行为将导致猫的福利问题。例如，猫很难适应穿上人类的衣服和来自于人类的搂抱。

（二）对疾病的不合理诊治

一些人不希望他们的猫患病，不希望或不能支付兽医的医疗费用。当猫出现受伤或疾病时，它们的福利就会变差。这种情况可以通过兽医的诊治而得到改善。由于猫的购买价格较低或由别人赠送，因此与养犬的人相比，养猫的人更不愿意在猫身上花费治疗费用。疾病也就成了导致猫福利问题的一个最普遍的因素（Sturgess，2005）。猫的疾病或伤病经过兽医治疗后，人们应该对猫接下来的福利加以评估以确定它是否恢复。

术语表

异常行为（Abnormal behaviour，aberrant behaviour） 指动物在可充分表达行为的条件下，与绝大多数同种动物在模式、频率、状态方面显示出的不同行为（参见第23章）。

动作模式（Action pattern） 指在随后同样情况下，动物个体重复表现出的一系列动作（参见第2章）。其他个体也可能表现相似的动作模式。

适应（Adaptation） 指发生在不同水平上的调整过程。① 在细胞和器官水平上：对特定条件的生理反应逐渐减弱，包括随时间推移神经细胞反应速率逐步降低；② 在个体水平上：通过调动与行为和生理相关的调控系统，以使个体应所处的环境状况（参见第1章和第6章）；③ 在生物进化方面：此处名词是指与相同种群中的其他成员相比，可使生物体更好地存活和繁殖的任何结构、生理过程和行为特征；④ 导致这种特征形成的进化过程。

群聚（Aggregation） 指一群动物，不限于一对父母及其后代，聚集于相同区域，但不一定是真正的社会群体。

攻击（Aggression） 指某动物个体通过造成事实上或潜在性损伤、疼痛或恐惧达到削弱其他个体优势的目的而对另一个体直接发起的动作或威胁性行为。

对抗行为（Agonistic behavior） 指与威胁、攻击或防卫相关的各种行为，包括躲避、逃跑或攻击等行为特征（参见第12章）。

他梳理（Allogrooming） 指个体动物对另一动物的被毛进行整理。

利他（Altruism） 指当动物个体行为涉及其他动物时，减少自身舒适性的同时，提高一个或多个其他个体的舒适性。

反常行为（Anomalous behavior） 指行为稍微有点异常（参见异常行为），尤其是与正常的行为模式和频率有偏差。这些行为也许是一些正常行为的演化形式，例如咀嚼或舔舐。

厌食（Anorexia） 指采食行为的异常缺乏，如在中毒或情绪低落状态下缺乏采食行为。

嗅觉丧失（Anosmia） 指缺乏嗅觉。

厌恶疗法（Aversion therapy） 指通过将动物行为与其厌恶的刺激因素相联系，矫正人类不想要的动物行为的方法。

厌恶性（Aversive） 指一些可以让动物逃避或退却的东西。

意识（Awareness） 指在记忆基础上通过复杂的大脑分析来处理感官刺激和感觉构象的一种状态。

结伴（Bond） 指两个个体之间形成的密切关系。

诱因（Causal factor） 指对决策中枢输入，每次输入是对外部变化或身体内部状态的一种解释（参见第4章）。

昼夜节律（Circadian rhythm） 指24小时内一种行为、代谢或其他一些活动的节律（参见节律）。

认知表征（Cognitive representation） 指对不能直接觉察到或当时没有实际发生的事件或物体的感知。

舒适转换（Comfort-shift） 指可能短暂中断休息姿势或位置的微小变化。

竞争（Competetion） 指：① 在动物群体中，两个或多个动物为了获得有限资源而进行的斗争。成功往往决定于行为速度、攻击力量或搜寻技巧等能力。② 在基因型之中，利用比其他基因型更好的方法去实现任何一个生活功能的企图，以便增强基因型的适应性（如成功繁殖）。

条件反射（Conditioning） 指动物通过以前对不同刺激所产生的反应方式，对现有刺激物、物体或条件产生相同反应的过程。

同种（Conspecific） 指属于同一个种类。

终结行为（Consummatory act） 指在很大程度上减少那些促进某种活动发生的诱因行为，以致活动终止，如交配后终止求偶行为。

头动物（Controller） 指一群动物中能够决定下列行为的动物：① 是否开始新的群体活动；② 开始时间；③ 开始何种活动（参见第14章）。

应对（Cope）　指对精神和身体稳定性的控制，此控制可能是短期的，也可能是长期的。精神和稳定性得不到控制，会导致舒适性降低（参见应激）。

食粪癖（Coprophagia）　指采食粪便。这是兔的正常行为，但是发生在其他动物则是反常行为（参见第24和34章）。

核心区（Core area）　指动物在居住范围内最经常使用的区域。

关键期（Critical period）　参见敏感期。

拥挤（Crowding）　指群体中个体的运动因其他个体的存在而受到制约的情况（参见过度拥挤，第12章）。

密度制约（Density dependence）　指受动物群体密度相关的生理或环境因素影响的过程。例如，随着种群密度的增大猪会发生咬尾行为。

沉郁（Depression）　指伴有姿势萎靡、无应答及认知机能降低的脑部及行为的一种状况。

替换活动（Displacement activity）　指在特定条件下，可能正常发生的一种行为，而对观察者看来不会发生，在这种情况下所发生的一个活动。由于这取决于观察者对事件相关性的认知能力，因此该术语很少使用（参见第4章）。

展示（Display）　指让伙伴、竞争对手或潜在的攻击者有深刻印象或感受到威胁或至少改变它们行为的一种行为。

昼行性（Diurnal）　指：① 每天的；② 发生在白天。

驯化（Domestication）　指由于世代间基因改变和环境诱导进化使动物种群能够适应人类或者圈养环境的过程（参见第5章）。

主导地位（Dominance）　指动物个体在获得资源（如食物和伴侣）时，相对于其他动物有优先权并且占主导地位的情况。一个占据主导地位的个体对于下级个体并不需要卓越的战斗力。

动力（Drive）　指促进相关行为诱因的集合。该术语通常指实现潜在目标的进度。由于该术语已得到广泛使用，所以在这里作了定义。我们认为对诸多诱因而言，使用驱动力（motivation）比动力（drive）更容易理解。

生态位（Ecological niche）　指使物种生活得最好或物种前来居住并实质上占领的

一种环境。

生态学（Ecology）　指对有机体与其环境相互作用的科学研究，包括物理环境和在物理环境中生活的其他有机体。

生态系统（Ecosystem）　指特定栖息地内所有的有机体，如草原或针叶林地，以及其生存的物理环境。

排泄行为（Eliminative behavior）　指与排出粪便和尿液相关的行为方式。

情绪（Emotions）　指以大脑特定区域内的电活动和神经化学活动、自主神经系统活动、激素释放和外在结果为特征的（包括行为特征）的个体生理性描述。

环境（Enviroment）　指外在影响源，如对行为发展或对其他生物学特征有影响的外在影响源。外部是指在系统或单元之外，不一定在整个机体之外。

地方性动物病（Enzootic）　特指在一个特定地域内或特定地域类型内的动物的功能紊乱。

动物流行病（Epizootic）　指疾病或紊乱在动物群体间的传播（相当于人类流行病）。

发情周期（Estrous）　见发情周期。

行为谱（Ethogram）　指对特定物种行为特征的详细描述（参见第2章）。

行为学（Ethology）　指以揭示生物机制如何发挥作用为目的而对行为进行的观察和详细描述。这种研究有时在自然或半自然条件下完成。

经验（Experience）　指由大脑外部获得信息所引起的大脑变化。信息可以来源于个体所处的环境或动物体内，如来源于感觉、低氧浓度或者血液中新的激素水平（参见第3章）。

探索（Exploration）　指动物个体通过一些活动来获得其周围环境或自身方面的新信息（参见第11章）。

反馈（Feedback）　指某系统输出的效果，是对系统输入的反应，分为降低输入的效果（负反馈）或增强输入的效果（正反馈）。

前馈（Feedforward）　指某系统输出的效果，这种输出效果在任何输入前改变了系统状态，使一个输入部分或全部无效。

感觉（Feeling）　指与生活调节系统相关，并至少包括认知的一种大脑构象。这种大脑构象一旦产生，便被该个体认可，并可能改变行为或对学习起强化作用。

逃逸距离（Flight distance）　指在动物周围，其他动物入侵引起动物逃避反应的空间（参见第12章）。

觅食（Foraging）　指动物四处走动为自身或其后代寻找和获得食物的行为（见第8章）。

挫折（Frustration）　指如果促使某种行为发生的诸多诱因强度足够大，但由于缺乏关键刺激或遭遇物理、社会障碍，动物行为不能发生，这样的动物称之为遭受挫折的动物。

功能性系统（Functional systems）　指动物活体内的各种生物学活动，这些活动共同组成生命过程，如温度调节、采食、躲避食肉动物。这些功能性系统包括行为和生理要素（参见第1章）。

基因型（Genotype）　指决定单一性状或一组性状的个体生物基因组成（参见表现型）。

食土癖（Geophagia）　指动物采食土壤的行为。

生殖腺（Gonad）　指可以产生性激素和配子的腺体，卵巢（雌性生殖腺）或睾丸（雄性生殖腺）。

梳理（Grooming）　指通过舔、啃、摩擦、抓等动作对身体表面进行清理。若行为针对自己，叫自我梳理，若针对其他个体，叫他梳理。

习惯化（Habituation）　指对重复刺激所呈现的反应减弱，与疲劳不同。

头部抵靠（Head-pressing）　指以头的前额稳稳地抵靠在垂直物体表面为特征的体位失调状态。头低垂，并在一段时间内保持不动。

健康（Health）　指动物个体试图应对疾病的状态。

等级（Hierarchy）　指各动物个体或各动物群依据能力或特点在社会群体中的排序。该术语常用于评估赢取战斗或取代其他个体的能力（参见第14章）。

自我平衡（Homeostasis） 指依靠生理或行为的调节，使不稳定的身体保持在稳定状态下。

活动范围（Home range） 指动物熟悉并且经常使用的区域。区域可以设防，也可以不设防。设防的那部分构成领地（参见核心区，第12章）。

激素（Hormone） 指在大脑分泌或由内分泌腺分泌，通常进入血液和淋巴的一种物质。它可以影响身体其他器官（包括神经系统）的生理活动能力，从而影响行为。

印记（Imprinting） 指在早期生活中产生的快速和相对稳定的认知。

个体距离（Individual distance） 指动物个体间的最小距离。在此距离内，其他动物（通常是同种动物）的接近会引起攻击或逃避（参见第12章）。

摄食行为（Ingestive behavior） 指将食物、水等摄入口中的行为。

发起者（Initiator） 指群体中发起一项新群体活动的动物个体（参见第14章）。

本能（Instinct） 指完全由基因控制的行为。因为行为及动物的所有特性都不能离开环境而独立形成，所以该术语的应用不是很理想，易混淆。

预向动作（Intention movements） 指动物在转变成新的行为前可能要经历的预备行为。

相互吮吸（Intersucking） 指有目的性地对除母亲之外的个体附属部分的异常吮吸行为（参见第25章）。

不随意运动（Kinesis） 指对外来刺激所作出的无身体定位的无方向性反应。

跛行（lameness） 指行为障碍，步态偏离。

头动物（Leader） 指群体有秩序行进时，位于队伍前面的个体（参见第14章）。

学习（Learning） 指由从外界获取的信息所引起的大脑变化，从而导致行为举止产生长于几秒钟的改善（参见第3章）。

性欲（Libido） 指在适当的条件下，通过表现性行为的可能性来衡量的一种内在的状态（参见第17章）。

食木癖（Lignophagy） 指采食木头的行为。

围攻（Mobbing） 指动物群体联合发起的攻击或威胁。

道义（Moral） 指正确而非错误。

动机（Motivation） 指控制何时、何种行为和生理变化发生的大脑处理过程（参见第4章）。

动机状态（Motivation state） 指所有诱因水平的组合（参见诱因和第4章）。

需求（Need） 指动物获取某一特定资源或应对特定环境或身体刺激的要求。需求就是通过获得特定资源或应对特定环境或身体刺激来补偿某一不足（参见第1章和第4章）。

神经生理学（Neurophysiology） 指关于神经系统的科学研究，尤其是对神经系统赖以发挥作用的生理学过程的研究。

位（Niche） 见生态位。

哺乳（Nursing） 指雌性哺乳动物允许幼仔吸吮乳头的行为。

观察学习（Observation learning） 指一个动物在观看另一个动物的活动时所进行的学习。

发情周期（Oestrous/estrous cycle） 指在生殖生理学和发情到达高潮的行为方面一系列变化的重复，如感受性。

个体发育（Ontogeny） 指一个有机体从单个细胞到成熟个体的发育过程。

过度拥挤（Overcrowding） 指导致群体中的动物个体舒适度降低的拥挤（参见第12章，拥挤）。

疼痛（Pain） 指与实际或潜在的组织损伤相关的有害的感受与感觉（参见第21章）。

配偶关系（Pair bonding） 指雌雄动物之间形成的一种亲近和持久的关系。

亲本投入（Parental investments） 指父母以减少对其他后代的投入为代价，而对其某一后代加大投入，从而使其存活率及繁殖率提高。

病理学（Pathology） 指：① 活的有机体为应对伤害性因子或损失而发生的分子、细胞及功能的有害紊乱；② 对此类情况的研究。

啄序（Peck order） 指一种稳定的等级次序，动物个体可对比自己等级低的个体进行恐吓、代替或攻击。这个术语最初适用于鸡，现在应用于各种动物（参见第14章）。

周期性（Periodicity） 指在一个时间序列中一系列事件被同等的时间段隔开（参见第2章）。

显型（Phenotype） 指动物个体在基因和环境因素共同影响下，机体所形成的可见特性（与基因型相对比）。

外激素（Pheromone） 指动物产生的一种物质，能够通过嗅觉方式将信息传递给其他个体（参见第24章）。

异食癖（Pica） 指寻找并吞食一些异质物体，如树木、布或骨头（参见第24章）。

烦渴（Polydipsia） 指过度饮水，饮水量超过维持体液浓度所需的正常饮水量。

整理羽毛（Preening） 同梳理，仅用于禽。

反应时间（Reaction time） 指环境发生变化和动物开始作出反应之间的时间。

反射（Reflex） 指受到刺激后，短时内中枢神经系统的简单反应，没有高级神经大脑中枢的参与。

强化刺激（Reinforcer） 指使动物将要做出特定反应的可能性增加或减少的一个环境变化，如奖励（正性强化物）或惩罚（负性强化物）（见第3章）。

释放（Releaser） 见符号刺激。

繁殖消耗（Reproductive effort） 指繁殖季节动物个体所消耗的所有资源。

节律（Rhythm） 指在时间上间隔重复，在分布上大致规则的事件系列（参见第2章）。

权利（Rights） 指：① 被国家和法律所保护的合法权利。在大多数国家动物没有这方面的权利。② 道德上正当的权益，比如宗教（参见第1章）。

嗅迹（Scent marking） 指固体或液体信息物质的沉着，尤其在树、灌木、岩石或其他动物个体上的沉着（参见第1章）。

自梳理（Self-grooming） 指个体在自己身体上进行的梳理。

敏感期（Sensitive period） 指行为形成时期的一段时间间隔，在此时间间隔内或以后，行为的形成很可能受到某些经验影响。

致敏（Sensitization） 指对重复刺激反应的增加。

感觉生理学（Sensory physiology） 指对感觉器官以及感觉器官从环境接收刺激并将刺激传送至中枢神经系统的方式的研究。

感知（Sentient） 所谓感知是指有某些能力的感知。这些能力包括：① 对与自身和第三方相关的行为进行评估；② 对自己的一些行为及其结果进行记忆；③ 对风险的评估；④ 获得一定的感觉，或拥有某种程度的认知（参见第 1 章）。

信号刺激（Sign stimulus） 指引起动物反应的特定环境特征。

社会行为（Social behavior） 指共同生活的两个或多个动物间的相互作用，并导致个体活动改变。

群体易化（Social facilitation） 指一个行为由于群体中出现另一个动物也采用这个行为而使这个行为得到发扬光大，出现比例或频率增加（参见第8和14章）。

群体组织（Social organization） 指社会群体的大小：① 群体年龄、性别和亲缘程度方面的组成情况；② 群体中个体之间的全部关系；③ 群体中个体间关系的持续时间（参见第14章）。

群体结构（Social structure） 指社会群体中个体间的全部关系，以及这些关系为了空间分布和行为交互作用而产生的结果（参见第14章）。

群体（Society） 指各个体以合作的态度所组成的一个群组。

群体生物学（Sociobiololgy） 指对群体行为的生物学基础性研究，利用进化是其基本解释工具。

饥饿（Starvation） 指营养物质或能量的短缺，以致动物开始消耗其功能性组织而不是体内储备的食物。

模式化（Stereotype） 指无明显目的活动序列，这个序列重复且相对不变（参阅第 6和23章）。

刺激（Stimulation） 指一个或多个刺激对动物个体或身体部分的影响。

刺激物（Stimulus） 指能够引起动物神经系统的一个或多个受体兴奋，或使神经系统其他部分兴奋的环境变化。

紧张（Strain） 指应激的短期后果。

应激（Stress） 指超出动物自身的控制系统并导致不良后果的环境影响，最终降低舒适性，包括死亡率增加、生长缓慢和繁殖障碍（参见第1章）。

吮奶（Sucking） 指幼小哺乳动物从母亲或另一个雌性哺乳动物的乳头中摄取乳汁的行为。

痛苦（Suffering） 指长时间持续的一个或多个不好的感觉。

趋向性（Taxis） 指向刺激源方向的运动。

领地保卫（Territoriality） 指与领地防卫相关的行为。

领地（Territory） 指动物通过战斗或让其他动物可察觉到的信号或分界来保卫的区域（参见第12章）。

呆滞（Tonic immobility） 指由于一些暂时的环境因素或病理因素，动物几秒或者更长时间没有运动的行为状态（参见第27章）。

食性的（Trophic） 指与饲料、采食和生长有关的行为。

向性的（Tropic） 指与空间刺激有关的导向性运动。

客观世界（Umwelt） 指动物所感知的周围世界。

福利（Welfare） 指动物个体试图应对周边环境的状态（参见第1章）。